Theorie

Herausgegeben von
Jürgen Habermas, Dieter Henrich und Niklas Luhmann
Redaktion Friedhelm Herborth

Dieses Buch führt einen 1969 publizierten Ansatz fort und stellt das erste und bisher einzige voll ausgearbeitete Stück der protophysikalischen Begründung der Physik im Rahmen der konstruktiven Wissenschaftstheorie dar. Während die analytische Wissenschaftstheorie in ihren Analysen der Wissenschaftssprache, der Messung im allgemeinen und der Zeitmessung im besonderen gegenüber der Physik eine affirmative Rolle einnimmt, ohne freilich dabei das eigene Programm einer begrifflichen Rekonstruktion der Physik einlösen zu können, versucht die Protophysik, einen methodischen, d. h. zirkelfreien und operativen Aufbau der physikalischen Fachsprache von vorwissenschaftlichen Handlungsmöglichkeiten her, wie sie lebensweltlich im Bereich des Handwerks bekannt sind, vorzustellen. Ohne Rückgriff auf physikalische Theorien, die in ihrer Geltung vom Uhrengebrauch abhängen, und orientiert an Zwecken, die sich vorwissenschaftlich für eine wissenschaftliche Zeitmessung auszeichnen lassen, wird zunächst ein uhrenfreier, mechanischer Vergleich gleichzeitiger Bewegungen bestimmt, der nicht nur Sätze geometrisch zu beweisen erlaubt, die in der Physik erst mit reicheren, z. B. dynamischen Theorien erfaßt werden, sondern der dann auch die terminologischen Mittel für eine operative Definition der gleichförmigen Bewegung und damit der Uhr zu geben erlaubt.
Ein historisches Kapitel über die mutmaßlichen Intentionen, die die Erfindung und Verbesserung von Uhren geleitet haben, und über einschlägige philosophische Zeittheorien schließt sich an.
Das Buch, das seine Position zu Konkurrenztheorien explizit zum Thema macht, geht auch auf die Protophysik-Diskussion der letzten zehn Jahre ein.

Peter Janich

Die Protophysik der Zeit

Konstruktive Begründung und Geschichte der Zeitmessung

Suhrkamp Verlag

CIP-Kurztitelaufnahme der Deutschen Bibliothek
Janich, Peter:
Die Protophysik der Zeit :
konstruktive Begründung u. Geschichte d. Zeitmessung /
Peter Janich. – 1. Aufl. –
Frankfurt am Main : Suhrkamp, 1980.
(Theorie)
ISBN 3-518-06416-9

Erste Auflage 1980

Satz: Georg Wagner Nördlingen
Printed in Germany

Inhalt

Kapitel IV
Zur Geschichte der Chronometrie

Vorwort

1969 war meine Dissertation mit dem Titel »Die Protophysik der Zeit« als Taschenbuch erschienen. Es ist seit mehr als sechs Jahren vergriffen und soll auch in der damaligen Fassung nicht mehr aufgelegt werden. In der Zwischenzeit hat das Programm der Protophysik durch Diskussionen innerhalb der konstruktiven Wissenschaftstheorie wie durch vielfältige Auseinandersetzungen mit seinen Kritikern eine Weiterentwicklung erfahren. Auch das protophysikalische Teilgebiet der Chronometrie wurde in zahlreichen Publikationen besprochen und kritisiert und an diesen Einwänden weitergeführt. Daraus ergeben sich Verpflichtungen, die »Protophysik der Zeit« in einem weitgehend neuen Buch vorzustellen.
Dem ersten Text gleichen Titels lag eine spezielle Zielsetzung zu Grunde. Ausgehend von der Philosophie Hugo Dinglers, die in ihren Aussagen zur Grundlegung der Physik durch zwei Aufsätze P. Lorenzens interpretiert und präzisiert worden war, sollte ein Stück des protophysikalischen Programms durchgeführt werden: es galt, als einen ersten Teil der Rekonstruktion physikalischer Terminologie diejenigen Festsetzungen explizit zu formulieren, die das Messen in sprachlicher wie nichtsprachlicher Hinsicht tragen. Das diese Rekonstruktionsbemühungen leitende Prinzip sollte das Prinzip der methodischen Ordnung sein, wonach auf der Grundlage außerwissenschaftlichen Redens und Handelns, d. h. unabhängig von den Resultaten der modernen Physik, alle zu einer operativen Definition erforderlichen sprachlichen wie sprachfreien Schritte so aufzuzählen waren, daß dabei weder Lücken noch Zirkel auftraten. Als einfachster Fall bot sich hierfür die Zeitmessung an. Diese spezielle Zielsetzung führte zu einem Mangel der ersten Fassung, der im vorliegenden Buch behoben wurde. In der ersten Fassung wurde keinerlei Bezug zur laufenden wissenschaftstheoretischen Diskussion hergestellt. Obgleich es damals als potentielle Konkurrenztheorien Vorschläge von H. Reichenbach, C. G. Hempel, R. Carnap und anderen gab, und obgleich der protophysikalische Ansatz versuchte, deren spezifische Mängel zu vermeiden, war diese Gegenposition zu Begriffstheorien aus der Tradition des Wiener Kreises selbst kein Thema der Untersuchung. So wurde denn auch von den Kritikern des alten Textes der Anspruch, eine bessere Alternative zu den

soeben genannten Ansätzen vorzulegen, selten gesehen. Diese Fehleinschätzung des protophysikalischen Ansatzes habe ich weitgehend selbst zu verantworten, und aus diesem Grunde enthält das vorliegende Buch ein neues erstes Kapitel, das einen Bezug zu Gegenvorschlägen herzustellen versucht und den Anspruch explizieren und begründen möchte, eine Verbesserung gegenüber bekannten Konkurrenztheorien vorzutragen.

Bedauerlicherweise hatte jedoch der Verzicht, die protophysikalische Chronometrie in einen expliziten Bezug zu den wichtigsten Alternativtheorien zu setzen, eine weitere Konsequenz: sie wurde als bruchlose Fortsetzung der Philosophie Hugo Dinglers gesehen. Ungeachtet der Frage, ob dabei Dinglers Ansatz nicht selbst schon nur mehr als Karikatur in der Diskussion war, geht die Identifizierung der Protophysik mit dem Ansatz Dinglers in wichtigen Punkten fehl. Es wurde zwar schon in der ersten Fassung betont, daß die (im übrigen nicht bezweifelten) Resultate der modernen empirischen Physik keine Einwände gegen die Protophysik abgäben. Dieser methodologische Sachverhalt hat jedoch nichts gemein mit dem Absolutheitsanspruch der Dinglerschen Begründungen. Doch nicht nur die Ansprüche Dinglers und meine eigenen unterscheiden sich prinzipiell. Auch die Durchführung ist eine gänzlich andere – Dingler hat m. E. überhaupt keine operative Begründung der Zeitmessung geleistet. Deshalb habe ich nun versucht, in einem Vorspann zu dem ansonsten weitgehend aus der ersten Fassung übernommenen Abschnitt über Dingler die Unterschiede des protophysikalischen zum Dinglerschen Ansatz herauszustellen. Wenn hier also auch weiterhin methodologische Anregungen H. Dinglers aufgenommen werden, so kann dies niemanden mehr legitimieren, Dingler zu kritisieren und die Protophysik zu meinen oder umgekehrt.

An weiteren Veränderungen gegenüber der ersten Fassung sind neben einer neuen Diskussion der Arbeiten Lorenzens, die der Einholung des derzeitigen Diskussionsstandes dient, vor allem die völlig neu geschriebenen methodologischen Ausführungen in Kap. II zu nennen. Hier verdanke ich viele Anregungen meinen Gesprächen mit F. Kambartel, aber auch der Kritik von G. Böhme und A. Kamlah. Ich hoffe, daß die immer wieder mißverstandenen Ansprüche der Protophysik nun klarer zu sehen und zu beurteilen sind. Soweit die Kritiken zur Protophysik zusammen mit Antworten seit 1976 als ein eigenes Buch vorliegen, konnte die Vorwegnahme von

Einwänden seitens der Leser, die diese Diskussion nicht kennen, auf einige Hauptargumente beschränkt bleiben. Später publizierte Kritiken werden ausführlicher behandelt.

Der Durchführung des Aufbaus einer Chronometrie in Kap. III geht nun ein weitgehend neu geschriebener Teil voraus, in dem die zirkelfrei begründbaren Erwartungen an eine Theorie der Zeitmessung genannt sind – Erwartungen, die genau dann vorher formuliert werden müssen, wenn eine Theorie der Zeitmessung nicht analytisches Destillat aus anerkannten physikalischen Theorien sein soll, wo sich gerade die unreflektierten Voraussetzungen einer Zeitmeßpraxis bereits niedergeschlagen haben. Die uhrenfreie Kinematik blieb bis auf kleine technische Korrekturen unverändert. Ausführlich dagegen wird in einem neuen Teil auf die Auswahl von wiederholbaren Vorgängen, die sozusagen das Ausgangsmaterial für jede Zeitmeßkunst und ihre Theorie bilden, eingegangen. Die Eigenschaft der relativen Wiederholbarkeit von Vorgängen als Kriterium für eine Klassenbildung geht dann auch deutlicher als in der alten Fassung in den Eindeutigkeitsbeweis des chronometrischen Homogenitätsprinzips für die gleichförmige Bewegung ein. Dieser Beweis ist nunmehr direkt und nicht mehr, wie in der ersten Fassung, indirekt geführt. Das sich anschließende Beispiel einer Störungsbeseitigung bei Uhren wurde neu geschrieben, weil das alte Beispiel offensichtlich zu Mißverständnissen Anlaß gegeben und eine Verwechslung von Realisierungs- und Exhaustionsverfahren nahegelegt hatte. Das historische vierte Kapitel schließlich ist um eine Diskussion der Augustinischen Zeittheorie erweitert.

An die genannte Neufassung knüpfe ich die Hoffnung, daß auch der Anachronismusverdacht gegen die Protophysik als ungerechtfertigt erwiesen ist, wie er vor allem in Ablehnungen der Protophysik durch solche Autoren anklingt, die im Verfolg von Vollständigkeitsidealen der Protophysik zwei oder drei ablehnende Sätze gewidmet haben. Abgesehen davon, daß ein Anachronismusvorwurf mit den Resultaten der nachklassischen Physik argumentieren muß und deshalb gegenüber einem Begründungsanspruch für die Physik zirkulär ist, ging es mir nie um eine Restauration der klassischen Physik. Diese hat in allen drei Bereichen der Längen-, der Zeit- und der Massenmessung ebensoviele Begründungs- und Definitionslücken wie die nachklassische Physik, und zwar in neuesten Formulierungen ebenso wie bei Newton. Daß der Beginn der Protophysik dennoch dem klassischen Begriffstripel Länge, Dauer, Masse folgt, hat weder historische noch metaphysische Gründe, sondern liegt daran, daß eine Experimentalphysik bei der planmäßigen Herstellung ihrer Geräte mit den räumlichen Formen von Körpern, dann mit den zeitlichen Formen von Abläufen beginnen muß; diese Reihenfolge ist, kurz gesagt, eine Konsequenz des Prinzips der methodischen Ordnung.

Nun könnte im Hinblick auf die seit 1969 stattgefundene Diskussion unter den Wissenschaftstheoretikern, im Hinblick auf die Kontroverse von Popperianern und Kuhnianern oder auf die Aktualität der Sneed-Diskussion ein neuer Anachronismusverdacht entstehen: die Protophysik sei, wenn schon nicht bezüglich der Physik-Geschichte, so doch bezüglich der Wissenschaftstheorie-Geschichte überholt. Dagegen läßt sich einwenden, daß Errungenschaften der neueren Diskussion so revolutionierend nur dem erscheinen müssen, der letztlich von der Philosophie des Wiener Kreises herkommt. Einsichten wie diejenige, daß Physik nicht nur aus ihren Theorien besteht, sondern auch aus einer Praxis geschichtlicher und intentional handelnder Menschen, war von Anfang an ein Konstituens der Protophysik. Auch erweist sich eine Methodologie nicht schon dadurch als anachronistisch, daß sie in Kollision mit modischen radikalen Liberalitätspostulaten gerät. Noch immer war für Reformen wie für Revolutionen ein Stück Kontinuität menschlicher Intentionen erforderlich. Eine Methodologie mit dem wie ein rigider Exaktheitsanspruch wirkenden Prinzip der methodischen Ordnung wird auch dadurch nicht überflüssig, daß Vertreter von Anti- und Metamethodologien das Problem ausklammern, daß jede in Experimenten, d. h. an Geräten gefundene Naturerkenntnis durch Erfolg oder Mißerfolg der in den Geräten realisierten menschlichen Intentionen zustandekommt. Unser Wissen von der Natur ist deshalb wesentlich immer auch ein Wissen, welche unserer Absichten bei der künstlichen Herbeiführung von Vorgängen und Zuständen oder bei der Erklärung von nicht-planvoll-Bewirktem erfolgreich oder erfolglos geblieben sind, und es setzt deshalb eine explizite Kenntnis eben dieser Absichten voraus.

Kapitel I

Zum Problem der Zeitmessung in der gegenwärtigen Wissenschaftstheorie

1. Vorbemerkung: Herstellung eines Bezugs zu bekannten wissenschaftstheoretischen Positionen

Der vorliegende Band entwickelt eine Theorie der Zeitmessung für die Physik und verfolgt damit die Absicht, ein kleines und grundlegendes Stück der Theorien der Fachwissenschaft Physik selbst zu liefern. Unabhängig davon, ob diese Absicht erfolgreich verwirklicht werden kann oder nicht, sind die Fachphysiker als primäre Adressaten der Protophysik der Zeit gemeint. Die Definition von »Uhr« bzw. die Bereitstellung eines metrischen Zeitbegriffs hat also ihren Ort in der Einleitung oder dem ersten Kapitel eines Lehrbuchs der Mechanik. Hierfür muß das Verhältnis einer operativen Begründung der Zeitmessung in einer protophysikalischen Theorie zur Fachphysik bzw. deren Theorien geklärt werden. Dies geschieht in Kapitel II im Rahmen einer Methodendiskussion.

Ungeachtet dieser Zuordnung der Protophysik zu einer (um ihre Grundlagen besorgten) Physik ist es aber ein historisches Faktum, daß sich zumindest institutionell eine Arbeitsteilung zwischen Fachphysikern und Wissenschaftstheoretikern durchgesetzt hat. Die Physik hat – von wenigen Ausnahmen abgesehen – die Besorgnis um ihre Grundlagen delegiert, was sich zunächst noch ohne Kritik und Wertung als ein Vorgang analog der Arbeitsteilung zwischen theoretischer, experimenteller und angewandter Physik verstehen läßt. Faktisch führt dies aber auch dazu, daß sich ein Vorschlag wie in diesem Buch statt an die intendierten Adressaten aus der Fachphysik tatsächlich in erster Linie an Wissenschaftstheoretiker wenden muß, weil er vor allem von diesen und nicht von Fachphysikern gelesen und diskutiert wird.

Es ist nun eine wissenschaftstheoriehistorische Trivialität, daß sich die Wissenschaftstheorie oder Philosophie der Physik zumindest insofern verselbständigt hat, als die in der zweiten Hälfte des vorigen Jahrhunderts begonnenen Analysen der Physik zu einer Fülle von logischen, definitions- und wahrheitstheoretischen Fragen geführt haben, die für sich und in einem immer geringer sichtbaren Bezug zur Fachphysik diskutiert werden können. Diese heute weithin anerkannte Ablösung der Wissenschaftstheorie von der Fachphysik, die auch durch neuere Bemühungen von Wissenschaftswissenschaften (Wissenschaftssoziologie, Wissenschaftsgeschichte, Institutionengeschichte, Forscherpsychologie usw.) nicht dürfte rückgängig gemacht werden können, bringt es mit sich, daß der Bezug eines an Physiker gerichteten systematischen Vorschlags der Definition eines physikalischen Grundbegriffs zu den Hauptthemen der Wissenschaftstheorie erst zusätzlich hergestellt werden muß. Dieser Aufgabe ist das erste Kapitel gewidmet.

Mit der Behauptung allerdings, daß ein Bezug des vorliegenden protophysikalischen Ansatzes zu bekannten wissenschaftstheoretischen Positionen zusätzlich hergestellt werden muß, ist weder behauptet, daß diese Positionen selbst keinen Bezug zur Fachphysik für sich reklamieren würden oder dürften, noch ist damit gesagt, daß der vorliegende protophysikalische Ansatz nur im Blick auf die Physik und unter Vernachlässigung bekannter Ergebnisse der Wissenschaftstheorie entwickelt ist. Die Herstellung eines Bezuges der Protophysik zur Wissenschaftstheorie anderer Herkunft ist also nicht etwa nur eine didaktische Bemühung, um dem Leser die Einordnung der Protophysik in die Reihe anderer Ansätze zu erleichtern: Vielmehr geht es vor allem darum, klar zu machen, daß der protophysikalische Versuch vor dem Hintergrund alternativer Auffassungen entstanden ist und beansprucht, deren Nachteile zu vermeiden. Es wird sich schon auf den folgenden Seiten zeigen, daß der protophysikalische Ansatz, der zu einer *normativen Theorie des Messens* führt, nicht ohne die Ergebnisse einer deskriptiv verfahrenden Wissenschaftstheorie auskommen kann. Daher wird in diesem Kapitel erläutert, inwiefern eine die Physik lediglich analysierende und beschreibende Wissenschaftstheorie, wo sie mit dem Anspruch auftritt, die ganze Wissenschaftstheorie zu sein, verkürzt ist, und wo sie nicht mit diesem Anspruch auftritt, als eine Teilbemühung zu betrachten ist, die um einen protophysikalischen Teil zu erweitern ist, um etwa eine Grundlegung der Zeitmessung für die Fachphysik zu ermöglichen.

Im einzelnen soll diese Diskussion bei einer Darstellung und Klärung einer affirmativen Grundhaltung der sogenannten »analytischen« Wissenschaftstheorie beginnen, deren Charakteristika an einigen Auffassungen zur physikalischen Begriffsbildung vorweisen und schließlich zu einer Kritik an Theorien der Bildung metrischer Begriffe allgemein und schließlich des Zeitbegriffs im besonderen führen.

2. Affirmative Wissenschaftstheorie und die Sprache der Physik

Die Geschichte der modernen Philosophie der exakten Wissenschaften beginnt fast ausschließlich als Theorie der Wissenschaftssprache. Es kann hier offenbleiben, inwieweit dafür eine in Form von Sprachkritik gesuchte Überwindung der traditionellen Philosophie etwa im Gefolge Wittgensteins und der analytischen Philosophie eine Rolle gespielt hat. In der Geschichte der exakten Wissenschaften selbst sind nämlich die heute noch zentralen Fragen einer Theorie der Wissenschaftssprache vorgezeichnet:
Schon Euklid hat entsprechend der (von ihm jedoch nicht strikt durchgehaltenen) Wissenschaftslehre des Aristoteles[1] der abendländischen Wissenschaft das noch heute geschätzte Vorbild einer wissenschaftlichen Theorie in Form seiner axiomatischen Geometrie hinterlassen. Er hat damit aber auch wesentlich den Grund für die Probleme gelegt, welche die Mathematik und Physik bis heute begleiten. Gemeint ist vor allem die Frage, welchen Status die Definitionen haben, die den Postulaten und Axiomen Euklids vorausgehen. Schon antike Kommentatoren beanstanden deren Mängel und suchen nach Alternativen.[2] Diese Definitionen genügen nicht der Anforderung, die definierten Wörter durch Rückführung auf außergeometrisch bestimmte oder bestimmbare Wörter festzulegen. Sie halten die Reihenfolge eines systematischen Aufbaus einer Terminologie, in der in späteren Definitionen nach Möglichkeit nur die vorher bereitgestellten Wörter vorkommen, nicht ein und spielen schließlich für die sich anschließende Geometrie so gut wie keine Rolle: sie werden weder in Lehrsätzen noch deren Beweisen als Argument verwendet. So konnte etwa der die weitere Geschichte der Geometrie wesentlich bestimmende Streit um den Status des Parallelenpostulats nicht auf der Grundlage einer explizit bestimmten, keine Mehrdeutigkeiten offenlassenden geometrischen Terminologie ausgetragen werden. Die Folge war, daß syntaktische Betrachtungen semantische weitgehend verdrängten, bis schließlich D. Hilbert mit seinem Vorschlag eines formalistischen Verständnisses der Geometrie die Frage nach der Bedeutung geometrischer Grundtermini zugunsten eines syntaktischen Kriteriums ganz aus der Mathematik verwies.[3] Diese letztlich durch die Mängel der Geometrie Euklids

grundgelegte, in der analytischen Umdeutung der Geometrie durch Descartes auf den Bereich der Algebra nur scheinbar umgangene und in Hilberts »Axiomatisches Denken« zum Programm erhobene Vermengung von Sinn und Bedeutung wissenschaftlicher Aussagen[4] hat sich bis heute durchgehalten, und sie hat die Wissenschaftstheorie primär zu einer Theorie der Wissenschaftssprache werden lassen. Dieselben Mängel, die sich an der Geometrie Euklids zeigen, wiederholen sich an einer ähnlich erfolgreichen axiomatischen Theorie, nämlich der Mechanik Newtons. Auch dort sind die den Axiomen vorausgeschickten Definitionen des absoluten Raumes und der absoluten Zeit sowie der Masse ungenügend und zum Teil für die darauffolgende Theorie auch unerheblich.[5] In auffälliger Parallele zur Geschichte der Geometrie Euklids entwickelt sich eine technisch höchst erfolgreiche Physik, die (analog dem scheinbaren Verschwinden von Definitionsproblemen durch die Übersetzung der synthetischen Geometrie in Algebra) glaubt, ihre Grundlagenprobleme durch die analytische Mechanik (Euler, d'Alembert, Lagrange, Hamilton und Jakobi) wenn nicht gelöst, so doch umgangen zu haben.
Die Reihe solcher bedeutenden Entwicklungen der exakten Wissenschaften, in denen die alten Grundlagenprobleme nicht gelöst, sondern aus dem Bereich einer Theorie oder eines Faches ausgelagert wurden, ließe sich fortsetzen über die Subsumtion der Mechanik unter die Elektrodynamik, die Uminterpretation vor allem des Status der (mangelhaft bestimmten) Grundbegriffe der klassischen Physik durch die relativistische, bis zur Wellenmechanik E. Schrödingers. Alle im groben Überblick über die Geschichte der Physik und ihrer Grundbegriffe als einschneidend geltenden Entwicklungsschritte sind verknüpft mit einer Fülle von Problemen der sprachlichen und begrifflichen Repräsentation ihrer Ergebnisse. Es ist also neben möglichen anderen Gründen die Geschichte der exakten Wissenschaften selbst, die die Wissenschaftstheorie prima facie zu einer Theorie der Wissenschaftssprache prädestiniert.
Auf diesem Gebiet liegen denn auch die ersten Ergebnisse, welche vor allem von Mitgliedern und Anhängern des Wiener Kreises und unter diesen wieder vor allem von Carnap und Hempel erarbeitet wurden.[6] Vorab kann behauptet werden, daß diese Bemühungen eine Exaktheit des Redens über Naturwissenschaft ermöglicht haben, hinter die heute nicht zurückgegangen werden kann. Doch es läßt

sich auch feststellen, daß die Wissenschaftstheorie im Verfolg des Programms, die Sprache der Physik logisch zu analysieren, in eine Richtung gegangen ist, die selbst neue Probleme erzeugt, ohne die alten schon gelöst zu haben. Um auf diese Probleme näher eingehen zu können, muß auf einen Aspekt der Geschichte verwiesen werden, die das sprachanalytische Programm erfahren hat.

Zu den selbstverständlichen Voraussetzungen dieser Geschichte gehört, daß es bereits ausgearbeitete Theorien in Mathematik und Physik gab. Die offenen Definitionsprobleme der Mengenlehre, der Geometrie, der Mechanik und der Elektrodynamik gehörten sozusagen zum elementaren Wissen in dieser historischen Ausgangssituation. Stellt man in Rechnung, daß es Einflüsse durch die Kritik an der traditionellen Philosophie, in diesem Falle genauer an der Lehre Kants vom synthetischen Apriori gab,[7] eine Kritik, derzufolge es eher zu den Voraussetzungen als zu den Resultaten der Analyse der Sprache der Physik gehörte, daß es nur analytische und empirische Sätze geben kann, so hatte man das Problem zu lösen, wie allein mit Hilfe von Empirie und Logik bzw. Mathematik die vorfindlichen Sätze der Physik zu gewinnen seien. Ob nun in der radikalen Form der Protokollsatztheorie[8] oder einer weniger von terminologischen Skrupeln geplagten Auffassung, die mit Sätzen über einzelne Experimente begann,[9] sind die Versuche gescheitert, auf der Basis einer Beobachtungssprache die Definitionsprobleme einer physikalischen Theoriesprache zu lösen.[10] Ausdruck hierfür sind etwa die bekannte, in drei Phasen verlaufende Entwicklung der Carnapschen Position[11] oder die Einwendungen Reichenbachs[12] und dann Hempels[13] gegen die im engeren Sinne empiristischen Varianten des Theoriesprachenkonzeptes, bis hin zur formelmäßigen Aufarbeitung der Verknüpfung von sprachanalytischen Ansätzen in der Theorie Sneeds.[14]

Ohne auf die (in wissenschaftstheoretischen Lehrbüchern verfügbaren) Details einzugehen, kann als das hier interessierende Charakteristikum dieser Entwicklung bezeichnet werden, daß man sich schließlich über alle weiteren Unterschiede hinweg darauf eingelassen hat, *Bedeutungsprobleme physikalischer Termini nicht mehr unabhängig von Geltungsproblemen der mit ihnen formulierten Aussagen zu diskutieren.* So sagt C. G. Hempel, der wiederholt das Zusammenfallen von Begriffsbestimmung und Theorienbildung betont, es sei »ratsam . . . die Vorstellung aufzugeben, daß die Sätze einer Theorie in zwei durch ihre erkenntnistheoretischen Merkmale unterschiedene Klassen zerfallen: durch sprachliche Verabredung gesicherte Sätze, die dem Hinweis dienen, was die theoretischen Terme bedeuten sollen, und Sätze, die empirische Behauptungen mittels interpretierter Terme ausdrücken und der Bestätigung oder dem Bestätigungsentzug durch empirischen Test unterworfen sind.«[15] Es soll hier nicht darauf eingegangen werden, daß sich diese Auffassung nicht nur bei Hempel, Carnap, Reichenbach und Stegmüller, sondern in (hier unerheblichen) Variationen z. B. auch bei Popper, Lakatos, Feyerabend und anderen findet.

Die Nähe dieser Auffassung, wonach terminologische Bestimmungen von der Überprüfung der Gültigkeit der mit dieser Terminologie formulierten Aussagen nicht zu trennen sei, zu (älteren) Auffassungen, wonach die Termini einer axiomatischen Theorie nur im Rahmen der ganzen Theorie Bedeutung haben, ist offenkundig. Schon G. Frege hatte mit der Möglichkeit gerechnet, daß die Termini der Newtonschen Mechanik nicht einzeln in einer hierarchischen Ordnung, sondern nur alle zusammen durch ein ganzes System von Definitionen und Axiomen bestimmbar seien.[16] Diese Meinung findet schließlich ihre radikalste Ausprägung im formalistischen Verständnis der Geometrie durch Hilbert (das Frege übrigens für verfehlt hielt[17]). Auf dem Gebiet der Mathematik ist es das Vorbild dafür, daß Theorien der empirischen Wissenschaften aufgefaßt werden als interpretierte formale Systeme; für die den Ausdrücken der formalen Theorie Bedeutung verleihende Interpretation bietet sich dann in der Tat als Richtschnur die empirische Bewährung einer solchen Interpretation an.

Die angebliche Untrennbarkeit von terminologischen Bestimmungen und empirischer Überprüfung hat eine folgenreiche und trotz der neugewonnenen Distanz zur Wissenschaftssprachanalyse stets stillschweigend mitgeführte Voraussetzung: Alle Diskussionen über Gültigkeit – bzw. Bewährungsprobleme physikalischer Theorien einschließlich der Varianten eines »non-statement-views«[18] – *gehen davon aus*, daß die Physik in ihrer gegenwärtigen Form im Prinzip gültige Ergebnisse liefert. Definitionsprobleme, Gültigkeitskriterien und selbst die weitestgehenden Fragen, wie man Physik über deren Theorien hinaus verstehen könne, werden nicht wirklich mit dem Risiko erörtert, daß diese Erörterung in eine Physikkritik mündet. Vorliegende Theorien gelten als bewährt, die tatsächlich geübte

Praxis der Physiker als erfolgreich. Damit gewinnt aber das in kritischer Absicht begonnene Unternehmen, die Physik zu verstehen, wie sie ist, eine besondere Abhängigkeit von der Physik: die Resultate der analytischen Wissenschaftstheorie lassen sich nicht verstehen, wenn nicht deren Vorentscheidung akzeptiert wird, daß die vorliegende Physik die gegenwärtig bestmögliche ist. Insbesondere werden die Ergebnisse der Analyse der physikalischen Fachsprache abhängig von der Unterstellung, daß die Fachwissenschaften *im Prinzip korrekt* sind. Die immer noch gut in der Tradition des Logischen Positivismus stehende Vorentscheidung zu Gunsten der Physik als dem Exemplar einer exakten empirischen Wissenschaft schlechthin und der daraus resultierenden Entscheidung, Definitionsprobleme generell von Geltungsproblemen abhängig zu machen, weist auf den *affirmativen Charakter* dieser Richtung von Wissenschaftstheorie hin.

Die Bezeichnung *»affirmativ«* soll dabei nicht die Behauptung zum Ausdruck bringen, es sei erklärte Absicht der affirmativen Wissenschaftstheorie, das Lehrgebäude der Physik zusätzlich zu bestätigen. Vielmehr soll dieses Prädikat anzeigen, daß die (erst in der Analyse der unverzichtbaren Voraussetzungen dieser Richtung von Wissenschaftstheorie sichtbare) affirmative Grundhaltung dazu führt, daß die Wissenschaftstheorie ungeachtet ihrer sonst erklärten Absichten eine die Physik bestätigende Rolle *tatsächlich* übernimmt. Denn aus einer bloßen Analyse der physikalischen Terminologie können keine Einwände gegen die Physik resultieren, weil Wortverwendungsregeln sich nach der Gültigkeit von physikalischen Theorien zu richten haben.[19] Damit übernehmen Fragen nach den Kriterien der Bewährung oder Geltung dieser Theorien oder nach einem Verständnis der Physik nur noch die Aufgabe, nachträglich auszuführen, in welchem Sinne die vorliegende Physik anerkannt ist. Bekanntlich hat sich der Bestand an Verfahren, die von Physikern tatsächlich angewandt werden, nicht geplant, sondern »historisch«, also weitgehend naturwüchsig entwickelt. So geben die Physiker auch heute in der Regel keine Auskunft, nach welchen Geltungs- oder Bewährungskriterien ihre Theorien formuliert bzw. bestätigt sind; dies überlassen sie dem common sense der Fachkollegen, und die Praxis zeigt, daß sich daraus nur in Ausnahmefällen Schwierigkeiten ergeben. Deshalb leisten aber die Wissenschaftstheoretiker überall dort, wo der Hinweis auf den Konsens der Fachleute als Geltungskriterium nicht hinreicht, nur den Beitrag einer Explikation möglicher Gründe oder Kennzeichen dieses Konsenses. Sie liefern der zunächst nicht begründeten Behauptung, die vorhandene Physik sei die bestmögliche, nachträglich die Argumente.

Diese selbstgewählte Beschränkung der affirmativen Wissenschaftstheorie wird nicht etwa versehentlich oder unbemerkt von ihren Vertretern aufrechterhalten, sondern in den Fällen, wo Wissenschaftstheorie beginnt, die Fachwissenschaften zu kritisieren, häufig ausdrücklich verteidigt.[20] Der affirmativen Grundhaltung von Wissenschaftstheoretikern entspricht deren Eintreten für die Autonomie der Fachwissenschaften gegenüber der Philosophie. Damit liegt aber der affirmativen Wissenschaftstheorie neben später zu kritisierenden Nachteilen der Irrtum zu Grunde, daß die *Nachträglichkeit* wissenschaftstheoretischer Überlegungen die *Anerkennung* der vorliegenden Theorien verlangt. Der Ausgang vom Faktum der Naturwissenschaften, auf den sicher keine Philosophie der Wissenschaft verzichten kann, ist aber, und das scheint in der Tradition des Logischen Positivismus bis heute nicht gesehen worden zu sein, auch ohne eine wertende Vorentscheidung hinsichtlich der vorliegenden Wissenschaft möglich. (Um Mißverständnissen vorzubeugen, sei darauf hingewiesen, daß die Ablehnung einer Vorentscheidung selbstverständlich auch die negative Vorentscheidung, daß die Theorien der Physik schlecht bestätigt oder sonst mangelhaft seien, mit einschließt.)

In diesem Buch wird ebenfalls ein Ausgehen von der tatsächlich vorliegenden Physik befürwortet, jedoch ohne diese vorab zu bewerten, sei es nun positiv als Vorbild für wissenschaftliche Strenge und erfolgreiches Forschen, sei es negativ als Beispiel für die Beschränkung einer Sichtweise oder Methodologie. Die Vorzüge, das philosophische Bemühen um ein Verständnis der vorliegenden Physik zu unterscheiden von der Anerkennung dieser Physik, und nur das erste zu tun, ohne sich auf eine Vorentscheidung einzulassen, sollen im zweiten Kapitel behandelt werden. Hier sind zunächst die Schwierigkeiten darzustellen, die mit einer positiven Vorentscheidung gegenüber der Physik verknüpft sind.

Weist man der Wissenschaftstheorie unter anderem die Aufgabe zu, zu einem besseren Verständnis der Physik in ihrer jeweils historisch vorliegenden Form beizutragen, so war es nicht nur, wie oben gesagt, in der Geschichte der exakten Wissenschaften vorgezeichnet, bei einer Analyse der Wissenschaftssprache anzusetzen; es hat sich dieser Ansatz als fruchtbar und erfolgreich erwiesen. Als dessen Erfolg muß es nämlich gewertet werden, zu wissen, daß sich der tatsächliche Sprachgebrauch der Physiker selbst in Theorien, die eine gewisse Abgeschlossenheit haben, nicht in dem Sinne rekonstruieren läßt, daß die Termini der Theorie vollständig in eine außertheoretische Sprache übersetzbar wären. Beispiele für solche Termini sind zum einen alle metrischen Begriffe, bei denen reelle Maßzahlen zur Anwendung kommen, obgleich Meßergebnisse nur rationale Zahlen sein können, und zum anderen Termini wie »Elektron« oder die Schrödingersche Wellenfunktion. Dieser Erfolg der Analyse und Beschreibung tatsächlichen Sprachgebrauchs unter Fachwissenschaftlern ist eine Voraussetzung für die konstruktive Kritik an diesem Sprachgebrauch und schließlich auch für die Entscheidung, als Wissenschaftstheoretiker nach Alternativverfahren für den Aufbau einer Wissenschaftssprache zu suchen. Diese Suche ist aber nicht von denjenigen Wissenschaftstheoretikern als Aufgabe gesehen worden, die gegenüber der Physik eine affirmative Grundhaltung einnehmen.

Bei deren selbstgewählten Beschränkung bleibt u. a. unberücksichtigt, daß Fachwissenschaftler Menschen sind, die vielerlei Absichten verfolgen, wenn sie Wissenschaft treiben, kürzer, die nach Zwecken handeln. Es darf aber schon bei der Beschreibung der tatsächlich betriebenen Physik weder ohne Prüfung vorausgesetzt werden, daß Fachwissenschaftler nur nach fachimmanenten Zwecken handeln, daß die Physik also in ihren Zwecksetzungen autonom sei, noch, daß die fachexternen Zwecksetzungen keine Auswirkungen auf die Resultate der Physik und damit auch auf ihre sprachliche Fixierung hätten. Selbst dort, wo man neben der Theorie der Wissenschaftssprache auch Fragen der Überprüfung und Bewährung von physikalischen Theorien diskutiert hat, und wo diese Diskussion zur Einsicht geführt hat, daß Wissenschaftsgeschichte unter anderem ein sozialer Prozeß ist,[21] gelang es aufgrund der affirmativen Grundhaltung nicht, die Physik als ein Handeln nach Zwecken zu begreifen. Es wurde nicht gesehen, und zwar bis hin zu Positionen im Anschluß an Kuhn nicht, daß sich eine neue Aufgabe für die Philosophie der Physik genau dann stellt, wenn der Konsens der Fachwissenschaftler z. B. bezüglich ihrer Fachterminologie oder ihrer Theorien argumentativ unvollständig oder zirkulär ist.[22] Deshalb sind die wichtigsten

Mängel des so genannten *Theoriesprachen-Ansatzes*,[23] der die »theoretical concepts« auszeichnet, bis heute nicht behoben:

Der Hauptfehler des Versuches, durch eine logische Analyse der vorliegenden Fachsprache allein zur Angabe von (im weitesten Sinne) Definitionsverfahren für physikalische Termini zu kommen, liegt im überzogenen Anspruch dieses Ansatzes. Man rechnete alle für die Formulierung einer Theorie erforderlichen Termini, soweit sie nicht zur Logik oder zur Analysis gehören, gleichermaßen zu den theoretischen, deren Gebrauch von der Bewährung der Theorie durch messende Kontrolle abhängt. Die terminologische Bestimmung aller in physikalischen Theorien vorkommenden Wörter sollte (mit der genannten Einschränkung) empirieabhängig sein. Hier wird übersehen, daß manche Termini solche Eigenschaften von Meßgeräten betreffen, die Voraussetzung für jede messende Kontrolle sind. Schon die Betrachtung des faktischen Sprachgebrauchs der Physiker hätte lehren können, daß manche physikalischen Termini nicht natürliche oder naturgesetzliche Sachverhalte erfassen, sondern technische, also künstliche. Es galt immer als Konsens der Physiker, daß die Zuverlässigkeit physikalischer Ergebnisse durch die Wiederholbarkeit von Experimenten erzeugt wird, und daß diese Wiederholbarkeit in der Reproduzierbarkeit der Experimentierbedingungen besteht. Doch dieser Physikerkonsens hat nicht auf die Theorie der Wissenschaftssprache durchgeschlagen, sonst hätte dort berücksichtigt werden müssen, daß manche »theoretischen« Termini der Physik in ihrer Verwendung nicht durch hypothetische, empirisch zu kontrollierende Behauptungen bestimmt sind, sondern einen Geltungs*anspruch* von Aussagen über einzelne Meßergebnisse betreffen. Sie sichern diesen Geltungsanspruch durch ihren Bezug auf die im Experiment reproduzierten Eigenschaften von Geräten.

Selbstverständlich läßt es sich nicht aus den Formeln einer physikalischen Theorie ablesen, welche Termini nun mit der empirischen Überprüfung der Theorie zur Disposition stehen, und welche dagegen Voraussetzung dafür sind, daß die Theorie überhaupt empirisch überprüft werden kann. Diese Unterscheidung wird nicht geleistet durch die sprachanalytisch mögliche Auszeichnung syntaktischer Grundbegriffe, d. h. solche Grundbegriffe, die im Rahmen der Syntax einer bestimmten Theorie als nicht explizit definierte, sondern als »primitive« Terme auftreten, aber zur Definition aller anderen Termini hinreichen. Die Syntax einer Theorie kann nicht zeigen, ob die primitiven Terme etwa so bestimmt werden können, daß sie als Bezeichnung für die technisch oder künstlich herbeigeführten Eigenschaften von Geräten und damit unabhängig von der Gültigkeit der mit ihnen formulierten Theorie Bedeutung haben. Die Möglichkeit aber, daß sich physikalische Grundbegriffe nach anderen als syntaktischen Kriterien auszeichnen lassen, wird verkannt.

Selbstverständlich war bzw. ist es auch den Vertretern der sprachanalytischen Wissenschaftstheorie bekannt, daß wichtige Meßgeräteeigenschaften künstlich herbeigeführt sind, und daß Experimente Erfahrungen unter *künstlichen* Bedingungen liefern. Man muß deshalb zusätzlich erklären, warum die Unterscheidung von empirischen und künstlichen Geräteeigenschaften keinen Einfluß auf die Analyse der physikalischen Theorien gewonnen hat.

Die positive Vorentscheidung zu Gunsten der Physik betrifft nicht nur die Annahme, daß vorliegende Theorien die momentan bestmöglichen sind, sondern sie erstreckt sich auch auf den Laborbetrieb der Physik: hier äußert sich die affirmative Grundhaltung in der Auffassung, daß die Geschichte der Labor-Technologie dann vergessen werden kann oder wenigstens für physikalische Theorien irrelevant wird, wenn die gegenwärtig verwendeten Geräte mit den gegenwärtig anerkannten Theorien beschrieben werden können.[24] Die Sprache der Meßresultate, die ja immer auch Aussagen über Meßgeräte sind, muß konsistent mit der Sprache der Theorie bleiben. In einem von Wittgenstein stammenden Vergleich kann die Geschichte der Kunst, Meßgeräte zu bauen, vergessen werden, wie man eine Leiter umwerfen kann, wenn man mit ihr einmal ein Dach bestiegen hat. Man glaubte, mit der Geschichte der Meßgeräteentwicklung auch deren systematische Implikationen, daß nämlich bestimmte Verbesserungen an Geräten andere Messungen nicht bloß historisch, sondern methodisch voraussetzen, vergessen zu können, weil die gegenüber der Physikgeschichte nachträgliche Sprachanalyse nachträglich zur Uminterpretation der Grundbegriffe der klassischen Physik erfolgte. Die berechtigte Kritik Poincarés, Minkowskis und Einsteins an den begrifflichen Grundlagen der klassischen Physik ist bekanntlich so weit gegangen, auch die die Relativitätstheorie tragenden Meßergebnisse hinsichtlich der darin implizierten Meßgeräteeigenschaften umzuinterpretieren.

Wie also bereits durch die Geschichte der exakten Wissenschaften die Betonung der Sprachanalyse in der Wissenschaftstheorie vorgezeich-

net ist, so sind es auch wissenschaftshistorische Gründe, die den Aspekt der künstlichen Erzeugung entscheidender Meßgeräteeigenschaften zu Gunsten einer nachträglichen Beschreibung in den Worten der Theorie verdrängt haben. Später[25] wird noch einmal darauf einzugehen sein, daß speziell an der Analyse des Zeitbegriffs der modernen Physik sichtbar wird, wie sehr diese von dem historischen Zufall geprägt ist, die methodologische Verschiebung der Physik durch die Relativitätstheorie Einsteins nachvollziehen zu müssen.
Neben diesem wissenschaftstheoretischen ist es noch ein weiterer Grund, daß empirische nicht von künstlichen Meßgeräteeigenschaften unterschieden werden: Es sollte hier nicht behauptet werden, daß die Wahl der Physik zum Vorbild für Wissenschaftlichkeit schlechthin naiv war. Die methodologische Maxime, eine Wissenschaft von der Natur auf Beobachtbares zu beschränken, hat gegenüber der Belastung der Mechanik Newtons durch theologische Einflüsse aufklärerischen Charakter. Die Physik von solchen traditionellen Resten, die sich als argumentativ nicht streng belegbare Behauptungen erweisen, freizuhalten, wird wohl auch heute allgemein Zustimmung finden. Diese Zustimmung äußert sich häufig in der Meinung, die Physik verdanke geradezu ihren Erfolg ihrer Ablösung von einer traditionellen Philosophie. Leider hat sich jedoch bereits bei Einstein und verstärkt seit der Explikation seiner speziellen Relativitätstheorie durch Gelehrte wie Schlick und Reichenbach der aufklärerische Impetus zu einem generellen Metaphysikverdacht ausgeweitet gegen alles, was nicht *Resultat* einer empirischen Wissenschaft ist.[26] Ein solcher Verdacht trifft auch heute sofort jede Behauptung der Art, daß es doch Grundbegriffe der Physik allgemein geben könne, die sich in ihren Bestimmungen einer *erfahrungswissenschaftlichen* Revision entzögen. Zu nahe liegt das Mißverständnis, die Behauptung, es gäbe Voraussetzung für jede mögliche Physik, könne keine wissenschaftlich kontrollierbare Geltung haben. Das alte und hier befürwortete Ziel, die Physik auf streng begründbare Sätze zu beschränken, hat damit zu einem selbst unbegründeten Verdacht gegen Bemühungen wie der hier vorgetragenen geführt.[27]
Es ist nämlich keineswegs nur (im pejorativen Sinne) »metaphysisch« möglich, über generelle Voraussetzungen jeder empirischen Physik zu sprechen, weil hierbei bereits immer bestimmte minimale Anforderungen an die Geltung dieser Physik mitgedacht sind. In Kapitel II wird ausführlich besprochen, daß bereits die methodologische Ent-

scheidung, mit Hilfe von *Meßgeräten* Experimente zu kontrollieren und *Meßresultate intersubjektiv überprüfbar* zu halten, also im strengen Sinne eine Experimentalwissenschaft zu betreiben, jene Bemühungen erfordert, die zur intersubjektiven Nachvollziehbarkeit von Meßergebnissen führt. Es kann also im Hinblick auf den Geltungsanspruch der Physik streng dafür argumentiert werden, daß jede auf Meßresultaten aufbauende Physik hinsichtlich der Meßgeräte logisch präzisierbare Eigenschaften voraussetzt, und wenn diese Voraussetzung nicht selbst unkontrollierbar werden soll, muß sie durch technische Veranstaltungen zur Geltung gebracht werden. Hierbei ist freilich auch bereits Sprache erforderlich, und es werden auch solchen technischen Bemühungen gewisse Erfahrungen vorherzugehen haben, aber es ist dazu weder die Terminologie der Physik noch deren empirisches Wissen Voraussetzung. Handwerkersprache und Alltagswissen reichen hin.
Der alte Metaphysikverdacht der empiristischen Tradition hat somit zur Folge gehabt, daß der empiristischen und sprachanalytischen Wissenschaftstheorie der Physik die Unterscheidung von Alltagswissen und wissenschaftlichem Wissen und schließlich sogar die Unterscheidung von Alltagssprache und Wissenschaftssprache insoweit verschlossen geblieben ist, als gerade *der Anspruch* auf intersubjektive Kontrollierbarkeit physikalischer Aussagen im Gegensatz zu Erfahrungssätzen im Alltag diese Unterscheidung trägt.

2a. Die affirmative Protophysik M. Bunges

Die vorangegangene Kritik an der affirmativen Grundhaltung einer sprachanalytisch verfahrenden Wissenschaftstheorie war vor allem auf die Philosophen des Wiener Kreises und dessen Tradition zugeschnitten. Etwas anders liegen die Verhältnisse bei den Arbeiten M. Bunge's, der die Notwendigkeit physikalischer Grundlagenforschung betont und gleichzeitig behauptet, es gäbe auf diesem Gebiet nahezu keine Ergebnisse (was sich auch als Absage an die Resultate der oben zitierten Autoren verstehen läßt).[28] Bunge treibt die affirmative Haltung gegenüber der Physik auf die Spitze. Nicht nur, daß danach allein die Physiker zu entscheiden haben, was Physik ist und was nicht, nicht nur, daß jede neue Entwicklung der Physik eine neue Grundlagenforschung erfordere, sogar die Grundlagenforschung für bereits vorhandene Theorien müsse ein bodenloses Unternehmen[29] bleiben.

Obgleich Bunge kritisch gegenüber anderen Vorentscheidungen bleibt, auf die sich Vertreter des Wiener Kreises einlassen, trifft er selbst eine extrem radikale Vorentscheidung, auf die sich Carnap, Hempel oder auch Popper nicht eingelassen haben: Der Umstand, daß Grundlagenforschung eine zur Physik sekundäre Tätigkeit ist,[30] engt Bunge darauf ein, daß Grundlagenforschung *nur Theorien* zum Gegenstand habe. Ein extremes Beispiel hierfür ist die in seiner Kritik am Operationalismus vorkommende Behauptung, daß bereits jede Operation, etwa eine bestimmte Messung, nur mit Hilfe einer Theorie interpretiert werden könne,[31] daß also auch elementare Operationen Theorien voraussetzten.[32] Damit wird Grundlagenforschung nach Bunge sogar in den nicht analytischen, sondern konstruktiven Teilen[33] eine Metatheorie zu Theorien, die zwar beansprucht, der Physik näher zu stehen als die Arbeiten von Carnap, Hempel und anderen, die sich aber selbst allenfalls mit theoretischer Physik unter dem Aspekt eines eingeengten Sprachverständnisses befaßt.

Wo Bunge Protophysik[34] fordert, und zwar mit der Begründung, daß Trivialitäten nur so lange unbeachtet bleiben dürfen, so lange sie unter Kontrolle sind,[35] muß ihm entgegengehalten werden, daß er die Physiker-Trivialität nicht unter Kontrolle hat, wonach manche Operationen in der Experimentalphysik nicht nachträglich und gar noch theorienabhängig interpretiert werden müssen, weil sie in charakteristischen Komponenten durch die Absicht des handelnden Experimentalphysikers hinreichend bestimmt sind. Dieser Einwand würde nur dann nicht mehr gelten, wenn auch alltagssprachliches Reden über Absichten, sofern es nur terminologisch und logisch streng ist, zu den »Theorien« gerechnet wird. Dann wird allerdings jedes überlegte Sprechen zur Theorie, und Bunges Behauptung, keine Theorie könne ohne theoretische (also operational nicht interpretierbare) Ausdrücke auskommen, zu einer von ihm selbst nicht begründeten Behauptung über die Alltagssprache. Welche Folgen es für Theorien des Messens oder speziell für eine solche der Zeitmessung hat, wenn Grundlagenforschung ausschließlich Theorien erforscht, wird im Folgenden zu zeigen sein.

3. Die affirmative Theorie der Messung

Die im vorigen Abschnitt allgemein vorgetragene Kritik an der affirmativen Grundhaltung einer vornehmlich sprachanalytischen Wissenschaftstheorie soll nun für Theorien des Messens präzisiert, und die Konsequenzen dieser Haltung für das Verständnis physikalischer Grundbegriffe sollen gezeigt werden. Als nicht kontrovers darf man voraussetzen, daß sich »Grundterme« wenigstens innerhalb bestimmter Theorien syntaktisch auszeichnen lassen. Die vorfindlichen Theorien der Physik haben größtenteils einen Grad von syntaktischer Ordnung erreicht, der es erlaubt, jeweils für eine geschlossene Theorie deren Grundterme anzugeben. Diese auch gelegentlich Primitiva oder primitive Terme genannten Ausdrücke sind innerhalb der Theorie nicht explizit definiert, erlauben aber (gegebenenfalls unter Hinzuziehung von Sätzen mit Behauptungscharakter) alle übrigen Terme der Theorie zu bestimmen. Die syntaktische Auszeichnung muß nicht eindeutig sein, d. h. es kann auch mehrere Gruppen von Primitiva ein und derselben Theorie geben, die zur Bestimmung jeweils des Restes ausreichen. Ob nun aber eindeutig oder nicht, die syntaktische Auszeichnung von Grundtermen erfolgt immer bezüglich einer ganz bestimmten Theorie und setzt nicht voraus, daß sich allgemein »Grundbegriffe der Physik«, d. h. unabhängig von der jeweils speziellen Formulierung ihrer Theorien, angeben ließen. Deshalb soll hier im Folgenden für sie der Ausdruck *syntaktische Grundterme* gebraucht werden.

Bekanntlich sind es die syntaktischen Grundterme der Mechanik, die in der Philosophie der Physik die ausführlichste Diskussion erfahren haben, also die Begriffe der Länge, der Dauer und der Masse bzw. der Kraft. Obgleich das Problem, diese Begriffe zu bestimmen, weitgehend dem Theoriesprachansatz überlassen wurde, wonach nur durch Interpretation ganzer Theorien wie der Geometrie oder einer Mechanik gewußt werden kann, was »Länge«, »Dauer« oder »Masse« bedeuten, konnte eine »Theorie der metrischen Begriffe«[36] entwickelt werden, in welcher die logischen Eigenschaften von Gleichheits- und Ordnungsrelationen festgehalten sind. Historisch kommen Fragen dieser Art aus der Geometrie, und sie wurden im Anschluß an die Ausdehnungslehre H. Grassmanns zuerst umfassend von H. v. Helmholtz auf die Klärung des Messens übertragen.[37]

Der bekannte Helmholtz'sche Ansatz enthält trotz späterer technischer und sprachphilosophischer Verbesserungen durch einige Vertreter des Wiener Kreises bereits den Kern der heute noch anerkannten Theorie der metrischen Begriffe.
Helmholtz geht von der Frage aus, wie die Arithmetik auf physische Gegenstände anzuwenden sei, wobei er kritisch genug ist zu betonen, daß seine gegen Kant gewendete »empiristische Theorie« »sich auch über den Ursprung der arithmetischen Axiome rechtfertigen muß«.[38] Messen wird für Helmholtz die Bestimmung einer Maßzahl: »Von viel größerer Bedeutung und ausgedehnterer Anwendung (sc. als das Zählen ungleicher Stücke einer Strecke, Dauer usw.) ist das Zählen gleicher Objekte. Solche Objekte, die in irgendeiner bestimmten Beziehung gleich sind und gezählt werden, nennen wir die Einheiten der Zählung, die Anzahl derselben bezeichnen wir als eine benannte Zahl, die besondere Art der Einheit, die sie zusammenfaßt, die Benennung der Zahl.«[39] Damit stellen sich zwei Probleme: (1) Wie werden Gleichheit und Zusammenfügen von physischen Objekten so geregelt, daß diese Operationen die gleichen logischen Eigenschaften besitzen wie Gleichheit und Addition in der Arithmetik? (2) Wie werden die Einheiten bestimmt?
Die Antwort Helmholtz' zu (1) fällt überraschend aus, wenn man sie mit den entsprechenden von Carnap und Hempel vergleicht, denn sie ist trotz der empiristischen Position Helmholtz's konventionalistisch. Symmetrie und Komparativität[40] der Gleichheit sowie Kommutativität und Assoziativität der Zusammensetzungsoperation dienen danach bei extensiven, d. h. additiven Größen wie Länge oder Gewicht der Kennzeichnung einer Größenart, und für die Gleichheit führt Helmholtz explizit am Beispiel des Gewichtsvergleichs an der Waage aus, daß Symmetrie und Komparativität Kriterien für das richtige, störungsfreie Funktionieren der Waage sind. Wenn zwei Körper a und b auf einer Waage im Gleichgewicht sind und dann vertauscht werden, »muß die Waage im Gleichgewicht bleiben. Das ist die bekannte Probe darauf, ob die Waage richtig ist«.[41] Damit erfolgt bei Helmholtz die Kennzeichnung für Operationen an störungsfreien (»richtigen«) Geräten. Außerdem betont Helmholtz, daß nicht-additive (»intensive«) Größen (wie Temperatur) in ihrer Bestimmung methodisch von den Bestimmungen extensiver Größen abhängen: »Andererseits geht aber aus der gegebenen Ableitung hervor, daß man erst additive Größen gebildet haben muß, ehe man

Koeffizienten bestimmen kann. Denn die Gleichung, welche ein Naturgesetz ausdrückt, kann die Wertbestimmung eines Koeffizienten nur geben, wenn alle darin vorkommenden Größen schon als Größen bestimmt sind. Die Bestimmung von additiven Größen muß also stets vorangehen, ehe man die Werte nichtadditiver finden kann.«[42]

Wie im Folgenden gezeigt, ist die Einsicht in den konventionellen, nämlich die Ungestörtheit von Meßgeräten definierenden Charakter der logischen Eigenschaften von Gleichheit und Zusammensetzung physischer Objekte in der auf Sprachanalyse konzentrierten affirmativen Wissenschaftstheorie Carnaps und Hempels wieder aufgegeben worden. Weitergeführt wird indessen die von Helmholtz auf (2) gegebene Antwort:

Die zur Ermittlung einer Verhältniszahl (Maßzahl) erforderliche Einheit der Zählung ist entweder »willkürlich gewählt« oder »durch das gebrauchte Instrument gegeben«.[43] Erst die Rückführung solcher ad hoc gewählter Zähleinheiten auf naturgegebene (»nur an bestimmten Naturkörpern (Gewichten, Maßstäben) oder bestimmten Naturvorgängen (Tag, Pendelschlag) aufzuweisen«) führt zu »absoluten Einheiten der Physik«. Dies ist eine extrem empiristische Auffassung, weil sie die Naturgegebenheit von Einheiten höher bewertet als deren jederzeitige Verfügbarkeit durch ihre jederzeitige Reproduzierbarkeit. Diese Höherbewertung führt unter den Nachfolgern Helmholtz' im Extremfall zu der Ansicht, gewisse Größen könnten nur deshalb gemessen werden, weil wir naturgegebene Einheiten dafür finden können. Anhänger dieser Auffassung erweisen sich damit nicht nur als schlechte Schüler Euklids, der im Verfahren der »Wechselwegnahme« die Bestimmung rationaler Maßzahlen ohne vorherige Fixierung einer Einheit vorgeführt hat,[44] sondern auch als unverdiente Erben einer empirischen Physik, die ihren Erfolg der Kunst verdankt, im Experiment mit in ihren entscheidenden Eigenschaften künstlich reproduzierbaren Meßgeräten »an die Natur (zu) gehen, zwar um von ihr belehrt zu werden, aber nicht in der Qualität eines Schülers, der sich alles vorsagen läßt, was der Lehrer will, sondern eines bestallten Richters, der die Zeugen nötigt, auf die Fragen zu antworten, die er ihnen vorlegt.«[45]

Selbstverständlich sollen hier keine Einwände gegen den Bezug auf allgemeine physikalische Einheiten wie Meter, Sekunde, Pond, Grad Celsius usw. erhoben werden. Auch hat es neben einer ehrwürdigen

Tradition gute Gründe, das Messen, dessen Resultat ja eine (rationale) Maßzahl sein soll, auf die elementare Tätigkeit des Abzählens zurückzuführen. Aber anscheinend wurde bei allen solchen Rückführungsversuchen eine zu große Anleihe bei der Arithmetik genommen, was zwar der Tradition seit Descartes und seit der Arithmetisierung der Geometrie entgegenkommt, aber die vorausgehende Kennzeichnung der gezählten Gegenstände schlicht übergeht. So legt zwar die Operation des Aneinanderfügens von Stücken einer Größe das Zählen mit natürlichen, und wegen der Umkehrung des Aneinanderfügens mit ganzen, also auch negativen Zahlen nahe; und die Teilung von Stücken bis zum Erhalt eines für zwei gegebene Stücke gemeinsamen Maßes führt auf rationale Maßzahlen. Aber schon der Sprung von den rationalen zu den irrationalen Zahlen kann nicht mehr im Rahmen des Programms gelöst werden, physikalische Größen durch die Isomorphie von Meßoperationen und mathematischer Beschreibung derselben zu lösen. Hier scheitern Ansätze zur Rückführung der Termini physikalischer Theorien auf Beobachtungssprache, hier werden ad-hoc-Prinzipien zur Kommensurabilität formuliert,[46] die formal mit dem mathematischen Apparat der Physik unverträglich sind und daher zu Gunsten von nur mehr im Rahmen ganzer Theorien (»partiell«) möglicher Interpretationen aufgegeben werden.[47] Offensichtlich wirkt sich hier das Vorliegen eines fertigen Aufbaus des Systems der reellen Zahlen, das mithilfe von Meßoperationen nachzuvollziehen versucht wird, als hinderlich aus; es verhindert nämlich das umgekehrte Vorgehen, den Meßoperationen gegenüber der Arithmetik einen primären Status zuzubilligen und die Differenzierung des Zahlensystems erst an der Differenzierung des Messens vorzunehmen, d. h. das System der Zahlen wenigstens im Sinne einer Zweckorientierung von ihrer Anwendung auf Geometrie her zu rekonstruieren.[48]

Das Nachzeichnen des (historisch älteren) Aufbaus unseres Zahlensystems in einer Theorie des Messens (damit aber nicht in der Meßpraxis!) findet eine nochmalige Wiederholung in der affirmativen Theorie der physikalischen Begriffsbildung. Entsprechend der modernen mengentheoretischen Charakterisierung von Zahlen seit Dedekind und Weierstraß hat sich bei Carnap und Hempel eine Theorie von Stufenaufbau von Begriffen herausgebildet, der die quantitativen (oder metrischen) Begriffe durch Verschärfung komparativer (oder topologischer) versteht, die ihrerseits über den klassifikatorischen Begriffen stehen. Hier hat der unausrottbare Topos[49] vom Gang der Erfahrungswissenschaft, der mit dem zufälligen und dann systematischen Sammeln von Einzelerfahrungen beginnt und über deren Ordnen zum Quantifizieren führt, seine formal exakte Ausarbeitung erfahren. Danach erlaubt eine Gruppe von paarweise konträren Prädikatoren eine Einteilung eines Bereichs von Gegenständen in disjunkte Klassen. Die Bestimmung einer Gleichheits- und einer Vorgängerrelation definiert für diese Gegenstände eine Quasiordnung, die durch weitere Prinzipien zur Metrik verschärft werden kann. Dieser Stufenaufbau liefert die bekannten und zum Grundwissen z. B. der modernen Psychologie zählenden Aufbau der Skalenformen Nominalskala, Ordinalskala, Rationalskala, Intervallskala.[50] Die für diesen Stufenaufbau verwendeten formalen Kriterien sind, und das kann bezüglich eines wissenschaftsanalytischen Interesses als Vorzug gesehen werden, hinreichend, um physikalische Größen mit und ohne absoluten Nullpunkt, additive und nichtadditive, fundamentale und nichtfundamentale Größen und anderes mehr zu unterscheiden und schließlich sogar den Übergang vom klassischen zum relativistischen Zeitbegriff als Wechsel von einem extensiven zu einem intensiven zu beschreiben.[51]

Der Gewinn dieser Analyseergebnisse physikalischer Begriffsbildung für ein Verständnis der modernen Physik steht außer Zweifel. Die formale Ausarbeitung und detaillierte Explikation dieser Begriffstheorie und die darin herbeigeführte Klärung erlauben es aber auch, die Mängel des sprachanalytischen Ansatzes genau zu benennen:

(1) Es ist in hohem Maße zweifelhaft, ob in der Unterscheidung klassifikatorisch – komparativ – quantitativ überhaupt ein hierarchischer Stufenaufbau von Begriffstypen vorliegt. Die z. B. von Stegmüller vorsichtig vorgetragene Auffassung, in den »Frühphasen der Sprache« herrsche »die einfachste Begriffsform« der qualitativen Begriffe »vermutlich ausschließlich« vor,[52] ist sowohl bei ontogenetischer wie phylogenetischer Auszeichnung von »Frühphase« weder belegt noch einsichtig. Einstellige wie zweistellige Prädikatoren, gleich ob die letzteren symmetrisch sind oder nicht, werden in gleichen Verfahren erlernt und verwendet. Es ist nicht zu sehen, wie etwa das Erlernen von Relatoren für Verwandtschaftsbezeichnungen bei einstelligen Prädikatoren (»x ist Vater«) beginnen und dann durch Verschärfung auf zweistellige (»x ist Vater von y«) führen

sollte. Die Behauptung vom höheren Entwicklungsstand einer Sprache trifft also wohl nur für die Anwendung der Arithmetik auf polarkonträre Prädikatoren wie lang – kurz, heiß – kalt usw. zu.
Carnap, Hempel und Stegmüller argumentieren für ihre Auffassung des Stufenaufbaus wissenschaftlicher Begriffsformen mit den Vorzügen der metrischen Begriffe gegenüber den klassifikatorischen und komparativen.[53] So sieht z. B. Hempel in einem Vergleich der Windstärkenskala von Beaufort mit der Angabe der Windgeschwindigkeit in Metern pro Sekunde die Vorzüge der letzteren Windstärkenbestimmung darin, daß diese feinere, prinzipiell sogar unendlich viele Angaben ermögliche (im Vergleich zu lediglich 12 Windstärken), daß sie die Stellung eines Geschwindigkeitswertes in der Skala direkt anzeige (in der Beaufort-Skala muß auswendig gelernt werden, daß eine »mäßige Brise« in der Skala vor einer »frischen Brise« kommt) und schließlich die Anwendbarkeit von Mathematik.
Sicher gibt es Zusammenhänge, in denen diese Argumente gelten, für das angegebene Beispiel etwa die Meteorologie. Aber der dadurch nahegelegte Eindruck, metrische Skalen seien sukzessiv beginnend bei den klassifikatorischen durch schrittweise Präzisierung (und genau deshalb mit Gewinn) aufzubauen, ist falsch. Die Windstärkenskala nach Beaufort ist keine Vorform einer wissenschaftlichen Windgeschwindigkeitsskala, sondern hat nach wie vor praktische Bedeutung in der Seefahrt oder bei Seglern, wo es weder auf feinere Angaben ankommt noch eine Windgeschwindigkeitenmessung möglich ist (z. B. wegen unvertretbaren technischen Aufwandes oder wegen Überlagerung der wahren Windgeschwindigkeit durch Fahrtwind usw.). Wie in diesem so in allen Fällen spielt der Zweckzusammenhang die entscheidende Rolle. Die höhere Differenzierungsmöglichkeit metrischer Skalen und die Anwendbarkeit von Mathematik sind Vorzüge nur dort, wo aufgrund technischer Manipulierbarkeit von Vorgängen die mathematische Formulierung von Gesetzen für metrische Größen überhaupt erwünscht ist.
An das Lob für die Vorzüge metrischer gegenüber weniger scharfen Begriffen knüpfen sich verbreitete Mißverständnisse hinsichtlich Kriterien der Wissenschaftlichkeit. Sie finden sich vornehmlich in Sozialwissenschaften, wo die Anwendung von Mathematik mit intersubjektiver Kontrollierbarkeit von Aussagen verwechselt wird. Aber auch einige Wissenschaftstheoretiker scheinen dieser Auffassung zu sein.[54] Dagegen bleibt festzuhalten, daß häufig Skalen »unterhalb der

metrischen« durchaus ihrem Zweck genügen, daß Verschärfung zu metrischen Skalen häufig nur Scheinwissenschaftlichkeit produziert, und daß auch Aussagen mit metrischen Begriffen immer nur so gut intersubjektiv überprüfbar sind, wie die Bestimmung dieser Begriffe überprüfbar ist. Hierfür sind in vielen konkreten Fällen, z. B. bei der Längenmetrik, gerade solche Wege erforderlich oder wenigstens zweckmäßig, die nicht dem Aufbau klassifikatorisch – komparativ – quantitativ folgen, sondern der z. B. bei der Längenmetrisierung über die Begriffe »gerade, kongruent, kontinuierlich teilbar« läuft. Es ist daher wenig sinnvoll, die Vorzüge von Begriffsverschärfungen (im Sinne eines Aufstiegs in der Hierarchie der Begriffsformen) überhaupt zu nennen, weil jede Stufe dieser »Hierarchie« je nach Zweckzusammenhang eine selbständige sinnvolle sprachliche Möglichkeit bietet, die als Vorform »höherer« Stufen allenfalls mißverstanden wird.

Damit soll nicht generell bestritten sein, daß sich nachträglich zu einem vorliegenden, mehrere Begriffsformen aufweisenden Sprachschatz Kriterien angeben lassen, welche die genannte Hierarchie stiften, aber mit einem Sprachaufbau in methodischer Reihenfolge haben diese Kriterien in der Regel wenig zu tun.

(2) Der Ablehnung des Stufenaufbaus von Begriffs- und Skalenformen entspricht die Ablehnung der darin enthaltenen Auffassung vom induktiven Vorgehen der Erfahrungswissenschaften. Es führt kein Weg vom Sortieren von Stäben nach lang und kurz über Ordnen nach länger und kürzer zur Feststellung ihres rationalzahligen Längenverhältnisses und schließlich zur erfahrungsmäßigen Kontrolle z. B. des Satzes Pythagoras. Denn (um nur einen Einwand gegen diesen »Aufbau« zu nennen) die Festlegung einer Zusammensetzoperation nach Maßgabe der logischen Eigenschaften der arithmetischen Addition übersieht, daß die zusammengefügten Stäbe nicht nur in einer Geraden hintereinanderzulegen sind (was durch die Isomorphie zur Addition gesichert werden soll), sondern bereits selbst gerade sein müssen. Kurz, die Definition von »gerade« durch Additivitätseigenschaften von (geraden!) Strecken, oder äquivalent, durch die Bedingung, kürzeste Verbindung zweier (End-)Punkte zu sein, ist erwiesenermaßen unvollständig oder zirkulär.[55]

(3) Der zentrale Einwand gegen den analytischen Ansatz aber ist, daß die beabsichtigte Aufgabe, Messen auf Zählen zurückzuführen, nicht erfüllt wird. Der Grund läßt sich kurz dadurch charakterisieren, daß

man zwar naturgegebene Gegenstände zählen kann, daß aber Größenvergleiche nach Maßgabe der analytischen Theorien von den komparativen und quantitativen Begriffen nicht an natürlichen, sondern nur an künstlich bearbeiteten Gegenständen vorgenommen werden können.
Dies soll an dem schon von Helmholtz gewählten Beispiel der symmetrischen Balkenwaage gezeigt werden.[56] Sowohl für einen komparativen wie für einen quantitativen Gewichtsbegriff ist die Gewichtsgleichheit für Körper zu bestimmen, was operativ durch die horizontale Stellung des Waagbalkens geschehen kann. Da der Prädikator »gewichtsgleich« eine Äquivalenzrelation ist, muß auch die Gewichtsgleichheit eine Äquivalenz sein. (Schon aus dem Alltag weiß man, daß diese Bedingung erfüllt ist.) Welchen Status aber hat der Satz »Die Gewichtsgleichheit ist eine Äquivalenz«? Unter Analytikern herrscht Einigkeit, daß dieser Satz nicht analytisch, sondern empirisch ist. Damit ist die affirmative Wissenschaftstheorie aber auf ein analytisch-empiristisch unauflösliches Dilemma gestoßen: genau besehen gibt es nämlich keine Möglichkeit der empirischen Kontrolle für diesen Satz. Da willkürliche Eingriffe und Störungen der Kontrolle nicht als Widerlegung akzeptiert würden, gilt die Kontrolle nur an ungestörten Waagen. Es ist mit anderen Worten in Wahrheit der vollständige Satz »Wenn eine Waage W ungestört ist, dann ist die Gewichtsgleichheit an W eine Äquivalenz« empirisch zu kontrollieren. Für die Ungestörtheit steht aber, wie schon Helmholtz richtig gesehen hat, kein anderes Kriterium als das der Äquivalenz der Gewichtsgleichheit zur Verfügung, d. h. die empirische Kontrolle eines Satzes setzt hier dessen Geltung bereits voraus. Eine vollständige Formulierung der Teilstücke physikalischer Begriffsbildung würde hier also doch die Vermutung nahelegen, die Äquivalenz der Gewichtsgleichheit gelte analytisch.[57] Damit verlöre sie aber jede Bedeutung für eine Erfahrungswissenschaft, weil sie nichts mehr über Körper oder Waagen aussagte. Geht man freilich vom Dogma ab, alle wissenschaftlichen Sätze seien entweder analytisch oder empirisch, so kann der Satz »Die Gewichtsgleichheit ist eine Äquivalenz« als Aufforderung an Hersteller und Benützer von Waagen verstanden werden, Waagen so einzurichten, daß Gewichtsgleichheit eine Äquivalenz wird.
Dieses Beispiel sollte für alle in der Theorie der komparativen und quantitativen Begriffe aufgezählten Eigenschaften stehen: sie sind

künstlich, nämlich technisch in den Meßverfahren bzw. an den Meßgeräten herbeizuführen.

(4) Dieser Einwand, daß man in affirmativer Grundhaltung erfahrungswissenschaftlich bestätigt glaubt, was recht besehen in menschlichem Witz besteht, Erfahrungswissenschaft zu ermöglichen, hat weitere Implikationen. Die Fokussierung der analytischen Wissenschaftstheorie auf Sprachanalyse und Induktions- bzw. Gültigkeitsprobleme hat auch die Theorie des Messens bloß als Sprachanalyse entwickelt. Pointiert gesagt, es gibt keine analytische Theorie des Messens, sondern als deren unzureichendes Substitut lediglich eine Theorie der quantitativen Begriffe und neuerdings eine Modelltheorie des Messens. Diesen fehlt nämlich der Aspekt, daß Messen geplantes Handeln ist, das sich nur von seinen Absichten her verstehen läßt. Absichten, die für Meßgeräteeigenschaften und damit auch für die logischen Eigenschaften von Meßresultaten konstitutiv sind, können zwar scheitern, aber nie durch Messung belegt oder widerlegt werden.[58]

Nun liegt der Verdacht nahe, diese Kritik würde der analytischen Wissenschaftstheorie äußerlich bleiben, d. h. sie nicht betreffen, weil sie in einer Tradition steht, die bewußt darauf verzichtet, »psychische« Komponenten wie etwa die Absichten von Experimentalphysikern zu berücksichtigen. Es zeigt sich jedoch sofort, daß es sich anders verhält. Die der affirmativen Grundhaltung entspringende Verwechslung von empirischen und absichtsvoll herbeigeführten Meßgeräteeigenschaften hat das totale Fehlen einer Theorie der Störungen zur Folge. Dabei wird von niemandem bestritten, daß Meßgeräte gestört sein können, und daß ein gut Teil der Experimentierkunst gerade in der Vermeidung solcher Störungen besteht. Man denke an das triviale Beispiel, daß eine Uhr stehenbleibt, weil die Antriebsquelle erschöpft ist. Selbstverständlich läßt sich mit physikalischen Gesetzen angeben, warum die Uhr nicht weiterläuft. Empirisch ist also das Stehen der Uhr erklärbar. Daß sie aber dann nicht mehr zur Zeitmessung taugt, weil eine bestimmte Störung des Uhrengangs vorliegt, ist keine empirische Tatsache, sondern folgt aus unseren Erwartungen an Uhren. Der Mangel an Unterscheidungsmöglichkeiten von empirisch und künstlich herbeigeführten Meßgeräteeigenschaften führt also zum Fehlen der Unterscheidung von Störung und naturgesetzlichem Verhalten.[59] Sie verbaut damit den Zugang zu der für das Verständnis der Physik zentralen Frage, was wir aus Erfahrung über die Natur wissen können, und was unser, als historische Kulturleistung der Menschheit erbrachtes Vermögen ist, der Natur Fragen zu stellen.

Es ist daher nicht überraschend, wenn affirmative Wissenschaftstheorie kein geklärtes Verhältnis zum Konventionalismus gefunden hat. Allgemein wird nicht bestritten, daß z. B. beim Aufbau einer physikalischen Fachsprache auch immer Konventionen getroffen werden. Aber allgemein auch wendet man sich gegen den Konventionalismus, der im Verdacht steht, physikalische Theorien dagegen immunisieren zu wollen, daß sie an Erfahrung scheitern können.[60] Das Problem, was an einem physikalischen Gesetz wie z. B. dem Newtonschen Gravitationsgesetz konventionell ist, und was an Erfahrung scheitern kann, kann hier nicht behandelt werden. Es kann aber erklärt werden, inwieweit Poincarés Konventionalismus von den Philosophen des Wiener Kreises wie auch von Popper mißverstanden wurde. Poincaré hatte u. a. den konventionellen Charakter der Geometrie behauptet. Für den Fall, daß Geometrie als das System von Forderungen an die Ungestörtheit von Längen- und Winkelmessung verstanden wird, handelt es sich dabei in der Tat nicht um Lehrsätze, die durch Messung widerlegt werden können. Bei Sätzen über die Zeitmessung verhält es sich analog. Da aber die relativistische Physik eine Uminterpretation gerade auch der Grundbegriffe von Raum und Zeit vorgenommen hat, und die affirmative Grundhaltung diesem Umstand Rechnung tragen mußte, konnten weder Carnap, Reichenbach und Hempel noch Popper einen Unterschied z. B. zwischen dem Lehrsatz des Pythagoras (als einem Beispielsatz für ein Längenmeßkriterium) und dem Newtonschen Gravitationsgesetz (als einem empirischen Beispielsatz) erkennen.

4. Affirmative Erklärungen zur Wahl des Zeitstandards

Nachdem im vorigen Abschnitt das Problem diskutiert wurde, daß die affirmative Grundhaltung dazu führt, Theorien der Messung allein als sprachanalytische Theorien wissenschaftlicher Begriffsformen und vor allem metrischer Begriffe zu entwickeln, bleiben jetzt noch speziell die Probleme der Zeitmessung zu erörtern. Gemäß den Resultaten der oben zitierten Auffassung müssen hierfür noch Standardbewegungen angegeben werden, die zu Zeiteinheiten führen oder anderen in den Begriffstheorien formulierten Beziehungen entsprechen. Es geht hierbei also genauer darum, welche Standardvorgänge Zeitmessung auf einer näher zu charakterisierenden Skala erlauben.

Die in der einschlägigen Literatur dargestellten Vorschläge lassen sich zunächst danach gliedern, ob sie Zeit fundamental metrisieren, also insbesondere ohne geometrische Aussagen über Standardvorgänge auskommen, oder ob sie auf bestimmte Naturvorgänge wie Erddrehung oder inertiale Translationen eine Längen- oder Winkelmetrik anwenden. Diese Einteilung deckt sich nicht völlig mit anderen in der Literatur gängigen, so daß die im Folgenden diskutierten Vorschläge nicht als eine Anzahl disjunkter Möglichkeiten zu verstehen sind.

Viele Autoren betonen die Möglichkeit einer fundamentalen Metrisierung der Zeit, manche halten sogar eine abgeleitete Metrisierung unter Zuhilfenahme von Geometrie für ein historisches Unglück.[61] Bei der fundamentalen Metrisierung jedenfalls kommt die oben kritisierte Auffassung zum Tragen, die Definition einer physikalischen Größe müsse mit der Festlegung einer Einheit beginnen und damit eine (wenn möglich, metrische) Skala aufbauen. Dementsprechend beginnt diese Definition mit der Auszeichnung eines Vorgangs, der die Zeiteinheit bilden soll. Die historische Tatsache, daß die Menschen erste zeitliche Bestimmungen an den natürlichen Zähleinheiten Tag, Mondphase und Jahr vorgenommen haben, legt natürliche Standardvorgänge nahe.

Leider wird jedoch hier bereits sehr unklar mit der Auszeichnung »natürlich« verfahren. Einmal (a) kann ein natürlicher Vorgang im Unterschied zu einem technisch realisierten gemeint sein, also z. B.

die Erddrehung gegen den Fixsternhimmel im Unterschied zur Unruhschwingung einer Taschenuhr; einmal (b) kann »natürlich« »naturgesetzlich« bedeuten, wie man etwa physikalische Bedingungen für das konstante Schwingen eines Pendels oder Quarzkristalls kennt, und schließlich (c) bedeutet »natürlich« manchmal auch, daß bestimmte Vorgänge, nämlich gerade die periodischen, sich als Zeitmeßvorgänge eignen, weil sie »ihrer Natur nach« einen genau bezeichneten Anfang und ein genau bezeichnetes Ende aufweisen. Diese letzte Möglichkeit ist terminologisch irreführend. Man würde hierfür besser sagen, periodische Vorgänge eignen sich per definitionem zur Auszeichnung eines als Zähleinheit betrachteten Zeitabschnitts. Ein Argument für die Bevorzugung von periodischen Bewegungen wie Pendelschwingungen gegenüber Bewegungen konstanter Geschwindigkeit kann das Vorliegen ausgezeichneter wiederkehrender Zustände aber nur dort sein, wo sich anders (z. B. geometrisch) keine Bewegungsabschnitte festlegen lassen. Es ist nicht einsichtig, daß diese Schwierigkeit überhaupt auftreten kann, da ja bei jeder gleichförmigen Bewegung, z. B. der Erdrotation, ein Bezugssystem für die Bewegung angegeben werden muß, auf das sich dann auch eine geometrische Skala beziehen läßt.
(a) Die Auswahl natürlicher Vorgänge (im Unterschied zu technisch an Maschinen [Uhren] hervorgerufenen) wirft ein Problem auf: Es gibt eine ungeheure Vielzahl natürlicher Vorgänge, die keine Klasse in dem Sinne bilden, daß sie (wenigstens temporär) ein konstantes Gang- oder Frequenzverhältnis hätten. Zu den natürlichen müssen nämlich alle organischen Vorgänge gezählt werden. Es wäre höchst problematisch, hier schon eine Auszeichnung von »unbelebten natürlichen Vorgängen« wie Erddrehung oder die Helligkeitsschwankungen von Pulsaren vornehmen zu wollen. Denn wo diese Auszeichnung terminologisch exakt sein will, muß sie auf eine Naturwissenschaft, die Zeitmessung bereits hat, zurückgreifen. Dort werden dann diejenigen Bewegungen als unbelebt angesehen, die man physikalisch etwa als Trägheitsbewegungen oder Schwingungen eines Oszillators so vollständig beschreiben kann, daß die Annahme eines für den zeitlichen Ablauf der Bewegung verantwortlichen Lebewesens (wie beim Flügelschlag eines Vogels) überflüssig ist. Es ist daher auch falsch zu behaupten, es gäbe *eine einzige Klasse* natürlicher, zueinander konstant ablaufender Bewegungen, und hierbei etwa an astronomische Trägheitsbewegungen zu denken.[62] Natürliche Bewe-

gung im Sinne von »nicht technisch und nicht durch ein Lebewesen bestimmt« zählen wegen ihrer definitorischen Voraussetzungen zu den bemäß (b) »naturgesetzlich bestimmten«, oder sie sind überhaupt nicht bestimmt. Wo also z. B. auf die Erddrehung als Standardvorgang für die Zeiteinheit verwiesen wird, geschieht dies entweder mit der implizit mitgedachten Voraussetzung, daß dies eine weitgehend störungsfreie Trägheitsbewegung ist, also mit einem impliziten Bezug auf physikalische Gesetze, oder aus bloß historischen Gründen. Bei letzteren wird allerdings vergessen zu bedenken, ob die historischen Gründe für den Bezug auf die Erddrehung (wie etwa Navigationsprobleme) auch die für den heutigen Physiker gültigen sein können.

Der weitaus häufigste Fall einer Auswahl »natürlicher Standardvorgänge« für die Zeitmessung betrifft die Auszeichnung gemäß physikalischer Gesetze und schließt technisch hervorgerufene Bewegungen mit ein. Die dabei auftretenden Zirkelprobleme entstehen für periodische wie gleichförmige Bewegungen gleichermaßen, zeigen sich also bei fundamentaler wie abgeleiteter Metrisierung und sollen deshalb gemeinsam behandelt werden.

Wo immer für die Auswahl bestimmter Standardvorgänge für die Zeitmessung physikalisch argumentiert wird, handelt es sich um einfache logische Zirkelschlüsse, weil diese Auswahl bereits getroffen worden sein muß, um die Argumente für die Auswahl aus der auf Zeitmessung basierenden physikalischen Theorie zu gewinnen. Diese Gefahr des logischen Zirkels, der sich häufig unerkannt in Definitionen des Inertialsystems verbirgt, wo dann kräftefreie Bewegungen als Zeitmeßstandards gelten sollen, diese Gefahr wurde von den meisten Philosophen der Physik gesehen und zu vermeiden versucht. Bei den Trägheitsbewegungen wurde dies offensichtlich für aussichtslos gehalten, so daß sich schließlich die Diskussion allgemein auf die periodischen Bewegungen beschränkte. Hier wiesen vor allem Schlick, Carnap, Reichenbach und Hempel darauf hin, daß »periodisch« nicht zirkelfrei dadurch definiert werden könne, daß die Wiederkehr (in bestimmten physikalischen Parametern) gleicher Zustände verlangt wird, denn die Messung dieser Parameter sowie das Wissen, daß es sich dabei um entscheidende Umstände handelt, setzen Zeitmessung schon voraus. Deshalb wurde eine schwächere und dann auf den ersten Blick nichtzirkuläre Bestimmung von »periodisch« akzeptiert, wonach die Wiederkehr von »gleichen«

Zuständen gefordert ist, ohne daß gewußt wird, ob das Gleichheitskriterium physikalisch mit der Frequenz zusammenhängt. Während sich bei Carnap und Hempel eine definitionstheoretische Begründung für den Rückzug auf die soeben gekennzeichnete »schwache Periodizität« findet,[63] wonach periodische Bewegungen den Ausdruck »gleichlang dauernd« bestimmen und daher nicht selbst durch gleiche Dauer der Perioden charakterisiert werden dürfen, argumentiert Reichenbach inhaltlich physikalisch: die »Annahme über den Ablauf gewisser realer Mechanismen«, d. h. Uhren, sei prinzipiell nicht überprüfbar.[64]

Für beide stellt sich dann gleichermaßen das Problem, für die von der Physik tatsächlich getroffene Wahl (Räder-, Quarz-, Atom-, Lichtuhren usw.) Gründe zu nennen. Und soweit die wissenschaftstheoretische Literatur reicht, verfielen alle Autoren auf einen überraschenden und unbegründeten Einfall: die Auswahl geschehe nach einem *Einfachheitskriterium.*[65] Nachdem das scholastische »simplicitas sigillum veritatis« in der Philosophie E. Machs als Ökonomieprinzip zur entscheidenden Maxime physikalischer Theorienbildung ausgebaut worden war, lag dieser Schritt vor allem für die von Mach beeinflußten Philosophen des Wiener Kreises nahe. Zudem wird wohl niemand die Maxime vertreten, man solle eine kompliziertere Theorie einer sonst gleich guten, aber einfacheren vorziehen.

Dennoch ist das Einfachheitsargument aus mehreren Gründen unhaltbar:

(1) Historisch hat es nach allem, was wir über die Physikgeschichte wissen, niemals verschiedene, zueinander irreguläre Zeitmeßverfahren gegeben, aus denen dann dasjenige ausgewählt worden wäre, das zur einfachsten physikalischen Theorie geführt hat. Wurden relative Abweichungen an Uhren verschiedener Konstruktionsprinzipien beobachtet, so galt dies immer als Zeichen von Störungen, die technisch durch Weiterentwicklung der Uhrmacherkunst behoben werden mußten. Es ist ein *historisches Faktum,* daß die Menschheit *nur eine Sorte von Zeitmessung* entwickelt hat. Naturgesetzlich kann dieses Faktum nicht erklärt werden, weil die hierfür erforderlichen »Naturgesetze« das historische Faktum – Beschränkung auf eine Klasse von Zeitmeßvorgängen – zur Voraussetzung haben. Die Behauptung Carnaps, Reichenbachs, Hempels und anderer, die Einfachheit von Theorien sei ein Auswahlkriterium für Zeitmeßstandards, verfehlt also die vorfindliche Physik und ihre Geschichte.

(2) Das Einfachheitsargument läuft darauf hinaus, in physikalischen Gesetzen den Zeitparameter t durch eine komplizierte Funktion eines alternativen Zeitparameters τ zu ersetzen, wo τ als durch eine andere Klasse von Standardvorgängen bestimmt gedacht wird. Als Beispiele hierfür werden der Puls des Dalai Lama (Schlick, Hempel) oder des amtierenden amerikanischen Präsidenten (Carnap) genannt. Hier wird also zu bestehenden Theorien nachträglich eine schlechtere, weil kompliziertere Alternative konstruiert. Die Möglichkeit, dieses logisch konsistent zu tun, wird dann als Nachweis gewertet, daß die vorliegenden Theorien mit den zugrundeliegenden Zeitmeßverfahren die einfachsten sind. Es entspricht zwar bewährten Prinzipien einer konservativen Lebenskunst, bestehende Verhältnisse durch Erfindung schlechterer Alternativen als die bestmöglichen auszuweisen, aber als wissenschaftliches Beweiskriterium kann dieses Verfahren nicht in Frage kommen. Das Einfachheitskriterium wäre im Hinblick auf die Meßkunst (nicht nur der Zeit) nur dann ernst zu nehmen, wenn es tatsächlich Alternativen in der physikalischen Theorienbildung aufgrund verschiedener Klassen von Meßstandards gäbe.

(3) Das Einfachheitsargument für die Auswahl von Zeitmeßstandards sollte kurzgeschlossene Zirkel wie diejenigen vermeiden, »periodisch« durch »gleichlang« zu definieren oder den Gang von Uhren mit Uhren zu überprüfen. Der hierfür gewählte Weg erweist sich jedoch bei genauerer Betrachtung selbst als zirkulär. Er bedient sich nämlich, wie in (2) ausgeführt, bloß der Umschreibung anerkannter physikalischer Gesetze auf einen neuen Zeitparameter τ. Die Möglichkeit, daß auf der Grundlage einer gegenüber der unsrigen irregulären Zeitmessung ganz neue »Naturgesetze« gefunden werden, wird nicht erwogen. Damit reduziert sich das Einfachheitsargument auf den folgenden Zirkel: Man wähle diejenigen Zeitmeßstandards aus, die auf die einfachsten Theorien führen. Die einfachsten Theorien sind die anerkannten, vorliegenden. Die vorliegenden Theorien beruhen aber gerade auf den ausgewählten Zeitstandards und nicht auf solchen, die dazu irregulär sind.

Damit ist das Kriterium, möglichst einfache Theorien zu erlauben, für die Auswahl von Standardvorgängen zur Zeitmessung als untauglich erwiesen. Andere, möglicherweise nichtzirkuläre Argumente für die Wahl bestimmter, eine Zeiteinheit konstituierender Vorgänge fehlen. Es bewahrheitet sich hier, was oben für die affirmative

Theorie des Messens pauschal behauptet wurde: Die Theorie der Zeitmessung als Antwort auf die Frage, wie bestimmte physikalische Termini durch Meßverfahren operativ definiert werden können, verkümmert zur sprachanalytischen Beschreibung. Die logischen Charakteristiken eines metrischen Zeitbegriffs bleiben dabei insofern unbedeutend, als weder ihr Status (empirische Aussagen oder andere Geltung) festgestellt noch ihr Zusammenhang mit Meßhandlungen geklärt ist. Ohne zirkelfrei angebbare Kriterien für die Auswahl von Zeitmeßstandards hängt jede Theorie eines metrischen Zeitbegriffs gleichsam in der Luft.
Am Beispiel der Zeitmessung zeigt sich noch einmal besonders deutlich die affirmative Grundhaltung: Aus dem Bemühen heraus, die Physik zu verstehen, wie sie ist, hat man nach Auswahlkriterien für Meßstandards gesucht, die gerade auf die *vorliegende Physik* führen. Daraus ergaben sich dann affirmative Argumente, indem die Unterstellung, die vorliegende Physik sei die gegenwärtig bestmögliche, auf dem Umweg über Meßkriterien schließlich wie ein Resultat aus diesen Kriterien deduziert wurde. Die affirmative Theorie der Zeitmessung zeigt besonders deutlich, daß ihre Mängel durch die affirmative Grundhaltung verursacht sind: Die Entscheidung, Zeit fundamental zu metrisieren, ist einerseits die Quelle der dargestellten Schwierigkeiten, weil noch nicht einmal die (jedem Uhrmacher zugängigen) geometrischen Kriterien für die Auswahl von Standardvorgängen berücksichtigt werden, und beruht andererseits auf der Nachträglichkeit einer Analyse der speziellen Relativitätstheorie. War es in der klassischen Physik noch eine unbegründete »ontologische« Prämisse, daß Physik es mit Raum, Zeit und Materie zu tun habe, so wurde der Zeitbegriff in der Relativitätstheorie bekanntlich zum Ansatzpunkt für die Kritik an den klassischen Grundbegriffen. Die Diskussion um die Zeitfolge örtlich getrennter Ereignisse und die daran anschließende Möglichkeit, Längenmetrik durch Annahme einer ausgezeichneten Signalgeschwindigkeit auf eine Zeitmetrik zurückzuführen, legten für affirmative Ansätze in der Tat eine fundamentale Zeitmetrisierung nahe. Dabei wurde freilich das Einsteinsche Programm, Physik auf Beobachtbares zu beschränken, weit überzogen: man rechnete schließlich alle Beobachtungen zu denen, die Erfahrungen liefern, also auch solche Beobachtungen, die künstlich herbeigeführte Meßgeräteeigenschaften betreffen. Stellvertretend für viele andere sei hier Reichenbach zitiert: »Es stehen zwei Uhren

nebeneinander, und man beobachtet, daß sowohl Anfang wie Ende ihrer Periode zusammenfallen; wartet man jetzt weiter, so beobachtet man, daß wieder die Enden der Perioden zusammenfallen. Die Erfahrung lehrt also: zwei nebeneinanderstehende Uhren, die einmal gleiche Periode haben, haben immer gleiche Periode.«[66] Es ist jedoch irreführend, den tautologischen Satz, daß Uhren Uhren sind, zu den Erfahrungssätzen zu rechnen.

Die affirmative Grundhaltung hat also infolge ihrer Nachträglichkeit zur relativistischen Physik den Umstand übersehen, daß Physik auf *apparativer Erfahrung* beruht. Sie behandelt Uhren wie Naturgegenstände, was die Praxis der Physiker übergeht, und kann dabei allenfalls die Frage beantworten, ob die Meßgerätebeschreibungen mit den anerkannten physikalischen Gesetzen konsistent sind. Solche Konsistenzbetrachtungen erlauben aber nicht, die Objektivität von Zeitmeßergebnissen auf die Reproduzierbarkeit von Standardvorgängen zurückzuführen. Für die affirmative Wissenschaftstheorie wird, pointiert gesagt, die *Möglichkeit einer objektiven Naturwissenschaft selbst zum Naturgesetz.* Nach dieser Auffassung kann man dann an die Reproduzierbarkeit der entscheidenden Eigenschaften von Uhren nur mehr *glauben.* Deshalb wird (in Kap. III) eine alternative Zeitmeßtheorie aufgebaut auf dem Versuch, die Reproduzierbarkeit von Zeitmeßstandards zu *sichern.*

Um dem Leser die Kontrolle darüber zu erleichtern, daß der Anspruch eingelöst werden wird, in der Protophysik die Mängel vorliegender Theorien zu vermeiden, seien diese abschließend noch einmal übersichtlich zusammengestellt:

(1) Die affirmative Theorie der Wissenschaftssprache verquickt Definitions- und Geltungsprobleme so sehr, daß schließlich weder angegeben werden kann, was physikalische Theorien behaupten, weil unklar bleibt, was ihre Termini bedeuten, noch ihre Geltung nachvollzogen werden kann.

(2) Die affirmative Wissenschaftstheorie der Physik verbaut eher das Verständnis der vorliegenden Physik, als es zu klären. Sie verhindert nämlich die Unterscheidung empirisch gültiger Sätze von solchen, die aufgrund künstlich herbeigeführter Meßgeräteeigenschaften gelten.

(3) Es gibt keine affirmative Theorie des Messens. Deshalb mißlingt es, Meßgerätestörungen zu kennzeichnen, obgleich in der Praxis der Physiker manche Meßresultate als Störungen, andere als empirische Ergebnisse interpretiert werden.

(4) Es sind keine Gründe dafür genannt, daß manche physikalischen Größen fundamental, andere abgeleitet metrisiert werden können bzw. müssen.
(5) Der Aufbau metrischer Skalen entsprechend der affirmativen Theorie wissenschaftlicher Begriffsformen mißlingt insofern, als er empirische Sätze über Gleichheits- und Anordnungsrelationen benötigt, die nachweisbar durch Erfahrung nicht widerlegt werden können.
(6) Schließlich können keine zirkelfreien Auswahlkriterien für Standardvorgänge angegeben werden, die eine Zeitmessung ermöglichen.

Kapitel II

Zur Methode der Physik

1. Vorbemerkung

Der in dieser Arbeit unternommene Versuch, eine vollbegründete Theorie der Zeitmessung aufzubauen, ist nur vor dem Hintergrund einer Methodenlehre zu verstehen. Bevor daher die begriffliche Grundlegung einer Chronometrie in Gang kommen kann, müssen allgemein die Voraussetzungen wissenschaftlicher Rede, soweit sie sich mit der vorgefundenen Wirklichkeit befaßt, durchleuchtet und einige, der Logik im weiteren Sinne zuzurechnende Regeln aufgestellt werden. Die »Logik im weiteren Sinne« umfaßt nicht nur formale Schlußregeln, sondern enthält auch Regeln zum Aufbau einer exakten wissenschaftlichen Sprache. Insbesondere wird sich eine geschlossene und in einigen Teilen neue Auffassung dort als Lösung anbieten, wo es um eine methodisch wie logisch korrekte Einführung grundlegender Unterscheidungen geht, welche schon getroffen sein müssen, damit Messungen möglich werden. Diese Methodenlehre ist im vierten Teil dieses Kapitels dargestellt.
Da wesentliche Anregungen zu dieser Auffassung auf Arbeiten Hugo Dinglers und Paul Lorenzens zurückgehen, da es aber auch auf einige wichtige Unterschiede bzw. Erweiterungen gegenüber diesen Vorarbeiten ankommt, sollen im zweiten Teil dieses Kapitels die Lehre Dinglers und im dritten Teil die Erweiterung und Entwicklung dieser Lehre durch Lorenzen dargestellt werden.

2. H. Dingler: Methode als Geltungskriterium

2.1. H. Dingler und die Protophysik

In der alten Fassung der »Protophysik der Zeit« hat der Abschnitt »Methode als Geltungskriterium zur Begründungslehre von H. Dingler« zu Mißverständnissen geführt. Am gravierendsten ist hierbei das Mißverständnis, befürwortende Passagen in diesem (unten folgenden und weitestgehend unveränderten) Teil dahingehend zu interpretieren, daß die vorliegende Protophysik der Zeit lediglich eine Ausführung des älteren Dinglerschen Programms sei; damit gäben auch einige ältere Argumente gegen Dingler Argumente gegen die protophysikalische Chronometrie ab. Hier ist eine Klarstellung angezeigt, die nach Zitat einiger Beispiele für die Subsumtion der Protophysik unter Dinglers Wissenschaftslehre durch einige Kritiker Unterschiede zwischen beiden hervorhebt und andererseits auch von Dingler übernommene Aspekte nennt.
Zunächst sind also Beispiele zu nennen, wo Protophysik ohne zusätzliche Differenzierungen der Dinglerschen Philosophie zugerechnet wird. Am pauschalsten geschieht dies wohl bei W. Stegmüller, der einen »wiederauferstandenen Dinglerismus« entdeckt haben will, welcher in Form des »Konstruktivismus« »Faszination . . . auf junge Geister ausübt«.[67] Obgleich Stegmüller keine Namen nennt und damit einen speziellen Stil akademischer Kontroversen praktiziert – immerhin diagnostiziert er einen Hang zu »Dogmatismus, Intoleranz« und »Sektierertum«,[68] und es mag offenbleiben, ob die Herablassung berechtigt ist, die in der Behauptung eines psychologischen Verständnisses für junge Wissenschaftler liegt, mit deren Arbeiten er sich sachlich nicht auseinandersetzt – unter den Schriften, die Stegmüller überhaupt gemeint haben kann, nimmt »Die Protophysik der Zeit« in mehrfacher Hinsicht einen zentralen Platz ein. Daß es aber in Bezug auf die Hauptvorwürfe Stegmüllers entscheidende Unterschiede zwischen diesem Buch und den Arbeiten Dinglers gibt, die Stegmüller nicht gesehen hat oder nicht sehen wollte, soll unten gezeigt werden.
Neben zahlreichen anderen Autoren, die gerne auf Dingler zurückgreifen, wenn sie die Protophysik meinen – ein Grund hierfür mag sein, daß sich dann schon bei Carnap, Reichenbach, Popper und

anderen vorkommende Dingler-Kritik zitieren läßt – wendet sich vor allem A. Kamlah gegen die Protophysik, deren Vertreter ihm schlicht als »Neodinglerianer« erscheinen.[69] Obgleich er wichtige Unterschiede zwischen Dingler und den Vertretern der Protophysik sieht, behandelt er sehr wohl die Geometrie als eine »Dingler-Lorenzen'sche«. In einer neueren Arbeit A. Kamlahs[70] zur Protophysik, in der einige ältere Mißverständnisse nicht mehr vorkommen, und in der vor allem nicht mehr mit physikalischen Argumenten gegen Protophysik anzugehen versucht wird, kommt der Name Dinglers kaum mehr vor, ja, Kamlah weist im Anhang ausdrücklich auf die Gefahr hin, die Differenz zwischen Dingler und der Protophysik zu übersehen. Dennoch treffen seine Einwände immer noch Ansprüche, die Dingler, nicht aber die Protophysik-Vertreter erheben. Vor allem gilt dies für die Behauptung, die Protophysik sei die einzig mögliche operative Begründung der Physik, obgleich dies von keinem der zitierten Autoren (Kambartel, Lorenzen, Mittelstraß, Janich) irgendwo behauptet worden wäre.[71]

Doch damit geht es bereits um Unterschiede zwischen Dinglers Position und der Protophysik, die im Folgenden darzustellen sind. Da das Verhältnis von Dinglerscher Philosophie und der konstruktiven Wissenschaftstheorie bereits von J. Mittelstraß geklärt, und da dort nachgewiesen worden ist, daß »die Intentionen einer konstruktiven Wissenschaftstheorie nicht verstanden (hat) oder ... sie bewußt zu polemischen Zwecken um(deutet)«,[72] wer Dingler-Kritik auf die konstruktive Wissenschaftstheorie überträgt, können einige Punkte hier lediglich aufgezählt werden, die dann nur um einige, speziell die Protophysik betreffende zu erweitern sind.

An Unterschieden zwischen der Dinglerschen Philosophie der Physik und der Protophysik sind festzuhalten:

(1) Der Anfang des methodischen Aufbaus in der Protophysik ist nicht voluntaristisch oder dezisionistisch ausgezeichnet. Es geht in der Protophysik überhaupt nicht darum, eine »Letztbegründung« zu geben,[73] sondern auf die Frage zu antworten, wie eine messende Physik möglich wird. Diese Frage selbst setzt u. a. voraus, daß bereits Kriterien für die Intersubjektivität einer messenden Physik festgelegt sind, sowie eine lebensweltliche Basis des miteinander Handelns und Redens. Eine »absolute Basis« auszuzeichnen, ist nicht das Geschäft der Protophysik. Sie versteht sich vielmehr als Hilfsbemühung zur Physik, die ihrerseits technisches Wissen bereit-

stellt, wobei nie aus den Augen zu verlieren ist, daß technisches Wissen nicht alles Wissen ist.

(2) Dingler scheint im Laufe seines wissenschaftlichen Lebens zu der Auffassung gekommen zu sein, daß sein Weg der Begründung der Physik der allein mögliche ist. Es kann hier offenbleiben, ob die Kritiker Dinglers sich immer ernsthaft genug mit diesem Anspruch auseinandergesetzt haben, wo man bereits für eine oberflächlich begründete Ablehnung dieses Anspruchs mit breiter Zustimmung rechnen konnte.[74] Die Protophysik wurde jedoch noch nie von einem ihrer Vertreter mit einem Anspruch auf Alleingültigkeit vorgetragen. Wie jede argumentierend vorgetragene Theorie unterliegt sie der Gefahr menschlichen Irrens, wie jede Theorie ist sie der Revision älterer Einsichten durch neuere ausgesetzt.

Allerdings kann hier bereits – kaum anders als zu Dinglers Zeiten – festgehalten werden: es gibt bisher keine mit der Protophysik unter vergleichbaren Zielsetzungen konkurrierenden Alternativvorschläge. Wenn z. B. A. Kamlah fragt: »Kann Janich beweisen, daß keine Alternative offen ist, daß es kein anderes Normensystem gibt«[75] (sc. als das der Protophysik), so ist dies eine akademische, konsequenzlose Frage. Es wurde weder der hier unterstellte Anspruch erhoben, noch wurde bisher ein konkurrierendes Normensystem, das z. B. in die Relativitätstheorie führt, angegeben.

(3) Dingler hat gegen die Relativitätstheorie Einsteins argumentiert, später sicher auch polemisiert. Da es hier um das Verhältnis Dingler – Protophysik geht, soll es nicht interessieren, ob Polemik verständlich oder entschuldbar ist, wenn vorgetragene Argumente nicht berücksichtigt scheinen, und ob Dinglers Polemik nicht im Rückzug der empiristisch-analytischen Wissenschaftstheorie von Russell, Schlick, Reichenbach und Carnap auf Kuhn, Lakatos, Feyerabend und Sneed glänzend bestätigt wurde. Worauf es hier ankommt, ist die Tatsache, daß die Protophysik – trotz anderslautender Kommentare[76] – nicht mit der Polemik gegen die Relativitätstheorie belastet ist. Kritische Anmerkungen zur Relativitätstheorie von Vertretern der Protophysik betrafen stets die Art und Weise, wie durch Uminterpretation oder Änderung methodologischer Prinzipien versucht worden ist, dem historischen Faktum der Relativitätstheorien gerecht zu werden.

(4) Die Protophysik hat sich stets nur um die operativen Grundlagen der Physik bemüht und diesen einen Sonderstatus gegenüber der

empirischen, d. h. auf Messungen beruhenden Physik zugebilligt. Sie hat aber nie den apriorischen Charakter aller physikalischen Sätze behauptet. Es ist zwar nicht möglich, ohne lange Zusatzerklärungen den Status protophysikalischer Normen mit den Sätzen z. B. der euklidischen Geometrie nach Dingler'scher Auffassung gleichermaßen als »apriorisch« zu bezeichnen, aber jedenfalls haben Sätze der euklidischen Geometrie und das Newtonsche Gravitationsgesetz bei Dingler denselben Status, in der Protophysik dagegen nicht. Nichteuklidische Geometrien können bei Dingler keine empirische Relevanz gewinnen, in einer auf Protophysik gegründeten Physik dagegen schon.

Es mag sein, daß selbst dann, wenn die gegen Dingler gerichteten Einwände gegen die Protophysik nicht mehr erhoben werden, noch Einwände gegen die Protophysik übrigbleiben. Doch wäre es sicher ein Gewinn, wenn die Protophysik anhand ihrer eigenen Behauptungen und Vorschläge kritisiert würde, und nicht anhand derer, die sie nicht vertritt. Metaphorisch gesprochen pocht die Protophysik auf das Recht der Söhne, nicht am Urteil gegen die Väter gemessen zu werden, deren Unterschied zu sich selbst die Söhne wohl am besten kennen. Aber, um im Bild zu bleiben, erwachsene Söhne müssen nicht die Tugend der Väter verleugnen, wenn sie eigene Wege gehen.

Nach wie vor besteht kein Anlaß, auf entscheidende Einsichten Dinglers zu verzichten. Diese finden sich auch in der Protophysik wieder:

(1) Die Physik, die wir als jeweiliges Resultat ihrer Geschichte historisch vorfinden, muß methodisch rekonstruierbar oder verstanden sein, wenn sie nicht (bloß historisch) als bloßes Faktum hingenommen werden soll. Obgleich Dingler dies in solcher Schärfe nicht formuliert hat, läßt sich unterscheiden zwischen philosophischen Bemühungen, Wissenschaft als Resultat ihrer Vergangenheit zu verstehen, und andererseits anhand ihres Anspruchs zu treiben. Dingler wie die Vertreter der Protophysik versuchen das Zweite. Mag Dingler auch im Gegensatz zu Vertretern der Protophysik eine Alternative zwischen beiden Tätigkeiten gesehen haben, so bleibt es doch sein Verdienst, für das Treiben von Wissenschaft das Gebot der methodischen Ordnung in seiner für den Anspruch der exakten Wissenschaften konstitutiven Rolle erkannt zu haben.

(2) Damit hat er auch den entscheidenden Grund einer anti-empiristischen Haltung genannt: Erfahrungen irgendwelchen exakt zu

nennenden Anspruchs verlangen die Formulierung dieses Anspruchs, wenn explizit gezeigt werden soll, daß sie ihn auch einlösen. Dieses Argument allein genügt, empiristisches (und, was Dingler nicht mehr wirklich berücksichtigt hat, kritisch-rationalistisches) Pathos zu vermeiden. Die Protophysik weiß sich wie Dingler der Bemühung verpflichtet, die vom Menschen zu erbringenden Voraussetzungen einer empirisch-wissenschaftlichen Erkenntnisgewinnung zu klären.

(3) Schließlich hat Dingler ebenso wie die Vertreter der Protophysik die Rolle der operativen Grundlage der Physik gesehen. Die Gegenstände, über die die Physik spricht, sind nur in Ausnahmefällen »natürliche« Gegenstände wie Sonne oder Mond. In der Regel sind sie durch die Herstellungsbemühungen für Experimentalvorrichtungen erzeugt. Zwar ist die Geschichte der Wissenschaftstheorie selbst durch einen (infolge von Übertreibungen irrelevant gewordenen) Operationalismus[77] belastet, aber daß Physik die Konstitution ihrer Gegenstände »Operationen«, nämlich herstellenden Handlungen verdankt, wurde von Dingler gesehen und in der Protophysik wieder aufgenommen.

Nach dieser auch als Antwort auf einige Einwände gegen die Protophysik konzipierten Vorbemerkung zu dem hier vor beinahe 15 Jahren geschriebenen Exkurs über Dinglers Antwort auf die Frage nach den Voraussetzungen der Zeitmessung kann dieser vielleicht unter veränderten Voraussetzungen gelesen werden.

2.2. Zur Begründungslehre H. Dinglers

Dinglers vielseitiges Werk, das sich in erster Linie mit kritischen Begründungsversuchen befaßt und darin von der Logik über die Mathematik bis zu den exakten empirischen Wissenschaften vordringt, umfaßt eine große Anzahl von Veröffentlichungen speziell zu Begründungsproblemen, welche für die Physik relevant werden. Diese erstrecken sich über einen Zeitraum, der von 1907 bis zu Dinglers Tod im Jahre 1954 reicht[78] und mit der posthumen Veröffentlichung von »Aufbau der exakten Fundamentalwissenschaft« (1964)[79] durch Lorenzen vorerst seinen Abschluß gefunden hat. Deutlich läßt sich ausmachen, daß die Grundkonzeption einer Lehre zur Begründung der exakten Wissenschaften, welche Dingler wohl

schon 1905 entwickelt haben dürfte, in dieser langen Zeit kaum eine Änderung erfahren hat, daß aber in Detailfragen ein Entwicklungsprozeß durchlaufen wurde.
Hier soll jedoch keine Biographie Dinglers geschrieben werden, und historische Details mögen unberücksichtigt bleiben (worin man sich jedenfalls in Einklang mit Dingler befindet, der Wissenschaft immer als unabhängig von historischen Zufälligkeiten intendiert hat). Es wird daher auf eine chronologische Darstellung seiner Arbeiten ebensowenig Wert gelegt wie auf die Erörterung etwaiger Entwicklungen. Gewinn verspricht indessen der Versuch, seine Auffassung geschlossen vorzuführen und Lösungsvorschläge, die der Autor später selbst revidiert hat, von vornherein wegzulassen.
Die Untersuchung der Dinglerschen Wissenschaftslehre wird sich hier auf den folgenden Bereich beschränken: Im Vorgriff kann eine Einteilung theoretischer Erörterungen, die methodisch der Aufstellung empirischer Gesetze vorhergehen, durch die Abtrennung der Bildung physikalischer Grundbegriffe von anderen Vorentscheidungen getroffen werden. Diese Trennung liegt im wesentlichen Dinglers »Physik und Hypothese«[80] zugrunde. Sie impliziert folgendes: Was man üblicherweise als physikalische »Gesetze« bezeichnet, sind logisch gesehen Allaussagen. (Dies trifft auch für den spezielleren Terminus »Allgemeinaussage« in »Die Grundlagen der Physik« (Berlin 1923) zu, welcher die Unabhängigkeit von Ort und Zeit meint.) Um empirische Allsätze gewinnen zu können, müssen erstens reproduzierbare und damit vergleichbare Messungen möglich, zweitens die Bedingungen des Experimentierens geklärt sein (z. B. das bei Dingler »Identitätssatz« genannte Prinzip, daß unter gleichen Umständen gleiche Wirkungen eintreten), und drittens die Rolle von Hypothesen zur Aufstellung von Systemen von Sätzen durchsichtig werden.
Was von Lorenzen als »Protophysik« programmatisch konzipiert worden ist,[81] umfaßt hiervon lediglich den ersten Punkt, die Bildung physikalischer Grundbegriffe. Bei ihr geht es darum, die Voraussetzungen reproduzierbarer Messungen vollständig bereitzustellen. Da sich das vorliegende Buch ebenfalls allein dieser Aufgabe widmet, wird auch *Dinglers Auffassung nur insoweit untersucht, als sie sich auf die Möglichkeit vergleichbarer Messungen erstreckt.* Damit ist festgelegt, daß Dinglers Begründungslehre nur bis zu einer Stufe verfolgt wird, wo »objektive« Einzelurteile als möglich einsehbar

sind. Dingler hat zwar selbst diese Trennungslinie nicht gezogen, doch läßt sich ohne Verfälschung seiner Auffassung die Frage nach der Möglichkeit »objektiver« Messungen für sich beantworten. Daß ohne Klärung, wie vergleichbare Messungen überhaupt möglich sind, keine wie auch immer geartete Physik aufgebaut werden kann, wird sich in der folgenden Behandlung erweisen. Daß darüber hinaus noch weitere Fragen geklärt werden müssen, wenn der Weg zu empirischen Allaussagen in Einzelschritten vorgezeichnet werden soll, wird indessen nicht mehr Gegenstand der Untersuchung sein.[82]

Trotz der noch zu erhebenden Einwände gegen den Aufbau der Methodenlehre bei Dingler ist es wohl angemessen, zuerst allgemein die Methodologie vorzustellen, dann einzelne, besonders für die Begründung der Physik relevante Gesichtspunkte einer genaueren Betrachtung zu unterziehen und schließlich nachzusehen, bis zu welchem Grad die Anwendung der Methode im Aufbau einer Physik bei ihm gediehen ist.

Im Überblick bietet sich etwa folgendes Bild: die historische Entstehung der Physik ist in ihrem Entwicklungsprozeß abhängig von vielerlei Zufällen; sie umfaßt Irrwege ebenso wie geniale Sprünge, deren Rechtfertigung später nachgereicht wurde (oder noch ansteht). Im Gegensatz zu einer historischen Untersuchung des Zustandekommens eines Lehrgebäudes wie dem der Physik, welche zu Recht Vorbild für alle anderen empirischen Wissenschaften ist, besteht das Ziel der Forschungen Dinglers »in der Absicht, zu zeigen, daß es möglich ist, abseits und im logischen Sinne unabhängig von aller historisch gewordenen, durch kulturelle Zufälligkeiten bedingten Wissenschaft eine *bleibende, sozusagen »absolute« Wissenschaft* aufzubauen«.[83] (Versucht man, die Beurteilung der Dinglerschen Lehre durch seine Zeitgenossen auf wissenschaftliche bzw. philosophische Fragen zu beschränken, also von Dinglers Rolle in der Auseinandersetzung um die »Deutsche Physik« während des Dritten Reiches abzusehen, so hat vornehmlich dieser Anspruch, nämlich eine endgültige und durch keinen Fortschritt der empirischen Forschung zur Revision gezwungene Wissenschaft aufzubauen, Dingler die Kritik, vor allem der Physiker, eingebracht. Deren Position allerdings geht von dem empiristischen Mißverständnis aus, es könne auch ohne *durch messende Erfahrung* nicht revidierbare Vorentscheidungen wissenschaftliches empirisches Wissen geben.)

Diesem Sicherheitsanspruch versucht Dingler dadurch gerecht zu werden, daß er alle Schritte im Aufbau der exakten Wissenschaften befragt, und daß auch alle Begründungen ihrerseits wieder auf ihre Begründung hin untersucht werden. Er zeigt schließlich, wie man, da es unendliche Begründungsketten nicht geben kann, dem Dilemma entgeht, die Anfänge selbst noch begründen zu müssen. Dingler nennt das angestrebte Ziel *»Vollbegründung«* und erreicht es durch die »synthetische Methode«, die aufbauend von einer Basis in ihrerseits auf diese erste Basis zurückgeführten Schritten (z. B. logische Regeln) zu gesicherten Ergebnissen vorschreitet. Was insbesondere den Bereich der Physik anbelangt, erhofft sich Dingler eine Beantwortung der Frage, wie Theorien, also Systeme von Sätzen, auf die Realität angewendet werden können, was er selbst, Kant zitierend, als die Aufgabe bezeichnet, »den Übergang vom Rationalen zum Empirischen unter Grundsätze zu bringen«.[84]

Daß eine der Hauptschwierigkeiten darin liegen wird, herauszustellen, was im synthetischen Aufbau als *Anfang* wird gelten dürfen und warum, liegt nahe. Hier bietet sich ein geeigneter Ansatzpunkt für eine ins Detail gehende Darstellung der Methodologie Dinglers.

Unabhängig von jeder Erkenntnistheorie, allgemein, von jeder philosophischen Lehrmeinung, die ja immer Sätze als wahr behauptet, was sofort die Frage nach ihrer Begründung aufwirft, befindet sich ein Mensch auf einer naiven Stufe des Denkens, solange er noch nicht über das Denken selbst nachdenkt, solange er keine Erkenntnisse von der Erkenntnis selbst beansprucht, kurz, solange er nicht reflektiert. Dingler nennt diese Stufe *»Lebensstandpunkt«*[85] oder »Standpunkt des täglichen Lebens«.[86] »Auf ihm steht jeder von uns beinahe stets, solange er eben nicht auf dieses ›Leben‹ selbst reflektiert.« Damit soll nicht ausgeschlossen sein, daß ein Mensch auf dem Lebensstandpunkt denkt oder Einsichten hat; nur gewisse, nämlich »selbstbezogene« Gedanken und Einsichten sind ausgeschlossen.

Trotz einer anderslautenden Definition fällt der Lebensstandpunkt etwa zusammen mit dem »Vorallgemeinstandpunkt«, der in anderen Darstellungen Dinglers Ausgangspunkt für die Begründung der Physik ist. Auf diesem befindet sich, wer keinerlei Allsätze für irgendwie gesichert ansieht, wessen Einsichten jeweils nur einzelnes betreffen und wer somit keine anderen Tatsachen kennt, als Einzeltatsachen.[87]

Beiden Standpunkten ist gemein, daß auf ihnen der Mensch über praktische Fähigkeiten verfügt, die das Funktionieren des Lebensablaufs ermöglichen und unabhängig sind von jeder theoretischen

Begründung. Erst wo unreflektiert Leben möglich ist, kann ein Mensch daran gehen, Wissenschaft zu treiben.

Zu diesen Fähigkeiten zählen alle Arten des Handelns, insbesondere auch jene, welche zum Aufbau einer exakten Wissenschaft von der Wirklichkeit ausgeführt werden müssen, also sprachliche Handlungen und manuelle Tätigkeiten (zur Herstellung von Meßgeräten). Hier wird bereits sichtbar, daß die vorwissenschaftlichen Fähigkeiten des Menschen nicht theoretisch aus »Früherem« begründet werden können, denn wie anders als in sprachlichen Handlungen sollte dies geschehen?

Zu den *»Grundfähigkeiten«*[88] des Menschen zählt auch jene, (vorwissenschaftliche) Einzelerfahrungen zu machen und zu merken. Es liegt dann sofort die Frage nahe, ob nicht Einzelerfahrungen oder eine größere Anzahl von solchen einen tragenden Grund für allgemeine Aussagen abgeben könnten. Dieserart ist die gerne in Lehrbüchern der Physik vorgebrachte Auffassung, daß eine »erdrückende Fülle« von experimentellen Daten (Einzelerfahrungen) schließlich keine andere Wahl ließe als ein Gesetz (Allaussage) als gültig anzusehen. Dieser Weg ist allerdings streng logisch nicht gangbar, und daß Dingler nicht nach mehr oder weniger gut bestätigten, induktiv gewonnenen Sätzen, sondern im strengen logischen Sinne nach gültigen Allaussagen fragt, kommt für ihn eine wahrscheinlichkeitstheoretische gewendete Induktionslogik etwa nach den Vorschlägen Carnaps nicht in Betracht. Dingler wendet sich immer wieder gegen empiristische Begründungsversuche, seien sie nun wie im logischen Empirismus, in den Formen eines Sensualismus oder eines Psychologismus oder auf dem Umweg »ontologischer« Lehrmeinungen unternommen.

Die Alternative, auf jegliche Begründung der ersten Allsätze zu verzichten und sie »axiomatisch« zu behaupten, ist gleichermaßen unannehmbar, da somit jeder Anspruch auf Sicherheit aufgegeben werden muß. Axiomatische Theorien sind immer nur so sicher wie ihr »schwächster Punkt«, der in den unbegründeten Axiomen selbst zu suchen ist. Bleiben die Axiome unbewiesen, so ist auch jeder aus ihnen abgeleitete Satz unbewiesen, die Theorie ist lediglich ein »hypothetischer Formalismus«.

Der resignierende Verzicht auf Allaussagen endlich würde den Verzicht auf jede Wissenschaft implizieren und darüber hinaus jegliche Sicherung von Wissen überhaupt verbieten. Schon die logischen

Gesetze, die in den Schlüssen zur Begründung auch der einfachsten Sätze herangezogen werden, sind generelle Sätze.
Man darf behaupten, daß es Dingler gelungen ist, gegen die gängigsten Lehrmeinungen davon, wie gültige Allaussagen möglich seien, so zu argumentieren, daß ein redlicher Anhänger dieser Lehrmeinungen, allen voran der Empirist, in die Aporie geführt wird. Es liegt freilich nahe, Dinglers Darstellungen als kritizistisch abzutun, solange sich kein Ausweg aus dem Dilemma fehlender Begründungen vor allem der Physik anbietet. Dingler hat jedoch seine Aufgabe immer im Aufbau einer vollbegründeten Wissenschaft gesehen. Die (gelegentlich polemischen) Angriffe auf andere und nachgewiesenermaßen undurchführbare Begründungsversuche müssen sicher daher im historischen Kontext gesehen werden, um sachlich beurteilt werden zu können. Diese Aufgabe soll uns hier jedoch, wie eingangs festgelegt, nicht beschäftigen. Die Auseinandersetzungen Dinglers mit fremden Lehrmeinungen laufen parallel dem eigenen Aufbau, der keine Lücken erhält, wenn diese Auseinandersetzungen unerwähnt bleiben.
Der von Dingler gewiesene Ausweg aus dem Begründungsdilemma der exakten Wissenschaften besteht in einem *»kritischen Voluntarismus«*.[89] In freier Willensentscheidung werden erste Allgemeinaussagen »gesetzt«. Die zentrale Rolle des freien Willens eines um Wissenschaft bemühten Menschen – Dingler gewinnt daraus schließlich die Anfänge zu jeder exakten Wissenschaft – erfordert ein tieferes Eindringen in diesen Teil der Dinglerschen Lehre, der aus einem noch darzustellenden Grund nicht ohne eigene Problematik ist.
Mit »Wille« ist nicht ein Begriff einer psychologischen oder philosophischen Theorie gemeint, sondern es geht um die spontane Fähigkeit, deren sich der Mensch auf dem Lebensstandpunkt »naiv« bedient.[90] Er zählt also zu den Grundfähigkeiten und ist insofern nicht theoretisch zu hinterfragen. Jeder Versuch, eine Abhängigkeit des Willens von irgendwelchen Voraussetzungen, etwa den Einzelerfahrungen, aufzuzeigen, müßte, so ist Dinglers Sprache zu verstehen, selbst schon wieder auf eine spontane Entscheidung zurückgehen. Ebensowenig lassen sich Einwände derart vorbringen, daß der Wille nicht frei sei, denn dabei handelt es sich wiederum schon um einen Allsatz, welcher einer Begründung bedarf.
Die ganze, um den »Willen« kreisende Diskussion dient letztlich dem Zweck, einen nicht hinterfragbaren Anfang zu finden und

zugleich die Abhängigkeit jeglicher Wissenschaft vom menschlichen Handeln zu betonen, was als Alternative zu der methodisch unhaltbaren Auffassung gesehen werden muß, »die Welt« dränge dem passiven Beschauer ihre Gesetzlichkeit auf, biete sich als von Gesetzen beherrscht an.[91] Durch einen »Willensentschluß« gelingt es, »zu geltenden Aussagen überhaupt zu gelangen«.[92] Hier und vor allem später in FWS, wo Dingler trennt zwischen dem, was unserem Willen unterworfen und demnach mit unangreifbarer Sicherheit verfügbar ist, und dem, was unser Wille nicht erreicht, tritt folgende Schwierigkeit auf:

Indem er sich bemüht, in einer methodischen Erörterung die Bedingungen für die Möglichkeit von Allaussagen zu fassen, spricht er selbst in generalisierender Form von »unserem Willen«. Statt die Aktivität, welche Wissenschaft in Gang setzt, unmittelbar zu demonstrieren, redet er von dieser Aktivität und erkauft sich mit dem Versuch, schon vorweg alle folgenden Schritte als zwingend zu erweisen, die Schwierigkeit, nach der Begründung seiner Methodologie befragt werden zu können. Obgleich der wesentliche Fortschritt von Dinglers Philosophie darin liegt, daß dem Handeln selbst ein Platz neben nur sprachlichen Beschreibungen von Handlungen zugewiesen wird, verzichtet er in seinen methodologischen Erörterungen, seine eigene Leistung zu nützen, was zu einigen Inkonsistenzen führt.

Diese Kritik gilt wohlgemerkt dem Aufbau der Methodologie, fast könnte man sagen, der Gliederung seiner Bücher.[93] Die Methode indessen ist von bestechender Unangreifbarkeit. Denn unangreifbar (im Sinne von theoretisch unhintergehbar) ist der Anfang, auf dem exakte Theorien aufgebaut werden, und unangreifbar sind die Einzelschritte, die nach dem Prinzip der pragmatischen Ordnung getan werden. »Der Anfang«, d. h. die in ihrer Gültigkeit willensmäßig garantierten Allsätze sind nämlich nichts anderes als terminologische Festsetzungen, stellen also keinen Anspruch auf Wahrheit. Dingler bringt das Beispiel »eine geradlinige Figur mit drei Ecken nenne ich Dreieck«. Da nun die auf dem Standpunkt des täglichen Lebens vorgenommene Einteilung »a) in das, was unserem eigenen Willen untersteht, b) in das, was diesem nicht oder nicht vollständig untersteht«,[94] von Dingler als vollständig angesehen wird (d. h. es gibt nichts, das nicht in einen der Bereiche a) oder b) gehört), sind terminologische Bestimmungen die einzigen Sätze, welche »vorlogisch« gesichert werden können, und ihrer Unabhängigkeit von weiteren Begründungen wegen soll ihre Geltung »absolut« heißen.[95] Hier, so wird man behaupten dürfen, zeigt sich vollends die schon erwähnte Schwäche der Dinglerschen Darstellung seiner für sich zirkelfreien Methode: Der Leser ist in der Tat berechtigt zu fragen, wie denn zu verstehen sei, daß alles unserem Willen entweder nicht, oder teilweise oder ganz unterworfen sei. Hier liegt ein Allsatz vor, von dessen Gültigkeit alle daran knüpfenden Schlüsse abhängen, insbesondere die Behauptung, seine Methode sei die einzig mögliche. Dingler müßte zum Nachweis dieser Gültigkeit »Wille« terminologisch bestimmen, eine Theorie des Willens vorlegen und schließlich Kennzeichnungen wie »das, was unserem Willen unterliegt ...« auflösen. Er müßte kurz seine Lehre durch eine neue Lehre begründen.

Dennoch muß mit Nachdruck darauf hingewiesen werden, daß nur die Darstellung der Methode, also die Fassung der Methodenlehre als mißlungen angesehen werden muß, daß die Methode selbst aber mit den auf den Seiten 48 bis 52 genannten Einschränkungen den Ansprüchen gerecht wird, mit denen Dingler sie vorgetragen hat. Ein Beispiel mag das Problem der Dinglerschen Methodologie verdeutlichen: Wer eine Methodologie schreibt, die in nichts anderem besteht als in einer Diskussion der Ordnung von Einzelschritten, die Begründungsketten ergeben, und außerdem in der Bereitstellung der ersten Schritte, befindet sich in einer ähnlichen Lage wie jener, der ein Buch »Wie lerne ich lesen?« verfaßt. So wenig ein »Leser« aus diesem Buch wird lesen lernen können, so sinnvoll kann gleichwohl – etwa im Rahmen einer psychologischen Untersuchung für pädagogische Zwecke – ein solches Buch sein. Verstehbar ist es freilich nur dem, der schon lesen kann. Ebenso kann jede sprachliche Darstellung in ihrer wissenschaftlichen Exaktheit immer erst dann verstanden werden, wenn schon elementare Regeln einer Methodenlehre akzeptiert sind, insbesondere eine Metaregel von der gleichbleibenden Verwendung der Wörter, eine Regel, die beim Erlernen der Sprache eben nicht auf dem Umweg über sprachliche Anweisungen, sondern nur durch Vorführen und Nachahmen naiv und unbewußt mitgelernt und erst nachträglich auf der Metaebene mit den schon verfügbaren sprachlichen Mitteln formuliert werden kann.

Hier wird Dingler wohlgemerkt nicht das unauflösliche Dilemma angelastet, daß eine logische Propädeutik als Kunst des vernünftigen

Redens streng nicht in einem Buch gelehrt werden kann, es sei denn schon im Vertrauen auf deren wenigstens partielle Beherrschung durch den Leser. Dagegen ist, was speziell die Methode der Physik anbetrifft, eine strenge Methodologie sehr wohl vor Beginn der Physik (im methodologischen Sinne) möglich (als Alternative zu metasprachlicher Darstellung im Nachhinein, oder zur parasprachlichen Erläuterung parallel zum Aufbau der physikalischen Theorie). Dazu bedarf es allerdings einer ausgebauten Logik im weiteren Sinn, welche die Aufgabe, gültige Allgemeinsätze zu ermöglichen, schon gelöst hat.

Da gleichwohl schon die Anfänge für den Aufbau einer exakten Wissenschaft feststehen (nämlich die terminologischen Bestimmungen), kann die Diskussion der Ordnung der folgenden Schritte einsetzen.

Dingler formuliert ein *»Prinzip der pragmatischen Ordnung«*[96], welches besagt, daß jeder Schritt allein auf den schon durchgeführten Schritten aufbauen darf. Äquivalent hierzu ist das Verbot pragmatischer Zirkel. »Pragmatischer Zirkel« ist hierbei Oberbegriff für definitorische, logische und praktische Zirkel.

Praktische Zirkel, z. B. ein erstes Lineal mit einer Maschine herzustellen, deren Herstellung ohne Lineal unmöglich ist, können ohnehin nur in falschen Aussagen, also auf der sprachlichen Ebene, nicht aber de facto durchlaufen werden. Aus eben diesem wahren, weil tautologischen Satz läßt sich das Funktionieren von Physik und Technik trotz einiger falscher methodischer Voraussetzungen für die Fassung entsprechender Theorien verstehen.

Es ist eine tautologische Behauptung, daß ein Befolgen des Prinzips der pragmatischen Ordnung nur zu vollbegründeten Theorien führen kann. Das Kriterium für Vollbegründung von Theorien läßt sich umgekehrt fassen durch die methodischen Forderungen, daß 1. das Durchlaufen einer Begründungskette in rückwärtiger Richtung (etwa in einer dialogischen Situation durch konsequentes Nachfragen) zu einem Ende kommen muß, und 2. daß dieses »Ende« selbst keine Behauptung sein darf, die irgendeine Wahrheit beansprucht, also Kriterien für ihre Gültigkeit erfordern würde.

Die Synthese einer vollbegründeten Theorie ist damit freilich zunächst nur so weit durchführbar, wie der Aufbau von Logik und Mathematik, also formaler Wissenschaften, reicht. Das Kernproblem empirischer Wissenschaft, nämlich, wie die neu aufgebaute Sprache

zu exakten Aussagen über Vorfindliches tauglich wird, was man auch als die Frage nach der »Angemessenheit« einer Darstellung faßt, ist bisher nicht berührt worden. Dinglers Verdienst ist es, einen Weg zur Lösung des bei ihm so genannten *»Anwendungsproblems«*[97] gewiesen zu haben; die darauf beruht, daß das manuelle Schaffen, die Bearbeitung der Umwelt, neben die Sprachhandlungen tritt.
Weder hat historisch eine bloß geistige Orientierung in der außerwissenschaftlichen Welt zur Physik geführt, noch kann methodisch eine spekulative, d. h. passiv betrachtende und beschreibende Tätigkeit eine Physik hervorbringen. Vorbedingung ist vielmehr auch ein aktives Eingreifen, sind Veränderungen in der Welt der Körper und Vorgänge, speziell die Herstellung von Meßgeräten und die Schaffung von Versuchsbedingungen.
Es werden also nicht wahllos vorgefundene »Realdinge« prädiziert, sondern nach Gewinnung von Allgemeinaussagen durch Festsetzung solche Realdinge ausgewählt, »welche dieser Allgemeinaussage gehorchen. Dies Vorgehen bezeichnen wir als das Prinzip der Realisierung durch Auslese«.[98]
Damit ist zunächst nicht viel gewonnen, weil das Problem eben gerade darin besteht, wie entschieden werden kann, ob Realdinge Allgemeinaussagen »gehorchen«. In diesem Punkt ergeben die Arbeiten Dinglers kein einheitliches Bild. Zunächst wird der Terminus *»Realisierung«* sowohl im Bereich der eigentlich physikalischen wie der mathematischen Begriffsbildung gebraucht. So heißt z. B. auch die Operation, Striche hintereinanderzusetzen und dadurch Ziffern zu erzeugen, »Realisierung«.[99] Doch selbst bei Beschränkung auf physikalische Grundbegriffe ergibt sich keine durchgängige Verwendung des Wortes. Im Bereich der Geometrie erwähnt Dingler zwar immer wieder das Dreiplattenverfahren[100] zur Erzeugung von Ebenen, bei welchem Stahlplatten bis zur Adhäsion aneinander abgeschliffen werden. Auch laufen Dinglers Bemerkungen zur Chronometrie letztlich auf die Konstruktion realer Uhren hinaus, doch lassen sich zahlreiche Stellen anführen, wo »Realisierung« die bloß gedankliche Erfüllung eines Konstruktionsplanes einer exakten Theorie bedeutet. So sei die Realisierung der »einfachsten« Bewegung die gleichförmige, die nun nicht etwa als die Bewegung eines Uhrenzeigers oder irgendeines realen Körpers verstanden wird, sondern als bloß gedachte Bewegung eines Punktes längs einer gedachten Linie.[101] In einer Erörterung des Anwendungsproblems kann, so

darf man erwarten, »Realisierung« nur als Verfahren der Bearbeitung realer Körper oder Beeinflussung realer Vorgänge relevant werden. Unter dieser Einschränkung nun versteht Dingler unter »Realisierung« nicht nur das Verfahren, einmal ein Realisat, z. B. ebene Platten herzustellen, sondern den ganzen im Voranschreiten der experimentellen Technik vollzogenen Verfeinerungsprozeß, der notwendigerweise zu immer höherer Meßgenauigkeit und damit zu immer feineren Realisaten führt.

Was zunächst das Realisierungsverfahren anbetrifft, also z. B. die einmalige Herstellung ebener Platten, einer Uhr oder dergleichen, so bestimmt es die zu realisierende Form eindeutig.[102] Es läßt sich allerdings nicht exakt sagen, wie Dingler den Terminus *»eindeutig«* gebraucht. In dem gegebenen Zusammenhang könnte die Eindeutigkeit des Realisierungsverfahrens, die auf der eindeutigen Bestimmung der zu realisierenden Formen beruhe, zweierlei bedeuten: Entweder ist damit gemeint, daß die gegebenen Bestimmungen *ausreichen,* d. h. es kann nicht, um ein geometrisches Beispiel zu wählen, mehrere Formen von flächigen Körpergrenzen geben, die den Bestimmungen etwa der Ebene genügen – z. B. die Ununterscheidbarkeit der Punkte einer Fläche ist in diesem Sinne keine eindeutige Bestimmung, weil sie für Ebene und Kugel gilt –, oder aber »Eindeutigkeit« meint, daß die unabhängige zweimalige Durchführung des Realisierungsverfahrens zu denselben Realisaten führt, deren Beziehung zueinander a priori feststeht. Für diese zweite Auffassung, welche wesentlicher Bestandteil der in diesem Buch vorgestellten Methodenlehre ist, finden sich keinerlei Belege, so daß man Dingler wohl dahingehend interpretieren muß, daß die Eindeutigkeit des Realisierungsverfahrens als Folge der eindeutigen Bestimmung der zu realisierenden der Vollständigkeit der Einführung bedeutet. *»Eindeutig bestimmt«* wäre also dann synonym mit *»voll bestimmt«*; *»Eindeutigkeit«* ist nichts anderes als *»Vollbegründung«*.[103] Für diese Interpretation spricht die Verwendung von »eindeutig« vor allem in FWS, wo auch die terminologische Bestimmung von »Körper« und den verschiedenen Unterscheidungsmöglichkeiten von Grenzen von Körpern als »eindeutig« bezeichnet wird.[104]

Es bedarf dann keiner weiteren Diskussion, eine so verstandene Eindeutigkeit etwa zu beweisen. Wenn alle terminologischen Bestimmungen auf Unterscheidungen zurückgeführt sind, die auf dem Standpunkt des täglichen Lebens zur Verfügung stehen, ist en passant die Eindeutigkeit gesichert. Es darf hier bereits vermerkt werden, daß die Behauptung der eindeutigen Reproduzierbarkeit der Grundformen zur Ermöglichung von Messungen einer Sicherung bedarf, die über das hinausgeht, was Dingler dazu geschrieben hat.[105] Hält man also fest, daß in Dinglers Auffassung Beweise dafür, daß Wiederholungen eines Realisierungsverfahrens gleiche Ergebnisse liefern, nicht erforderlich scheinen, weil die zu realisierenden Formen vollbestimmt sind, so verstärkt sich der Eindruck, als habe sich Dingler nicht zu einer klaren Entscheidung durchringen können, welche Bedeutung dem Realisierungsverfahren, nun verstanden als Bearbeitung von realen Körpern, zugedacht werden soll, d. h. wie wichtig die Diskussion des Realisierungsverfahrens und den Bedingungen der einzelnen Durchführung für den methodischen Aufbau der Physik ist. Trotz der Betonung, wie bedeutend gerade das aktive Eingreifen des Menschen in die Umwelt ist, wenn es um die Begründung der Physik geht, muß man wohl doch »Realisierung« als einen »geistigen« Prozeß verstehen. Anders kann nicht erklärt werden, daß Dingler in »Grundlagen der Geometrie« (Stuttgart 1933) schreibt: »Unsere Definition der Ebene ist unabhängig von dem geschilderten Dreierverfahren« (S. 42).

Die Kenntnis des Dreiplattenverfahrens zur Realisierung der Ebene ist dann nur mehr ein erfreulicher historischer Zufall, zumal es »genau die Realisierung unserer . . . »Ebenendefinition« darstellt«.[106] Vermutlich hätte Dingler sogar die auf Ununterscheidbarkeitsforderungen aufgebaute Wissenschaft von der Realität auch dann noch für ein sinnvolles Unternehmen angesehen, wenn es nun kein Verfahren gäbe, das direkt in manuelle Tätigkeiten umgesetzt werden könnte, sondern bloß gedanklich vollzogen wird und also dann auf ein logisches Verknüpfen von Ideen im Dinglerschen Sinn[107] hinausliefe. Dingler hat also das in seinen früheren Werken für bedeutend bezeichnete »Anwendungsproblem« in seinen späteren Schriften eher vernachlässigt denn exakt gelöst. Dabei steht man noch in Übereinstimmung zu Dingler, wenn man das »Anwendungsproblem« eben gerade darin sieht, eine Sicherung der Rede von der auf dem Lebensstandpunkt vorgefundenen Welt mit mehr oder weniger harten Körpern und den verschiedenartigsten Ereignissen zu erzielen, indem aktiv in die Welt der »Realdinge« eingegriffen wird, indem also Platten aneinander abgeschliffen und Körpern Bewegungsformen aufgezwungen werden.

Wenn Dingler also nicht mit der nötigen Klarheit gesagt hat, was Realisierungsverfahren sein sollen, so ist doch die Stellung, die sie im Aufbau der exakten Theorie einnehmen, deutlich gefaßt. Im Realisierungsverfahren müssen implizit »notwendig auch alle Elemente enthalten« sein, *»aus denen logisch die Eigenschaften der realisierten Formen folgen«*. Dies heißt z. B. im Falle der Geometrie, daß eine geeignete Darstellung des Realisierungsverfahrens der geometrischen Grundformen alle Sätze der (euklidischen) Geometrie impliziert, m. a. W. die das Realisierungsverfahren beschreibenden »Sätze müssen eine Axiomengruppe darstellen, welche die Geometrie liefert.«[108]
Obgleich Dingler es für einen wesentlichen Bestandteil eines streng durchgeführten methodischen Aufbaus der Physik ansieht, die sukzessive Verfeinerung der Realisierungsverfahren als methodisch möglich und in eine angebbare Richtung verlaufend zu erklären und in sein System einzubeziehen wozu ein »Prinzip der Genauigkeitsschichten« aufstellt und die Verbesserung von Realisierungen durch »Exhaustion« gesetzter Theorien erklärt, soll dieser Teil der Dinglerschen Methodenlehre nur mehr im Überblick dargestellt werden; wie zu Anfang erwähnt, richtet sich die Aufmerksamkeit im Rahmen dieses Buches vornehmlich auf den Bereich der Dinglerschen Philosophie, welcher hier erneut aufgegriffen und vorangetrieben wird. Die Diskussion seiner Methodenlehre wird in der Form fortgeführt, daß ihre Anwendung in dem von Dingler selbst unternommenen Aufbau einer exakten Physik betrachtet wird. In diesem Aufbau fällt der Geometrie eine führende Rolle zu, da letztlich alle Messungen auf Vergleiche mit starren Körpern hinauslaufen.
Dinglers Arbeiten zur *Geometrie* lassen sich unter Vernachlässigung einiger Einzelheiten folgendermaßen zusammenfassen: Auf dem »Vorallgemeinstandpunkt« kennen wir Körper verschiedener Härte. (Für Dingler ist selbst der Begriff Körper ein »ideoider«, und er führt eine ausgedehnte Bestimmung vor,[109] in welcher die Rede von Körpern und ihren (flächigen) Begrenzungen auf den Grundbegriff der Unterscheidbarkeit (z. B. der Konsistenz) zurückgeführt wird. (Eine solche exakte Bestimmung kann erforderlich werden, wenn z. B. entschieden werden soll, ob Elementarteilchen Körper sind, für den Aufbau der Geometrie ist sie jedoch m. E. nicht erforderlich.) Mit »Härte« ist praktische Starrheit, d. h. eine Eigenschaft vorgefundener Körper gemeint. Soll nun im Bereich der praktisch starren Körper nach dem starrsten gesucht werden, geht es also um die Suche nach

dem bestmöglichen Realisat eines ideal starren Körpers, so muß trivialerweise vorher eine Definition von »starrer Körper« vorliegen, ansonst eine sinnvolle Suche nach einem Realisat unmöglich ist.[110] Dingler wählt als Definition der Starrheit die Forderung, daß ein Körper den Gesetzen der euklidischen Geometrie gehorchen muß. Gemäß dem Prinzip der Realisierung durch Auslese wird ein realer Körper an seiner Übereinstimmung mit geometrischen Sätzen als starr ausgewiesen. In der Praxis verläuft dieses Verfahren auf einzelnen Stufen, deren Überschreiten jeweils eine höhere Feinheit der Realisierung bedeutet. So läßt sich eine »Hierarchie der starren Körper« erzeugen, deren momentan starrster jeweils die höchste erreichbare Meßgenauigkeit bestimmt. Diese Steigerung der Güte von Realisierungen durch Verfeinerung der Kontrollverfahren auf der Basis der schon realisierten Formen und die Begrenzung der jeweils höchsten Meßgenauigkeit ist ein unendlich fortsetzbarer Prozeß. Dingler hat ihn in der Praxis der Meßgeräteherstellung als verwirklicht angesehen und ihn so interpretiert, als werde er von einem »Prinzip der Genauigkeitsschichten« geleitet.
Werden nun realiter bei Kontrollverfahren Abweichungen festgestellt, so müssen sie auf störende Umstände zurückgeführt werden. Solche Erklärungen von Abweichungen durch störende Umstände erfüllen das »Prinzip der Exhaustion«.
Obgleich Dingler selbst die folgende Trennung nicht macht und es daher offenbleiben muß, ob er sie intendiert hat, ist sachlich eine scharfe Unterscheidung von Klassen von Situationen möglich, in denen die Exhaustion einsetzen muß: einmal bei der Realisierung von Grundformen wie Ebene oder gleichförmige Bewegung und zum anderen bei der experimentellen Überprüfung von Hypothesen, etwa des Newtonschen Gravitationsgesetzes.[111] In Anbetracht der beabsichtigten Beschränkung auf die physikalische Begriffsbildung unter Fortlassung der weiterführenden Diskussion, wie physikalische Sätze gewonnen werden, wird hier nur die Exhaustion im Realisierungsverfahren von Grundformen betrachtet.
Dingler definiert: »Unter *Exhaustion* verstehen wir das Verfahren, fundamentale Begriffe des eindeutigen Systems und ihre Folgerungen, d. h. solcher Begriffe, welche innerhalb des Systems primär sind gegenüber allen weiteren, in die Wirklichkeit einzuführen. Diese Einführung geschieht geistig, indem die Begriffe und Vorgänge, soweit sie einschlägig in Ansatz gebracht werden und alles, was

durch sie noch nicht gedeckt ist, als überlagerte Erscheinung definiert wird«.[112] Dingler hat dieses Verfahren ausführlich für den Begriff des starren Körpers vorgeführt, und zwar in PuH und in GdP. Mit der Herstellung des starren Körpers durch Exhaustion der euklidischen Geometrie wird zugleich die euklidische Geometrie »in die Wirklichkeit eingeführt«.[113] Und: »Der logische Begriff des starren Körpers ist völlig äquivalent dem einer ›Geometrie‹«.[114] Wie man aber die Sätze einer Geometrie erhält, die man ja schon benötigt, um den Terminus »starrer Körper« einzuführen, wurde bereits angedeutet: Sie sind aus einer Beschreibung des Realisierungsverfahrens der geometrischen Grundformen abzuleiten. Solche Beschreibungen werden als Ununterscheidbarkeitsforderungen formuliert.

Dingler hat sich mit dieser Auffassung in deutlichen Gegensatz zur damals wie heute vorherrschenden Meinung von »der Struktur des physikalischen Raumes« gebracht. Er unterläßt es daher nicht, die Unmöglichkeit eines methodisch geordneten und daher verstehbaren Aufbaus einer eindeutigen Geometrie auf der Basis der reinen Empirie nachzuweisen. Den Beweis, warum es rein empirisch unmöglich ist, ein strenges Entscheidungsverfahren dafür aufzustellen, welcher von zwei Körpern der starrere ist, braucht hier nicht wiederholt zu werden, da dieser Anspruch in der heutigen Physik ohnehin nicht mehr erhoben wird. Dort glaubt man, durch eine auf Phänomene der Lichtausbreitung gegründete Geometrie dieses Problems enthoben zu sein, vergißt dabei freilich, daß eine optische Geometrie nicht anders als über eine geometrische Optik bzw. eine Elektrodynamik nicht anders als auf der Grundlage mechanischer Kräftemessung gewonnen werden können, welche ihrerseits nicht ohne starre Körper (für Blenden und Schirme, für Interferenzversuche und Messungen der Lichtgeschwindigkeit) auskommen kann.

Das zum Prinzip der Exhaustion alternative Verfahren, bei Abweichungen realer Körper von den Gesetzen der euklidischen Geometrie nicht nach störenden Umständen zu suchen, sondern die Geometrie zu ändern, kann, so Dingler, niemals zu eindeutigen Sätzen führen.[115] Ganz abgesehen davon, daß Meßgeräte de facto immer nach dem Prinzip der Exhaustion der euklidischen Geometrie hergestellt werden, kann geometriefrei kein Allsatz formuliert werden, der angibt, von welcher Abweichung an die Geometrie zu ändern sei.

Die Aufgabe, welche in dem jetzt skizzierten Aufbau der Geometrie noch verbleibt, nämlich ein Axiomensystem aus einer Beschreibung des Realisierungsverfahrens herzuleiten, hat Dingler selbst noch in Angriff genommen. Er hält die Hilbertschen »Axiome der Verknüpfung« durch seine terminologischen Bestimmungen von Ebene, Gerade usw. für bewiesen. Es wäre eine sicher lohnende Aufgabe nachzuforschen, inwieweit die Dinglerschen Arbeiten zu diesem Punkt (in FWS, S. 160-172 und S. 175-187) wirklich stringent sind und vielleicht eine Basis für eine aussichtsreiche Weiterarbeit an einem methodischen Aufbau der Geometrie darstellen. Im Hinblick auf das Thema dieser Arbeit mögen die gegebenen Anmerkungen zur Geometrie ausreichen.

Was Dinglers Begründung einer Theorie der Zeit oder der Zeitmessung anbetrifft, sind seine Untersuchungen fragmentarisch geblieben. Da die Zeitmessung »am Ort« hinreichender Klärung bedarf, bevor Probleme wie »Gleichzeitigkeit«, »Uhrentransport«, »Zeitvergleich an verschiedenen Orten« u. ä. aufgegriffen werden können, mag die Diskussion der Dinglerschen Zeitmeßtheorie auf diesen Punkt beschränkt bleiben.

Daß es Bewegung gibt, ist eine der Einzelerfahrungen auf dem Standpunkt des täglichen Lebens. »Bewegung an sich ist ein Elementarerlebnis, d. h. braucht und kann nicht aus anderen Elementen aufgebaut und abgeleitet werden.« Um vor »eindeutig bestimmter Bewegung« sprechen zu können, müsse »ein neues Element«, die Zeit, eingeführt werden. Ein »vorsystematischer Zeitbegriff«, die »Primärzeit«, werde dadurch konstituiert, daß »volle Willensakte«, geordnet nach dem Früher oder Später gezählt würden.

»Wird nun ein Maß der Zeit einzuführen versucht, so gibt es kein anderes Mittel, als daß man Vorgänge findet, die sich dauernd auf gleiche Weise wiederholen, sog. *periodische Vorgänge.*« Das »Grundprinzip«, periodische Vorgänge »künstlich aufzubauen und zu isolieren«, basiere auf dem Gedanken: »Sind zwei Vorgänge, welche einen natürlichen momentanen Anfang und ein natürliches momentanes Ende haben, so beschaffen, daß alle ihre wesentlichen Bedingungen streng identisch sind, so schließt Anfang und Ende bei beiden die gleiche Zeitstrecke ein.« Dieses Prinzip der gleichen Dauer identischer Vorgänge« liefere eine »Definition gleicher Zeitstrecken, ob die beiden Vorgänge zugleich oder irgendwann nacheinander, ob sie am gleichen oder an verschiedenen Orten ablaufen.«[116]

Er fährt fort: »Diese Definition hat offenbar die Eigenschaft, daß sie mit dem fortschreitenden Aufbau der eindeutigen Physik dauernd an

Genauigkeit zunimmt, ein Prozeß, der wegen der Unbegrenztheit der Physik selbst unbegrenzt ist. Indem nämlich immer neue Umstände entdeckt werden, welche den Ablauf des Vorganges beeinflussen können, und die Beherrschung dieser Umstände erreicht wird, kann die Gleichheit der wesentlichen (d. h. der innerhalb der momentanen Genauigkeit den Vorgang beeinflussenden) Umstände besser garantiert werden.«[117]

Nachdem in MdP über periodische Vorgänge gleiche Dauern definiert werden und dadurch systematisch »die Zeit« in den Aufbau der Physik eingeführt wird, die dann erlaubt, Bewegungen in ihrem Ablauf eindeutig zu fassen, ist diese Vorstellung in »Die Ergreifung des Wirklichen« um den Zusatz erweitert, daß erst eine sukzessive Verfeinerung der Zeitmessung durch Verwendung von immer höherfrequenten Uhren bis zu dem Grade, wo die Zeitpunkte »überall dicht« innerhalb der Periode einer langsamen Uhr liegen, die »ideelle Zeit« bestimme.[118] Mit ihr ließe sich dann die gleichförmige Bewegung definieren.[119]

Die Auffassung Dinglers von den Voraussetzungen der Zeitmessung, umrissen durch Zitate vor allem aus MdP, findet in seinen anderen Werken keine in wesentlichen Punkten abweichende Darstellung, so daß auf deren Referat verzichtet werden kann. Unabhängig von den sich anschließenden Erörterungen der ideellen Gleichzeitigkeit und den Einwänden gegen die relativistische Zeitvorstellung sind Bedenken gegen die Dinglerschen Ausführungen zum Thema Zeit anzumelden.

Den Prinzipien der Dinglerschen Methodenlehre folgend muß nämlich sofort die Unmöglichkeit auffallen, zirkelfrei periodische Vorgänge »aufzubauen und zu isolieren«. Damit es sich nämlich hierbei um eine sinnvolle, d. h. als eine von einem Ziel geleitete Tätigkeit handelt, muß – und nur solche sind nach Dingler im Aufbau exakter Wissenschaften zulässig – das Ziel der Handlung bestimmt sein; es bedarf also einer exakten Definition von »periodisch«. Die »strenge Identität aller wesentlichen Bedingungen« ist indessen keine solche, solange nicht gesagt wird, welche Bedingungen »wesentlich« sind. Wohlweislich hat Dingler vermieden, die Unterscheidbarkeit der einzelnen Perioden in allen überhaupt formulierbaren Bedingungen zu fordern, was ersichtlich Nonsens wäre. Dann aber bleibt erst recht die Aufgabe, gewisse Bedingungen vor »unwesentlichen« auszuzeichnen.

Das Verfahren, an das Dingler in diesem Zusammenhang gedacht haben mag (»indem nämlich neue Umstände entdeckt werden, welche den Ablauf des Vorgangs beeinflussen können . . .«), ist jedoch zirkelhaft. Damit eine solche Entdeckung von Einflüssen überhaupt möglich ist, muß es zumindest grobe Realisierungen periodischer Bewegungen geben, muß also schon bestimmt sein, was »periodisch« heißt.[120] Die Dinglersche Definition von »periodisch« ist eine leere Forderung, und somit kann es auch keine Realisierung geben. Diese Definition kann weiterhin nicht dazu dienen, eine Interpretation der Praxis des Uhrenbaus zu geben.

Selbst wenn man wohlwollend die Auffassung Dinglers von den Grundlagen der Zeitmessung als lediglich ergänzungsbedürftig ansieht, bleibt uneingelöst, wie das Vorhandensein oder das Fehlen von Unterschieden einzelner Perioden (gar an verschiedenen Orten) wenn schon nicht in festgelegten Verfahren kontrolliert, so doch wenigstens bemerkt werden kann.

Hier ist, so möchte man vermuten, Dingler der bestaunenswerten Präzision der Uhrentechnik zum Opfer gefallen und hat eine allzu praxisnahe theoretische Untermauerung der Uhrmacherkunst gesucht. Für seine Ausführungen gelten sinngemäß ähnliche Einwände wie für die offizielle Lehrmeinung der Physik zum Thema Zeitmessung.[121] Dingler schließt an die Definitionen, welche Grundbegriffe von Geometrie und Chronometrie liefern oder doch zumindest liefern sollten, eine beachtenswerte Erörterung über die Grundbegriffe der Dynamik an. Da diese gemäß den methodischen Bemerkungen unter § 4 dieses Kapitels ebenfalls ergänzungsbedürftig sind, hier jedoch keine Vorschläge zur Lösung der anstehenden Aufgaben unterbreitet werden, sollen sie hier nicht referiert werden. Eine gründliche Ausarbeitung der in den späteren Werken Dinglers enthaltenen Definition der Masse durch das Gravitationsgesetz und eine Anwendung auf Grundlagenfragen der Astronomie wird in »Die Gravitation und die philosophischen Grundlagen der Physik« von Bruno Thüring (Berlin 1967) vorgeführt.

3. Logik und Protophysik

Zur Begründungslehre von P. Lorenzen

Die Wissenschaftsphilosophie Dinglers ist von P. Lorenzen aufgegriffen und weiterentwickelt worden. Die diesem Thema gewidmeten Arbeiten Lorenzens sind leichter überschaubar als diejenigen Dinglers und erfordern insbesondere durch ihre terminologische Präzisierung keine historischen oder philologischen Interpretationskunststücke. Deshalb ist hier eine komprimierte Darstellung am Platz, welche vor allem die über Dingler hinausgehenden Punkte betont, aber auch einige Unterschiede zu der in diesem Buch vorgetragenen Auffassung erläutert.

Für Lorenzen wird das Problem gültiger oder wahrer Allaussagen nicht erst bei der Frage »Wie ist Physik als Wissenschaft möglich?« relevant, sondern sie stellt sich in allgemeiner Form bereits auf der elementarsten Stufe des »vernünftigen«, d. h. um die Einlösung seiner Ansprüche stets bemühten Sprechens und zählt damit zur Logik im weiteren Sinne. Der Vorzug der Philosophie Lorenzens gegenüber derjenigen Dinglers in diesem Punkt läßt sich kurz dadurch charakterisieren, daß in ihr die sprachphilosophische und logische Naivität Dinglers überwunden ist.

Die Möglichkeit der vertretbaren (dialogisch verstanden als der auf Befragen hin einlösbaren) Rede kann trotz aller gebrauchssprachlichen Unschärfen durch eine Rekonstruktion der Sprache von den elementarsten Bausteinen bis zur Hochstilisierung wissenschaftlicher Terminologien gesichert werden.[122] Es darf als Kriterium der Wissenschaftlichkeit gelten, wenn jederzeit der Forderung entsprochen werden kann, die Gültigkeit von Aussagen von der Verwendung der Wörter bis zum Kriterium der Gültigkeit selbst explizit darzulegen. Die Frage, die sich hier sofort stellt, ist dann die, wie die genannte Rekonstruktion zu erfolgen habe.

Als den gegenwärtig wohl verbindlichsten Beitrag unter den Veröffentlichungen zur Beantwortung dieser Frage haben W. Kamlah und P. Lorenzen in ihrer »Logischen Propädeutik«[123] einen Katalog von Vorschriften vorgelegt, welcher, wie die vorliegende Arbeit zeigen kann, zu einer ersten Sprachnormierung bis hin zur Terminologie der Physik ausreicht.[124] Bevor ein Überblick über die Typen von

Schritten gegeben wird, die auf den einzelnen Stufen der Rekonstruktion zu tun sind, soll nach der Legitimation eines solchen Unternehmens gefragt werden, da es ja für sich in Anspruch nimmt, methodischer Anfang zu exakter Rede zu sein.

Die den Kern der »Logischen Propädeutik« darstellenden Sätze sind keine Aussagen, die mit dem Anspruch auf Wahrheit – in welchem Verständnis auch immer – behauptet sind, sondern sie müssen präskriptiv verstanden werden. Die einzelnen, im folgenden zu besprechenden Schritte werden als Vorschriften angegeben. Somit ist ein Katalog von Vorschriften zur Rekonstruktion des vernünftigen Sprechens ein methodischer Anfang, der keiner Begründung seiner Wahrheit bedarf. Vorschriften können allenfalls befolgt werden oder unbeachtet bleiben; eine Entscheidung dafür oder dawider muß im Einzelfall, gegebenenfalls in moralischer Argumentation, getroffen werden.

Auf der Höhe einer schon in Gang gesetzten normierten Sprache läßt sich zwingend dafür argumentieren, daß jeder methodisch geordnete Aufbau einer Sprache von der elementaren Prädikation auszugehen hat. J. Mittelstraß faßt diese Tatsache so zusammen: [125] »Der triviale, fast ein wenig paradox klingende Satz, daß sich ohne (sprachliche) Unterscheidungen über die Welt nicht sprechen läßt, bewahrheitet sich so aufs neue. Terminologischer ausgedrückt bedeutet dies wiederum nichts anderes, als daß jede Reflexion über die Prädikation von dieser selbst schon Gebrauch machen muß und darum auch nicht imstande ist, sie in einem wie auch immer gearteten Sinne zu begründen. Als eine fundamentale sprachliche Handlung ist die Prädikation unhintergehbar.«[126]

Die »Prädikatoren«, die Gegenständen, bezeichnet durch Eigennamen, zu- oder abgesprochen werden, können »exemplarisch« eingeführt, d. h. an Beispielen und Gegenbeispielen erlernt werden. Eine Einübung an endlich vielen (de facto meist ja sehr wenigen) Beispielen und Gegenbeispielen bedingt freilich eine allenfalls den Bedürfnissen des Alltags genügende Sicherheit. Grenzfälle finden keine Berücksichtigung, und es kann nicht ausgeschlossen werden, daß immer wieder einmal ein Fall auftritt, wo Meinungsverschiedenheiten bezüglich eines Prädikators nur durch erneute Festsetzung auch für den strittigen Fall behebbar sind.

Eine erste Präzisierung der Rede erreichen »Prädikatorenregeln«, die, so kann man das Funktionieren der unreflektierten Gebrauchssprache verstehen, dort implizit gelten, in einer wissenschaftlichen Sprache jedoch explizit vereinbart werden müssen. Sie bilden, wenn sie einmal festgelegt sind, eine Begründung von inhaltlichen, d. h. nicht formallogischen Schlüssen. So ist z. B. der Schluß von »x ist Mensch« (für x ist ein Eigenname zu setzen) auf »x ist sterblich« deshalb als gültig anzusehen, weil in unserer Sprachgemeinschaft alle Menschen als sterblich bezeichnet werden, was den Rang einer sprachlichen Konvention hat. Die Rechtfertigung von solchen Prädikatorenregeln freilich ist nicht mehr Sache der Logik im weiteren Sinne. Eine nähere Klärung des Verhältnisses von Prädikatorenregeln zu ihrer Legitimationsbasis – in der analytischen Wissenschaftstheorie würde dies als die Adäquatheit von Prädikatorenregeln bezeichnet – findet sich erstmals bei P. Lorenzen und O. Schwemmer[127]. Prädikatorenregeln normieren zwar explizit die Verwendung von Prädikatoren und haben in eben diesem Sinne den Charakter von Konventionen, aber damit soll nicht behauptet sein, sie seien »bloße« Konventionen, hätten also keine angebbaren Gründe für ihre konventionelle Festsetzung. Prädikatorenregeln entsprechen vielmehr einer auf lebensweltlichen Spracherwerb und -gebrauch gegründeten Verbotsnorm. Dies sei an einer in Kap. III vorgeschlagenen Regel erläutert:

Die Regel »Wenn ein Körper K_1 bezüglich eines Körpers K_2 bewegt ist, so soll auch K_2 bezüglich K_1 bewegt heißen« ist nicht als kategorische Aufforderung gemeint, jeder, der die Bewegung eines Körpers A bezüglich eines anderen Körpers, B, behauptet, solle nun auch noch die dazu symmetrische Aussage machen. Vielmehr meint die Regel das Verbot, die Aussage »K_2 ist bewegt bezüglich K_1« zu bezweifeln oder anzugreifen, wenn vorher die Aussage »K_1 ist bewegt bezüglich K_2« anerkannt wurde. Diese Verbotsnorm bezieht ihre Gültigkeit nicht aus einer bloßen Konvention in dem Sinne, daß genau so gut auch eine andere, z. B. einen einstelligen oder nichtsymmetrischen Gebrauch von »bewegt« implizierende Verbotsnorm gewählt werden könnte, sondern aus der lebensweltlich sinnvollen (d. h. zweckmäßigen) und bewährten Übung, »bewegt« als zweistelligen Prädikator zu gebrauchen, der durch die ebenfalls lebensweltlich fundierte Maxime, in einer Wissenschaft von Körpern und ihren Bewegungen keine Bezugskörper auszuzeichnen, zu einem symmetrischen Prädikator wird. Dieses Beispiel mag zeigen, daß schon die explizite Normierung des Gebrauchs von Prädikatoren durch Regeln

nicht ohne einen Rückgriff auf die Lebenswelt auskommt, in der Übungen (sprachlicher wie nichtsprachlicher Art), Erfahrungen und Handlungsmaximen über die Anerkennung einer die Prädikatorenregel implizierende Verbotsnorm entscheiden.
Prädikatorenregeln erreichen eine Präzisierung des Sprechens also durch Vorschriften, wie man bei schon eingeführten Wörtern von einer Aussage auf eine andere überzugehen hat. Neue, nicht der Unschärfe exemplarischer Bestimmungen unterworfene Termini werden durch »Definition« eingeführt. Ihre Form ist $x \varepsilon P \leftrightharpoons A(x)$, d. h. der zu definierende Terminus »P« wird einem Gegenstand »x« dann und nur dann zugesprochen, wenn für »x« die Aussage A(x) gilt.
Prädikatorenregel und Definition sind leicht auseinanderzuhalten: Erstere trifft eine Vereinbarung, welche den Gebrauch von mindestens zwei Prädikatoren präzisiert, wozu als Spezialfall gemäß dem soeben zitierten Beispiel mehrstellige Prädikatoren bei verschiedener Besetzung der Variablenstellen zu rechnen sind. Ihre Schlußrichtung (gehe über von $x\varepsilon P$ zu $x\varepsilon Q$!) ist einsinnig. Die Definition hingegen fixiert nur einen Terminus und ist logisch gesehen eine Äquivalenzrelation.[128]
Der Aufbau einer Wissenschaftssprache, in dem nach einer ersten Fixierung von Prädikatoren durch Regeln auf dieser Basis dann Termini per definitionem eingeführt werden, wird nicht ohne eine weitere Klasse von Termini auskommen, die in der »Logischen Propädeutik« »Abstraktoren« heißen. Die (logische) Abstraktion, die im Absehen von nicht relevanten Unterschieden einzelner Gegenstände besteht, führt zu Abstraktoren, die Wörter für »Begriffe« sind. »Begriff« ist hier als Abstraktum aus Lautgestalten zu verstehen. Neben dem Prädikator »rot« ist es sinnvoll, von einem Begriff »rot« zu sprechen, der invariant bezüglich synonymer Bezeichnungen – etwa in einer anderen Sprache – ist. Zur systematischen Rekonstruktion speziell der physikalischen Fachsprache schließlich wird noch eine weitere Gruppe von Termini benötigt, die hier (in Analogie zum Kunstwort »Abstraktor«) die Bezeichnung »Ideator« erhalten sollen. Über die Rolle solcher Ideatoren (z. B. »Ebene«, »Punkt«, »gleichförmige Bewegung«) wird noch ausführlicher zu sprechen sein, wenn jetzt die Auffassung von P. Lorenzen zur methodischen Begründung der Physik erörtert wird.
Gehen wir davon aus, daß die Bemühungen in der »Logischen

Propädeutik« einen Grad erreicht haben, wo Meinungsverschiedenheiten bezüglich der Verwendung einzelner Wörter durch explizite Normierung prinzipiell behebbar sind, so gilt die nächste Frage der Begründung von Aussagen. Sie soll hier, lediglich gedacht als Überblick, durch eine Erläuterung der Begriffspyramide aufgegriffen werden, die sich bei Lorenzen mehrfach findet:

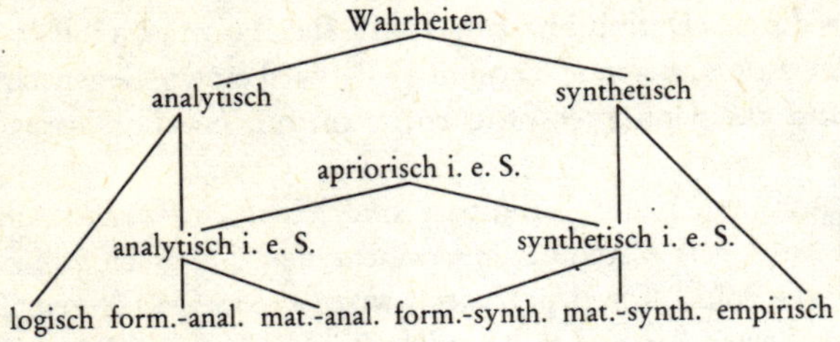

Von den sechs in der Basis der Pyramide stehenden Termini wird hier vor allem der fünfte, die material-synthetische Wahrheit interessieren; die anderen seien nur kursorisch erwähnt.

Die analytischen Wahrheiten zerfallen in die logischen, die tautologisch, d. h. auf Grund ihrer Form allein gelten, und in die analytischen im engeren Sinne. Unter diese fallen die formal-analytischen Aussagen, die wahr sind auf Grund der Logik und mindestens einer Definition, sowie die material-analytischen Aussagen, deren Geltung auch auf mindestens einer Prädikatorenregel beruht.

Beide mögen apriorisch im engeren Sinne heißen, ebenso wie zwei Gruppen von synthetischen Wahrheiten i. e. S. Die formal-synthetischen Aussagen (z. B. arithmetische Aussagen) erfordern zu ihrer Verteidigung im Dialog einen Rückgriff auf Konstruktionsregeln der besprochenen Gegenstände. Die material-synthetischen Aussagen enthalten Ideatoren und können nur durch Verweis auf »ideative Regeln« verteidigt werden. Der Bereich der material-synthetischen Aussagen wird durch eine Theorie von den Grundlagen der Physik erfüllt. Über ihn wird jetzt zu reden sein.

Physik ist nach Lorenzen »universelle Somatologie«, d. h. eine von Eigennamen für Individuen freie Lehre von Körpern, »insofern sie nichts als Körper sind«.[129] Zu ihr gehören also nicht individuelle Somatologien wie die Astronomie oder die Geophysik.

Hier verdient die Wendung »Körper, insofern sie nichts als Körper sind«, besondere Beachtung. Das an die aristotelische Ontologie angelehnte, einführende Beispiel, in der absteigenden Reihe Mensch-Tier-Pflanze-Stein bei den Steinen Exemplare für Gegenstände zu erhalten, die nichts als nur Körper sind, provoziert sofort die Frage, von welchen Eigenschaften in den anderen Gruppen abzusehen sei, sofern sie nur als Körper betrachtet werden. Die Antwort, daß diese drei im Gegensatz zu den Steinen Leben hätten, führt auf eine m. E. vor aller Physik nicht entscheidbare Aufgabe, nämlich »lebendig« oder »Leben« zu definieren. Diesem Dilemma zu entgehen, war jedoch in der zitierten Arbeit der Rückgriff auf das einfache aristotelische Beispiel getan worden.[130]

Eine konsistente Interpretation bietet sich dann, wenn die Definitionen von »Körper« und »Physik« nicht letzte Strenge für sich beanspruchen, sondern einer mehr vorbereitenden Diskussion dienen, die zur Protophysik führt – und diese ist dann die strenge Theorie. Hierzu genügt die exemplarische Einführung von »lebendig«. Das vorsystematische Wissen, welche Eigentümlichkeiten ausfallen, sowie man z. B. einem Tier davon absieht, daß es lebendig ist, mag eine der Vororientierung genügende terminologische Bestimmung von »Körper« und damit von »Physik« leisten. Sollte »Körper« als Terminus der Protophysik selbst verfügbar sein, bedürfte es weiterer terminologischer Präzisierung.[131]

Die sogenannten »Naturgesetze« – es wird noch darzustellen sein, welchen Status sie im streng methodischen Aufbau der Physik einnehmen – sind quantitative Aussagen und bedienen sich der arithmetischen Sprache zur Darstellung von Meßergebnissen. Die Frage, wie die Objektivität der Physik möglich ist, führt somit auf die weitere Frage, wie objektive Messungen möglich sind. Ihre Beantwortung, die »von der Mathematik aus gesehen die ersten Schritte enthält, die getan werden müssen, ehe man physikalische Messungen anstellen kann«,[132] leistet die »Protophysik«.

Die systematisch früheste Messung ist die der Länge; alle weiteren, z. B. der Zeit, der Masse usw., bedürfen ihrer bereits.[133] So gilt denn auch Lorenzens Hauptinteresse der Geometrie, welche nicht als bloß formale Theorie angesehen werden darf – ihre Aussagen sollen ja für reale Körper gelten –, sondern in ihrer Zwischenstellung zwischen den formal-synthetischen und den empirischen Wahrheiten eine für sie charakteristische Begründung erfordert. Da die Geometrien bereits in logisch strenger, axiomatischer Ausarbeitung vorliegen, geht es hierbei um eine Begründung der Axiome.

Ihre Gültigkeit nachzuweisen kann nicht eher unternommen werden, als nicht die vorkommenden Wörter »Ebene«, »Gerade«, »orthogonal« usw. exakt bestimmt sind. Lorenzen hat den Vorschlag Dinglers aufgegriffen, geometrische Grundformen durch Ununterscheidbarkeitsforderungen zu definieren, oder genauer, da es sich hier nicht um eine »Definition« im angegebenen Sinne[134] handelt, »ideativ« zu bestimmen.

Was es mit der »ideativen Bestimmung« auf sich hat, ist zuerst in der »Logischen Propädeutik« ausführlicher dargestellt. In den beiden früheren Arbeiten[135] heißt es noch, daß in der formalisierten, im Anschluß an die Leibnizsche Auffassung der Ununterscheidbarkeit zweier Objekte streng gefaßten Darstellung der sogenannten »Homogenitätsprinzipien« der Ebene »beliebige« »geometrische« Aussagen vorkommen können. Soll also die Ebene vor anderen Flächen dadurch ausgezeichnet werden, daß (neben der Ununterscheidbarkeit der von der Ebene geteilten Halbräume) ihre Punkte ununterscheidbar sind, was als Substitutionsregel $A(E,P) \Rightarrow A(E,P')$ notiert wird, so kann die Aussage A »mit Hilfe der logischen Partikeln beliebig zusammengesetzt« sein aus den Grundaussagen der Theorie. Diese sind:

$$P\varepsilon E,\ P\varepsilon g,\ P_1 E P_2,\ E_1 \parallel E_2,\ g \dashv E$$

(Der Punkt P liegt in der Ebene E; P liegt auf der Geraden g; E liegt zwischen P_1 und P_2; E_1 ist zu E_2 parallel; g steht auf E senkrecht.) Es dürfen in A jedoch keine Variablen »frei«, d. h. nicht unter Quantoren gebunden, vorkommen.

Solange in der Metasprache eine Regel

$$P\varepsilon E,,\ P'\varepsilon E,,\ A(E, P) \Rightarrow A(E,P')$$[136]

formuliert wird, ist diese Ersetzung der Aussage A möglich. Die in den Grundaussagen der Theorie vorkommenden Objektvariablen P, g und E werden so behandelt, als bezeichneten sie wohldefinierte Gegenstände.

Der Übergang auf das Axiomenschema

$$P\varepsilon E \wedge P'\varepsilon E \wedge A(E,P) \rightarrow A(E,P')$$

($\wedge$ bezeichnet die logische Konjunktion, $\rightarrow$ die Subjunktion) bringt indessen keinen Gewinn, solange keine Möglichkeit besteht, aus dieser Aussageform eine Aussage zu bilden. Und die Grundaussagen der Theorie stehen hierzu nicht zur Verfügung, da die in ihnen vorkommenden Objekte (Ebenen, Geraden und Punkte) erst über diese Axiome, also nicht schon durch die Axiomenschemata, bestimmt werden.

Diese Schwierigkeit ist in der »Logischen Propädeutik« zum Teil behoben. Nachdem exemplarisch »Seiten«, »Kanten« und »Ecken« sowie als ausgezeichnete Formen »eben« (für Seiten) und »gerade« (für Kanten) bestimmt sind, lassen sich – wohlgemerkt immer noch belastet von aller Unschärfe der bloß exemplarischen Einführung – Aussagen über Orthogonalität, Parallelität und über komplizierter zusammengesetzte geometrische, genauer »vorgeometrische« Beziehungen bilden. Eben diese vorgeometrischen Aussagen aber, welche also unscharf bestimmte Gegenstände wie z. B. exemplarische ebene Seiten behandeln, können in das Axiomenschema eingesetzt werden. Eine bloß exemplarisch bestimmte Ebene wird dann zu einer Realisierung einer ideativ bestimmten Ebene, wenn alle ihre unscharf bestimmten Punkte ununterscheidbar sind hinsichtlich aller vorgeometrischen Aussagen.[137]

Hier wird deutlich, wieso eine derartige Bestimmung »ideativ« heißt. Die Realisierung einer Grundform kann zwar prinzipiell immer besser, niemals jedoch vollkommen durchgeführt werden. Während Lorenzen 1961 schrieb, die Frage der Realisierung diene »nur zur Verdeutlichung der homogenen Grundformen«, und »Die spätere logische Analyse und die Ableitungen aus den Homogenitätsprinzipien werden unabhängig von den Realisierungsfragen sein«[138] – eine Auffassung, die mit der Dinglers übereinstimmt – ist dieser Ansatz erst voll verstehbar, wenn es in der »Logischen Propädeutik« heißt: »Wir werden sehen, daß die geometrischen Normen nichts sind, das »getrennt« von unseren Herstellungsverfahren geometrischer Geräte wäre – sie sind nur nicht in unseren Geräten »realisiert« (und, entgegen Aristoteles, auch nicht aus diesen Geräten »abstrahiert« – sie müssen vielmehr, wie Platon sagte, vor der Herstellung der Geräte bekannt sein).« Und: »Es ist festzuhalten, daß die ideativen Normen Handlungsvorschriften sind.«[139]

Insofern die ideativen Normen keine Erwartungen an Naturdinge formulieren, sondern Vorschriften zur Herstellung von Geräten beinhalten, läßt sich behaupten, der Natur würden Gesetze vorgeschrieben. Naturdinge werden bearbeitet, was im Rahmen der Geometrie bedeutet, Körpern werden durch Bearbeitung ideativ bestimmte Formen aufgezwungen, wodurch zugleich die Gültigkeit der aus den ideativen Forderungen ableitbaren Sätze garantiert wird. Ziel der protophysikalischen Geometrie ist es letztlich, »mit den durch ideative Normen bestimmten Grundbegriffen insbesondere die Kongruenz zu definieren«, woraus »jedenfalls die Unwiderlegbarkeit der geometrischen Lehrsätze durch empirische Längenmessungen«[140] folgt. Wichtige Schritte auf dieses Ziel hin hat Lorenzen angegeben. Wichtige Fragen sind aber auch ungeachtet der Tatsache, daß bisher keine vollständige Begründung eines geometrischen Axiomensystems durch Homogenitätsprinzipien vorliegt, noch offen:

1. Lorenzen bestimmt stets die Ebene durch zwei Homogenitätsprinzipien, nämlich durch ein inneres, das die Ununterscheidbarkeit der Punkte einer Fläche fordert und somit auch von Kugelflächen erfüllt ist, und durch ein äußeres, das die Ununterscheidbarkeit der von der Fläche geteilten Halbräume durch die Ununterscheidbarkeit aller nicht in der Fläche liegenden Punkte fordert. Dieses äußere Homogenitätsprinzip wirft die Fragen auf, welches die Aussagen sind, bezüglich deren die Ununterschiedenheit der nicht in der Fläche liegenden Punkte erfüllt sein muß, wie diese Aussagen mit dem Realisierungsverfahren für ebene Flächen zusammenhängen, und vor allem, warum ein solches äußeres Homogenitätsprinzip überhaupt formuliert wird, da sich ebene Flächen auch als innenhomogene, aber weder konkave noch konvexe Flächen und damit sparsamer definieren lassen.[141] Gegen das äußere Homogenitätsprinzip läßt sich (wenn dies auch faktisch meistens aus methodisch zirkulären Gründen geschieht), sachlich einwenden, es impliziere die Euklidizität der darauf aufbauenden Geometrie, ohne daß für das äußere Homogenitätsprinzip argumentiert wird – bei Lorenzen finden sich dazu nur Hinweise, sein Ansatz rekonstruiere die faktische Genese der Geometrie und Mechanik.[142]

2. Lorenzen argumentiert zwar im Rahmen einer die Begründung der Geometrie überschreitenden, moralphilosophisch fundierten Überlegung für Rekonstruktionen nach Art der von ihm vorgelegten, aber es werden im Einzelnen nicht die Ziele genannt, die mit bestimmten Homogenitätsprinzipien wie dem äußeren der Ebene verfolgt werden. Es müßte also – ohne in den alten Fehler Dinglers zu verfallen – der Grund für die Euklidizität der angestrebten Geometrie genannt werden (der sich in der Tat nennen läßt, nämlich z. B. die Eindeutigkeit der angestrebten Längenmessung in dem zweifachen Sinne, daß die Grundformen eben und orthogonal eindeutig reproduzierbar

sind, und daß die Kongruenz beweisbar eine Äquivalenz ist). Neuerdings vertritt allerdings auch Lorenzen die Auffassung, daß Geometrie nicht mehr als Wissenschaft räumlicher Ordnung,[143] sondern als solche der räumlichen Formen[144] betrieben werden müsse, weil sie sich so im strengen Sinne aus einer operativen Protogeometrie heraus aufbauen lasse.

3. Es ist noch zu klären, welche Rolle den Homogenitätsprinzipien bei Lorenzen zugedacht ist, da in allen bisher formulierten Homogenitätsprinzipien für die Orthogonalität (in der Logischen Propädeutik z. B. für zwei Ebenen, in seinen jüngeren Arbeiten für eine Gerade und eine Ebene) bereits eine Orthogonalitätsbehauptung vorkommt. Es kann also nicht in Analogie zum inneren Homogenitätsprinzip der Ebene daran gedacht sein, daß eine bestimmte Ebene (eine bestimmte Gerade), für deren Punkte Ununterscheidbarkeitsforderungen formuliert werden, eben dadurch ideativ als orthogonal bestimmt wird. Vielmehr kommt bereits ein Prädikator »orthogonal« vor, der sich exemplarisch bzw. definitorisch an Herstellungsverfahren für »Rechtkante« festlegen läßt. Das Auftreten dieses Prädikators in den Homogenitätsprinzipien für Orthogonalität erzeugt daher den Anschein der Zirkularität, der noch zu zerstreuen wäre.

4. Schließlich ist ein (freilich gradueller) Unterschied von Lorenzens Arbeiten zur Protophysik zu den meinen zu nennen, der sich möglicherweise in der weiteren Ausarbeitung der vorliegenden Ansätze verliert, gegenwärtig jedoch Auffassungsverschiedenheiten im Detail zur Folge hat: Die Rekonstruktionsbemühungen Lorenzens sind mehr an den rekonstruierend einzuholenden Formeln als an den vorwissenschaftlichen Realisierungsmöglichkeiten orientiert. Die Realisierungsverfahren und ihre Rolle für die Formulierung ganz bestimmter Homogenitätsprinzipien werden bei Lorenzen kaum thematisiert – wie oben bereits für das äußere Homogenitätsprinzip erwähnt. Er steht darin Dingler näher, dem es ebenfalls um eine »gedankliche« Rekonstruktion eher als um eine in einem strengen Sinne operative Begründung geht: es spielt keine zentrale Rolle, ob sich konkret (und vielleicht belegt durch die Geschichte der Technik) die angegebenen Operationen »wirklich« durchführen lassen. Deutlich bringt dies Lorenzen in einer Arbeit,[145] in der die Massendefinition weiterentwickelt wird, zum Ausdruck:

Lorenzen schlägt vor, das Verhältnis zweier Massen durch das

Reziproke ihres Geschwindigkeitsverhältnisses vor einem ideal unelastischen Stoß (bezogen auf die Vereinigungsmasse nach dem Stoß) zu definieren. Danach gilt der Impulssatz per definitionem, analog der Energiesatz für den elastischen Stoß. Zur Frage der Realisierung heißt es dazu lediglich, ideale unelastische Stoßvorgänge zu realisieren bedeute, den (zentralen) Stoß zweier Körper so durchzuführen, daß Relativgeschwindigkeiten vor und nach dem Stoß unabhängig von der Größe der Geschwindigkeiten seien. Durch welche Handlungen sich diese Unabhängigkeit erreichen läßt, wird nicht gesagt. Unterstellt, auf einer handwerklichen Ebene sei mit vorwissenschaftlichem Vokabular festgelegt, wie ein zentraler unelastischer Stoß zweier Körper durchzuführen sei (alle Geschwindigkeiten seien bezüglich der Erde gemessen), und nun wird die ideative Bedingung von Lorenzen formuliert, das auf die Vereinigungsmasse bezogene Geschwindigkeitsverhältnis der Körper vor dem Stoß solle geschwindigkeitsinvariant sein. Hier bleibt nicht nur offen, was ein Physiker tun sollte, wenn er etwa bei zunehmenden Geschwindigkeiten zunehmend Abweichungen des Geschwindigkeitsverhältnisses nach einer Richtung hin feststellt. Im Geiste Dinglers könnte man antworten, dann müsse der Physiker nach störenden Umständen suchen, er müsse daraus ein Exhaustionswissen über relevante Begleitumstände suchen. Dagegen läßt sich aber (und im Gegensatz zu den auf relativistische Überlegungen gestützten Einwände zirkelfrei) sagen, daß die *Erwartung* der Geschwindigkeitsinvarianz durch nichts begründet ist, auch wenn das Ziel, eine geschwindigkeitsinvariante Massenverhältnisdefinition zu gewinnen, gerechtfertigt ist. Es fehlt m. a. W. ein Realisierungsverfahren, dessen Beschreibung die Geschwindigkeitsinvarianz logisch impliziert. Erst wenn durch Handlungsanweisungen explizit die technisch beherrschbaren Komponenten eines Sachverhaltes (hier: eines Stoßvorgangs) klar sind, können Abweichungen davon auf Störumstände zurückgeführt werden. Lorenzens Massenverhältnisdefinition ist also nicht operativ, ja sie berücksichtigt gerade nicht den zentralen Aspekt der Protophysik, daß die Physik auf den technisch und theoretisch beherrschbaren Eigenschaften von Artefakten (zu denen hier neben Geräten auch Vorgänge an Geräten gezählt werden) aufbauen muß.

Dieser hier auf eine bestimmte Konzeption der Protophysik gestützte Einwand (cf. die Rolle der Eindeutigkeitsbeweise für die Definition von Störung S. 102) läßt sich auch anders, und zwar sowohl ohne

Rückgriff auf physikalische Theorien als auch ohne Bezug auf allgemeine Prinzipien der Protophysik formulieren. Ohne Zweifel würde Lorenzen von seiner Definition Eindeutigkeit in genau dem Sinne verlangen, daß zwei bestimmte Körper K_1 und K2 *genau ein* Massenverhältnis haben, d. h. daß es eine und nur eine rationale Zahl gibt, die das Geschwindigkeitsverhältnis der beiden Körper vor dem Stoß (ceteris paribus) angibt. In der Massendefinition kommen außerdem keine Eigennamen (z. B. »Erde«) vor. Wenn der von Lorenzen angenommene Vorgang überhaupt geeignet sein soll, müssen bezüglich eines Körpers K_3 drei Geschwindigkeitsmessungen, nämlich von K_1 bzw. K_2 vor dem Stoß und von K_{1+2} nach dem Stoß vorgenommen werden. Anders ist der Bezug auf den Vereinigungskörper K_{1+2} nicht möglich. Handwerker und in der Regel auch Physiker wählen die Erde als K_3. Da aber diese Auszeichnung keine Rolle spielen darf, muß auch ein gegen die Erde »stark beschleunigter« Körper als Bezugskörper K_3 infrage kommen. Auf diesen bezogen haben aber dann K_1 und K_2 ein anderes Massenverhältnis als bei Bezug auf die Erde, wobei »stark beschleunigt« auf die jeweils tatsächlich angewendeten Geschwindigkeitsmeßverfahren relativiert ist. M. a. W.: zu jeder tatsächlich erfolgten Bestimmung eines Massenverhältnisses läßt sich ein anderer Bezugskörper wählen, der ein anderes Massenverhältnis für dieselben Körper ergibt. Für die Massendefinition durch den unelastischen Stoß stellen sich damit ganz ähnliche Probleme, wie sie aus der klassischen Mechanik, genauer, den Definitionsproblemen für Inertialsysteme, bekannt sind.
Die hier vorgetragenen Einwände betreffen zwei noch nicht zum Abschluß gebrachte Theorien, die Geometrie und die *»Hylometrie«*, wie Lorenzen die Theorie der Massenmessung nennt. Davon unberührt ist die Tatsache, daß die Arbeiten Lorenzens zu einer konstruktiven Wissenschaftstheorie auf den Gebieten der Wissenschaftssprachtheorie, der Logik, der Mathematik und der Protophysik die gegenwärtig einzige sichtbare Chance sind, einer der faktischen Entwicklung der Physik auf unbegrenzte Zeit hinterherhinkende affirmative Wissenschaftstheorie zu entgehen und sich in philosophisch kritischem Selbstverständnis mit den Naturwissenschaften auseinanderzusetzen. Wenn deshalb Lorenzen selbst sagt, »das kritische Geschäft einer konstruktiven Wissenschaftstheorie wird für die Physik vorübergehend auf später verschoben«[146] – ein Diktum, an dem weder klar ist, ob es sich um eine Behauptung oder eine

Aufforderung handelt, noch, ob es nur für Lorenzen selbst oder auch für andere gilt –, so darf man diesen Satz wohl als eher rhetorisch einstufen. Einen Geltungsanspruch könnte er ohnehin nur in der Interpretation als persönliche Absichtserklärung einlösen.

4. Zur Methode der Physik

Im Folgenden soll eine die Vorschläge Lorenzens weiterführende Methodologie so weit entwickelt werden, wie sie erforderlich ist, um damit eine Theorie der Zeitmessung (Kap. III) auszuarbeiten und gleichzeitig die Alternativen zu den in Kap. I dargestellten Auffassungen zu entwickeln. Zu diesem Zweck wird, wie bereits in Kap. I angekündigt, von der »Physik der Physiker« auszugehen sein. Diese soll aber nicht, wie in der affirmativen Wissenschaftstheorie, allein anhand ihrer Theorien oder Theoriengeschichte analysiert und in genau diesem Sinne bloß »technisch« verstanden werden, sondern in ihren Ansprüchen ernst genommen werden. Hier ist einerseits genauer zu klären, was es heißt, daß Physik eine Erfahrungswissenschaft über die Natur ist, und andererseits, wie sich Ansprüche auf Wissenschaftlichkeit, Objektivität, Gültigkeit (solche methodologischen Termini werden zu präzisieren sein) verstehen lassen. Ein technisches Verständnis der Physik ist für diese Fragen vorausgesetzt. Daran anschließend wird sich für den speziellen Bereich metrischer Grundbegriffe ein Verfahren angeben lassen, wie die Gültigkeit einzelner Meßresultate gesichert werden kann.

4.1. Physik, Natur- oder Experimentalwissenschaft?

Was Physik ist, bestimmen prima facie die Physiker. Im wissenschaftlichen Alltag stellt sich freilich die Aufgabe, »zu bestimmen, was Physik ist«, immer seltener, seit in Lehrbüchern der Physik zunehmend auf solche Bestimmungen verzichtet wird. Allenfalls in Präambeln zu Prüfungsordnungen oder in wissenschaftsorganisatorischen Abgrenzungen gegen andere Fächer wird heute noch von Physikern selbst über Physik gesprochen, ansonsten wird sie betrieben. So haftet Definitions- und Abgrenzungsbemühungen einer Einzeldisziplin wie der Physik heute bereits etwas Anachronistisches an; sie können allenfalls noch unter einem enzyklopädischen Aspekt gesehen werden und stehen auch dort schnell im Verdacht, ein wissenschaftssystematisches Wissen von zweifelhaftem Nutzen und geringer Nähe zur wissenschaftlichen Praxis zu liefern. Auch hier soll auf eine »Definition« von Physik verzichtet werden, die mit irgendeinem Vollständigkeitsanspruch auftreten könnte. Als selbstverständlich wird unterstellt, daß die Bezeichnung *Physik* nicht nur einen *Korpus von Theorien* meint, sondern auch einen *Wissenschaftsbetrieb*, zu dem die Experimentierkunst ebenso zählt wie die Institutionen, in denen Physik in und außerhalb der Universitäten organisiert ist, bis hin zu Spielregeln der Physiker, wie Publikationsstil, Einrichtungen zur Honorierung physikalischer Forschungsleistungen, einem durchschnittlichen Selbstverständnis der Physiker und bestimmten Regelungen der Ausbildung des Nachwuchses. Um anzudeuten, daß damit »Physik« (wie in der Alltagssprache) als eine recht unscharf bestimmte Sammelbezeichnung für eine Fülle verschiedener Komponenten oder Aspekte eines historischen Phänomens verwendet wird, soll hier deshalb von *»historischer Physik«* gesprochen werden. Historische Physik ist also das Resultat einer speziellen Geschichte, von der man heute allgemein weiß, daß sie nicht nur eine Geschichte der Theorien ist.

Es ist ein sehr aufwendiges, unter vielen Fachwissenschaften aufzuteilendes Unterfangen, die historische Physik selbst zum Gegenstand wissenschaftlicher Forschung zu machen, das zwar heute von vielen verschiedenen Ausgangspunkten her begonnen worden ist, das aber einer genaueren Zweckbestimmung noch entbehrt. Wo solche Wissenschaftsforschung nicht vom falschen empiristischen Pathos getragen ist, man müsse erst einmal möglichst viel empirisch erforschen (ohne so recht zu wissen, wozu), um dann ein Wissen zu haben, dessen Verwertbarkeit sich schon einstellen werde, wo also Wissenschaftsforschung von präzisen Fragen zur Lösung anstehender Probleme betrieben wird, ist von ihr sicher ein besseres als das traditionelle Bild der Wissenschaft zu erwarten. Es ist daher weder ein Konkurrenzunternehmen zu einer zweckorientierten Wissenschaftsforschung noch von einem Verdikt gegen eine erfahrungswissenschaftliche Auseinandersetzung mit Physik begleitet, wenn hier ein anderer Weg gewählt wird. Lediglich ein Ausschließlichkeitsanspruch, wonach keine andere als eine erfahrungswissenschaftliche Erforschung der Physik zu für die Physiker relevanten Ergebnissen kommen könne, muß hier abgelehnt werden.[147]

Ungeachtet einer großen Fülle weiterer Bestimmungsmöglichkeiten der historischen Physik können hier ohne große empirische oder historische Forschung zwei Minimalforderungen genannt werden, auf die Fachphysiker nicht verzichten – faktisch nicht und sinnvol-

lerweise nicht –, und zwar die Forderungen, daß *Physik eine Naturwissenschaft* ist, daß sie also in einem näher zu bestimmenden Sinne mit der *Natur* befaßt ist und daß sie in einem ebenfalls zu präzisierenden Sinne *wissenschaftlich* ist. Diese Minimalforderungen, die in beinahe jeder Formulierung heute schon wieder problematisiert sind, lassen sich wenigstens ex negativo als allgemein anerkannt ausmachen: weder würden Fachphysiker zustimmen, daß sie eine Formal- oder Idealwissenschaft wie die Mathematik, oder eine Kulturwissenschaft wie die Geschichte treiben, noch würden sie anerkennen, daß in der Physik Beliebiges erlaubt, daß keinerlei Regeln gültig seien.[148]
Im Folgenden sollen nun diese beiden Ansprüche der Physik, eine *Wissenschaft* von der *Natur* zu sein, so weit präzisiert werden, daß sie einerseits noch erwartbar die Zustimmung jeden Physikers haben und andererseits die Frage erlauben, mit welchen Mitteln diese Ansprüche einlösbar werden. Der Vorschlag solcher Mittel in Form einer Methodologie sowie die Einlösung dieser Methodologie am Beispiel einer Theorie der Zeitmessung sind dann Teilbemühungen einer so bestimmten *»Rationalen Rekonstruktion«* oder (synonym) *»Begründung«* der Physik. Ausdrücklich sei darauf verwiesen, mit wie schwachen Prämissen in Form von Tatsachenbehauptungen über die historische Physik die Rekonstruktionsaufgabe formuliert werden kann: es werden hier (neben möglicherweise vielen anderen) nur zwei notwendige Kriterien der Physik (im Sinne von unverzichtbaren Minimalforderungen) herangezogen und im Hinblick darauf wiederum lediglich notwendige methodologische Voraussetzungen genannt, und diese noch mit dem Vorbehalt, es könne andere gleich gute Vorschläge hierzu geben. Es kann also keine Rede davon sein, die Protophysik (als Teilergebnis einer rationalen Rekonstruktion) sei an ein bestimmtes »Paradigma« gebunden, würde also z. B. an der Klassischen Physik orientiert sein.
Nun zur Präzisierung der beiden genannten Kriterien. Wenn physikalische Theorien bereits dafür herangezogen werden können, läßt sich Vieles und terminologisch Exaktes über den Gegenstandsbereich der Physik sagen. Trivialerweise sind solche Bestimmungen aber nachträglich; sie sind vom historischen Zustand der Physik und der aktuellen Anerkennung von Theorien abhängig und somit nicht zulässig in einer Bemühung, kritisch danach zu fragen, ob die vorliegenden Theorien bzw. die ihnen zugrundeliegende Methodologie den Anspruch einlösen können, Wissen von der Natur zu sein.

Andererseits kann sich niemand an der hier geführten Debatte beteiligen, der nicht schon Sprechen und Handeln gelernt hätte, der nicht schon auf einem »lebensweltlichen« Niveau gelernt hätte, was es heißt, handelnd etwas zu bewirken, insbesondere Geräte selbst herzustellen oder die von Anderen hergestellten zu verwenden. Es kann also von jedermann, der hier möglicherweise einen Einwand formulieren möchte, erwartet werden, daß er unterscheiden kann zwischen dem, was er selbst handelnd verändert hat, und dem, was er vorgefunden hat. Obgleich es dann durchaus noch zum Problem einer hochentwickelten Erfahrungswissenschaft werden kann, ob das Vorgefundene nicht vielleicht von anderen handelnden Menschen bereits verändert ist, kann doch jeder verstehen, was es heißt, vom *Vorgefundenen* zu sprechen, das noch *nicht handelnd verändert* ist – nicht vom Vorfindenden und nicht von anderen Menschen.

Näher braucht das Vorgefundene, das man vor allem an astronomischen Objekten, aber auch an irdischen Körpern und Ereignissen exemplifizieren könnte, für unsere Zwecke nicht bestimmt zu sein. Auf Unterschiede wie lebend – tot oder ähnliche, in traditionellen Definitionen von Physik vorkommende kann hier verzichtet werden. (Weitere Spezialisierungen ergeben sich nämlich »von selbst«, d. h. durch Wahl bestimmter Experimentiertechniken und sprachlicher Mittel.) Entscheidend bleibt lediglich, daß menschliche *Grundfähigkeiten,* nämlich *sprechen und handeln* zu können, hier vorausgesetzt werden – welcher Wissenschaftstheoretiker oder Philosoph geschweige denn Wissenschaftler würde das nicht?

Anhand der menschlichen Fähigkeit, zu handeln und über diese Handlungen (z. B. ihre Zwecke, ihre Resultate usw.) zu reden, läßt sich der Unterschied *»natürlich – künstlich«* einführen. *»Natürlich«* heißt, was vom Menschen nicht verändert wurde; *»künstlich«*, was Resultat menschlichen Handelns ist. Also Geräte, aber auch Ereignisse, die von Menschen in Gang gesetzt wurden, heißen künstlich. An diese Unterscheidung knüpfen sich zwei traditionell immer wieder genannte, in ihrem Zusammenhang aber bis heute nicht völlig durchschaute Zwecksetzungen der Physik: die Prognostizierung natürlicher Ereignisse und das technische Hervorrufen von Wirkungen (als mittelbares, nämlich Werkzeuge gebrauchendes Handeln) mit Geräten.

An natürlich Vorgefundenem lassen sich Regelmäßigkeiten beobachten, an Geräten lassen sich Regelmäßigkeiten herbeiführen. Es wäre freilich absurd, einen distanzierten, interesselosen Beobachter der Natur (im Sinne natürlicher Dinge und Ereignisse) zu postulieren. Beobachtungen (jetzt noch: ohne Verwendung von Geräten wie Fernrohren, Uhren usw.) werden zweckorientiert gemacht; ein Bauer und ein Seemann beobachten verschiedene Wetterregelmäßigkeiten. Die (gerätelose) Kunst des Prognostizierens als eine induktive Fortsetzung beobachteter Regelmäßigkeiten beruht auf einem zweckgerichtet gesammelten Erfahrungswissen. Da die Physik längst das Stadium geräteloser Beobachtungen verlassen hat, treffen bei der Beobachtung natürlicher Dinge und Ereignisse mit Geräten natürliche (also lediglich noch in ihrer Auswahl an menschlichen Bedürfnissen orientierte) Regelmäßigkeiten und technisch erzwungene Regelmäßigkeiten zusammen. Der größte Teil der heutigen Experimentalphysik beobachtet jedoch nur noch künstlich veränderte Dinge bzw. künstlich hervorgerufene Ereignisse. Insofern ist die Bezeichnung »Natur«-Wissenschaft ebenso irreführend wie »Physik« im Blick auf die Herkunft des Wortes von φύσις.

Es scheint daher heute angemessener, statt von einer Wissenschaft von der Natur von einer *Experimentalwissenschaft* zu sprechen, also Physik nicht durch den Bereich der untersuchten Gegenstände, sondern durch einen Bereich von Methoden zu kennzeichnen. Vermutlich wird man auch hierin die Zustimmung jeden Physikers haben, daß Physik eine Experimentalwissenschaft ist, was nicht ausschließt, daß auch Natürliches beobachtet[149] wird. Diese Verschiebung, Physik statt als Naturwissenschaft als Experimentalwissenschaft zu kennzeichnen, weil die erstere Kennzeichnung irreführend ist, spielt deshalb eine entscheidende Rolle, weil es die Physik damit nicht mehr in erster Linie mit natürlichen, sondern mit künstlichen, vom Menschen erzeugten Eigenschaften von Geräten und Ereignissen und auch mit künstlich herbeigeführten und aufrechterhaltenen Regelmäßigkeiten zu tun hat.

Es wiederholt nur Bekanntes, daß physikalische Experimente zum größten Teil Messungen einschließen, und daß auch dort, wo ein Experimentator kein Resultat in Form eines Meßwertes sucht, Randbedingungen des Experiments quantitativ festgelegt sein müssen. Im unverzichtbaren Konstituens der modernen Physik, quantitative, reproduzierbare Experimente machen zu können, ist der Bereich des Natürlichen vollends verlassen: jede Quantität ist künstlich. Selbst die Beobachtung von Quantitäten an natürlichen Dingen oder Ereignissen setzt die Bearbeitung von (anderen) Dingen voraus und kann sich erst durch Bezug auf die Bearbeitungsresultate zeigen (z. B. der Durchmesser des Mondes, der sicher vom Menschen nicht verändert ist, zeigt sich erst in einem Beobachtungsverfahren mit künstlich erzeugten Geräten, an denen gerade die künstlich herbeigeführten Eigenschaften entscheidend für das Beobachtungsresultat sind. A fortiori gilt dies bei der Beobachtung künstlicher Dinge oder Ereignisse, bei »Experimenten«).

Der Anspruch, daß Physik sich z. B. von Mathematik oder Geschichte unterscheidet, weil sie sich »mit der *Natur*« befaßt, läßt sich ohne Zuhilfenahme physikalischer Theorien also nur in dem Sinne verstehen, daß Physik eine quantitative Experimentalwissenschaft ist. Damit ist bereits der Weg zu einer methodologischen, aber wohlgemerkt immer noch »paradigmen-invarianten« Kennzeichnung der Physik beschritten, der nun weiterverfolgt werden soll, um den zweiten Anspruch, nämlich Wissenschaft zu sein, klären zu können.

4.2. Der Anspruch auf Wissenschaftlichkeit

Im Sinne von Minimalforderungen ist es wieder trivial zu behaupten, daß Physiker faktisch einen Anspruch auf Wissenschaftlichkeit erheben, obwohl bezweifelt werden muß, daß diese Wissenschaftlichkeit einhellig nach denselben Kriterien charakterisiert würde. Unbeschadet weiterer und schärferer Bestimmungen werden wohl Physiker – und dies wieder mit guten Gründen und allgemein anerkanntermaßen – von ihren Forschungsresultaten in Form von Theorien behaupten, diese unterschieden sich von bloßen Meinungen, denn sie seien in einer weitgehend normierten Sprache formuliert und an der Erfahrung überprüft, wobei mit Erfahrung das prinzipiell wiederholbare Experiment gemeint ist.

Man befindet sich also mit den Fachphysikern und mit fast allen wissenschaftstheoretischen Lehrmeinungen in Übereinstimmung, den Aussagen einer Fachwissenschaft einen speziellen Status zuzuerkennen. Vorbehaltlich weiterer Präzisierungen soll deshalb der Anspruch auf Wissenschaftlichkeit als *»Objektivität«* oder *»Intersubjektivität« physikalischer Aussagen* verstanden werden. Im Wort Objektivität kommt ein älteres, seit den sprachphilosophischen Untersuchungen Wittgensteins, Russells und der Philosophen des Wiener Kreises kaum mehr anzutreffendes Mißverständnis zum Ausdruck, daß nämlich die Objektivität der Naturwissenschaft durch ihre »Objekte«, nämlich die von Gesetzen beherrschten Naturgegenstände und -vorgänge, erzeugt würde. (Lediglich im naiven Glauben, daß Experimente nur deshalb wiederholbar deshalb seien, weil in der Natur Gesetze herrschten, trifft man Reste dieses Objektivitätsbegriffs noch an.) Hier soll es also nur noch um die Intersubjektivität physikalischer Aussagen als wenigstens einem notwendigen Kriterium für die Wissenschaftlichkeit der Physik gehen. Wie die Geschichte wissenschaftstheoretischer Kontroversen lehrt, ist es – vorsichtig formuliert – gefährlich, ohne weitere Differenzierung von physikalischen Aussagen zu sprechen. Im Hinblick auf das Ziel der vorliegenden Untersuchung sollen hier deshalb alle physikalischen Aussagen, in denen wenigstens ein Allquantor vorkommt, ausgeschlossen sein, also alle physikalischen Gesetze (und damit, das soll hier nicht unterschlagen werden, vor allem die für Physiker wie Wissenschaftstheoretiker »interessanten« Aussagen). Übrig bleiben damit vor allem *Aussagen über bestimmte Meßresultate*, also Aussagen wie: Diese Tischplatte hat ein Längen-Breiten-Verhältnis von 0,65. Die Durchmesser von Erde und Mond verhalten sich wie 3,67:1. (Hier ist also auch auf die Verwendung von Einheiten wie dem Meter verzichtet.) Was heißt es, daß eine solche Aussage intersubjektiv gültig ist?

Bekanntlich wird die Frage nach der Intersubjektivität solcher Meßprotokollsätze in anderen wissenschaftstheoretischen Lehrstücken nicht isoliert behandelt; vielmehr hat sich die Auffassung durchgesetzt, daß schon einfachste in der Physik vorkommende Aussagen bzw. die Interpretation der ihnen zugrundeliegenden Operationen theorienabhängig sind. Wie in Kap. I gezeigt, rührt diese Auffassung daher, daß man bei der Analyse ganzer vorliegender Theorien der Physik angesetzt hat. Die hier vertretene gegenteilige Auffassung kann im Folgenden überprüft werden. Dort wird vorgeführt, wie man im Einzelnen Schritt für Schritt zu intersubjektiv kontrollierbaren Meßprotokollsätzen kommt. Dies kann auch eine Erwiderung gegen die Meinung leisten, man müsse für die Physik einen *non-statement-view* annehmen, da physikalische Aussagen stets zu relativieren seien auf bestimmte Gruppen von Forschern sowie auf Intentionen von Anwendungen. Wenn hier dagegen der ältere Anspruch aufrechterhalten wird, die Intersubjektivität physikalischer Aussagen weiterhin zu verfolgen und nach Möglichkeiten ihrer Sicherung zu suchen, so läßt sich dagegen nicht einwenden, dies sei dem Menschen nicht möglich[150] – jedenfalls fehlt dafür bis heute auch ansatzweise jede Begründung. Daß die Analyse der faktisch vorliegenden Theorien in einer bestimmten wissenschaftstheoretischen Richtung auf die Resultate geführt hat, daß der Anspruch auf Intersubjektivität in der oben formulierten strengeren Form – also ohne die genannten Relativierungen – nicht eingelöst ist, kann selbstverständlich nicht als eine solche Begründung gelten. Hier stehen nämlich zum einen die eine solche Analyse leitenden Maximen zur Disposition, zum zweiten folgt aus einer faktischen Entwicklung nicht die Unmöglichkeit einer anderen, und zum dritten müßte selbst für die faktische Entwicklung der Physik erst geklärt werden, ob nicht doch in der Labor- und Theorienbildungspraxis der Physiker Ansprüche erfüllt sind, die sich in den non-statement-view Auffassungen nicht wiederfinden.

Die intersubjektive oder, synonym, interpersonale Kontrollierbarkeit von Meßprotokollsätzen hängt einmal von der Normierung der verwendeten sprachlichen Mittel ab. Hier wird über die weitgehend unreflektiert in der Physik angewandten Verfahren hinaus zu klären sein, wie solche Normierungen zu erfolgen haben. Physiker verweisen aber nicht nur zu Recht auf eine weitgehende Normierung ihrer Sprache – vor allem durch Verwendung von Mathematik –, sondern sie unterscheiden auch ihre Erfahrungswissenschaft z. B. von der ja ebenfalls auf bestimmten Erfahrungen beruhenden Geschichtswissenschaft durch den Anspruch auf Wiederholbarkeit von Experimenten. Beschränkt auf Meßprotokollsätze bedeutet dies die *Wiederholbarkeit von Messungen.* Damit ist offensichtlich nicht gemeint, daß das vermessene (natürliche oder künstliche) Objekt gleich geblieben ist – man macht ja Messungen unter anderem, um diese Frage zu entscheiden –, sondern daß die Meßgeräte in entscheidenden Eigenschaften gleich geblieben sind, daß also relevante Umstände gleich sind, sei es »von selbst«, was man dann nur noch zu verifizieren braucht, sei es, aufgrund von Bemühungen. Für den Spezialfall der Meßprotokollsätze heißt dies, daß *Meßgeräteeigenschaften reproduzierbar* sein müssen.[151]

In der Laborpraxis erfolgt, und zwar durch die Zwecke dieser Praxis gerechtfertigt, die Beherrschung der Meßgeräteeigenschaften mit Hilfe anderer Meßgeräte und unter Hinzuziehung von physikalischem Gesetzeswissen. Diese Verfahren der Meßgeräteverwendung sind aber nicht gemeint, wenn die Wiederholbarkeit von Messungen behauptet oder gefordert wird, weil sich ersichtlich dadurch das Problem nur auf das zur Kontrolle des einen Meßgerätes verwendete andere Meßgerät verschiebt. Ebensowenig ist die historisch vorliegende Hierarchie von Meßgeräten gemeint, denn sonst wären Meßresultate auf historische Indizes relativiert. Wenn etwas unhistorisch an der Physik ist (und zwar wieder, im Selbstverständnis der Physiker, und zwar mit guten Gründen), dann ist es die Hoffnung, bestimmte Messungen auch dann wiederholen zu können, wenn etwa die historische Kette der sich gegenseitig kontrollierenden Meßgeräte abgerissen wäre und wir neu ab ovo mit der Herstellung von Geräten beginnen müßten. (Es sei daran erinnert, daß kein Bezug auf Einheiten genommen werden soll, daß also nur Verhältnisaussagen bezüglich ad hoc gewählter Einheiten gemeint sind.) Man darf also den Anspruch auf Wiederholbarkeit von Messungen dahingehend interpretieren, daß *die nicht von Meßergebnissen abhängige Reproduzierbarkeit bestimmter Meßgeräteeigenschaften* unterstellt wird.

4.3. Methodologie der Messung

Nachdem nun die historische Physik in dem doppelten Anspruch, eine Wissenschaft von der Natur, d. h. eine Experimentalwissenschaft auf der Basis reproduzierbarer Meßgeräteeigenschaften zu sein, als Ausgangspunkt für eine rationale Rekonstruktion der Physik angenommen wurde, soll es nun um diese Rekonstruktion selbst gehen. Dabei wird wegen der schon genannten Beschränkung auf die Sicherung der Intersubjektivität von Meßprotokollsätzen eine Methodologie des Messens zu entwickeln sein.

Als hier nicht weiter problematisierte Basis wird (wie schon bei Dingler) ein Standpunkt des täglichen Lebens eingenommen. Es ist unbestritten, daß es sich hierbei um eine Fiktion handelt, weil unser tägliches Leben sich unter anderem in einer hochtechnisierten Welt abspielt, die durch wiederholte und (wenigstens unter bestimmten Kriterien) erfolgreiche Anwendung von Wissenschaft geprägt und damit gerade nicht wissenschaftsunabhängig ist. Es ist aber auch nicht erforderlich, sozusagen eine vollständige Beschreibung eines außerwissenschaftlichen, lebensweltlichen Standpunktes zu geben. Vielmehr genügt es, sich an jeder Stelle des Argumentierens zu fragen, ob sich ein eingebrachtes Argument auf Resultate einer messenden Experimentalwissenschaft stützt oder nicht. Mit *»lebensweltlich«* ist dann genau die Spezies der in diesem Sinne wissenschaftsunabhängigen Argumente gemeint.

Lebensweltlich verfügen wir nicht nur über die Grundfähigkeiten des Handelns und Sprechens, sondern auch über Traditionen des Handwerks sowie über eine Fülle von Erfahrungen im Sinne von Einübung oder Vertrautsein mit der Umwelt in ihren natürlichen wie kultürlichen, speziell technisch-künstlichen Eigenschaften. Es ist also keineswegs nötig, uns archaisierend in vorgalileische, voraristotelische oder vorgeschichtliche Zeiten zurückzuversetzen oder nach einer Rekonstruktion etwa handwerklicher Fähigkeiten, Techniken und Traditionen zu suchen. Die rationale Rekonstruktion setzt beim *qualitativen Sprung von einer schon handwerklich praktizierten Meßkunst zur wissenschaftlichen* ein, wo letztere durch bestimmte methodologische Forderungen auszuzeichnen ist.

Ein erster Schritt soll dabei mit der *sprachlichen Normierung* gemacht werden. Die lebensweltlich bereits praktizierte Gebrauchssprache einschließlich fachsprachlicher Teile aus dem Bereich des Handwerks liegt bereits vor, soll jedoch weder als Metasprache noch als Objektsprache einfach übernommen werden. Vielmehr sind diejenigen Teile, die später für den terminologischen Aufbau der Physiker-Sprache benötigt werden, noch einmal explizit zu bestimmen. Wie schon in anderem Zusammenhang ausgeführt, muß diese Bestimmung mit der exemplarischen Einführung von Prädikatoren beginnen, die dann weiter durch Prädikatorenregeln zu präzisieren sind. Dieses Verfahren ist in einschlägigen Lehrbüchern dargestellt und wird außerdem in Kap. III am Beispiel der Zeitmessung vorgeführt, so daß sich eine detailliertere Darstellung hier erübrigt.

Besonders ist darauf hinzuweisen, daß schon die explizite Normierung des Handwerkervokabulars – man denke etwa an bestimmte Ausdrücke des Schreinerhandwerks, der Glasschleifer oder der Metallbearbeitung – nicht etwa bloß verbal, also durch Wortverwendungserläuterungen mit Hilfe anderer Wörter erfolgen kann, sondern sich auf ein Erlernen bestimmter Wörter im Zusammenhang mit entsprechenden Handlungen, »Operationen« stützen muß. Diese Bedingung spielt insofern eine wichtige Rolle, als sie die Möglichkeit eröffnet, die *Gültigkeit elementarer Aussagen dadurch zu sichern, daß man den behaupteten Sachverhalt selbst herstellt.* So werden z. B. in der operativen Begründung der Geometrie Berührungseigenschaften zweier Körper zur Definition weiterer Prädikatoren, z. B. des Aufeinanderpassens von Körpern, verwendet. Damit die Frage, ob sich in einer bestimmten Situation zwei Körper berühren, in jedem Falle entscheidbar wird, muß der vorgeometrische Prädikator »berühren« zusammen mit der Handlung erlernt werden, zwei Körper zur Berührung zu bringen. Schon auf dieser vorwissenschaftlichen Ebene sollen auf diese Weise Aussagen ermöglicht werden, deren Gültigkeit man sich durch Herbeiführung des behaupteten Sachverhalts »jederzeit« versichern kann. Damit sind auch zugleich erste Grenzen für mögliche Einwände aufgezeigt: selbstverständlich findet die Möglichkeit, z. B. zwei Platten aufeinander abzuschleifen, etwa darin ihre Grenze, daß keine schleifbaren Materialien vorhanden sind. Aber es lassen sich keine »theoretischen« Einwände etwa aus physikalischen Theorien formulieren, eine bestimmte Handlung sei nicht möglich. Wenn ein Handlungsprädikator bestimmt ist, ist per definitionem die Handlung (»prinzipiell«, d. h. bis auf triviale Ausnahmen) möglich.

Damit ist für die elementarsten hier vorgesehenen Aussagen – sie mögen »Grundaussagen« heißen, entsprechend die ersten hier festgelegten Prädikatoren »Grundprädikatoren« – ein Hinweis für ihre Verteidigung in einem Dialog gegeben. Auch für die Bereiche der Handwerker-, Techniker- und Physikersprache soll hier nicht eine zum permanenten Monolog degenerierte Weise des Sprechens angestrebt werden, sondern eine menschlich kommunikative; das heißt, daß Aussagen, also Sätze mit Behauptungscharakter, durch ihren Anspruch charakterisiert sind, vom Behauptenden gegenüber Fragen oder Einwänden eines Dialogpartners vertreten zu werden. Für die Zusammensetzung komplexer Aussagen aus Elementaraussagen können daher auch dialogisch bestimmte logische Partikel (Lorenz, Lorenzen, Kambartel)[152] zur Anwendung kommen. Insbesondere wird hier schon für Grundaussagen ein nichtsprachliches Verfahren zur Verteidigung vorgesehen, das darin besteht, bestimmte Kontroll- oder Herstellungshandlungen auszuführen (z. B. zwei Spiegel zur Berührung zu bringen, einen Körper bezüglich eines anderen zu bewegen usw.).

Unterstellt man nun die Verfügbarkeit eines Grundvokabulars für einen bestimmten Bereich, der z. B. durch die Absicht festgelegt wird, Längen oder Dauern oder Massen zu messen, so geht es in einem zweiten Schritt darum, mit Hilfe des normierten Vokabulars durch Vorschriften *Herstellungs- und Kontrollhandlungen* zu *normieren*. Dazu werden *Handlungsanweisungen* formuliert, also Sätze, die zu bestimmten Handlungen auffordern. In der Anweisung, eine Handlung h auszuführen (Notation: !h), muß ein Handlungsprädikator (z. B. gehen, [Platten] abschleifen, [ein Lineal] anlegen, [einen Körper] bewegen) vorkommen. Solche Handlungsanweisungen werden – in der Regel als bedingte, also »wenn die Aussage a gilt, dann tue h!« (Notation a→!h) – in Handlungszusammenhängen gegeben, wo bestimmte Zustände (Geräteeigenschaften) herbeigeführt werden sollen. Im Unterschied zur Handlungsanweisung soll eine Aufforderung, einen Zustand s herbeizuführen (Notation: !s) hier eine *Norm* heißen. Normen wie Handlungsanweisungen mögen *Präskriptionen* genannt werden.

Die Unterscheidung von Normen und Handlungsanweisungen im eben erläuterten Sinne ist für eine operative Theorie des Messens von zentraler Bedeutung, obwohl die Physiker in der Regel nur an den Meßgeräteeigenschaften (den Zuständen s) interessiert sind, nicht jedoch an den speziellen Verfahren (den Herstellungs- bzw. Kontrollhandlungen h) der Herbeiführung von s. Der oben gegen Lorenzens Vorschlag zur Definition des Massenverhältnisses vorgebrachte Einwand etwa ließe sich jetzt so formulieren, daß von Lorenzen wohl eine Norm !s vorgeschlagen wurde, nicht jedoch auch die Handlungsanweisung(en) $!h_{1,\ldots,n}$, die den Zustand s herbeiführen. Unten wird noch auf Einwände gegen die Protophysik zu antworten sein, die glauben, sich auf die Unerfüllbarkeit protophysikalischer Normen stützen zu können. Doch soll die Unentbehrlichkeit von Handlungsanweisungen neben Normen auch noch positiv dargestellt werden:

Ein System von Normen, wie es z. B. für die operative Bestimmung geometrischer Grundformen (eben, gerade, rechtwinklig, parallel, kongruent) aufgestellt wurde,[153] liefert eine explizite Bestimmung spezieller Meßgeräteeigenschaften – im geometrischen Beispiel die Starrheit, die als die Eigenschaft eines Meßstabes beim Transport definiert wird, Punktepaare in kongruente zu überführen. Ein solches Normensystem ist, ungeachtet seines präskriptiven Charakters, ein bloßes Satzsystem und leistet noch nicht die eigentliche operative

Begründung. Man sieht es nämlich einem Normensystem nicht an, ob es tatsächlich Handlungen gibt, die zur Herbeiführung der postulierten Zustände geeignet sind. Erst die Angabe von *Realisierungsverfahren* durch Handlungsanweisungen $!h_{1,\ldots,n}$, für die dann zu zeigen ist, daß sie tatsächlich zu den geforderten Zuständen (also: $s_{1,\ldots,m}$) führen, darf als operative Begründung einer Meßtheorie gelten.[154]

Die Unverzichtbarkeit einer expliziten Angabe von Realisierungsverfahren zeigt sich auch daran, daß die in der Protophysik vorgeschlagenen Normen, z. B. Homogenitätsprinzipien (siehe unten) *Aussageformen* sind. Sie werden erst zu Aussagen durch Einsetzung von Eigennamen oder Kennzeichnungen für reale Körper und von operativ bestimmten Grundprädikatoren. Metabehauptungen über Normen wie diejenige, daß eine Norm eindeutig sei, gewinnen erst so ihre Bedeutung.[155] Ausdrücklich sei jedoch vermerkt, daß die Unverzichtbarkeit der Realisierungsverfahren nichts mit dem Anspruch zu tun hat, es könne nur genau ein Realisierungsverfahren geben. So ist z. B. das Dreiplattenverfahren *eine* Realisierungsmöglichkeit »ebener« Platten neben anderen Verfahren, die ohne Rückgriff auf schon hergestellte geometrische Formen möglich sind und vor allem dann auch neben solchen, die später an hochentwickelten Maschinen durchgeführt werden. Es genügt, wenn es wenigstens ein *Realisierungsverfahren* gibt, das ohne die Unterstellung auskommt, die zu realisierenden Zustände seien andernorts bereits realisiert worden – mit wachsender Technologie werden selbstverständlich andere Verfahren angewendet.

Wie soeben beiläufig erwähnt, müssen Normen bzw. Normensysteme, die bestimmte Meßgeräteeigenschaften postulieren, eindeutig sein; die Eindeutigkeit muß bewiesen werden. Was hier unter *Eindeutigkeit* zu verstehen ist, soll zunächst an einem Beispiel erläutert werden: Das innere Homogenitätsprinzip nach Lorenzen (Ununterscheidbarkeit von Punkten einer Fläche) wird etwa dadurch realisiert, daß zwei Körper bis zur Passung in jeweils geschlossenen Gebieten aufeinander abgeschliffen werden. Diese Norm ist in dem Sinne nicht eindeutig, als die zweimalige unabhängige Durchführung des Realisierungsverfahrens keine Garantie gibt, daß etwa eine konkave Fläche des einen Paares auf eine der beiden Flächen des anderen Paares paßt. (In der Regel werden sich verschiedene Krümmungen einstellen.) Anders verhält es sich beim Dreiplattenverfahren: Dieses

läßt in der Tat erwarten, daß unabhängig voneinander hergestellte ebene Platten aufeinander passen. (Man achte schon hier darauf, daß dies keine Aussagen über die bearbeiteten Körper, sondern über die Bearbeitungsverfahren sind!) Allgemein können also Normen zu schwach sein, um die Herbeiführung »gleicher« Eigenschaften in dem Sinne zu fordern, daß die Herstellungsverfahren bereits Grund genug sind, über die Herstellungsresultate aus beliebigen Wiederholungen bestimmte Aussagen zu machen. (Übrigens ist in einem anderen Sinne auch das innere Homogenitätsprinzip erwiesenermaßen eindeutig: Kugelflächen können sich stets nur in keinem, in einem oder in allen Punkten berühren.) Die Forderung nach Eindeutigkeit von Normen – selbst eine Metanorm – beinhaltet also, die Normen so zu formulieren, daß sie weder zu schwach sind, um logisch bestimmte Erwartungen an das Verhältnis verschiedener, derselben Norm genügender Realisate zu begründen, noch zu stark (im Sinne von widerspruchsvoll, wie z. B. die Norm, eine würfelförmige Kugel herzustellen).
Nachdem nun in einem ersten Schritt die explizite Bestimmung des Grundvokabulars gefordert ist, die in einem zweiten Schritt die Formulierung von Handlungsanweisungen zur Realisierung von Normen (genauer: normativ geforderter Zustände) erlaubt, soll jetzt in einem dritten Schritt erklärt werden, wie eine *begründete Auswahl von Herstellungsverfahren bzw. Normen* getroffen werden kann. Wiederum im Sinne der geforderten Intersubjektivität von Meßprotokollen wird ein solches Realisierungsverfahren von Zuständen (z. B. Formen von Körperflächen, von Bewegungen, von Trägheitsvergleichen) gesucht, das jeweils eine Erwartung rechtfertigt, welche Relationen, formuliert in den Grundaussagen der Theorie, zwischen unabhängig hergestellten Realisaten gelten. Es wurde bereits darauf verwiesen, daß Erwartungen dieses Typs nicht den Charakter von empirisch zu kontrollierenden Vorhersagen haben, weil sie die Herstellungsverfahren, nicht aber vorfindliche Eigenschaften von Realisatien, also von bearbeiteten Körpern usw. betreffen. Wird also in einem konkreten Falle eine Abweichung von den erwarteten Relationen festgestellt, so kann daraus nur auf eine fehlerhafte Durchführung des Realisierungsverfahrens oder auf äußere Störungen geschlossen werden (die logische Korrektheit der Ableitung der vorliegenden Erwartung aus der Beschreibung des Realisierungsverfahrens vorausgesetzt). Diese Aussage ist ihrerseits gerechtfertigt durch den

präskriptiven Charakter der Handlungsanweisungen bzw. Normen und aller daraus logisch folgenden Aussagen, auf welche die Unterscheidung wahr – falsch keine Anwendung hat. Damit ist aber auch das Kriterium, welche Handlungsanweisungen bzw. Normen infrage kommen, bereits genannt: es müssen genau solche sein, die eindeutig sind, was per definitionem heißt, die bestimmte Erwartungen an Realisate rechtfertigen.

Selbstverständlich ist damit das Problem einer Auswahl auf solche Erwartungen verschoben. Welche Erwartungen sollen die angenommenen Realisierungsverfahren rechtfertigen? Mit dieser Frage ist man bei der Diskussion von *Zwecken des Messens* im allgemeinen und von den speziellen Zwecken einer Längen-, Zeit-, Massenmessung usw. im besonderen angekommen. Ein Zimmermann, der Steuermann eines Schiffes, ein Goldschmied usw. kann sehr genau sagen, wozu er Längen, Zeiten oder Massen mißt. Hier geht es dann nur noch um die Frage, welche dieser lebensweltlichen Zwecke – gegebenenfalls modifiziert – in die Physik übernommen werden sollen. Damit mündet die Diskussion in die oben erläuterten Ansprüche, Physik als eine quantitative Experimentalwissenschaft zu treiben. Pauschal läßt sich also das Kriterium angeben, man möge *solche Handlungsanweisungen bzw. Normen auswählen und in Geltung setzen, die eindeutig eine quantitative Experimentalphysik mit intersubjektiv kontrollierbaren Meßprotokollsätzen ermöglichen.*

Hier liegt jetzt selbst eine Norm vor, für die noch zu klären ist, auf welchem Weg sie erfüllt werden kann. Diesen Weg haben erstmals Dingler und Lorenzen gewiesen: es müssen *Homogenitäten* gefordert werden, weil sie sowohl *eindeutig realisiert* werden können als auch *Kriterien für Meßgeräteeigenschaften* zu definieren erlauben, die ihrerseits eine intersubjektive Kontrolle von Meßresultaten ermöglichen. Dies wird besonders in Form der von Lorenzen vorgeschlagenen »Homogenitätsprinzipien« deutlich, für die früher (cf. S. 76) bereits Beispiele gegeben wurden. Homogenitätsprinzipien sind also nach der hier vorgeschlagenen Sprechweise Normen, die z. B. die Ununterscheidbarkeit von Punkten einer Fläche oder von Punkten außerhalb einer Fläche fordern. Sie fordern dies selbstverständlich von einem Menschen, und zwar von demjenigen, der eine solche Fläche an einem Körper durch Bearbeitung herstellt. In der Theorie der Zeitmessung wird analog ein Homogenitätsprinzip für die Ununterscheidbarkeit einzelner bei einer Bewegung durchlaufener »Zustände« formuliert und damit die Herstellung einer gleichförmigen Bewegung gefordert.

Welche Rolle spielen die *Homogenitätsprinzipien*, genauer, warum sind sie neben den normierten Handlungsanweisungen zur Herstellung oder Kontrolle bestimmter Geräteeigenschaften überhaupt erforderlich? Eine Antwort darauf wurde bereits gegeben: für die Verwendung von Meßgeräten sind Meßgeräteeigenschaften, nicht aber Probleme ihrer Herbeiführung wichtig. Homogenitätsprinzipien postulieren solche Eigenschaften, sind also gleichsam die komplexe Formulierung von Herstellungszielen und leiten einerseits (unabhängig vom jeweils eingeschlagenen Weg) den *Herstellungs- und Verbesserungsprozeß*, fixieren andererseits präskriptiv die bei der Meßgeräte*verwendung* aufrechtzuerhaltenden Geräteeigenschaften. (Schon jetzt sei vorgreifend erwähnt, daß der tatsächlich historisch abgelaufene Verbesserungsprozeß von Meßgeräten, z. B. von Uhren, verstanden werden kann als von einem Homogenitätsprinzip für die Gleichförmigkeit der Zeigerbewegung geleitet.) Inwiefern Homogenitätsprinzipien auch die Verbesserung von Meßgeräten (im Sinne von Verfeinerung sowie von Immunisierung gegen Störungen) leiten, soll im Anschluß an den folgenden Gesichtspunkt dargestellt werden.

Bei der Normierung der »Grundprädikatoren« aus der Handwerkersprache war die Verbindung von geeigneten Handlungen des Herstellens mit der Bestimmung entsprechender Wörter betont worden. Hier ist nun nachzutragen, daß außerdem geeignete Handlungen des *Auswählens* (z. B. von Materialien für die Geräteherstellung) vorzunehmen sind. So werden die angedeuteten Herstellungsverfahren der geometrischen Grundformen (»eben«, »gerade«, usw.) nur mit festen Materialien gelingen. Auch hierfür sollen, soweit dies ohne methodische Zirkel geht, Normen aufgestellt werden, die dann *Auswahlnormen* heißen sollen. So wird z. B. in der Geometrie die Verwendung »harter« Materialien verlangt, wo »hart« durch die Norm gewisser Transitivitäten von Berührungseigenschaften bestimmt ist. Auswahlnormen unterscheiden sich insofern von Herstellungsnormen, als ihr »Realisierungsverfahren« meist in einer bloßen Auswahl besteht, also nicht generell eine technische Erzwingbarkeit der normativ bestimmten Zustände sicherstellen kann. Wo es z. B. keine geeigneten Materialien gibt, können auch die Operationen zur Meßgeräteherstellung nicht durchgeführt werden. Diese Abhängigkeit betrifft aber nur die

Meßpraxis und macht diese zwar von bestimmten, nicht beliebig technisch erzwingbaren Bedingungen abhängig, nicht jedoch von Meßresultaten (und ist in diesem Sinne dann auch nicht »empirieabhängig«).

Die zentrale Bedeutung von *Normen* (im Unterschied zu Herstellungsanweisungen) liegt darin, daß sie den *Sprung zur Theorie* leisten. Die Normierung von Herstellungsverfahren selbst hat noch keinerlei Theorie zur Folge; sie gehört in den Bereich öffentlich-organisatorischer Normierungen wie z. B. in der Bundesrepublik die »DIN-Bestimmungen«.[156] Normen wie die Homogenitätsprinzipien dagegen erlauben eine als-ob-Redeweise, die als explizite und logisch exakte Lösung für eine Vielzahl traditioneller Probleme der exakten Wissenschaften anzusehen ist. Wird nämlich eine Norm argumentativ wie ein Behauptungssatz verwendet, so kommt dies inhaltlich der Unterstellung gleich, daß es Geräte gibt, welche die postulierten Eigenschaften »rein« oder »ideal« erfüllen. Deshalb sei an solche Normen ein im weiteren Sinne definitorisches Verfahren angeschlossen, das hier *»Ideation«* heißen soll. Das Ideationsverfahren besteht darin, die Normen ohne den Aufforderungsteil »!« sowie ihre logischen Implikationen weiter zu verfolgen. Diese Beschränkung auf einen Bereich von Aussageformen, die inhaltlich bedeutet, daß nicht mehr von realen Körpern, Vorgängen usw. gesprochen wird, sondern von den intendierten Eigenschaften im Sinne von Herstellungszielen, soll dann terminologisch dadurch angezeigt werden, daß die zunächst an realen Körpern bestimmten Grundprädikatoren (soweit sie in den Normen vorkommen) ersetzt werden durch ideative Ausdrücke, sogenannte *»Ideatoren«*.[157] Es soll dann im Falle der Geometrie nicht mehr von Oberflächenstücken, Kanten und Ecken, sondern von Ebenen, Geraden und Punkten die Rede sein.

Im Zusammenhang mit einer Methodologie des Messens kann hier nicht weiterverfolgt werden, daß das Verfahren der Ideation eine explizite Bestimmung geometrischer Grundtermini auf operationaler Grundlage erlaubt, was die Meinung formalistischer Mathematiker, solche Definitionen seien unmöglich, und die daran anschließende Wertung, solche Definitionsbemühungen seien unwissenschaftlich, als unbegründet ausweist. Immerhin sei hier noch einmal an den Zusammenhang von Hilberts formalistischer Auffassung von Mathematik und mit dem Theoriesprachenkonzept von Vertretern des Wiener Kreises in der Physik erinnert (Cf. S. 18). Es ist an anderer

Stelle ausführlich diskutiert, daß durch das Ideationsverfahren ein Vorschlag zur genauen Bestimmung des Status geometrischer Sätze möglich wird.

Hier geht es darum, daß in ideativer Rede auch die *»theoretischen« Grundbegriffe des Messens* wie Gleichheit von Längen oder Dauern als Äquivalenzen, sowie Starrheit von Meßstäben oder Gleichförmigkeit von Bewegungen, explizit bestimmt werden. Sie sind dann ersichtlich nicht mehr »theoriebeladen« im Sinne Hempels, Poppers, Feyerabends oder Hansons. Vielmehr baut eine ideative Bestimmung solcher theoretischen Grundbegriffe des Messens auf einer lebensweltlichen, also per definitionem von Resultaten irgendwelcher Experimentalwissenschaften unabhängigen Legitimation von Herstellungszielen für Meßgeräte auf.

Formal betrachtet, ist die Ideation ein eigenes Verfahren der terminologischen Bestimmung, unterschieden von den verschiedenen in der Literatur genannten Definitionstypen und am ehesten noch vergleichbar der logischen Abstraktion,[158] wobei das tertium comparationis darin liegt, einen vorher bestimmten Ausdruck (Ziffer; gestreckte Kante) durch einen anderen (Zahl; Gerade) zu ersetzen, um damit die Beschränkung auf einen bestimmten Aussagenbereich anzuzeigen. (Diese Beschränkung ist allerdings bei beiden Verfahren verschieden festgelegt: bei der Abstraktion durch Invarianz bezüglich einer Äquivalenzrelation, bei der Ideation durch logische Ableitbarkeit aus Normen.) In symbolischer Schreibweise läßt sich ein *»Ideationsprinzip«* angeben:

$$(H(r) < A(r)) \Rightarrow (A(r) \Rightarrow A(i))$$

Hier bedeutet H(r) ein Homogenitätsprinzip, in dem operativ bestimmte Grundprädikatoren vorkommen, die sich auf reale (daher »r«) Körper, Vorgänge usw. beziehen. A(r) ist eine Aussage, die von H(r) logisch impliziert ($<$) wird. A(i) ist dann die jeweils selbe Aussage, in der an die Stelle der r-Ausdrücke die ideativen (»i«) getreten sind, also z. B. »Punkt« an die Stelle von »Ecke« oder »Stelle«, »Linie« an die Stelle von »Kante« usw. Wegen $H(r) < H(r)$ deckt das Ideationsprinzip trivialerweise auch die Homogenitätsprinzipien selbst ab. Werden in einem Homogenitätsprinzip H(r) die darin vorkommenden Aussageformen durch Ersetzung mit Aussagen (unter Verwendung von Grundprädikatoren) aufgefüllt, so geht dieses Homogenitätsprinzip in einen *Homogenitätssatz* $H_R(r)$ für ein bestimmtes Realisat R über. Homogenitätsprinzipien, ob nun unter

Verwendung ideativer oder realisierungsbezogener Ausdrücke formuliert, sind also Aussageformen, Homogenitätssätze Aussagen über bestimmte Realisate.

Das Ideationsverfahren erlaubt nicht nur einen Verzicht auf platonistische Erklärungen über die Idealisierungen, die ein Physiker vornimmt, wenn er auf seine Experimente Mathematik anwendet. Es gibt keine eigenen idealen Entitäten und daran anschließend das Problem, wie Ideenwelt und die Welt realer Körper und Ereignisse zueinander passen. Selbst das technische Problem, wie die Verwendung von reellen Zahlen in die Meßkunst, die es aus einsichtigen Gründen immer nur auf rationalzahlige Ergebnisse bringt, eingeführt werden kann, so daß Meßresultate schließlich mit infinitesimalmathematischen Mitteln weiter verarbeitet werden können, wird durch das Ideationsverfahren lösbar. Das Auftreten der ideativen Ausdrükke zeigt eine präzis bestimmte Beschränkung an, die sich anschaulich so wiederholen läßt: man spricht nicht über »wirkliche« Sachverhalte, also über die an den Geräten hergestellten oder mit ihnen ausgemessenen, sondern über logische Konsequenzen, die sich »wirklich« nur dann einstellen würden, wenn nicht jede Realisierung (trotz vollständig exakter Bestimmung der Realisierungsziele) unscharf bliebe.

Damit aber kann die Verwendung ideativer Termini, die in der theoretischen Physik unentbehrlich ist, auch als Eingeständnis der nur unvollständigen Realisierbarkeit von Sachverhalten interpretiert werden. Normen können zwar in jedem Einzelfall, wo eine Abweichung von den postulierten Zuständen beobachtet wird, angeben, mit welchem Ziel die weitere Verbesserung voranzutreiben ist. Aber sie behaupten selbstverständlich nichts über die konkreten Möglichkeiten solcher Verbesserungen. *Verbesserungsversuche* können an verschiedenartige z. B. durch physikalische Gesetze festzustellende *Grenzen* stoßen (etwa wenn der Verfeinerungsprozeß von Geräten nahe an molekulare Größenverhältnisse herankommt, oder wenn »zu große« Geräte mit bestimmten Anforderungen gebaut werden sollen). Behauptungen über solche Realisierungsgrenzen können aber selbst nicht mit dem hier erhobenen Anspruch auf intersubjektive Kontrollierbarkeit von Meßprotokollsätzen verteidigt werden, ohne daß die in ihrer Durchsetzbarkeit begrenzten Normen selbst allgemein anerkannt sind. Ersichtlich werden im Falle von Grenzbestimmungen für die Realisierbarkeit der normativ festgelegten Zustände die Normen nicht außer Kraft gesetzt. (Die Frage, ob sich aus einer möglichen Grenzbestimmung von Realisierungsmöglichkeiten Einwände gegen den normativen Ansatz insgesamt ergeben, wird anhand solcher bereits vorgebrachter Kritik in Abschnitt 5 dieses Kapitels genauer diskutiert.)

Gegen ein mögliches Mißverständnis soll hier bereits vorgebeugt werden. Das Ideationsverfahren, das schematisch sich sehr leicht auf andere Fälle übertragen ließe (Ersetzen eines n-Tupels von Ausdrükken durch ein anderes n-Tupel zur Anzeige der Beschränkung auf einen bestimmten Aussagenbereich), ist als ein Verfahren zur Festlegung ideativer Ausdrücke nur im Zusammenhang mit eindeutigen Normen sinnvoll. Ideatoren setzen entsprechende Eindeutigkeitsbeweise voraus und sind dann (in genau diesem Sinne) eindeutig. Dies unterscheidet sie von gleichlautenden Ausdrücken etwa in formalistischen oder Theoriesprachenansätzen, wo ein vergleichbarer Anspruch auf eindeutige Realisierbarkeit nicht erhoben wird.

Außer diesem definitionstheoretischen Aspekt hat die Eindeutigkeit der Ideatoren noch eine für die Theorie des Messens entscheidende Seite: ohne diese Eindeutigkeit ließe sich nicht von der *Reproduzierbarkeit von Meßgeräteeigenschaften* sprechen. Bei der Normierung der Auswahl von Herstellungsverfahren waren homogene Formen genannt worden, weil es für diese methodisch erste, auf das Vorliegen solcher Formen aus anderen Verfahren nicht angewiesene Herstellungsverfahren gibt. Die Homogenität erwies sich also als ein Auszeichnungskriterium, das sicherstellt, daß es überhaupt Herstellungsverfahren gibt. Die Eindeutigkeit der Homogenitätsprinzipien bzw. der Realisierungsverfahren sichert darüber hinaus, daß die Herstellungsverfahren bei Wiederholung tatsächlich das gleiche Resultat erwarten lassen. Die Forderung von Reproduzierbarkeit von Meßgeräteeigenschaften zerfällt also in (mindestens) zwei Teilforderungen, nämlich, zu zeigen, daß es überhaupt ein Verfahren gibt, und, daß dieses Verfahren dann immer zu gleichen Resultaten führt. Erst wo in diesem Sinne die Reproduzierbarkeit von Meßgeräteeigenschaften gesichert ist, läßt sich im Falle von beobachteten Abweichungen von *Störungen* reden. Meßgerätenormen schreiben den per definitionem ungestörten Zustand vor, und Störungen sind dann ebenfalls per definitionem die Abweichungen von diesen ungestörten Verhältnissen.

Diese Störungsdefinition wird der von Physikern im Laborbetrieb als Selbstverständlichkeit anerkannten Praxis gerecht, daß Störungen an Experimentieranordnungen als Abweichungen von intendierten Zuständen auftreten. Die künstliche Herstellung bestimmter, dann per definitionem störungsfreier Experimentierbedingungen ist für den Experimentator so sehr unverzichtbarer Bestandteil seiner Bemühungen, daß es überrascht, warum dieser input an menschlicher Leistung in die empirische Basis der Physik in den affirmativen Wissenschaftstheorien keine angemessene Berücksichtigung fand. Werden in einem konkreten Falle Störungen beobachtet, so müssen Bemühungen zu ihrer Beseitigung unternommen werden. Das Verfahren der Störungsbeseitigung soll *Exhaustion* heißen. Dieser im Anschluß an Dingler vorgeschlagene Sprachgebrauch gibt leicht zu Mißverständnissen Anlaß, denen hier nach Möglichkeit vorgebeugt werden soll.

Von Exhaustion (Ausschöpfung) war zunächst im Zusammenhang mit dem archimedischen Approximationsverfahren der Länge von Kurven (z. B. Kreis, Spiralen) durch Polygonzüge die Rede. Das Ausschöpfen bestand in der Verfeinerung der Polygonzüge (Erhöhung der Anzahl von Ecken bzw. Verkürzung der Polygonseiten). Diese Sprechweise läßt sich dann übertragen auf die »Erklärung« natürlicher mechanischer Phänomene wie z. B. der Planetenbahnen. Ohne Berücksichtigung interplanetarischer »Störungen« (gravitative Wechselwirkung einzelner Planeten untereinander) können zunächst für jeden Planeten aus seiner Wechselwirkung mit der Sonne die Kepler-Bahnen errechnet werden. Die beobachtbaren Abweichungen davon (analog zur Abweichung der Polygonzüge von Kurven) werden dann durch Exhaustion (Berücksichtigung weiterer Planeten analog der Verfeinerung der Polygonzüge) schrittweise berücksichtigt, wodurch sich die Abweichungen der beobachteten von den errechneten Bahnen bzw. Umlaufzeiten und -geschwindigkeiten verringern. Obgleich hierbei nicht hinreichend geklärt ist, *was* ausgeschöpft wird – die »Natur« im Hinblick auf die vorliegenden hypothetischen Rechenergebnisse oder eben diese Hypothesen – kann die Sprechweise von den Störungen Anlaß geben, auch bei protophysikalischen Normen von Exhaustion zu sprechen. Die normativ bestimmten Zustände werden in der (experimentellen) Realität immer besser durchgesetzt, und zwar durch schrittweise Beseitigung von Störungen. Das Analogon zu den beobachteten Planetenbewegungen sind hierbei die ideativ bestimmten Zustände; die exhaurierende Annäherung geschieht in beiden Fällen durch Berücksichtigung zusätzlicher, hypothetisch angenommener Störungen. Es soll deshalb auch weiterhin bei der Störungsbeseitigung an Meßgeräten relativ zu den Funktionsnormen von Exhaustion die Rede sein, obgleich die Unterschiede zur Exhaustion natürlicher Phänomene dadurch nicht verdeckt werden sollen.

Wie bisher beiläufig erwähnt, erlauben die Ideatoren bei entsprechend darauf abgestellter Auswahl von Homogenitätsprinzipien die Definition der für die Messung entscheidenden, dann ebenfalls ideativen Termini. Insbesondere wird so die Gleichheit (von Längen, Dauern und Massen) definiert, der auf der Ebene der Realisate Herstellungsoperationen für gleichgroße Stücke (gleichlange Stäbe bzw. Kanten; gleichlang dauernde Vorgänge, gleichschwere bzw. gleichträge Körper) entsprechen. Der ideativ bestimmten Ungestörtheit korrespondiert dann an den Realisaten die *Starrheit von Meßstäben*, der *gleichmäßige Uhrengang* sowie eine *homogene Dichte* von Körpern.[159]

Es versteht sich von selbst, daß damit noch keine *Skalen* gewonnen sind. Hierzu muß im Bereich der Längenmessung mit Hilfe der Ideatoren ein Teilungsverfahren in gleiche Teile definiert werden, das dann auf rationale Längenverhältnisse führt. Die Definition von *»Einheiten«* wie dem Meter gehört allerdings nicht hierher; sie gehört überhaupt nicht zur Protophysik, weil sie, logisch gesehen, nur mit Hilfe von Eigennamen möglich ist und damit gegen eine strenge Auslegung des Gebots von situationsinvarianter Kontrolle von Meßprotokollsätzen verstößt. Der Aufbau einer Skala soll hier nicht mehr diskutiert werden. Formal unterscheidet er sich kaum von dem in der affirmativen Wissenschaftstheorie vorgeschlagenen. Erwähnenswert ist lediglich noch, daß sich im vorliegenden protophysikalischen Ansatz alle Skalen auf die der Länge zurückführen lassen – selbst diejenigen der sogenannten intensiven Größen wie z. B. der Temperatur.

Zusammenfassung: Zur Sicherung der Intersubjektivität von Meßprotokollsätzen einer Experimentalwissenschaft Physik sind folgende methodische Schritte zu durchlaufen:

(1) Im Zusammenhang mit Herstellungshandlungen ist ein Vokabular auf der Ebene der Handwerkersprache zu normieren.

(2) Damit sind bestimmte Herstellungshandlungen durch Handlungsanweisungen zu normieren, deren Auswahl

(3) sich nach dem Ziel richtet, Meßgeräteeigenschaften reproduzierbar zu machen.
Die Reproduzierbarkeit setzt ein methodisch erstes und eindeutiges Realisierungsverfahren voraus. Diese Eindeutigkeit betrifft das in der Norm vorgeschriebene Herstellungsziel, nämlich einen per definitionem ungestörten Zustand bzw. Vorgang an einem Gerät. Abweichungen von diesem eindeutig bestimmten Zustand bzw. Vorgang heißen Störungen. Die Eindeutigkeit der Normen muß bewiesen werden.
Die Beschränkung auf den Aussageteil der Normen sowie deren logische Implikationen werden mit Ersetzung der Termini des Handwerkervokabulars durch (eindeutige) ideative, theoretische Ausdrücke (Ideatoren) angezeigt (Ideation). Bei der Geräteherstellung lassen sich methodische Prioritäten in der Reihenfolge Länge – Dauer – Masse feststellen. Diese mögen daher *Grundbegriffe* der (im Sinne von: jeder experimentalwissenschaftlichen) Physik heißen.
Von erkenntnistheoretischer Bedeutung ist es schließlich, daß in der Gegenüberstellung normativer Bestimmungen der Ungestörtheit auf der Grundlage von Operationen und der als Abweichungen davon auftretenden »äußeren« Störungen die Unterscheidung »nicht-empirisch« – »empirisch« einen präzisen, von Interpretationsproblemen des Kantischen Apriorismus unbelasteten Sinn gewinnt: Das Resultat einer Messung ist *empirisch*. Die Intersubjektivität des Meßresultats jedoch basiert auf der *nicht-empirischen*, d. h. nicht auf Meßresultaten beruhenden, sondern vom Menschen normativ gesicherten Ungestörtheit von Meßgeräten.
Damit verliert aber auch die Behauptung, es gäbe *Grundbegriffe der Physik*, ihre Nähe zu fundamentalistischen oder ontologischen Auffassungen. Die Grundbegriffe Länge und Dauer sind nicht deshalb grundlegend für die Physik, weil Raum und Zeit »Grundkategorien menschlichen Erkenntnisvermögens« wären, sondern sie sind es nur relativ zur Bestimmung der Physik als Experimentalwissenschaft; wenn an Geräten mit reproduzierbaren Eigenschaften experimentiert werden soll, so müssen zunächst immer erst räumliche Formen an Geräten hergestellt werden. Und sollen dann Vorgänge mit reproduzierbaren Standards verglichen werden, dann müssen Standardvorgänge, also Uhrenabläufe hergestellt werden. Die Auszeichnung von Länge, Dauer und Masse als physikalische Grundbegriffe verdankt sich also der Kennzeichnung von Physik als Experimentalwissen-

schaft und ist in Lehrbuchdarstellungen nur durch die von der Experimentierpraxis abgelöste Umstrukturierung physikalischer Theorien verschüttet worden.

5. Zur Kritik an der Protophysik

An der ersten Fassung der Protophysik der Zeit sowie an anderen Arbeiten zur Protophysik wurde von einer Reihe von Autoren Kritik geübt. Sie und eine Erwiderung darauf sind an anderer Stelle übersichtlich greifbar.[160] Außerdem ist diese Kritik im vorliegenden Buch berücksichtigt. Dennoch mag es nicht überflüssig sein, hier noch einmal auf einige Punkte dieser Kritik einzugehen, da sie verbreitete, aus der in diesem Band »affirmativ« genannten Wissenschaftstheorie stammende Meinungen aufgreift und gegen die Protophysik argumentativ ins Feld führt. Eine langjährige Diskussionserfahrung mit Protophysik sowie neuere Kritiken lassen nämlich erwarten, daß viele mit dieser Kritik nicht vertraute Leser ähnliche Einwände erheben, so daß hier eine thesenartige Wiederholung einiger Punkte der vorgebrachten Kritik sowie eine kurze Antwort gegeben werden sollen. Im Anschluß daran werden die nach dem Erscheinen des Diskussionsbandes über Protophysik publizierten Kritiken zu betrachten sein.

Erster Einwand: Die Protophysik formuliert als Normensystem für die Längenmessung eine euklidische Geometrie, als Normensystem für die Zeitmessung eine »galileische« Kinematik und als Normensystem für die Massenmessung eine klassische Dynamik. Sie steht damit im Widerspruch zu den Ergebnissen der modernen relativistischen Physik und ist daher abzulehnen.

Dieser Einwand kann (a) so gemeint sein, daß bestimmte Normen der Protophysik (z. B. das äußere Homogenitätsprinzip Lorenzens) mit bestimmten Sätzen der Physik *in Widerspruch* stehen. Dies ist jedoch aus dem trivialen Grund nicht möglich, da Normen generell nicht mit Aussagen in einen logischen Widerspruch geraten können. Normen schreiben etwas vor, Aussagen behaupten etwas. Normen sind entweder gerechtfertigt oder nicht; Aussagen sind wahr oder falsch oder unentscheidbar, Normen jedoch keines von alledem. In diesem Sinne ist der Einwand also mit Sicherheit nicht aufrechtzuerhalten.

Häufiger wird daher der Einwand so vorgebracht (b), daß die moderne Physik bereits das Wissen bereitgestellt habe, daß die protophysikalischen Normen nicht *befolgbar* seien. Die Protophysik stehe zwar in keinem Widerspruch zur Physik, sei aber als ein

System nicht befolgbarer Normen leer und für die Physik irrelevant. In der Tat könnte die Protophysik ihren Anspruch auf rationale Rekonstruktion bzw. Begründung der Physik nicht einlösen, wenn sie sich auf unbefolgbare Normen stützte. Deshalb ist zu klären, ob die protophysikalischen Normen als unerfüllbar *erkannt* sind.
Fast alle Versuche, diese Unerfüllbarkeit nachzuweisen, stützen sich auf physikalische Erkenntnisse, argumentieren also z. B. mit der speziellen Relativitätstheorie gegen die Chronometrie. Wenn dieser Einwand mit dem Anspruch auf intersubjektive Gültigkeit der zitierten physikalischen Theorie vorgebracht wird, setzt er selbst voraus, was er angreift. Er ist daher methodisch zirkulär und deshalb irrelevant. Wenn er auf dieser intersubjektiven Gültigkeit der zitierten physikalischen Theorien jedoch nicht beharrt, ist nicht klar, wie er als Einwand überhaupt legitimiert ist. Die scharfsinnigste Form dieses Einwandes argumentiert daher, die Protophysik dürfe die Möglichkeit, daß die Natur so ist, wie z. B. die Relativitätstheorien behaupten, nicht ausschließen;[161] die Gültigkeit der relativistischen Physik wird dabei nicht behauptet. Dieser Einwand mag möglicherweise ältere Auffassungen Dinglers betreffen, die Protophysik trifft er nicht: da die Protophysik nichts über die Natur behauptet, sondern nur über Herstellungsverfahren als geeignete Mittel für bestimmte Zwecke, macht sie auch keine Aussagen über die Natur in dem Sinne, daß sie behaupten würde, bestimmte Sachverhalte könnten nicht wirklich sein. Protophysikalische Normen schließen überhaupt keine empirischen Sachverhalte aus.
Hierher gehört auch der empiristische Einwand (c), daß die Protophysik schließlich die Befolgbarkeit ihrer Handlungsanweisungen und Normen voraussetze. Ob diese Voraussetzungen erfüllt seien, könne man nur aus Erfahrung wissen, da es sich hierbei um Aussagen über die Wirklichkeit handle. Hier liegt das Mißverständnis zu Grunde, die Protophysik sei auf den *Satz* »Die Handlungsanweisungen (bzw. Normen) der Protophysik sind erfüllbar« angewiesen. Dieser Satz ist jedoch für ein Befolgen der Handlungsanweisungen entbehrlich und kommt im Aufbau der protophysikalischen Teile Geometrie, Chronometrie und Hylometrie auch nicht vor, muß also auch nicht begründet werden.
Dagegen kann die Protophysik für sich in Anspruch nehmen, daß (1) durch vollständige operative Bestimmung des Grundvokabulars, durch Widerspruchsfreiheit und Eindeutigkeit die schrittweise Be-

folgbarkeit der Herstellungsanweisungen prinzipiell gesichert ist, daß (2) durch Rückgriff auf die historischen Errungenschaften einer außerwissenschaftlichen Handwerkskunst die Befolgbarkeit der vorgeschlagenen Handlungsanweisungen ein historisches Faktum ist, daß (3) die protophysikalischen Normensysteme als adäquate Rekonstruktionen wissenschaftlicher Meßkunst angesehen werden können, und daß (4) bisher keine einzige konkurrierende Theorie bekannt ist, die unter Berücksichtigung pragmatischer bzw. handlungstheoretischer Aspekte zirkelfrei ein historisches und systematisches Verständnis der tatsächlich praktizierten wissenschaftlichen Meßkunst ermöglicht.

Zweiter Einwand: Meßgeräte seien als Teile des physikalischen Universums denselben Gesetzen unterworfen wie alle Körper, Ereignisse usw. Deshalb müßten unabhängig von unseren Intentionen bei der Herstellung und Verwendung von Geräten die Meßgeräteeigenschaften mit den Naturgesetzen konsistent sein.

Daß Meßgeräte Teile des Universums sind und außer künstlich herbeigeführten auch natürliche Eigenschaften haben, wird sicher von niemandem bestritten. Wo nicht die schon oben genannten Schwierigkeiten auftreten, daß Einwände aus der Physik entweder zirkulär oder nicht legitimiert sind, bleiben zumindest noch folgende Punkte dieses Einwandes offen: Wo überhaupt Meßgeräteeigenschaften exakt empirisch erkennbar sein sollen, dort können sie dies nur entweder mit Hilfe anderer Meßgeräte sein (was entweder auf einen infiniten Regreß oder auf ein dogmatisches Abbrechen des weiteren Zurückfragens führt) oder auf der Grundlage von Meßgerätenormen. Eine Beschränkung auf empirische Meßgeräteeigenschaften und damit die Behandlung von Artefakten als Naturgegenstände ist immer ein schweres Mißverständnis, setzt Blindheit gegenüber der Wissenschaftsgeschichte und der aktuellen Forschungspraxis voraus und kann weder für die Theorie des Messens noch für die empirischen Theorien etwas beitragen.

Ein nachträgliches Erklären von Meßgeräteeigenschaften im Rahmen empirischer Theorien ist zwar methodisch möglich, bleibt aber selbstverständlich *nachträglich* und kann keine *Begründung* einer Meßtheorie oder der Meßpraxis leisten.

Häufig wird der oben zitierte Einwand in der Form vorgebracht, daß die Befolgbarkeit protophysikalischer Normen für den Größenbereich unserer Geräte zugestanden wird, mit Blick auf relativistische oder Quantenphysik jedoch als Näherung anzusehen sei. In mikrophysikalischen und kosmischen Dimensionen gelinge eine Realisierung nicht. Hierauf ist zu antworten, (1) daß es in der Tat nur um Geräte und nicht um Phantasiegebilde wie Spiegel von kosmischen Dimensionen oder ähnliche Hirngespinste geht, (2) daß de facto und der protophysikalischen Theorie nach Abweichung an Meßgeräten von normativ bestimmten Eigenschaften immer nur »technisch« auftreten können, d. h. nicht als Abweichungen von irgendeiner durch Gesetze strukturierten Natur, sondern als Abweichungen von einem für einen technischen Verwendungszweck bestimmten Standard an Präzision. Die Herstellung von Meßgeräten ist also entweder möglich oder nicht möglich. Die Behauptung, daß sie relativ zu Naturgesetzen angenähert möglich sei, ist sinnlos.

Dritter Einwand: Die Protophysik sei anachronistisch. Sie orientiere sich am Paradigma der klassischen Physik.

In der Tat versucht die Protophysik, die Messung von Länge, Dauer und Masse operativ zu begründen. Sie beginnt also z. B. nicht beim quantenmechanischen Meßprozeß. Dies muß als ein Anachronismus jedoch nur dort erscheinen, wo keine anderen Kriterien zur Verfügung stehen, als sich wissenschaftstheoretisch an die jeweils neuesten Lehrbücher der Physik zu halten und das dort angebotene Selbstverständnis der Physiker unhinterfragt zu übernehmen. Wie bereits ausführlich dargelegt, versucht die Protophysik, den Anspruch auf Intersubjektivität von Meßprotokollen einlösbar zu machen. Dafür, daß der quantenmechanische Meßprozeß gegenüber klassischen Priorität haben soll, kann nur mit physikalischen Theorien argumentiert werden, die selbst auf Messungen beruhen. Ein Beginn beim quantenphysikalischen Meßprozeß wäre also ein sicheres Mittel, den zirkelfreien Zugang zur Intersubjektivität einer experimentellen Physik zu verbauen. Analoges gilt, wenn ein Anfang bei einer modernen Formulierung elektrodynamischer Theorien verlangt würde. Anders gewendet, die Begründungsbemühungen dürfen nicht auf einem Niveau beginnen, auf dem bereits Resultate einer messenden Physik vorausgesetzt werden.

Daraus folgt allerdings noch nicht, daß die Protophysik am Paradigma der klassischen Physik orientiert sei (mit dem Unterton, daß sich bei Orientierung an einem moderneren Paradigma auch eine in modernere Theorien führende Protophysik ergäbe). Selbstverständlich ist Protophysik nachträglich zur klassischen Physik entwickelt,

aber sie beruft sich nirgends auf historische Autoritäten und setzt sich auch nicht das Ziel, parallel zur Physikgeschichte »erst einmal« die klassische Physik zu rekonstruieren. Sie versucht also auch nicht, unhinterfragt einem klassischen Erkenntnisideal (z. B. Euklidizität und Galilei-Invarianz) zu folgen. Ausgangspunkt ist vielmehr die Frage, mit welchen Mitteln wir heute Physik beginnen müßten, wenn wir über keinerlei Resultate moderner Physik verfügten, um mit diesen Mitteln genau beschriebene Intentionen zu verfolgen. In diesem Sinne soll dann Protophysik eine kritische Beurteilung der Physik erlauben: läßt sich unsere heutige Physik als ein adäquates Mittel zur Erreichung unserer heutigen Absichten verstehen, oder ist sie nur noch eine Weiterführung mittlerweile nicht mehr verstandener, alter Intentionen, möglicherweise nach fremden, z. B. durch Institutionalisierung von Wissenschaft erzeugten Zwecken.
Vierter Einwand: Die Protophysik erhebe einen zu hohen Anspruch an die Sicherheit wissenschaftlicher Theorien.
Hier sollen nicht diejenigen Kritiker aufgezählt werden, die der Protophysik einen Anspruch unterstellen, den sie nicht erhebt, und daran den Beweis hängen, daß sie ihn nicht erheben kann. Was dann an Einwänden übrig bleibt, folgt bestimmten Denkfiguren, wie z. B. daß Wissen von der Welt an Erfahrung scheitern können muß. Vor allem im Kritischen Rationalismus Poppers und seiner Nachfolger wird mit empiristischem Pathos die Offenheit für eine jederzeitige Revision von Lehrmeinungen als eine Tugend der Bescheidenheit empfohlen. Treffender und bescheidener ist es freilich, mit dem Scheitern jeglicher Erkenntnisbemühung schlechthin zu rechnen, also ohne die Spezifikation »an Erfahrung scheitern«. Selbstverständlich sind auch protophysikalische Theorien diesem Risiko des Scheiterns ausgesetzt, nur sind die empiristischen Versuche, nachzuweisen, daß sie bereits gescheitert seien, nicht haltbar. Selbst die Revidierbarkeit von Protophysik ist von ihren Vertretern nicht bestritten worden. Mögliche Anlässe dafür reichen vom Nachweis logischer oder methodischer Fehler bis zur Änderung von Zwecken, die einmal der Physik, einmal der Protophysik zuerkannt werden. Aus dem von Protophysikern gelegentlich bemerkten Faktum, daß es gegenwärtig keine Konkurrenztheorie zur Protophysik mit einem vergleichbaren Erkenntnisinteresse gibt, den Anspruch abzuleiten, die Protophysik sei der einzige Weg einer Begründung der Physik, ist logisch falsch. Schließlich sei hinzugefügt, daß in der Protophysik

bzw. in der sie tragenden Methodologie keine neuen Zwecke, weder physikalischer noch methodologischer Art gesetzt werden.

Zusatz: Die neuere Protophysik-Kritik

Seit dem Erscheinen des Protophysik-Diskussionsbandes sind mir sechs Aufsätze bekannt geworden, die sich eine Protophysik-Kritik zum Gegenstand nehmen, sowie drei ausführlichere Behandlungen der Protophysik oder der Chronometrie in Büchern. Die Autoren sind H. Fertig, A. Grieder, P. Hucklenbroich, A. Kamlah, P. Mittelstaedt, J. Pfarr und mit einem gemeinsam verfaßten Aufsatz R. Ascheberg, G. Herrgott und P. Krausser. Auf diese Kritiken soll hier insoweit eingegangen werden, als sie allgemeine, das gesamte Protophysik-Programm oder die Chronometrie insgesamt betreffende Einwände vorbringen. Einzelne, insbesondere »immanente« Einwände werden dagegen an entsprechender Stelle im folgenden Kapitel behandelt.

Der schärfste Protophysik-Kritiker, in dessen Kritiken die negativen Schlußfolgerungen gegen die Protophysik total auszufallen pflegen, ist P. Mittelstaedt. Insbesondere die Kritik an der Chronometrie scheint er sich zur Aufgabe gemacht zu haben. Er soll deshalb am ausführlichsten diskutiert werden.

Das zentrale Motiv der Kritik Mittelstaedts ist eine Konfrontation der Protophysik mit den Resultaten der modernen Physik, genauer, eine Zurückweisung der Protophysik durch die empirische Physik. Zum eigenen Thema wird dieses Motiv insbesondere in seinem Aufsatz »Protophysik und spezielle Relativitätstheorie«,[162] wo »vor dem Hintergrund des gesamten heutigen physikalischen Wissens« die Position vertreten wird, daß eine »Konfrontation (sc. der Protophysik) mit einem der wichtigsten Erfahrungskomplexe der Physik . . . möglich sein . . . sollte . . ., ohne daß dabei irgendwelche Widersprüche auftreten«. Dabei soll eine Diskussion mit der Protophysik, die mit den begrifflichen und formalen Mitteln der theoretischen Physik geführt wird, »die wirklich unverzichtbaren Gründe« zutage fördern, »die auch heute zwangsläufig zur speziellen Relativitätstheorie führen«. Diese zwängen »den Übergang zwischen zwei Inertialsystemen durch Lorentz-Transformationen zu beschreiben«. Unabhängig von Darstellungsformen und historischen Anlässen der

Relativitätstheorie gehe es hier um »den wirklich unverzichtbaren Kern einer Theorie«, als der sich ein »Prinzip der Konstanz der Lichtgeschwindigkeit« erweist.

Nachdem Vertreter der Protophysik bis zur Ermüdung der Diskussionsteilnehmer versucht haben, zu zeigen, inwiefern eine Widerlegung der Protophysik durch physikalische Theorien unmöglich ist, überrascht diese These Mittelstaedts – allerdings nur, bis man auf Passagen stößt, die zeigen, daß er in Wahrheit nicht die Protophysik der Protophysiker oder speziell die protophysikalische Chronometrie ins Visier nimmt, sondern eine eigene und eigenwillige Reformulierung einzelner Stücke der Protophysik mit den begrifflichen Mitteln der relativistischen Physik. Das Rezept Mittelstaedts besteht genauer darin, die Protophysik gegen ihren eigenen Anspruch *als Teiltheorie der empirischen Physik* zu interpretieren und den Zweck des ganzen Unternehmens beharrlich zu ignorieren. (Vermutlich gibt es überhaupt keine wissenschaftlichen Theorien, die gezielte Fehlinterpretationen unbeschadet ihrer Geltung überstehen würden.)

Selbst bei zurückhaltendster Beurteilung muß es als bewußte Verfälschung der Protophysik bezeichnet werden, wenn Mittelstaedt behauptet, »daß in der Protophysik Verfahren zur Konstruktion von Uhren gesucht werden, die innerhalb eines Inertialsystems I die Zeit eines Lorentz-Koordinatensystems anzeigen und . . .«.[163] Keiner der protophysikalischen Texte geht nämlich von Inertialsystemen aus, um in ihnen Zeitmessung zu konstituieren. Denn dies verstieße gegen das Prinzip der methodischen Ordnung. Vielmehr ist der Begriff des Inertialsystems, wie immer er bestimmt sein mag, ein Begriff der Dynamik. Eine zirkelfrei aufgebaute Dynamik aber kommt nicht ohne eine Theorie der Zeitmessung aus.

Alle Argumente Mittelstaedts gegen die Chronometrie setzen die Verfügbarkeit des Begriffs des Inertialsystems schon voraus. Sie sind also logisch zirkulär und deshalb leer, ohne daß es hierbei noch darauf ankäme, was die Protophysik an Thesen oder Normen enthält.

Zirkulär ist auch die Verwendung der zweiten, nicht weiter begründeten Prämisse Mittelstaedts, nämlich »das Prinzip der Konstanz der Lichtgeschwindigkeit«, als das »man die empirische Feststellung (bezeichnet), daß die Ausbreitung des Lichtes in einem Inertialsystem unabhängig ist vom Bewegungszustand der emittierenden Lichtquelle«.[164] Abgesehen davon, daß hier (methodisch nicht einge-

holt) wieder der Terminus »Inertialsystem« vorkommt, kann keines der Experimente, an die hier zu denken ist, ohne Uhren auskommen oder ohne Zeittheorie beschrieben werden.
So mißlingt bei Mittelstaedt die beabsichtigte Konfrontation von Protophysik und Physik gleich in doppelter Weise: Einerseits sind wegen ihrer logischen Zirkularität seine Argumente sogar unabhängig von Physik und Protophysik inhaltsleer. Andererseits verfehlt Mittelstaedt die Protophysik der Protophysiker, weil er sich beharrlich weigert, ihren Anspruch zur Kenntnis zu nehmen. Das dokumentiert sich in vielfacher Weise, z. B. im Einleitungssatz des genannten Aufsatzes: »Das von P. Lorenzen entworfene protophysikalische Programm versucht eine Neubegründung der Physik dadurch zu geben, daß die physikalischen Grundbegriffe durch Vorgänge definiert werden, die einer Anzahl von Postulaten gehorchen müssen«. Es ist aber gerade die Pointe eines *operativen* Ansatzes, daß nicht einfach »Vorgänge«, sondern *Handlungen* normiert werden. Nur dort nämlich läßt sich unterscheiden zwischen den Zwecken von Herstellungshandlungen – diese gehen als intendierte Geräteeigenschaften in die Protophysik ein – und faktisch empirischen Geräteeigenschaften. Damit verbaut sich Mittelstaedt aber auch jeglichen Zugang zum normativen Charakter der Protophysik, der in der Aufstellung von *Handlungsanweisungen* besteht. Diese nämlich orientieren sich am Prinzip der methodischen Ordnung, um darin ein explizites Wissenschaftlichkeitskriterium aufzustellen und zu befolgen. Wo wie bei Mittelstaedt die empirische Basis der Physik nicht in ihrer Abhängigkeit von menschlichen Handlungen gesehen wird, kann auch das Prinzip der methodischen Ordnung kaum anders denn als eine willkürliche Geschmacksentscheidung eingeschätzt werden. So nimmt es nicht wunder, daß Mittelstaedt »in hohem Maße befremdlich« findet, daß nach Auffassung der Protophysik »die schließlich formulierte theoretische Physik davon abhinge, auf welchem Wege der Aufbau dieser Theorie erfolgt sei«.[165]
Hier findet sich die theoretisch gewendete Auffassung eines naiven Naturalismus wieder, wonach Naturgesetze unabhängig von menschlichen Erkenntnisbemühungen und Formulierungsansätzen gelten würden, eine Auffassung, die Mittelstaedt an anderer Stelle mehrfach zu erkennen gibt.[166] Die besondere Ironie der Mittelstaedtschen Kritik liegt darin, daß sie einerseits beansprucht, »kritisch und vorurteilsfrei«[167] die Gründe zu nennen, die aller Protophysik zum

Trotz zur relativistischen Physik führen, und andererseits doch keine methodische Begründung für die Wahrheit der speziellen Relativitätstheorie liefert, gerade so, als ob es keine andere Möglichkeit gäbe, als diese Theorie wie ein Vorurteil immer nur (in variierender Formulierung) zu wiederholen. Damit findet eine Konfrontation von Physik und Protophysik in Wahrheit weder bei Mittelstaedt noch in der von ihm vermuteten Weise in der Physik-Kritik der Protophysiker statt. Entgegen seiner Auffassung liegt nämlich das Problem der Kontroverse zwischen ihm und Vertretern der Protophysik nicht darin, daß diese etwa der speziellen Relativitätstheorie *widersprechen* würden. Sie kritisieren nur deren definitorische Mängel, und dies genauso wie die der klassischen Mechanik Newtons, und machen *von daher* keinen Unterschied zwischen Galilei- und Lorentz-Transformationen.

Vielmehr kennzeichnet die Diskussionssituation, daß Mittelstaedt auf die *erkenntnistheoretische Frage* der Protophysiker, *wie* die Physik empirisch wahr sein *könne*, mit der beharrlichen Wiederholung der Behauptung reagiert, *daß* die Physik empirisch wahr *sei*. Dies hat eine bemerkenswerte Paradoxie zur Folge, die das Ziel seiner Protophysik-Kritik insgesamt trifft: Seine Argumentationsgänge sind gegen alle erkenntnistheoretischen Fragen hermetisch abgeschottet. In dieser Auffassung kann es allgemein keine Möglichkeit einer Physik-Kritik »von außen«, etwa durch methodologische Argumente, geben. Sprachtheoretische oder methodologische Vorschläge wie diejenigen der Protophysik müssen danach von vornherein irrelevant sein. Freilich würde sich damit eine Zurückweisung der Protophysik erübrigen. Und innerhalb der hermetisch abgeschlossenen Physik-Diskussion selbst fallen bei Mittelstaedt Prämisse und Konklusion zusammen: die Konklusion, daß die Physik empirisch wahr sei, stützt sich auf eben denselben Satz als Prämisse. Also erübrigt sich auch dieser Argumentationsgang. Die Paradoxie der Ausführungen Mittelstaedts liegt mit anderen Worten darin, daß beide möglichen Ziele, Protophysik-Kritik und Physik-Verteidigung, schon aufgehoben sind, noch bevor sie verfolgt werden könnten. Seine Ausführungen verfolgen damit überhaupt keine Ziele, für die die vorgetragenen Argumente Mittel wären und mit denen sie in diesem Sinne etwas zu tun hätten.

Eine Kritik der Chronometrie, die nicht ausdrücklich in einer Kollision mit der Physik gesucht wird, ist dennoch logisch zirkulär, wenn

sie sich, wie bei J. Pfarr[168] und A. Grieder[169] auf die Verfügbarkeit des Begriffs »Inertialsystem« stützt. Während jedoch Pfarr allem Anschein nach dieser Zirkel unbeabsichtigt unterläuft, sieht Grieder wohl die Abhängigkeit jeder Meßtheorie von bereits anerkannten (relativistischen) Theorien der Physik als unvermeidbar an. Dazu stellt er der lebensweltlichen Praxis, aus der heraus ein methodisch zirkelfreier Aufbau der Protophysik und dann der Physik gesucht wird, eine wissenschaftliche Praxis gegenüber, auf die sich z. B. A. Einstein bei seiner Zeitmeßtheorie stützt. Als historisches Urteil ist dies selbstverständlich richtig, aber erkenntnistheoretisch kommt der Verweis auf die Theorienhaltigkeit von Meßvorschriften oder Meßresultaten wiederum einer Weigerung gleich, die von der Protophysik aufgegriffene erkenntnistheoretische Frage nach der Möglichkeit wissenschaftlicher Messung überhaupt in Betracht zu ziehen. Damit wird aber letztlich auch die Frage nach der Legitimation der wissenschaftlichen Praxis selbst, aus der ja die für ein Verständnis des Messens herangezogenen Theorien stammen, einfach übergangen bzw., wo immer man es braucht, als positiv beantwortet unterstellt.
Während die Kritik Pfarrs, die andernorts bereits ausführlicher besprochen ist,[170] durchgängig auf Theorien der Physik gestützt bleibt und selbst in denjenigen Teilen, die sich als Verbesserungsvorschläge der Protophysik (bis hin zur Konstruktion einer Uhr vorgeblich nach protophysikalischen Prinzipien) darstellen, methodisch zirkulär bleibt, ist die Kritik Grieders mit den (durch den unkritischen Rückgriff auf Inertialsysteme) zirkulären Argumenten nicht erschöpft, sondern bringt weitere Einwände vor, die sich – ähnlich wie bei H. Fertig[171] – mit den sogenannten »Voraussetzungen« der Protophysik befassen.
Läßt man also die logisch zirkulären Einwände im folgenden außer Betracht und zieht auch die Kritik ab, die mit dem Ignorieren der die Protophysik tragenden erkenntnistheoretischen Frage nach der Möglichkeit objektiver Messungen von einer Fehleinschätzung des ganzen Unternehmens ausgeht, so bleiben an allgemeinen Einwänden einerseits solche übrig, die die Möglichkeit einer zirkelfreien Protophysik einem Stillschweigen gegenüber unverzichtbaren Voraussetzungen zuschreiben, und andererseits solche, die die Protophysik wegen ihres Anspruchs kritisieren.
Am deutlichsten sind die Einwände der ersten Art bei A. Grieder zu finden, wo durchaus zu Recht darauf verwiesen wird, daß die

Befolgbarkeit protophysikalischer Normen von Tatsachen wie Materialeigenschaften oder der technischen Durchführbarkeit bestimmter Verfahren (etwa dem Abschleifen von Platten oder dem Vergleich gleichzeitiger Bewegungen durch einen Mechanismus aus bewegten Körpern) abhängt. Einwände ähnlicher Stoßrichtung finden sich auch in H. Fertigs Diskussion der protophysikalischen Geometrie wieder, werden aber durch die Antwort auf Grieder abgedeckt. Dort stoßen implizit die Positionen des Kritischen Rationalismus und der konstruktiven Wissenschaftstheorie aufeinander, wie dies auch in der von Fertig zitierten Kritik H. Alberts an Dingler[172] geschieht und an vielen Äußerungen K. Poppers demonstriert werden kann:
Grieder unterscheidet, wo er von Voraussetzungen spricht, nicht zwischen Aussagen, Sätzen, Theorien, allgemein, zwischen sprachlichen Voraussetzungen für (ebenfalls sprachliche) Vorschläge der Protophysik einerseits und den nichtsprachlichen »Voraussetzungen« andererseits. Das Wort »Voraussetzung« wird dort irreführend, wo es die Bedeutung einer sprachlich explizierten, die Geltung der folgenden Sätze erst stiftenden Bedingung überschreitet. Nichtsprachliche »Voraussetzungen« sind nicht gleichbedeutend mit impliziten, d. h. durch Nachlässigkeit oder vielleicht sogar absichtsvoll zur Umgehung von Argumentationspflichten weggelassenen Aussagen, sondern betreffen hier die nachträglich zum Verständnis und damit zum Befolgenkönnen von Handlungsanweisungen beschreibbaren Bedingungen. Es geht hier um nichts anderes als den Unterschied von Situationen und ihren Beschreibungen, von Handeln und Reden oder, emphatisch, von Wirklichkeit und Wahrheit.
In der konstruktiven Wissenschaftstheorie wird nirgends bestritten, daß eine normative Protophysik in der Befolgbarkeit ihrer Handlungsanweisungen von nichtsprachlichen Bedingungen abhängt, die sprachlich nachträglich explizierbar sind – sogar von solchen Bedingungen, deren sprachliche Explikation keine logischen Zirkel enthält, also von nichtwissenschaftlichen Bedingungen. Aber auch, wo dies nicht bestritten wird, daß etwa bestimmte Handlungen an bestimmte Bedingungen geknüpft sind wie etwa Herstellungsverfahren an lebensweltlich erkenn- und beherrschbare Materialeigenschaften, müssen keine Aussagen über diese Bedingungen behauptet oder begründet werden, damit die entsprechenden Handlungen allererst ermöglicht würden. Bei Grieder wie bei Fertig gerät nachträgliches analytisches Zurückfragen durcheinander mit einem Sprechen bei Hand-

lungsvollzügen, die vor jedem Zurückfragen schlicht geleistet werden können (was sich freilich nur durch Eintritt und Beteiligung an dieser Praxis erweist). Wo Grieder den Unterschied von sprachlichen Voraussetzungen für die Geltung einer Theorie und von nichtsprachlichen Bedingungen für die Durchführbarkeit einer Handlung übersieht, verpaßt er selbstverständlich auch die Unterscheidung von Sachverhalten, die vorwissenschaftlichen bzw. nur wissenschaftlichen Aussagen zugänglich sind. Denn nur die vorwissenschaftlich beherrschbaren Sachverhalte können Bedingungen für die Möglichkeit von methodisch ersten Handlungen werden, während die wissenschaftlichen Sachverhalte, per definitionem sprachlich und mit spezifischem Geltungsanspruch versehen, prinzipiell keine Handlungsbedingungen für einen methodischen Anfang sein können.
Grieder sieht eine Aufgabe der Protophysik in dem Versuch, den methodologischen Konventionalismus Poppers zu überwinden, und kritisiert, daß letztlich auch die Protophysik nicht ohne Konventionen auskomme, da ja die Aufstellung gewisser Normen konventionell sei. Es ist zuzugeben, daß Grieder nach den ihm zur Verfügung stehenden Texten nur schwer zu einer anderen Einschätzung kommen konnte. Es war wohl von Vertretern der Protophysik bis dahin nicht ausreichend deutlich gemacht worden, daß das protophysikalische Normensystem zu beurteilen sei nach Zwecken, die nicht allein methodologische (wie methodische Ordnung oder Explizitheit) sind, sondern über ein technikorientiertes Physikverständnis auf letztlich außerwissenschaftliche Zwecke führen. Selbstverständlich mag es relativ zu Zwecksetzungen, welche die Physik insgesamt betreffen, dann noch einmal unterschiedliche Wege geben, diese Zwecke zu verfolgen, aber der durchgängige Mittel-Zweck-Zusammenhang, in dem protophysikalische Normen stehen, dürfte eine Charakterisierung als bloß konventionell verbieten.
Damit bleiben noch Einwände zu besprechen, die den Begründungsanspruch der Protophysik im Vergleich zu Konkurrenzunternehmungen betreffen. Eine solche Kritik wird von A. Kamlah,[173] der sich schon früher zur Protophysik geäußert hat, in einem Beitrag versucht, der bewußt alle zirkulären Einwände ausklammert und kritisch nach der methodologischen Terminologie der Protophysik fragt.
Kamlah verweist zu Recht darauf, daß der normative Charakter der Protophysik sie nicht vor Konfliktmöglichkeiten mit Aussagen

schlechthin bewahren könne,[174] und fragt nach möglichen alternativen Normensystemen. Er tut sich freilich schon mit dem Normenbegriff schwer, was dem Umstand anzulasten ist, daß er eine ganze Reihe von Autoren der konstruktiven Wissenschaftstheorie mit Publikationen, die sich über mehr als zehn Jahre erstrecken, wie einen monolithischen Block behandelt und weder terminologische Unterschiede zwischen Autoren (denen man wegen Zugehörigkeit zu einer bestimmten »Schule« Selbständigkeit nicht apriori absprechen sollte) noch zwischen den Arbeiten ein- und desselben Autors (dem ja Lernfähigkeit nicht apriori abgesprochen werden sollte) für möglich hält.

Kamlah fragt: »Warum . . . die Konstruktivisten nicht bereit (seien), eine mehrgleisige Protophysik zu akzeptieren, die mit mehreren konkurrierenden Normensystemen arbeitet«,[175] und wie man denn wisse, »daß sich stets geeignete Wege situationsinvarianter Realisation einer Norm werden finden lassen«.[176] Hier werden Ansprüche kritisiert, die von den von Kamlah Konstruktivisten genannten Autoren nicht erhoben werden. Es wird weder von Lorenzen noch mir behauptet, es könne nur einen einzigen Weg einer operativen Begründung des Messens geben.

Kamlah ist offensichtlich seiner eigenen Maxime erlegen, »keinerlei Beweispflichten«[177] auf sich zu nehmen. Seine Fragen bleiben nämlich so lange unverbindlich, so lange er keinen Vorschlag eines alternativen Normensystems vorlegt oder doch wenigstens in seiner Richtung andeutet. So lange freilich ein Konkurrenzvorschlag zu dem der Protophysik nirgendwo sichtbar ist, kann im Sinne des von Kamlah gegebenen Lorenzen-Zitats wiederholt werden, daß die Protophysik mit der Homogenität begonnen würde, »weil wir andernfalls nicht wüßten, wie wir überhaupt anfangen sollten«[178] – wir nicht, und allem Anschein auch niemand sonst. Was sollen dann aber Kamlahs Fragen und gar seine daran geknüpften Verteilungen von Beweispflichten für einen vermeintlichen Einzigkeitsanspruch der Protophysik, wenn ihre Vertreter entgegen dieser Unterstellung den wesentlich bescheideneren Anspruch erheben, wonach wegen Zirkularität aller bekannten Begründungsversuche des Messens *wenigstens ein* nicht zirkulärer Vorschlag nach bestem Wissen und Vermögen unterbreitet wird?

Die Frage freilich, ob es zu jeder Norm ein Realisierungsverfahren geben könne, hätte, terminologisch verstanden, Kamlah schon früher

beantwortet finden können,[179] wo nämlich Normen als Zwecke und Realisierungsverfahren als Mittel in derselben Terminologie so gefaßt werden, daß Normen, als Aussagen gelesen, logisch von den Beschreibungen der Realisierungsverfahren impliziert werden. Danach gibt es also weder eine Formulierung von Normen, ohne gleichzeitig das Realisierungsverfahren mit zu nennen, noch Beschreibungen von Realisierungsverfahren, die sich nicht an in Normen formulierten Zwecken orientierten. Wenn Kamlah seine Frage freilich, unterminologisch, auf die Behebung von Störungen bezogen wissen möchte, kann wohl niemand apriori wissen, ob solche Behebungsverfahren bei jeder auftretenden Störung existieren. Im Sinne eines bescheidenen Apriorismus wird denn auch eine solche Existenzbehauptung in der Protophysik nicht erhoben. Hier wäre es hilfreich, wenn einmal ein Protophysik-Kritiker deutlich machen könnte, wie z. B. die in der speziellen Relativitätstheorie angeblich besser erfaßten Sachverhalte in einem zirkelfreien Argument auf das Resultat gebracht werden könnten, daß für einen bestimmten Fall gewußt wird, daß und warum eine Störungsbeseitigung unmöglich ist.
Obgleich also Kamlah zurecht nach terminologischen Präzisierungen für »Metabegriffe« der Protophysik fragt, bleiben doch seine in die Form von Fragen gekleideten Einwände gegen die Protophysik durchgehend unerheblich. Sie betreffen Ansprüche, die niemand stellt, und beanspruchen, was bisher niemand leistet, nämlich den Aufweis einer Alternative.
Von den die Protophysik oder die Chronometrie insgesamt betreffenden Einwänden muß hier einer undiskutiert bleiben: H. Fertig weist zurecht daraufhin, daß die Chronometrie die Geometrie voraussetze, diese aber nicht hinreichend ausgebaut sei – bezogen auf den Zeitpunkt seiner Veröffentlichungen.[180] Offensichtlich war ihm damals der von G. Böhme herausgegebene Diskussionsband noch nicht bekannt, in welchem erstmals ein Stück Protogeometrie vorgestellt wird, die einer Reihe von Fragen an das Verhältnis von Homogenitätsprinzipien und Realisierungsverfahren, insbesondere aber der Frage nach der Euklidizität der Geometrie eine neue Antwort erteilt. *Euklidizität* ist demnach nicht einfach eine Art Abfallprodukt einer operativen Begründung der Geometrie, sondern ein explizit (und quasi zusätzlich zum Ziel der zirkelfreien operativen Begründung) zu verfolgendes Ziel, das aus der lebensweltlichen Praxis der Rede über Formen begründet wird. Dabei wird der Orthogonalität eine

solche Bestimmung gegeben, daß ein Parallelenaxiom für eine als Doppelorthogonalität definierte Parallelität gilt. Ohne diesen expliziten Zusatz führt die protophysikalische Begründung nur zur *absoluten Geometrie.* Fertig ist mit seiner Kritik durch praktisch gleichzeitig erscheinende Antworten weitgehend überholt worden. Seine noch verbleibenden Einwände finden sich in einem demnächst erscheinenden Band über die Messung von Raum, Zeit und Materie behandelt.

Überblickt man die neueren Kritiken insgesamt, so haben sie – von Einwänden abgesehen, die sich gegen die Durchführung der Chronometrie im einzelnen richten und im folgenden Kapitel zu besprechen sind – nichts Neues gegenüber den älteren Kritiken gebracht, die zusammen mit einer Erwiderung im genannten Diskussionsband veröffentlicht sind und durch die vier Einwände (vgl. S. 107–111) in diesem Kapitel abgedeckt werden.

Kapitel III

Chronometrie

1. Welchem Zweck soll die Zeitmessung dienen?

Nach der Kritik an verbreiteten Auffassungen zur Begriffsbildung in der Physik und dann speziell zur Zeitmessung in Kap. I war in der methodologischen Erörterung in Kap. II dargestellt worden, auf welche Weise Grundbegriffe der Physik bestimmt werden können. Die dort entwickelten Prinzipien über den Aufbau einer physikalischen Terminologie, genauer, über den zirkelfreien Anfang dieses Aufbaus, sind im folgenden zu berücksichtigen, wenn nun eine Theorie der Zeitmessung begründet wird. Hierfür reichen allerdings diese allgemeinen methodologischen Prinzipien allein nicht aus; sie betreffen ja lediglich Richtlinien für das Vorgehen bei der Bestimmung eines physikalischen Grundbegriffs, sagen aber nichts darüber, womit bei einem bestimmten Grundbegriff wie z. B. dem der Dauer zu beginnen und auf welches Ziel hin der terminologische Aufbau auszurichten ist. Deshalb wird hier der Aufbau einer Theorie der Zeitmessung mit Überlegungen darüber beginnen, welche Erwartungen mit der Praxis des Zeitmessens verknüpft werden sollen; oder, um an die Terminologie von Kap. II anzuschließen, welchem Zweck die Zeitmessung dienen soll.

In eine Diskussion der Frage, welchen Zweck die Zeitmessung erfüllen soll, geht selbstverständlich in weitem Umfang ein Vorverständnis ein, das auf sehr komplexe Art zustandegekommen ist. Es liegt nahe, hier zunächst zu trennen zwischen Erwartungen, die im Zusammenhang experimenteller Wissenschaften an Uhren gerichtet werden, und solchen, die wir bei der Benützung von Uhren im alltäglichen Leben haben. Diese Trennung hat jedoch ihre Schwierigkeiten, weil unser Umgang mit Uhren im Alltag und damit auch unser die Wissenschaften nicht direkt betreffendes Vorverständnis der Zeitmessung vielfältig durch technische und theoretische Entwicklungen aus der Physik beeinflußt sind. So sind heute nicht nur Quarzuhren im Gebrauch, wie sie an Ganggenauigkeit vor 50 Jahren kaum den Physikern zur Verfügung standen. Auch elektrische »Uhren« im Haushalt, die meist nur Anzeigemechanismen der Spannungsschwankungen des Wechselstromnetzes sind, und Uhren mit digitaler Zeitanzeige gehören zu den im Alltag unreflektiert verwendeten Geräten. Meinungen wie diejenige, daß elektrische Uhren die Zeit genauer messen als mechanische, oder diejenige, daß die Korrektur falsch gehender Uhren in der Synchronisation mit öffentlichen Uhren bestehe usw. bilden sich dabei ebenso leicht wie die Vorstellung von einer einzigen Zeit (der öffentlichen Zeit der Rundfunkanstalten innerhalb geographischer Zeitzonen). Schon die Kinder erlernen die auf Zeit bezogenen Wörter anhand von Ziffernblättern oder Uhren. Die Schwierigkeit der Zeitmessung, einen Vorgang künstlich zu erzeugen und möglichst störungsfrei aufrecht zu erhalten, um daran die Zeit zu messen, und das Verhältnis solcher künstlicher Zeitmessung zur natürlichen, etwa mit Hilfe von Sonnenuhren, wird im alltäglichen Verständnis der Zeitmessung nicht gesehen.

Aber auch Physiker haben kein reflektiertes Vorverständnis von den Zwecken der Zeitmessung. Dem Theoretiker ist Zeit ein reeller, seit rund 70 Jahren auch ortsabhängiger Parameter. Wenn er selbst Zeit mißt, dann auch nur als Besitzer einer Armbanduhr und im Zusammenhang alltäglicher Organisationsaufgaben. Aber selbst der Experimentalphysiker, der mit genau gehenden Uhren arbeitet, hat kein reflektiertes Vorverständnis der Zeitmessung. In der Regel kauft er die Laboratoriumsuhren. Er richtet sich nach den Herstellerangaben über die garantierte Ganggenauigkeit, und sollte sich der Verdacht auf Gangschwankungen ergeben, so wird er, wenn er die Uhr nicht von einem Spezialisten reparieren läßt, mit Hilfe physikalischer Experimente und unter Bezug auf physikalische Gesetze seine Uhr kontrollieren – wobei es für ihn keine Rolle spielt, ob diese Gesetze selbst mit Uhren einer bestimmten Art kontrolliert werden müssen. Der Experimentalphysiker verwendet also Uhren so, daß als gute Uhr gilt, was keine gegen anerkannte Theorien sprechenden Meßergebnisse liefert, oder pointiert: wo die Regelmäßigkeit des Gangs einer bestimmten Uhr in Frage steht, entscheidet sich der Physiker immer für die Uhr, die jene Theorien bestätigt, an die der Physiker ohnehin glaubt.

Es ist kein Einwand gegen den Erfolg der Uhrentechnik und der Zeitmessung, daß nicht nur im Alltag, sondern sogar in der Wissenschaft Uhren in der Regel unreflektiert verwendet werden, d. h. daß dem Benützer der Uhr die Gründe nicht bekannt sind, warum er mit bestimmten Uhren erfolgreich ist. Was dabei aber als Erfolg gilt, wird weder in der Physik noch in der Wissenschaftstheorie im Rahmen theoretischer Überlegungen zur Zeitmessung diskutiert – die Erfolgskriterien liegen außerhalb der Zeitmeßtheorien.

Wollte man den Zweck der Zeitmessung darin suchen, die Bedingungen zu analysieren, unter denen der Benützer von Uhren im Alltag wie in der Physik seine Zeitmessung de facto für erfolgreich oder gelungen ansieht, so würde man damit nur versuchen, einer gegenwärtig geübten Praxis nachträglich Zwecke zu unterlegen. Das Ergebnis müßte historisch verkürzt sein, d. h. die Zwecke, die in der Geschichte der Uhrmacherkunst zu den Uhren geführt haben, die wir heute verwenden, könnten auf diese Weise nicht erkannt werden. Gegen diese historische Verkürzung ist nicht nur einzuwenden, daß technische oder wissenschaftliche Errungenschaften nicht mehr als Ergebnis bestimmter, nämlich auf bestimmte Ziele gerichteter Bemühungen verstanden werden können. Vielmehr verlieren sich auch Beurteilungsmöglichkeiten der Zeitmeßpraxis und ihrer Theorien, wenn eine Praxis, wie sie nun einmal vorgefunden wird, daraufhin untersucht wird, was sie leistet, und wenn diese Leistungen dann nachträglich als durch Analyse gefundenen Zwecke ausgegeben werden. Es könnte nämlich durchaus der Fall eingetreten sein, daß die nachträglich der üblichen Zeitmessung unterstellten Zwecke andere sind als die ursprünglich von den Konstrukteuren und Erbauern der Uhren verfolgten. Unter diesen Umständen würde man nur mit Einschränkungen von einer erfolgreichen Uhrmacherkunst sprechen können. Werden Zeitmeßtechniken hierbei in ihrem Erfolg unhistorisch auf die jeweils gerade anerkannten Theorien bezogen, so wird durch die Unterstellung der Gültigkeit dieser Theorien die Beantwortung der Frage verunmöglicht, ob diese Zeitmeßtechniken geeignete Mittel sind, Theorien zu testen. Es geht hier mit anderen Worten nicht darum, eine Theorie für einen Bereich physikalischen Messens zu finden, der in Form von Handlungsgewohnheiten von Physikern vorliegt, also, der physikalischen Zeitmeßpraxis, wie sie nun einmal ist, eine Theorie voranzustellen. Vielmehr sind die in diesem Buch nachträglich angestellten Begründungsversuche gerade dadurch gerechtfertigt, daß die Zweckmäßigkeit einer auf einem historischen Entwicklungsprozeß basierenden Zeitmeßpraxis kritisch untersucht wird. Wenn damit nicht mehr die Verwendung von Uhren durch Physiker und die von ihnen anerkannten Funktionskriterien von Uhren der vorgegebene Ausgangspunkt der Überlegung bleibt, so kann selbstverständlich auch der Zweck der Zeitmessung nicht mehr dadurch gefunden werden, daß man bei der Frage beginnt: was *leisten* unsere modernen Uhren? Die erste Frage muß jetzt vielmehr lauten: was *sollen* unsere modernen Uhren leisten? Und um diese Frage zu beantworten, dürfen keine physikalischen Theoreme verwendet werden, deren Anerkennung nur mit Hilfe von Uhren erreicht werden kann. Andernfalls würde ein Begründungszirkel vorliegen.

Um diesen wichtigen Aspekt einer Begründung der Chronometrie noch zu verdeutlichen, sei das Vorhaben, eine Chronometrie zu begründen, so charakterisiert: Es geht nicht um eine Analyse gegenwärtiger Zeitmeßkunst, deren Ergebnis dann die Theorie der Zeitmessung heißt. Es geht aber auch nicht darum, eine bloße Beschreibung der Geschichte der Zeitmeßkunst zu geben. Gesucht ist vielmehr eine normative Basis, d. h. eine Norm bzw. ein System von Normen, welche das Herbeiführen bestimmter Zustände, nämlich Funktionsweisen von Uhren vorschreiben, sowie Handlungs- und Redeanweisungen, die eine Erfüllung der Normen ermöglichen.

Auf diese Weise wird zugestandenermaßen eine von (nahezu) allen als zweckmäßig anerkannte Praxis des Umgangs mit Uhren hinterfragt, was häufig vor allem von Wissenschaftstheoretikern, die an positivistischen Lehrmeistern geschult sind, als eine unverständliche Künstlichkeit gewertet wird. Freilich liegt in diesem Hinterfragen weder ein Verstoß gegen den Primat der Praxis, noch ist es methodisch entbehrlich; denn die hier hinterfragte Praxis des Zeitmessens ist, wie oben ausgeführt, keine unmittelbare, d. h. von wissenschaftlichen, selbst auf Zeitmessung basierenden Ergebnissen unabhängige, elementare Alltagspraxis mehr. In die Konstruktion aller modernen Uhren sind bereits theorieabhängige Kenntnisse eingegangen.

Daß man also im Falle der Chronometrie von einer schon erreichten Komplexität der Praxis erst herabsteigen muß, erhellt den prinzipiellen Charakter ihrer methodischen Begründung. Die Prinzipien, also die Anfänge interessieren hier; die Einführung erster Wörter für eine exakte Rede über die Zeit und die Einsicht in die Möglichkeit, Uhren zu bauen, ohne daß schon Kenntnis von der Gesetzlichkeit »natürlicher« Abläufe verfügbar ist, wird eine solche Begründung sein können. Hierzu braucht freilich weder die erfolgreiche Verwendung von Uhren seit mehr als zweitausend Jahren ignoriert zu werden, noch versteht sich eine zirkelfreie Chronometrie so, als verfolge sie das Ziel, im Produktionsprogramm einer modernen Uhrenfabrik berücksichtigt zu werden. Zu den *Theorien der Physiker* allerdings, in denen die Chronometrie vor allem seit der Erfindung der Speziellen Relativitätstheorie eine bedeutende Rolle spielt, soll der zirkelfreie Nachvollzug der ersten Schritte einen Beitrag liefern, und zwar wiederum nicht zu dem Zweck, gleichsam aus ästhetischen Gründen eine Lücke im Aufbau irgendwelcher, als gültig unterstellter Theorien zu schließen, als vielmehr, um Kriterien zur Unterscheidung »guter« und »schlechter« Theorien zu gewinnen.

An dieser Stelle mag das weitere Zurückfragen nach einer »Begründung« auch noch der normativen Basis unterbleiben. Da jede normative Basis nicht mit dem Anspruch auf Aussagenwahrheit auftritt, sondern erst die Möglichkeit des Argumentierens für oder wider die Wahrheit von Aussagen bereitstellt, ist sie nicht als Behauptung begründungsbedürftig. Es käme vielmehr darauf an, z. B. den Bedarf an Kriterien zur Unterscheidung guter und schlechter Theorien nachzuweisen, also für normative Sprachhandlungen eine moralische Argumentation zu liefern. Hiermit begäbe man sich methodisch gesehen in einen neuen Bereich, insofern nämlich Naturwissenschaft und die Diskussion ihrer methodischen Prinzipien vor allem heute in einer bewußten Abblendung gerade moralischer Argumentation betrieben werden. Daß aus der methodologisch gerechtfertigten Beschränkung ein Prinzip geworden ist, das für das Selbstverständnis der meisten exakten Wissenschaftler grundlegende Bedeutung erlangt hat, mag bedauerlich sein; der Versuch, dagegen anzugehen, wird hier jedoch darauf beschränkt, die Möglichkeit der Bereitstellung von Kriterien zur Unterscheidung »guter« und »schlechter« Theorien zu *demonstrieren.*

Nach diesen Vorbemerkungen gilt es also jetzt, aus einem Vorverständnis heraus *Ziele* zu präzisieren, *die einer Chronometrie gesetzt sein sollen.* Unter Verwendung möglichst einfacher gebrauchssprachlicher Wörter läßt sich darstellen, welche zeitlichen Aussagen in der Alltagssprache vorkommen und welches die Bedürfnisse sind, die eine Präzisierung der Rede über die Zeit erfordern, um schließlich eine Unterstützung dieser Rede durch künstliche Hilfsmittel wie Uhren zu verlangen.

Ohne den Anspruch auf Vollständigkeit zu erheben, darf behauptet werden, daß die häufigsten zeitlichen Aussagen über Veränderungen solche sind, welche die *Ordnung von Ereignissen* nach dem früher oder später oder aber die *Dauer* von Ereignissen betreffen. Diese Aussagen sollen *»reine zeitliche Aussagen«* heißen. Unter *»vermischten zeitlichen Aussagen«* seien dann solche verstanden, die von

Geschwindigkeiten und Bewegungsformen handeln. Sie sind (auch im uhrenfreien und vorwissenschaftlichen Bereich) auf die reinen zurückführbar und können als Erweiterung des Bereichs der reinen zeitlichen Aussagen durch Hinzunahme räumlicher Aussagen angesehen werden. Zu keiner dieser beiden Aussagengruppen zählen etwa jene, die von der Unterscheidung Vergangenheit-Gegenwart-Zukunft Gebrauch machen. Es ist keineswegs ausgemacht, daß dieses Unterscheidungskriterium für exakte Wissenschaft nicht wird relevant sein können. Sofern aber kein unmittelbares Bedürfnis nachgewiesen ist, dieses Kriterium nun in die Grundlagendiskussion der Physik aufzunehmen, und da die Unterscheidung von reinen und vermischten zeitlichen Aussagen nicht von den Zeitmodi abhängt, werden hier die Zeitmodi nicht weiter betrachtet.

Schließlich läßt sich aus unserem Vorverständnis heraus ebenfalls angeben, daß stimmungsmäßige Beurteilungen von Ereignissen daraufhin, ob sie langweilig oder kurzweilig sind, wohl zeitlichen Charakter haben, aber nicht zu dem Bereich von Aussagen gehören, für den eine Hochstilisierung zu wissenschaftlicher Exaktheit in dem methodischen Rahmen der Protophysik angezeigt ist.

Als *Aufgabe der Chronometrie* läßt sich also in erster Näherung angeben, die reinen und die vermischten zeitlichen Aussagen exakt zu ermöglichen, indem eine Terminologie konstruiert und Normen für das Funktionieren von Geräten für exakte zeitliche Bestimmungen formuliert werden.

Zu diesem Zweck seien kurz anhand der Gebrauchssprache und ihren Besonderheiten uhrenfreie zeitliche Aussagen betrachtet. Von der Ordnung von »äußeren«, d. h. beobachtbaren Ereignissen zu sprechen, ist zumindest auf zwei Arten möglich: Man bedient sich räumlicher Metaphern anhand des Bildes, eine punktförmige Gegenwart wandere auf einer Zeitgeraden gleichmäßig dahin, diese in Vergangenheit und Zukunft teilend, oder man bezieht sich auf ein unmittelbares oder fingiertes Miterleben der Reihenfolge, mit Hilfe von Wörtern wie »jetzt«, »dann«, »vorher« usw.

Dem Bereich der räumlichen Metaphern entstammt die immer wieder vorgebrachte (und streng genommen unbegründete) Meinung, daß »die Zeit eindimensional« sei. Diese Besonderheit fällt zusammen mit der Asymmetrie zwischen räumlichen Anordnungsmöglichkeiten von Körpern und zeitlichen Anordnungsmöglichkeiten von Ereignissen. Zwei Körper können nicht gleichzeitig denselben Ort

haben, wohl aber können zwei Ereignisse »gleichräumig« dieselbe Zeit haben, also am selben Ort zur selben Zeit stattfinden.
Ungeachtet solcher aus der Gebrauchssprache her vertrauten Redegewohnheiten ist es sehr wohl möglich, für Ereignisse Ordnungsbeziehungen zu definieren, die den räumlichen der Körper analog sind. Man denke sich etwa Ereignisse, die sich zeitlich nicht überschneiden, durch Kieselsteine dargestellt, welche man in einer geraden Reihe anordnet, entsprechend ihrer zeitlichen, im Miterleben registrierten Abfolge. Durch Danebenlegen von Steinen für gleichzeitige Ereignisse könnte eine zweidimensionale Darstellung erreicht werden. Hier mag einzuwenden sein: Bei Kieselsteinen, also Körpern, weiß man immer schon, daß aus Reihen eine Schicht, aus Schichten ein Stapel, aus Stapeln aber immer nur wieder Stapel gelegt werden können. Bei Ereignissen habe man kein vergleichbares Wissen. Der Mangel an solchem Wissen liegt freilich nicht an den Ereignissen und den Körpern, sondern an den Unterscheidungen, die wir sprechend machen. Diese Unterscheidungen ihrerseits sind allenfalls historischen Erklärungen zugänglich. Es hat eben Jahrtausende allen organisatorischen Bedürfnissen genügt, Längen-, Flächen- und Raumbestimmungen durchzuführen und für die Objekte von Tausch und Handel Ordnungsbeziehungen festzusetzen. Erst auf einer viel jüngeren und relativ weit entwickelten Stufe mögen genauere Zeitbestimmungen hinzugekommen sein, etwa für Reisezeiten oder eine kalendarische Zeitbestimmung. Es lassen sich vermutlich Argumente für die Auffassung finden, daß auch die Bedürfnisse einer modernen Industriegesellschaft nicht so differenziert sind, um eine Rede über eine mehrdimensionale Ordnungsstruktur von Ereignissen als zweckmäßig zu erweisen. Was in diesen Bemerkungen zur räumlich-metaphorischen Rede über die Ordnung von Ereignissen dargestellt werden sollte, ist der lediglich historische Charakter von Unterscheidungen, die sich in vertrauten umgangssprachlichen Wendungen zeigen. Von einem Zwang »von den Gegenständen her«, so und nicht anders über ihre Ordnung zu sprechen, kann dagegen keine Rede sein. Wo eine kritische Rekonstruktion gewohnter Ordnungsbeziehungen nicht gelingt, oder auch wo sie unzweckmäßig erscheint, sind andere einzuführen und zu verwenden.
Die nichtmetaphorische Rede von der zeitlichen Ordnung unterscheidet gleichzeitige und nichtgleichzeitige Ereignisse. Die nichtgleichzeitigen werden nach früher und später geordnet. (Feinere

Darstellungen, in denen z. B. eine zeitliche Überschneidung von Ereignissen zum Ausdruck gebracht werden kann, liefern nichts prinzipiell Neues und können daher hier übergangen werden.) Es geht dann um die Frage: Wie werden »früher« und »später« in die Gebrauchssprache eingeführt, und ergibt sich daraus ein Argument dafür, diese Unterscheidung in eine Chronometrie aufzunehmen oder aber sogar zu verbieten.

Sofern »früher« und »später« eine zeitliche Relation zur Redesituation bezeichnen, sofern sie also (in der Terminologie der Logik) als »Indikatoren« verwendet werden, kann diese Verwendung für Texte der exakten Wissenschaft schon vorweg ausgeschlossen werden, da die Sätze exakter Theorien situationsinvariant, also insbesondere unabhängig von der Gesprächssituation sein sollen. Was den prädikativen Gebrauch von »früher« und »später« anbetrifft, kann die exemplarische Einführung an zwei Gruppen von Beispielen erfolgen. 1. In einer Gesprächssituation werden (an einem Ort) zwei Ereignisse beobachtet, mit Eigennamen oder Kennzeichnungen belegt, und dann einem von beiden der Prädikator »früher als« das andere Ereignis zugesprochen. 2. Statt eines Bezugs auf miterlebte Ereignisse wird anhand von »Indizien« auf die Reihenfolge von Ereignissen geschlossen, d. h. der Prädikator »früher als« wird an den Indizien eingeführt. So sind etwa die engeren Jahresringe eines Baumstammes früher entstanden als die weiteren. Für diese zweite Einführungs- und Verwendungsweise ist ein Wissen erforderlich, welches immer schon die Kenntnis oder Unterscheidung miterlebter Ereignisse nach dem früher oder später voraussetzt. Dieses Wissen kann in besonderen Fällen selbst den Umfang einer wissenschaftlichen Disziplin erreichen wie z. B. bei der geologischen Altersbestimmung von Gesteinsschichten. Da mit der Begründung der Chronometrie aber erst die Voraussetzungen auch dafür geschaffen werden sollen und können, exaktes Wissen über die Bewertung von »Indizien« bei der Feststellung der Reihenfolge von physikalischen Zuständen zu gewinnen, muß bei der Begründung der Chronometrie die zweite Art von Beispielen außer Betracht bleiben.

Es ist unumgehbar, »früher« und »später« an miterlebten Ereignissen exemplarisch einzuführen. Da aber jede Abhängigkeit von zufälligen Erlebnissen vermieden werden muß und da weiterhin die Forderung nach Verifizierbarkeit von Grundaussagen aufgestellt ist, müssen Handlungsanweisungen zur Herstellung geeigneter Beispiele angegeben werden, welche sich zur exemplarischen Bestimmung von »früher« und »später« eignen. Diese Aufgabe würde vermutlich keine prinzipiellen Schwierigkeiten beinhalten, zumal ein Rückgriff auf schon bereitgestellte räumliche Ordnungsbeziehungen erlaubt ist. Bekanntermaßen entsteht ein Problem erst dann, wenn (unter der Voraussetzung, »früher« und »später« sind als Grundprädikatoren eingeführt) die Reihenfolge räumlich entfernter Ereignisse zu bestimmen ist. Dann wird irgendein Entscheidungsverfahren erforderlich. Außer solchen, die selbst schon eine Chronometrie voraussetzen (z. B. die Verwendung von Signalen, über deren Ausbreitungsgeschwindigkeit selbst erst mit Hilfe von Uhren Aussagen zu gewinnen sind, oder mit Hilfe eines Uhrentransports), sind bisher keine Verfahren bekannt, die außer einer nur prinzipiellen Bedeutung für die Physik tatsächlich verwertbar wären. Zwar können nach Definition des »starren Körpers« zu zwei entfernten Orten starre Stangen gedacht werden, welche durch verzögerungsfreie Übertragung an einem Ort eine Entscheidung über die Reihenfolge zweier entfernter Ereignisse zuließen, aber es kann vorchronometrisch schon verteidigt werden, daß dieses logisch korrekte Verfahren praktisch nicht von Bedeutung sein wird.

Damit gilt für die Verwendung der Prädikatoren »früher« und »später« in der Chronometrie: Gegen die Einführung an einem Ort, an dem Handlungsanweisungen zur Realisierung von Ereignissen befolgt werden können, erheben sich keine Einwände. Ein Entscheidungsverfahren für räumlich entfernte Ereignisse kann jedoch nicht so elementar ausfallen, daß sich »früher« und »später« als Grundprädikatoren einführen lassen. Sie haben ihren Platz an einer späteren Stelle des methodischen Aufbaus.

Zur Gruppe der reinen zeitlichen Aussagen waren neben Vergleichen von Ereignissen hinsichtlich ihrer Ordnung auch solche hinsichtlich ihrer *Dauer* gezählt worden. Die *Alltagssprache* kennt (wiederum uhrenfrei) streng genommen nur Aussagen über *Relationen von Dauern.* Wenn von einem Ereignis schlicht behauptet wird, es dauere lang, so wird bei der argumentativen Verteidigung dieser Aussage ein Vergleichsereignis herangezogen werden müssen. In der alltäglichen Praxis stellen solche Vergleiche von Ereignissen zunächst kein Problem dar. Die Fragen nach den einzelnen Schritten, welche hierbei durchlaufen werden, können allerdings zeigen, daß zumindest eine Gruppe von Zeitvergleichen nicht ohne bestimmte Konventionen auskommt. Unproblematisch sind Aussagen von Typ »Die Ferien haben so lange gedauert wie die Schönwetterperiode«, welche die gleiche Dauer zweier gleichzeitiger Ereignisse behaupten. Weit häufiger verfolgen Aussagen über Dauern den Zweck, einem Gesprächspartner die Möglichkeit zu geben, ein bestimmtes Ereignis selbst in Relation zu beliebigen Ereignissen (etwa aus seiner Erinnerung) zu setzen, insbesondere also nichtgleichzeitige Ereignisse ihrer Dauer nach zu vergleichen. Der Versuch, ein in diesem Sinne intersubjektives »Maß« anzulegen, erfordert irgendwelche in der Sprachgemeinschaft fixierte Bestimmungen von *Standardereignissen*. Hierfür haben sich von jeher der Tages- und Nachtwechsel, die Mondphasen und der Jahreszeitenwechsel angeboten.

Für die außerwissenschaftliche Praxis ist die Wahl von Standardereignissen durch erfahrungsmäßig ausgewiesene Zweckmäßigkeit oder auch aus traditionellen Gründen hinreichend gerechtfertigt. Im Rahmen einer exakten Wissenschaft jedoch sind andere Rechtfertigungen verlangt, worüber noch zu sprechen sein wird. Historisch hat sich freilich die unbegründete Wahl von Standardereignissen bis in die Physik hinein fortgesetzt. Es gibt weder zirkelfreie Begründungen für den Bezug zeitlicher Bestimmungen auf die Erddrehung noch auf Pendelbewegungen noch auf die Lichtausbreitung.

Der Gruppe der reinen zeitlichen Aussagen war die der vermischten gegenübergestellt worden. Hier ist zunächst das Kriterium zu präzisieren, welches die vermischten zeitlichen Aussagen von den reinen unterscheidet. Während Vergleiche von Ereignissen hinsichtlich Ordnung und Dauer keinerlei Einschränkungen auf bestimmte Ereignisse fordern, zeigt sich in der Rede über Bewegungsformen und Geschwindigkeiten schon die Beschränkung auf naturwissenschaftliche und technische Fragestellungen, läßt sich schon die Reduktion der Rede über die »Natur« auf Geometrisierbares erkennen. Hier wird die Rückführung beliebiger Veränderungen auf elementare räumliche bzw. körperliche Modelle sichtbar, welche (abgesehen von der Möglichkeit analytisch wahrer Sätze) häufig als die Basis angesehen wird, auf der allein streng kontrollierbare Aussagen möglich seien. Zwar läßt sich von Bewegungsformen und Geschwindigkeiten auch ohne Bezug auf Ortsbewegungen von Körpern sprechen (»Der Wald hat sich zuerst langsam, dann nahezu plötzlich verfärbt.«), aber auch Veränderungen wie solche der Farbe, der Temperatur o. ä.

werden in der Physik schließlich auf Längenmessungen zurückgeführt oder wenigstens räumlich dargestellt.
Von einer Chronometrie ist hinsichtlich der vermischten zeitlichen Aussagen zu erwarten, daß Behauptungen über Bewegungsformen und über Geschwindigkeiten formulierbar und apparativ nachprüfbar werden. Hier geben die *Bewegungsformen* eine gewisse Schwierigkeit auf, da ihre Bestimmung analog der Alltagssprache zunächst durch einstellige Prädikatoren möglich erscheint, da aber die Forderung nach Überprüfbarkeit aller Aussagen im Rahmen einer experimentellen Wissenschaft die Verwendung von mehrstelligen Prädikatoren zu verlangen scheint. Was (im folgenden immer in Beschränkung auf Ortsbewegungen von Körpern) unter »Bewegungsform« zu verstehen ist, wird definitorisch bestimmt: Indem man vorgeführten Bewegungen (exemplarisch eingeführte) Prädikatoren wie »ruckartig«, »gleichmäßig«, »beschleunigt« o. ä. zu- oder abspricht, bildet man Aussagen über »Bewegungsformen«. Die Prädikatoren, welche Bewegungsformen auszeichnen, sind einstellig. Wird nun die Forderung nach apparativer Überprüfbarkeit von Aussagen über Bewegungsformen erhoben und schließt man als Verfahren zur Überprüfung den schlichten Appell an den Dialogpartner aus, nochmals die Exemplare für typische Bewegungsformen zu betrachten (dieses Verfahren liefe auf eine fortwährende Erweiterung des Bereichs der Exemplare zur Einführung von Prädikatoren hinaus und könnte immer nur zur Behauptung neuer singularer Sätze führen), so ist ein eigenes Verteidigungsverfahren für Aussagen über Bewegungsformen anzugeben. Da die protophysikalischen Entscheidungsverfahren infolge der Forderung nach Situationsinvarianz immer auf einen Vergleich eines in Frage stehenden Gegenstandes mit einem *reproduzierbaren Standard* hinauslaufen, läßt sich schon jetzt einsehen, daß die einer solchen inhaltlichen Dialogführung zugänglichen Prädikatoren *zweistellig* sein müssen. Es läßt sich damit also zunächst immer nur behaupten, eine Bewegung (z. B. eines Körpers auf einer Schiene) sei gleichmäßig, ruckartig, beschleunigt usw. bezüglich einer anderen, gleichzeitig ablaufenden Bewegung.[181] Dies schließt aber nicht aus, daß sich an eine solche relationale Rede über Bewegungsformen ein Verfahren anschließen läßt, einstellige Ausdrücke wie »gleichförmig« oder »beschleunigt« zu bestimmen, ohne daß dabei irgendein »absoluter« Zeitbegriff ins Auge gefaßt werden müßte.

Ähnlich verhält es sich mit Aussagen über Geschwindigkeiten. Die in der Alltagssprache gebräuchlichen Prädikatoren wie »schnell« und »langsam« sind ebenfalls implizit zweistellig. Der Kontext gibt jeweils zu erkennen, bezüglich welcher Bewegung eine zur Rede stehende schnell oder langsam ist. Hier fällt auf, daß Bestimmungen von Bewegungsformen und von Geschwindigkeiten in der Alltagssprache voneinander unabhängig sind, d. h. Bewegungen jeder Form können verschiedene Geschwindigkeiten haben und umgekehrt. Die Schwierigkeit, welche ein Geschwindigkeitsvergleich nicht gleichzeitiger Bewegungen aufgibt, ist jener bei der Beurteilung von Bewegungsformen analog: Da das »Zeitgefühl« des Menschen dem Sicherheitsanspruch der Protophysik wie der Physik nicht entsprechen kann, muß ein reproduzierbarer Standard bereitgestellt werden.
Die Forderung nach *apparativer Reproduzierbarkeit von Geschwindigkeiten und Bewegungsformen* ergibt einen weiteren Aspekt für die Erwartungen an eine Chronometrie, der über die Leistungen der Alltagssprache hinsichtlich zeitlicher Aussagen hinausgeht: nachträglich zum Erwerb von zeitlichen Ausdrücken durch einen Sprecher ließen sich die reinen von den vermischten zeitlichen Aussagen unterscheiden. Doch diese Einteilung in zwei Klassen impliziert keine methodische Abhängigkeit aller oder einiger Aussagen der einen Klasse von denjenigen der anderen. D. h. man kann keine methodischen Gründe nennen, warum zuerst Aussagen einer der beiden Klassen beherrscht werden müßten, um solche der anderen sinnvoll erlernen oder verwenden zu können. Hierfür spricht nicht nur der Umstand, daß beim natürlichen Erlernen der Muttersprache durch ein Kind gleichermaßen Ausdrücke für reine wie für vermischte zeitliche Aussagen auftreten, ohne daß sich eine Reihenfolge der Lernschritte generell auszeichnen ließe.
Auch im Rahmen wissenschaftlicher Bemühungen stellt es weder logisch noch methodisch ein Problem dar, *geometriefrei* über Ereignisse zu sprechen, Termini zu bestimmen und schließlich zeitliche Aussagen über Ereignisse zu bilden. Es bestehen auch keine methodischen Einwände gegen die Möglichkeit, solche Aussagen systematisch zu ordnen, sie zu formalisieren und etwa eine axiomatische Theorie aufzubauen. Auch wird eine solche formale Theorie eine »Theorie von der Zeit« heißen dürfen. Aber es ist ein grundlegendes Mißverständnis, das unter Physikern wie Wissenschaftstheoretikern beobachtet werden kann, daß solche bloß verbalen oder bloß forma-

len Theorien eine Begründung für eine wie auch immer geartete messende Physik sein könnten. Denn eine empirische Physik ist nicht ohne eine planmäßige Herstellung von *Geräten* möglich. Erst wo jene Schritte in die Theorie mit eingehen, die eine Reproduktion von Vergleichsereignissen oder Vergleichsbewegungen sichern, kann von einer theoretischen Basis für eine *messende* Physik gesprochen werden. Der bloß formale Ansatz übersieht überdies, daß eine Vernachlässigung des Umstands, ohne experimentelle Praxis keine Physik treiben zu können, nicht nur den Anspruch physikalischer Aussagen auf Gültigkeit, sondern mehr noch die theoretische wie die praktische Berechtigung der Bemühung »Physik« verfehlt.

Die zahlreichen Ansätze zu formalen Theorien der Zeit, welche mit Hilfsmitteln wie Mengenlehre, Gruppentheorie, Topologie usw. teilweise bis zu einem axiomatischen Aufbau ausgearbeitet wurden, bleiben also trotz ihrer logischen Korrektheit für die Physik unergiebig. Es läßt sich nämlich schon vorchronometrisch begründen, daß eine geometriefreie Rede über Ereignisse, d. h. eine auf reine zeitliche Aussagen beschränkte Theorie, für mehr als bloß *formales* Operieren nicht ausreicht, also insbesondere für Handlungen, welche im Vollzug der Zeitmessung vom Experimentator durchgeführt werden, keine Relevanz haben kann: Der Anspruch auf Gültigkeit physikalischer Sätze an jedem Ort und zu jeder Zeit schließt die Wahl von zufällig beobachteten Ereignissen zu Standardereignissen aus. Die Wiederkehr gleicher Standardereignisse sowie eine Verteidigungsstrategie für die Behauptung, ein Ereignis sei die Wiederholung eines früheren, erreichen erst dann praktische wie theoretische Verfügbarkeit, wenn es sich um *künstliche* Ereignisse handelt, deren Gleichheit technisch erzwungen wird.

Zusammenfassend lassen sich ohne Rückgriff auf Sätze von Theorien, die ihrerseits nicht ohne Zeitmessung Gültigkeit haben können, folgende Erwartungen an eine Chronometrie und damit folgende Forderungen nennen, wobei nur ein von wissenschaftlichen Ergebnissen unabhängiges, in der Alltagssprache sichtbares oder aus geplanten Verwendungszusammenhängen von Uhren resultierendes Vorverständnis herangezogen worden ist:

In einem ersten Schritt ist eine Terminologie bereitzustellen, die zeitliche Aussagen auf der untersten Stufe, d. h. ohne Bezug auf allgemeine Standardereignisse oder -bewegungen, zu formulieren erlaubt. Im Hinblick auf das Ziel, eine *Zeitmeßtechnik* zu begründen

und damit also auch die künstliche *Herstellung von Standardereignissen oder -bewegungen* mit Hilfe von Geräten zu erfassen, muß bereits diese Terminologie bei den *vermischten zeitlichen Aussagen,* also mit Prädikatoren für den Vergleich von Geschwindigkeiten oder Bewegungsformen beginnen. Es läßt sich auch einsehen, daß dies Aussagen über die *Bewegungen von Körpern* sein müssen. Damit hat also der Aufbau einer chronometrischen Terminologie beim Vergleich gleichzeitiger Bewegungen von Körpern zu beginnen. Es läßt sich auch vorab behaupten, daß damit bereits Aussagen über die *Dauer* (gleichzeitiger) Bewegungsabschnitte möglich sind, wie z. B. daß sie gleichlang dauern, oder daß eine Bewegung länger dauert als die andere; außerdem können gleichzeitige Bewegungen von Körpern hinsichtlich ihres jeweils *momentanen Geschwindigkeitsverhältnisses* sowie, in einer Art integrierender Aussage über die Momentangeschwindigkeiten, hinsichtlich ihrer (relativen) Bewegungsformen verglichen werden.
Eine die Aufgaben der Zeitmessung im engeren Sinne betreffende Erweiterung ist für den Vergleich *nichtgleichzeitiger* Bewegungen erforderlich. Hier muß eine Wahl von Standardbewegungen ermöglicht werden, für die eine situationsinvariante Wiederholbarkeit sichergestellt werden kann. Dieser letztgenannte Gesichtspunkt, nämlich die Forderung nach (künstlicher und damit von der individuellen Situation optimal unabhängigen) Reproduzierbarkeit von Standardbewegungen für den Zeitvergleich erlaubt vorab und ohne Kenntnis physikalischer Theorien eine Reihe weiterer Kennzeichen der gesuchten Zeitmeßpraxis und -theorie zu präzisieren – ganz entgegen den weitverbreiteten Meinungen von Physikern und Wissenschaftstheoretikern, für welche die Meßkunst ein von den empirischen Theorien weitgehend abhängiger Teil der Physik ist.
Es läßt sich vor jeder empirischen Physik das Ziel aufstellen, einen *situationsinvarianten Zeitvergleich* zu ermöglichen. Selbstverständlich muß hierbei schon ein Verständnis dafür vorhanden sein, was ein Zeitvergleich (nichtgleichzeitiger Ereignisse oder Bewegungen) überhaupt ist. Hierfür kommt das Zeitgefühl des Menschen ebenso in Betracht wie der Bezug auf natürliche Ereignisse. Aber die Situationsinvarianz ist eine Forderung, die dann zusätzlich zu einer naturwüchsig entstandenen Fähigkeit des Zeitvergleichs im Alltag erhoben wird. Klassisch wird anstelle von Situationsinvarianz häufig von der Unabhängigkeit des Zeitvergleichs von Ort und Zeit gespro-

chen. Dieser Auffassung liegt freilich bereits das Weltbild der Klassischen Mechanik zu Grunde. Situationsinvarianz muß vielmehr als Unabhängigkeit vom Experimentator bestimmt werden; und erst danach, wenn eine messende Physik bereits in Gang gekommen ist, kann diese Unabhängigkeit vom Experimentator erkannt werden als eine Unabhängigkeit von Ort und Zeit und übrigens auch noch anderen Faktoren.

Damit ist gezeigt, daß bereits aus der *Forderung nach Situationsinvarianz* von Zeitvergleichen bestimmte Einschränkungen für die geeigneten Standardbewegungen hergeleitet werden können. Ja, es läßt sich darüber hinaus sogar vorab etwas über die *Form der gesuchten Standardbewegung* ausmachen, denn die Unabhängigkeit der Zeitmessung von der Zeit als Spezialfall der Situationsinvarianz betrifft nicht nur die grobe Zeitangabe (wir würden in Alltagssprache etwa sagen: die Unabhängigkeit vom Kalenderdatum des Tages, an dem die betreffende Zeitmessung ausgeführt wird). Auch in der Größenordnung der im Zeitvergleich betrachteten Bewegungen oder Bewegungsabschnitte muß Unabhängigkeit von der Zeit gewährleistet sein. Damit ist gemeint, daß nicht nur unerheblich sein muß, wann ein Zeitvergleich durchgeführt wird, sondern es darf auch nicht die Standardbewegung selbst die Ursache dafür sein, daß sich an den mit ihr verglichenen Bewegungen Unterschiede feststellen lassen, die sich nicht oder anders zeigen, sowie die Standardbewegung geringfügig gegen die beobachtete Bewegung zeitlich verschoben wäre. Die *Standardbewegung* muß mit anderen Worten *homogen* sein.

Die Homogenität der Standardbewegung als eine Konsequenz aus der Forderung nach Situationsinvarianz des Zeitvergleichs ließe sich leicht exakt fassen, wenn einerseits bereits eine Parameterdarstellung von Körperbewegungen zur Verfügung stünde und andererseits solche Parameterdarstellungen bereits auf nichtgleichzeitige Bewegungen anwendbar wären. Dann wäre die Forderung nach Homogenität zunächst gleich der Forderung, daß mit einer Zeit t vorgenommene Zeit- oder Bewegungsvergleiche dieselben Ergebnisse aufweisen müßten wie mit einer Zeit $t + \Delta t$, wo Δt eine beliebig zu wählende zeitliche Verschiebung der Standardbewegung (genauer: eines bestimmten Abschnittes daraus) ist.

Darüber hinaus läßt sich die Forderung nach Situationsinvarianz auch dahingehend präzisieren, daß es Aufgabe des auf Messung beruhenden Zeitvergleichs sein soll, *größeninvariante Aussagen* zu erhalten. Es mag dahingestellt bleiben, ob sich vor aller Wissenschaft schon Gründe angeben lassen, warum eine auf Vergleiche mit Hilfe von Geräten basierende Erfahrungswissenschaft größeninvariant sein soll, denn es lassen sich solche Gründe mit Sicherheit jedenfalls vor aller Zeitmessung nennen. Man kann zu diesem Zweck auf die Geometrie zurückgreifen und daran erklären, was »größeninvariant« bedeutet. Sätze wie z. B. Lehrsatz des Pythagoras sind größeninvariant. In ihnen wird kein Bezug genommen auf eine Standardgröße. Wo Größen wie Streckenlängen, Flächen und dergleichen miteinander verglichen werden, können immer nur Größenverhältnisse erhalten werden. Hier verstellt der ohne Zweifel sehr erfolgreiche Gebrauch von Einheiten in der Physik den Blick darauf, daß erst eine größeninvariante bzw. einheiteninvariante Meßkunst in Gange gekommen sein muß, damit methodisch der Bezug auf Einheiten sinnvoll wird.

Von der Geometrie auf die Chronometrie übertragen bedeutet dies, daß die Ergebnisse von Zeit- und Bewegungsvergleichen auch *unabhängig von der Geschwindigkeit* der Standardbewegung sein müssen. Ein moderner Physiker würde diesen Sachverhalt dadurch zum Ausdruck bringen, daß er die Invarianz von physikalischen Gesetzen bezüglich der Transformation der Zeit

$$\tau = at + \Delta t$$

behauptet, d. h. jedes physikalische Gesetz, das nach der Zeitmessung t gilt, gilt auch nach der Zeitmessung τ.

Für die hier angestellte Überlegung, welche Forderungen man vorab an eine Praxis und Theorie der Zeitmessung stellen kann, ist eine solche Behauptung selbstverständlich nicht relevant, weil sie methodisch nicht zur Verfügung steht. Erst mit Hilfe von Uhren, die de facto ja schon immer bestimmten Funktionskriterien genügen müssen, können solche physikalischen Gesetze gefunden sein. Andererseits ist es ein wichtiges Ergebnis der Bemühungen um eine Begründung der Physik, zu sehen, daß wir von unseren Uhren außer der Homogenität ihres Ganges auch die Unabhängigkeit der Meßergebnisse von der Geschwindigkeit der Standardbewegung (im soeben erklärten Sinne) erwarten. Versteht man in dieser Weise die Verwendung von Uhren in der Experimentalphysik, so kann selbstverständlich nachher die Entdeckung der oben angegebenen zeitlichen Invarianz physikalischer Gesetze *nicht* als *empirische* Entdeckung angesprochen werden. Sie ist ja eine schlichte logische Konsequenz aus den Bedingungen, die wir durch Verwendung bestimmter Uhren (und durchaus sinnvoller Weise, nämlich in der Absicht, bestimmte Objektivitätskriterien einzuhalten) in die Experimentierpraxis selbst eingebracht haben. Damit läßt sich nun abschließend als Forderung an die zu begründende Praxis und Theorie der Zeitmessung festhalten, daß für den Zeit- und Bewegungsvergleich nichtgleichzeitiger Ereignisse oder Bewegungen eine Standardbewegung gefunden werden muß, die homogen ist, und mit der geschwindigkeitsinvariante zeitliche Aussagen gewonnen werden können. Daß diese zeitlichen Aussagen dann auch rein sein, d. h. nur den Vergleich von Ereignissen hinsichtlich Ordnung und Dauer betreffen können, wurde implizit immer mitgemeint. Hier handelt es sich nämlich nur noch um ein logisches Verfahren, durch Abstraktion von Aussagen über die Geschwindigkeit und Form von Bewegungen auf solche über Ordnung und Dauer ihrer Abschnitte überzugehen.

2. Bewegte Körper

Gemäß den methodologischen Vorbemerkungen in Kapitel II muß eine terminologische Fixierung einer Wissenschaftssprache zunächst mit der exemplarischen Einführung von Prädikatoren beginnen.
Es seien die Prädikatoren »Ding« und »Veränderung« an Beispielen eingeübt. Exemplare für Dinge mögen sein: Steine, Pflanzen, Tiere, Menschen, der Mond. Der Flug eines Vogels, der Tod eines Lebewesens, die Verfärbung von Blättern, das Fließen eines Baches, Erdbeben und Blitz mögen Veränderungen heißen. »Ding« und »Veränderung« seien konträr, d. h. es werden die Regeln festgesetzt:

$$x \text{ ist ein Ding} \Rightarrow x \text{ ist keine Veränderung}$$
$$x \text{ ist eine Veränderung} \Rightarrow x \text{ ist kein Ding.}$$

In der Alltagssprache ist vor aller Theorie üblich, von beweglichen Dingen zu sprechen. Auch im Aufbau einer exakten Theorie darf »bewegt« exemplarisch bestimmt werden. Allerdings ist sofort die zweistellige Verwendung intendiert, welche ein Ding »bewegt bezüglich« eines anderen Dinges zu prädizieren gestattet. Darüber hinaus muß »bewegt bezüglich« Grundprädikator sein, d. h. seine Einführung ist an das Handlungsschema gebunden, ein Ding bezüglich eines anderen zu bewegen. Um die Rekonstruktion einer strengen Sprache der Mechanik nicht durch übertriebene Künstlichkeit zu belasten, wird schon jetzt in einer Vorwegnahme die Ersetzung des Prädikators »Ding« durch den Terminus »Körper« vollzogen. Genau genommen dürfte diese Ersetzung erst dann vorgenommen werden, wenn nach Einführung von protophysikalischen und physikalischen Prädikatoren von »physikalischem Kontext« gesprochen werden kann, in dem dann als eine façon de parler »Körper« an die Stelle von »Ding« zu setzen ist.
Wenn hier »Körper« an die Stelle von »Ding« tritt, sofern »Ding« in einem bestimmten Kontext vorkommt, erinnert das Verfahren an die Ideation. Im Unterschied zu dieser ist hier der Kontext lediglich durch eine Klasse von Prädikatoren gekennzeichnet. Eine »Realisierung von Körpern« ist damit kein sinnvoller Ausdruck. Das hier exemplarisch vorgeführte Verfahren heiße *»Supposition«*.

Für je zwei Körper K_n, K_m gelte die Regel (R):

$$K_n \text{ ist bewegt bezüglich } K_m \Rightarrow K_m \text{ ist bewegt bezüglich } K_n.$$

Damit ist durch eine auf der sprachlichen Ebene vorgenommene Regelung für die Verwendung des Grundprädikators »bewegt bezüglich« eine *Auszeichnung von Bezugskörpern* dahingehend eingeschränkt, daß von bewegten Körpern jeweils jeder als Bezugskörper fungieren kann.

Nach dem Vorbild der Begründung der Geometrie soll nun die Rede über Bewegungsphänomene operativ aufgebaut werden. Ausgehend von der Fähigkeit, Körper, die zunächst als unbearbeitete Naturdinge vorgefunden werden, zur Berührung zu bringen und darin erste Kontrollmöglichkeiten ihrer Oberflächenformen terminologisch zu fixieren, sodann Oberflächenformen planmäßig zu verändern, darin Bearbeitungsverfahren auszuzeichnen, die sich unabhängig von der Verfügbarkeit anderer Formen wiederholen lassen, und schließlich über die so hergestellten Formen invariant bezüglich unvollständiger Durchführung der Herstellungsverfahren zu sprechen, wird ein System von Sätzen gewonnen, das traditionell Geometrie heißt. Hier wird nun analog von Fertigkeiten handelnder, genauer, Geräte herstellender und verwendender Menschen ausgegangen, Körper zu bewegen, Bewegungen eine feste Richtung aufzuzwingen (etwa durch Führung längs eines anderen Körpers) oder auch Bewegungsformen zu erzwingen. Im Hinblick auf das Ziel der Reproduzierbarkeit von Standardbewegungen für die Zeitmessung wird es darauf ankommen, *Verfahren für die künstliche Erzeugung von Bewegungen* auszuzeichnen, die *wiederholbar* sind. Alsdann kann eine von Realisierungsmängeln bezüglich der Wiederholungsvorschriften unabhängige Sprechweise über die so erzeugten Bewegungen eingeführt werden. Das System von Sätzen, das auf diesem Weg erzeugt wird, stellt eine Bewegungslehre dar und soll daher *»Kinematik«* heißen, obgleich sie im Unterschied zu traditionellen Darstellungen einer Bewegungslehre keinen Bezug auf einen Zeitparameter und damit auf Uhren nimmt.

Als erste stellt sich hier die Aufgabe, Unterscheidungen zu treffen, mit deren Hilfe Körperbewegungen sprachlich und manuell bzw. technisch beherrschbar werden, wobei die ersten dazu analogen Schritte in der Geometrie als Orientierungshilfe dienen können. (Als einziger Unterschied läßt sich hier lediglich schon festhalten, daß für eine Bewegungslehre auf die Geometrie bereits zurückgegriffen werden kann). Der Versuch, erste Aussagen über Bewegungen durch Kontrollmöglichkeiten im Rahmen von Bewegungsvergleichen zu gewinnen, offenbart gewisse Schwierigkeiten, eine Kinematik nach dem Vorbild der Geometrie aufzubauen. In der Geometrie sind schon viele Naturdinge von sich aus in ihrer Form hinreichend konstant. Es ist eine Selbstverständlichkeit, daß man wiederholbare Kontrollverfahren für die Feststellung von Körperformen etwa an Steinen und nicht an Cumuluswolken festlegt. Diese Bevorzugung von »harten« Steinen läßt sich definitorisch über transitive Berühreigenschaften präzisieren und durch eine Auswahlnorm in den Aufbau der Geometrie einbringen. Im Hinblick auf wiederholbare Messungen kann dann die Begründung der Geometrie auch als Bemühung verstanden werden, das vorwissenschaftlich-praktische Kriterium der Formkonstanz von Naturdingen zu verschärfen zur Starrheit von künstlich erzeugten Meßgeräten beim Transport. Für eine Bewegungslehre jedoch kann man nicht in gleicher Weise auf einen reichen Bestand konstanter Bewegungsphänomene zurückgreifen. Während sich nämlich die *Formkonstanz* einer großen Menge von Naturdingen in einem ersten Schritt naiv behaupten läßt und erst in hochkomplexen physikalischen oder philosophischen Überlegungen problematisiert wird, ist die Behauptung von der *Konstanz von Bewegungen* von Anfang an problematisch. Was ist an Bewegungen konstant? Da wir, wenn wir über die Konstanz von Bewegungen sprechen, im Sprechen selbst Zeit erzeugen, ist zu fragen, was an einer Bewegung diese Zeit auf eine solche Weise überdauert, daß es gelingen kann, wiederholbare Verfahren für Bewegungsvergleiche zu erfinden.

Solche Überlegungen mögen auf den ersten Blick mit den Begründungsproblemen der Naturwissenschaft nichts zu tun haben oder ihnen wenigstens außerordentlich fern stehen. Eine eingehende Betrachtung der Art und Weise, wie in der Physik und in der analytischen Wissenschaftstheorie die Zeitmessung verstanden wird, zeigt jedoch, daß es bis auf die soeben eingeleiteten Basisüberlegungen zurückreichende Auffassungsverschiedenheiten gibt. Deshalb ist deren Klärung an dieser Stelle nicht entbehrlich.

Trotz zahlreicher Unterschiede im Detail weisen nahezu alle mit Zeitmessung befaßten Theorien einen methodischen Zirkel auf, wenn sie die Konstanz von Bewegungsphänomenen durch eine Beschreibung mithilfe metrischer Begriffe wie Geschwindigkeit oder Zeit in den Griff zu bekommen versuchen. Traditionell wird, wo solche Reihenfolge nicht durch eine jüngere relativistische Tradition (unter explizitem Verzicht auf Begründung) auf den Kopf gestellt ist, die Kinematik nach der Geometrie aufgebaut. In der Tat ist methodisch nichts gegen den Rückgriff auf eine unabhängig von Bewegungsphänomenen und deren theoretischer und praktischer Beherrschung aufgebaute Geometrie einzuwenden. Ein Problem stellt sich erst mit der Frage, um was die Geometrie erweitert werden muß, damit daraus Kinematik wird. Traditionellerweise ist dies der *Zeitparameter,* mit dessen Hilfe dann Geschwindigkeiten, Bewegungsformen usw. *definiert* werden können. Bedenkt man aber, daß der Zeitparameter eine Meßgröße ist, so muß auch über die die Zeit messenden Bewegungen gesprochen werden. Soll schließlich auch dieses Sprechen über die Standardbewegungen für die Zeitmessung selbst noch unter Postulate wissenschaftlicher Exaktheit und Objektivität fallen, so wird dort bereits eine Bewegungslehre benötigt. In Kap. I waren mehrere traditionelle Vorschläge sowohl der Physik als auch der Wissenschaftstheorie zur Zeitmessung kritisiert worden. Diese Kritik beinhaltete, grob gesagt, die Behauptung, daß die diskutierten Zeitmeßtheorien nicht für eine Begründung der Physik ausreichen, sondern allenfalls eine nachträgliche Beschreibung der Zeitmessung unter Absehung von wichtigen Aspekten der Geräteherstellung und -verwendung ist. Die hier nun im Zusammenhang mit der Frage nach der Konstanz von Bewegungsphänomenen in der Zeit vorgetragene Kritik geht einen Schritt weiter: sie behauptet, daß eine Kinematik nicht dadurch zustandekommen könne, daß zu geometrischen Aussagen nur ein Zeitparameter bzw. ein metrischer Begriff »Dauer« hinzugenommen wird. Vielmehr muß eine *Kinematik der Bestimmung eines metrischen Zeitbegriffs vorhergehen.*

Ersichtlich ist diese Kritik nicht aus einer Betrachtung der Struktur von Satzsystemen allein zu begründen. Im Bereich der Verbaldefinitionen allein ist der traditionelle Weg von der Geometrie zur Kinematik selbstverständlich korrekt. Die Kritik zielt hier vielmehr auf die in die traditionellen Auffassungen implizit eingegangenen Voraussetzungen. Unter diese ist zu zählen, daß die Zeit ein stetig wachsender Parameter ist, wie es am augenfälligsten im Bild der so genannten Weltlinien der vierdimensionalen Minkowski-Welt zum Ausdruck kommt. Nach diesem Bild entspricht jeder individuellen Bewegung ein Abschnitt einer Weltlinie. Wollte man dann die Konstanz von Bewegungsphänomenen in der Zeit im Sinne von Wiederholungen gleicher Bewegungen behaupten, so hieße das, zwei Abschnitte der Weltlinien als ununterscheidbar anzusehen. Die Ununterschiedenheit ist bezüglich aller verfügbaren physikalischen Parameter einschließlich des Zeitparameters selbst zu behaupten, d. h. insbesondere die Längen und Formen der Weltlinien-Abschnitte müssen gleich sein, um von der Wiederholung eines Ereignisses bzw. einer Bewegung sprechen zu können. Die Frage, ob eine Bewegung bzw. ein Ereignis Wiederholung einer früheren Bewegung bzw. eines früheren Ereignisses sind, wird dadurch zu einer mit Hilfe von Messungen zu entscheidenden. Noch pointierter ausgedrückt: die *Identifizierung* zeitlicher Phänomene als Erkennen der Wiederkehr von Gleichem ist erst mit Hilfe physikalischer Theorien möglich. Hierin liegt ein Beispiel (das sich durch eine lange Reihe anderer ergänzen ließe) dafür vor, daß Physiker (und möglicherweise alle Naturwissenschaftler) alle in den Objektbereich ihrer Wissenschaft fallenden Gegenstände wie z. B. Ortsbewegungen von Körpern nur mit den Mitteln ihrer Theorien betrachten. Für viele Zwecke ist dies selbstverständlich ein sinnvolles Vorgehen, nicht jedoch für den Zweck, die Physik auf ihre Voraussetzungen hin zu untersuchen.

Es ist auch naheliegend, welche stillschweigende naturalistische Voraussetzung im Vorgehen der Naturwissenschaftler hier zum Tragen kommt: wenn es überhaupt eine Konstanz zeitlicher Phänomene im Sinne einer Wiedererkennbarkeit von Gleichem gibt, so sei diese naturgesetzlich. Weil mit anderen Worten stillschweigend vorausgesetzt wird, daß die Natur von Gesetzen beherrscht ist (wofür viele ähnlich lautende Alternativformulierungen in der Literatur vorzufinden sind), gehe es nach der naturwissenschaftlichen Grundüberzeugung nur darum, naturgesetzlich Wiederholtes zu erkennen. Und dazu diene unter anderem eine Zeitmessung, die ebenfalls auf der naturgesetzlich bedingten Wiederholung gleicher Ereignisse oder Bewegungen wie Pendel- oder Quarzschwingungen beruhe. Denkt man dabei an die in Kap. I diskutierte Auffassung Carnaps, daß die Auswahl der Standardbewegung für die Zeitmessung nach möglichster Einfachheit der damit kontrollierten physikalischen Theorien auszurichten sei, so läuft die mit Zeitmessung arbeitende Physik auf die Suche nach Aussagen über (chronometrisch) durch relative Konstanz gebildete Klassen von Bewegungsphänomenen hinaus, und bei voller Konsequenz ist man genötigt, auch noch die Handlungen der zeitmessenden Physiker als eine solche Teilklasse von Bewegungsphänomenen anzusehen.

Eine weitere Konsequenz dieser Grundüberzeugung wurde schon

genannt: Weil die Konstanz von zeitlichen Phänomenen wie Körperbewegungen nur in Beziehung zu anderen solchen, ebenfalls jedoch naturgesetzlich bedingten gesehen wird, ist es nicht möglich, »absolut«, d. h. ohne Bezug auf »Naturgesetze« Bewegungsformen auszuzeichnen. Was nach dieser naturwissenschaftlichen Auffassung allenfalls möglich scheint, ist eine exemplarische Bestimmung von Bewegungsformen wie z. B. der periodischen Bewegung an Pendelschwingungen oder der gleichförmigen Bewegung an Trägheitsbewegungen kräftefreier Körper, wobei die Wiedererkennung der Exemplare gestützt wird auf Messungen: für Pendelbewegungen muß außer den Abmessungen des Pendels auch das Kraftfeld konstant bleiben, für Trägheitsbewegungen muß die Summe der den bewegten Körper angreifenden Kräfte verschwinden, usw.
Nicht wenige Autoren schlagen die hier erwähnten Interpretationen der historisch entstandenen Zeitmeßkunst nur deshalb vor, weil sie einen anderen Weg nicht sehen. Das Begründungsproblem der Zeitmessung stellt sich für diese Autoren spezifisch dadurch, daß sie meinen, einen Unterschied von Raum und Zeit, von Messungen der Länge und der Dauer darin erkennen zu können, daß man Standardkörper (Meßstäbe) transportieren könne, Standardereignisse jedoch nicht. Hierin kommt freilich nur ein naiv-realistisches Mißverständnis zum Ausdruck: Körper seien als Naturdinge mit hinreichender Formkonstanz schlicht vorhanden, aber natürliche Ereignisse würden, wenn sie einmal abgelaufen seien, unwiederbringlich vorbei sein. Das Mißverständnis liegt darin, anzunehmen, daß Körper schon qua Naturdinge für Längenvergleiche geeignet seien, geeigneter jedenfalls als Naturereignisse für die Zeitmessung. Es sind jedoch erst unsere Kriterien, die Körper (in günstigen Fällen auch Körper, wie sie von Natur aus sind) für Längenvergleiche geeignet machen. *Die Probleme von Vergleichen der Länge und der Dauer sind also streng analog:* in beiden Fällen muß es einen Transport geben, der in beiden Fällen selbst Zeit beansprucht, und die zu lösende Aufgabe besteht darin, Kriterien für die Wiederkehr des Gleichen, also der gleichen Länge oder der gleichen Dauer, festzulegen. Diese Kriterien müssen künstlich erzeugte Eigenschaften von Körpern (z. B. ihre Form) bzw. von Ereignissen (z. B. ihre Bewegungsform) zumindest *auch* betreffen. Der Umstand aber, daß wir außerwissenschaftlich Körper in der Regel nach (bereits vorhandener) Form und Farbe, manchmal auch nach ihrer Lage identifizieren, Ereignisse aber meistens in

Abhängigkeit der dabei bewegten Körper, ist kein Grund, einen Unterschied zwischen dem Vergleich räumlich getrennter Längen und zeitlich getrennter Dauern derart zu machen, daß erstere in guter Näherung ohne Physik, letztere jedoch nur mit Hilfe der Physik durchführbar seien.

Die methodologischen Erörterungen von Kap. II sollen bereits dargelegt haben, welche alternative Auffassung hinter einer konstruktiven Begründung der Physik, hier der Zeitmessung, steht. *Nicht Naturgesetze, sondern auf Zwecke gerichtete Handlungen* leisten die Wiedererkennbarkeit von Gleichem und sind deshalb die hier tragende Grundlage für eine Rede über die Konstanz zeitlicher Phänomene. Kein Physiker kann – mit welchen Instrumenten auch immer – die Ununterscheidbarkeit zweier Bewegungen feststellen, wenn er nicht in einem sozialen Kommunikationszusammenhang Sprechen und Handeln erlernt hat. Jedes Handeln und a fortiori das Treiben von Wissenschaft setzen die Fähigkeit, Situationen wiederzuerkennen und Handlungen zu wiederholen, bereits voraus. Was im Rahmen einer Naturwissenschaft dann allenfalls auftreten kann, ist die nachträgliche Einsicht, daß bestimmte Erzeugnisse des Menschen offensichtlich naturbegünstigt sind, wie z. B. die Fertigung von (für unsere Zwecke hinreichend) starren Geräten und die Reproduktion von bestimmten Bewegungen wie z. B. partiellen Trägheitsbewegungen oder anderen von den Uhrmachern oder Technikern aufgegriffenen Standardbewegungen.

Also muß hier ausgehend von den elementaren Fähigkeiten, die jeder Wissenschaftler schon mitbringt, bevor er seine Wissenschaft erlernt, die Kunst des Zeitmessens bzw. deren Begründung in einer Theorie bei den alltagssprachlichen Mitteln beginnen. Die Alltagssprache, dann wegen ihrer möglichen Mißverständlichkeit in den hier interessierenden Wörtern durch explizite terminologische Vereinbarungen aufgefüllt, muß bereits eine Wiederholung von Gleichem so genau zu beschreiben erlauben, daß im Zweifelsfalle ein Dialog über das Vorliegen oder Nichtvorliegen der Wiederholung eines Ereignisses geführt werden kann (möglicherweise mit dem Ergebnis, daß weitere terminologische Vereinbarungen getroffen werden müssen). Das sprachliche Erfassen der Wiederkehr gleicher Ereignisse oder Bewegungen muß sodann durch »objektive« Kontrollverfahren unterstützt werden, d. h. durch solche, die sich wiederholen lassen. Auch diese Kontrollverfahren setzen noch keine Zeitmessung und keine physikalischen Theoreme voraus. Erst wenn schließlich das Ziel physikalischer Messungen aufgestellt ist, müssen (in einer zur Geometrie analogen Formulierung) Standardereignisse transportierbar gemacht werden, d. h. Kriterien für die Reproduktion von Standardereignissen formuliert werden. Und zur Vermeidung methodischer Zirkel dürfen diese Kriterien nicht unter Verweis auf physikalische Theorien gesucht werden. Dieser Weg soll jetzt weiter verfolgt werden.

Da im weiteren nur *Bewegungen* von Körpern interessieren, bleiben andere Möglichkeiten, Aussagen über Körper zu machen, außer Betracht. Es genügt deshalb, jeden Körper durch eine Marke auf seiner Oberfläche zu repräsentieren. Diese Marke kann beliebig verkleinert werden, womit eine beliebig verbesserungsfähige Ortsangabe (durch Angabe des Abstandes eines Körpers von einem anderen) gewährleistet ist.

Die Beschränkung auf *eine* Marke für jeden Körper impliziert, daß nur »Translationsbewegungen«, nicht aber »Rotationsbewegungen« behandelt werden. Um die Beschränkung der Aussagen über Körper und solche, die für eine Marke auf deren Oberfläche gelten, auch terminologisch anzuzeigen, wird in der Kinematik von *»Punktkörpern«* gesprochen.

Außer der menschlichen Fähigkeit, Körpern aufzuzwingen, daß sie bewegt bezüglich anderer Körper sind, kann man sich vorwissenschaftlich der zusätzlichen Fähigkeit bedienen, Bewegungen zu führen, etwa indem ein Körper während seiner Bewegung in Berührung mit einem anderen, gegen ihn bewegten Körper gehalten wird. Ein Punktkörper durchläuft dann auf der Oberfläche eines (ausgedehnten) Körpers eine »Spur«. An Spuren werden »*Bahnen«, »*Wege« und *»*Stellen«* unterschieden.[182] Diese drei Prädikatoren werden exemplarisch an vorweisbaren Körpern und deren Spuren eingeführt, wobei eine Analogie zu den geometrischen (dort allerdings ideativ bestimmten) Termini »Linie«, »Strecke« und »Punkt« hergestellt wird: Über *Bahnen seien nur Aussagen möglich, die deren Form und Lage, nicht aber Anfang, Ende oder Länge betreffen, während *Wege zweiseitig begrenzte Stücke aus *Bahnen sein sollen. *Stellen schließlich sind Grenzen, welche aus *Bahnen *Wege heraustrennen oder *Wege in kürzere *Wege zerlegen. Die Forderung nach Analogie der Verwendung von »*Bahn«, »*Weg« und »*Stelle« zu der von »Linie«, »Strecke« und »Punkt« liefert also Prädikatorenregeln zur

Verschärfung der nur exemplarisch eingeführten Prädikatoren. Diese bezeichnen damit aber immer noch empirisch aufweisbare Gegenstände.

Im Verfahren der Supposition werden »*Bahn«, »*Weg« und »*Stelle« durch die Termini »Bahn«, »Weg« und »Stelle« (ohne *) ersetzt, wenn über *Bahnen, *Wege und *Stellen nur geometrische Aussagen sowie Aussagen über die Lage von Punktkörpern auf diesen oder über das Durchlaufenwerden von Punktkörpern vorliegen. Damit sind durch Supposition scharfe Termini für physikalische, genauer kinematische Sachverhalte bestimmt; diese Termini sind insofern ideativ, als ihre Einführung von der ideativen Bestimmung der geometrischen Termini abhängt. Aussagen über Bahnen, Wege und Stellen im Zusammenhang mit der Bewegung von Punktkörpern müssen also als ideative Normen, die in Handlungsanweisungen einer Realisierung zugänglich werden, verstanden sein.

Die Einführung eines weiteren Tripels von Termini, nämlich von »Bewegung«, »Vorgang« und »Stellung« verläuft ähnlich und soll daher nicht in extenso vorgeführt werden. Es gelten analoge Regeln wie für »Bahn«, »Weg« und »Stelle«: Bei Bewegungen sind keine Aussagen über Anfang und Ende möglich; Vorgänge laufen jedoch auf bestimmten Wegen ab und sind somit begrenzt; wie Wege aus Bahnen durch Stellen herausgetrennt werden, sind Vorgänge Teile von Bewegungen und werden von Stellungen begrenzt. Damit stehen bisher folgende Termini zur Verfügung:

Punktkörper
bewegt bezüglich

Bahn	Weg	Stelle
Bewegung	Vorgang	Stellung
(in Analogie zu:		
Linie	Strecke	Punkt)

3. Bewegungsvergleiche

Im folgenden gelte die Beschränkung auf *geradlinige* Bewegungen von Punktkörpern. Sie können durch Führung längs gerader Bahnen erzwungen werden. Zur Durchführung von Bewegungsvergleichen werden einige Termini durch Definition eingeführt:

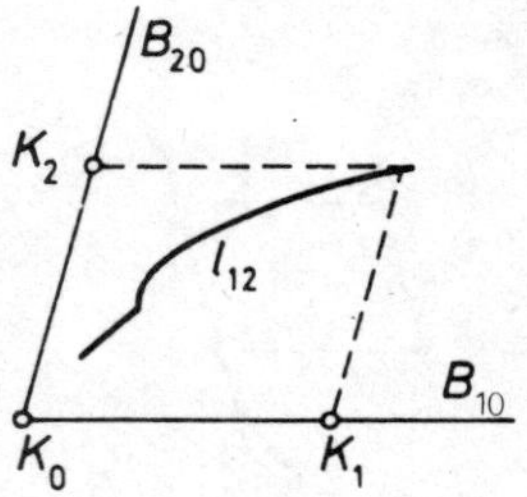

Figur 1

(D 1) Zwei Punktkörper K_1 und K_2 bewegen sich bezüglich K_0 auf den Bahnen B_{10} und B_{20}. Der Schnittpunkt der Parallelen zu B_{10} durch K_2 und der Parallelen zu B_{20} durch K_1 durchläuft bezüglich K_0 eine Kurve; sie heiße *»Leitlinie l_{12}«*. Bei Anordnungen, in denen nicht bei allen Punktkörpern die Bewegung bezüglich desselben Bezugskörpers festgestellt wird, schreiben wir zur Vermeidung von Mißverständnissen $l_{12;0}$. Der hinter dem Semikolon stehende Index gibt den Bezugskörper an.[183]
Als weitere Einschränkung sei für die folgende Erörterung immer die Forderung erfüllt, daß die betrachteten Bewegungen »schlicht« sind, d. h. daß sie keine Umkehrstellungen enthalten. Jede Stelle einer Bahn werde nur einmal durchlaufen.
Die Realisierung eines der Definition (D 1) entsprechenden Bewegungsvergleichs erfolgt etwa durch je eine mit K_1 bzw. K_2 verbundene Schiene (den Parallelen), die zu den Bahnen dieser Körper konstante Winkel einhalten und in ihrem Schnittpunkt einen Schreibstift tragen, der die Leitlinie aufzeichnet.[184]
Nachdem »bewegt bezüglich« als Grundprädikator exemplarisch eingeführt worden ist, womit gleichzeitig gesichert wurde, daß die Aufforderung, einen Körper bezüglich eines anderen zu bewegen,

eine verstehbare Handlungsanweisung darstellt, wird der Zustand der Ruhe definitorisch ausgezeichnet.

(D 2) Ein Punktkörper K_1 ist bezüglich K_0 und bezüglich eines Vorgangs v_{20} *»in Ruhe«* (synonym: »ruhend«, »er ruht«), wenn die Leitlinie l_{12} dem Weg von v_{20} parallel ist. K_1 nimmt an der Stelle S, welche im Schnittpunkt der Bahn B_{10} mit der Verlängerung des parallelen Leitlinienstückes liegt, eine *»dauerförmige Ruhestellung«* ein. Hierfür wird abkürzend geschrieben: $K_1 r K_0, v_{20}$.

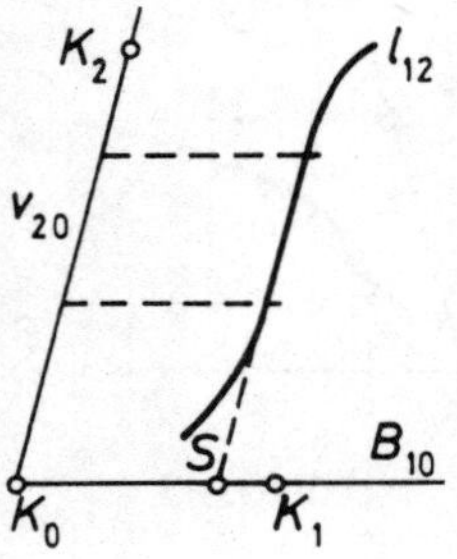

Figur 2

Der Prädikator »in Ruhe« ist demnach dreistellig, während »bewegt bezüglich« nur zweistellig verwendet wird. Diese Asymmetrie, welche impliziert, daß es nicht äquivalent ist, einem Körper den Prädikator »ruhend« zu- und den Prädikator »bewegt« abzusprechen, scheint zunächst in auffälliger Diskrepanz zum üblichen Sprachgebrauch zu stehen, wo »ruhend« und »bewegt« konträr sind. Der Kontext der gebrauchssprachlichen Rede über Ruhe und Bewegung sichert die Verstehbarkeit der betreffenden Aussagen, da in diesem Kontext Bezugskörper und Vergleichsbewegungen mit enthalten sind. Wo allerdings die Verstehbarkeit durch impliziten Bezug auf Vergleichsbewegungen nicht erreicht wird, und insbesondere, wo man sich auf ein Argumentieren für oder wider die Rechtmäßigkeit einläßt, einen Körper als ruhend oder als bewegt zu bezeichnen, zeigt auch die Gebrauchssprache die genannte Asymmetrie:

Die Entscheidung, ob in einer individuellen Situation ein realer Körper ruht oder bewegt ist, bedarf einer Beobachtung des Körpers über eine gewisse Dauer. (Diese Aussage ist mit einer vortheoretischen Verwendung von »Dauer« verstehbar.) Wenn das Verstreichen der Dauer nun nicht durch Hinweis auf das menschliche Zeitgefühl verteidigt werden darf, sondern nur durch Verweis auf »Außenbeobachtbares«, so zeigt sich deutlich der Unterschied zwischen Ruhe und Bewegung: Beim bewegten Körper reicht ein Hinweis auf dessen eigene Ortsveränderung aus, um das Verstreichen einer Dauer aufzuweisen, während beim ruhenden Körper ein Vergleichsereignis genannt werden muß, welches ein »objektives« Kriterium dafür liefert, daß Zeit vergangen ist.

Im Rahmen der Begründung einer Chronometrie läßt sich dieser Unterschied noch einfacher fassen: Von Bewegung kann nur gesprochen werden, wenn mindestens zwei Punktkörper betrachtet werden. Für Aussagen über die Ruhe eines Punktkörpers sind dagegen mindestens drei Punktkörper erforderlich. Einen Grenzfall der dauerförmigen Ruhestellung bildet die »nuförmige Ruhestellung«:

(D 3) Zwei Punktkörper K_1 und K_2 bewegen sich bezüglich K_0 auf den Bahnen B_{10} und B_{20}. Wenn es eine Tangente t an die Leitlinie l_{12} gibt, die parallel z. B. zur Bahn B_{20} ist, so habe K_1 an der Stelle S, dem Schnittpunkt von t und B_{10}, eine *»nuförmige Ruhestellung«*. Hierfür wird abkürzend geschrieben: $K_1 r K_0, s_{20}$, wo s_{20} die an der Stelle S_2 eingenommene Stellung von K_2 ist.

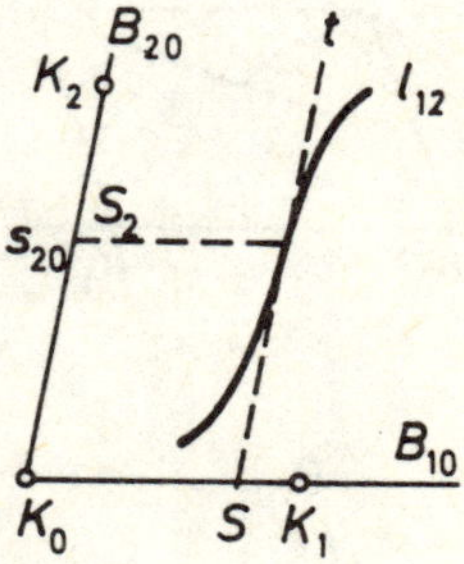

Figur 3

Aus (D 2) und (D 3) ergibt sich, daß zwar von der Bewegung eines Punktkörpers auf die Ruhe eines anderen geschlossen werden kann, nämlich bei geeignetem Verlauf der Leitlinie, daß der Schluß in umgekehrter Richtung jedoch nicht erlaubt ist. In (D 2) kann der Punktkörper K_2 innerhalb von v_{20} selbst Ruhestellungen einnehmen, die dann nur bezüglich der Bewegung eines weiteren Punktkörpers K_3 feststellbar sind. Wenn also in (D 2) und (D 3) jeweils vom Punktkörper K_2 behauptet wurde, er sei bewegt, so soll dies termino-

logisch nicht ausschließen, daß es in dieser Bewegung auch Ruhestellungen gibt.
Für einen rein geometrischen Bewegungsvergleich liefert vor allem die gerade Leitlinie ein ergiebiges Kriterium:
(D 4) K_1 und K_2 bewegen sich bezüglich K_0 auf nichtparallelen Bahnen. Ihre Bewegungen b_{10} und b_{20} heißen *»ähnlich«*, wenn die Leitlinie l_{12} gerade ist (in symbolischer Schreibweise: $b_{10} * b_{20}$).
Der Vereinfachung der weiteren Darstellung dient die folgende Definition:
(D 5) Die Punktkörper K_1 und K_2 bewegen sich auf den Bahnen B_{10} und B_{20} bezüglich des Punktkörpers K_0 und erzeugen die Leitlinie l_{12}.
Zwei Vorgänge v_{10} und v_{20} heißen *Begleitvorgänge*, wenn sie zum selben Stück der Leitlinie l_{12} gehören.
Zwei Stellungen s_{10} und s_{20} heißen *Begleitstellungen*, wenn sie zum selben Punkt der Leitlinie l_{12} gehören.
Wege von Begleitvorgängen heißen *Begleitwege*.
Stellen von Begleitstellungen heißen *Begleitstellen*.

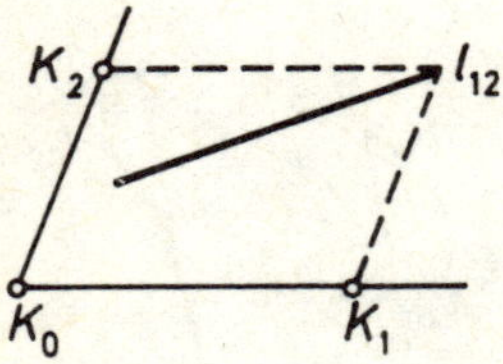

Figur 4

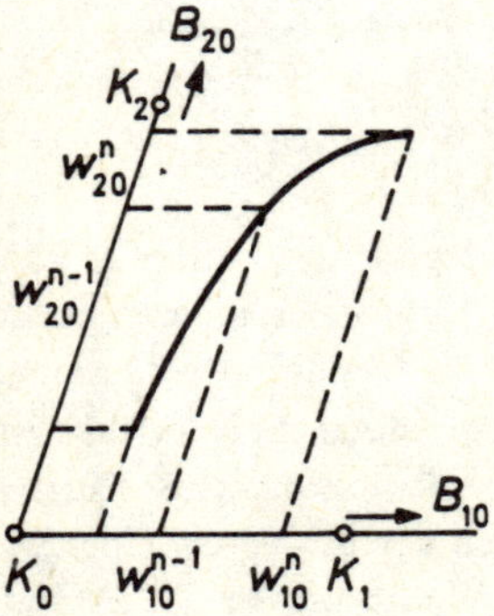

Figur 5

Damit läßt sich (D 4) erweitern auf Vorgänge:
(D 6) Zwei Begleitvorgänge heißen *ähnlich*, wenn die zu ihnen gehörende Strecke der Leitlinie gerade ist.
Schließlich ist noch eine relative Beschleunigung bzw. Verzögerung einer Bewegung gegenüber einer anderen feststellbar.
(D 7) Zwei Punktkörper K_1 und K_2 bewegen sich bezüglich K_0 auf den Bahnen B_{10} und B_{20}. Für die Bewegungen b_{10} und b_{20} sei eine Einteilung in beliebige Vorgänge v^n_{10} und deren Begleitvorgänge v^n_{20} durchgeführt. Die Indizes n mögen in Bewegungsrichtung wachsen. Damit ist eine Teilung der Bahnen B_{10} und B_{20} in Paare von Begleitwegen w^n_{10} und w^n_{20} gegeben.
Die Bewegung b_{10} *eilt* der Bewegung b_{20} *vor*, wenn für jede derartige Einteilung gilt:

$$|w^n_{10}| : |w^{n-1}_{10}| > |w^n_{20}| : |w^{n-1}_{20}|.$$

Die zur Voreilung konverse Relation heiße *Nacheilung* (vgl. Fig. 5). Damit ist ein terminologischer Apparat bereitgestellt, der eine uhrenfreie Kinematik zu konstruieren gestattet. Diese kann freilich nur Sätze über Bewegungsvergleiche enthalten, welche an (im vorwissenschaftlichen Verstande) »gleichzeitigen« Bewegungen vorgenommen werden. Dies läßt allerdings nicht den Schluß zu, daß eine solche Theorie nicht schon eine ausreichende Basis abgeben könnte, auf der sich empirische Forschung in Gang setzen ließe. Bevor hierfür einige Beispiele genannt werden, sollen aus den Definitionen (D 1) bis (D 7) einige Sätze abgeleitet werden. Zur Auswahl dieser Sätze ist zu sagen, daß hier nicht irgendeine Vollständigkeit eines Satzsystems angestrebt wird, welches dann eine geschlossene uhrenfreie Kinematik wäre. Der uhrenfreie Bewegungsvergleich hat keinerlei praktische Bedeutung dergestalt, daß nun etwa einem Experimentalphysiker empfohlen werden könnte, er solle künftig bei einigen Experimenten auf den Gebrauch von Uhren verzichten. Die prinzipielle Bedeutung aber, die in dem Nachweis liegt, daß auch ohne Uhren qualitative wie quantitative empirische Aussagen über Bewegungen gewonnen werden können, mag durch Angabe einiger Beispiele ausreichend belegt sein. Die Ableitung von Sätzen aus Definitionen beschränkt sich daher auf solche, die im späteren Aufbau der Chronometrie benötigt werden, sowie auf einige andere, die als elementare kinematische Lehrsätze in gängigen Lehrbüchern der Mechanik zwar verwendet, aber nirgends bewiesen werden.

3.1. Sätze zur Ähnlichkeit[185]

Die Ähnlichkeit von Bewegungen war definiert worden durch die Bedingung, daß die Leitlinie gerade ist. Zu dieser Bedingung ist die Aussage äquivalent: Paare von Begleitwegen aus ähnlichen Bewegungen haben konstantes Längenverhältnis. In dieser Form, die eine Längenmessung als verfügbar voraussetzt, bietet die Definition der Ähnlichkeit den Vorzug, Sätze über Bewegungen oder Vorgänge leicht auf Sätze über rationale Zahlen zurückführen zu können, was im folgenden erlauben wird, Beweise dadurch abzukürzen, daß nur diese Rückführung geleistet wird.

Die Symmetrie der Ähnlichkeit gilt trivialerweise, wie man sofort sieht. Wenn eine Menge von Quotienten aus Weglängen ein und dieselbe rationale Zahl sind, so sind auch die Reziproken dieser Quotienten immer ein und dieselbe rationale Zahl. Es gilt also:

$$b_{no} * b_{mo} \rightarrow b_{mo} * b_{no}.$$

Ähnlich einfach beweist man die Transitivität: Drei Punktkörper K_1, K_2 und K_3 mögen sich bezüglich K_0 auf den nichtparallelen Bahnen B_{10}, B_{20} und B_{30} bewegen. Es gelte $b_{10} * b_{20}$ und $b_{20} * b_{30}$. Damit ist für alle Teilungen der drei Bahnen in Begleitwege w^n_{10}, w^n_{20} und w^n_{30} die Konstanz der Weglängenverhältnisse $|w^n_{10}|:|w^n_{20}|$ und $|w^n_{20}|:|w^n_{30}|$ vorausgesetzt, woraus unmittelbar die Konstanz der Weglängenverhältnisse $|w^n_{10}|:|w^n_{30}|$ folgt. Mit Hilfe von Symmetrie und Transitivität läßt sich die Reflexivität für alle Bewegungen beweisen, zu denen es ähnliche Bewegungen gibt. Diese einschränkende logische Bedingung ist protophysikalisch jedoch unerheblich, da sie für erzwungene Bewegungen als immer erfüllbar angesehen werden darf. Damit sind Reflexivität, Symmetrie und Transitivität gezeigt. »Ähnlich« ist Äquivalenzrelation. Es gilt demnach der Satz (S 1):

(S 1) a) $b_{nm} * b_{nm}$,

b) $b_{nm} * b_{om} \rightarrow b_{om} * b_{nm}$,

c) $b_{nm} * b_{om} \wedge b_{om} * b_{pm} \rightarrow b_{nm} * b_{pm}$.

Als Regel (R) war die Symmetrie der Relation »bewegt bezüglich« gefordert worden. Diese Regel impliziert die Identität von Vorgängen v^k_{nm} und v^k_{mn}. Daraus folgt die Gleichheit der Weglängen $|w^k_{nm}|$ und $|w^k_{mn}|$, was auch als Konstanz der Weglängenverhältnisse $|w^k_{nm}|:|w^k_{mn}|$ gelesen werden kann, d. h. es gilt der Satz (S 2)

(S 2) $b_{nm} * b_{mn}$.

Der Satz (S 2) beschreibt denselben Sachverhalt wie Satz (S 1) a), womit auch erklärt ist, was es inhaltlich bedeutet, daß eine Bewegung sich selbst ähnlich ist: Das Kriterium der Ähnlichkeit leistet keine Auszeichnung von Bezugskörpern.

Der nächste Schritt besteht in einer Anwendung der Regel (R) auf Bewegungsvergleiche, also auf Situationen, an welchen drei und mehr Punktkörper beteiligt sind. Er wird erlauben, eine Sprechweise von der Überlagerung von Bewegungen einzuführen. Daraus wird sich insbesondere ein Lehrsatz der klassischen Mechanik herleiten lassen, der dort meistens unter dem Titel »Parallelogramm der Geschwindigkeiten« zitiert wird.

Zwei Punktkörper K_1 und K_2 bewegen sich bezüglich K_0 auf den nichtparallelen Bahnen B_{10} und B_{20}. Ihre Bewegungen seien ähnlich, d. h. $b_{10} * b_{20}$. Die Leitlinie l_{12} gehe durch K_0.

Nun wird auf die Punktkörper K_0 und K_2 die Regel (R) angewendet, welche die Identität von b_{20} und b_{02} impliziert. Wird nun die Bewegung b_{10} des Punktkörpers K_1 nicht mehr bezüglich K_0, sondern ebenfalls bezüglich K_2 betrachtet, so muß jetzt geklärt werden, welche Aussagen für die »neue« Bewegung b_{12} gelten.

Es sei eine Teilung der Bewegungen b_{10} und b_{20} in Vorgänge v^1_{10}, v^2_{10}, ... und deren Begleitvorgänge v^1_{20},v^2_{20}, ... durchgeführt. Gemäß Regel (R) gilt dann die Identität der v^n_{20} und der v^n_{02}. Beachtet man, daß die Regel (R) die Äquivalenz zweier Darstellungen ein und desselben Sachverhaltes fordert, so ist also auch hier vorausgesetzt, daß der Sachverhalt, der mit neuen Aussagen dargestellt werden soll, derselbe ist wie in der ursprünglichen Darstellung. Das heißt insbesondere, daß die Dreiecke K_0,K_1,K_2 in »gleichzeitigen Beschreibungen« bei beiden Darstellungen kongruent sind. (Dieses hier der Anschaulichkeit wegen verwendete Wort »gleichzeitig« läßt sich freilich auch umgehen und ist insofern kein Verstoß gegen die methodische Ordnung. Es genügt hier, die Kongruenz der Dreiecke jeweils in den Endstellungen der Vorgänge v^n_{20} und v^n_{02} zu behaupten.)[186] (Vgl. Fig. 6)

Dann ergibt eine elementare geometrische Überlegung, daß die Wege der Vorgänge v^n_{12} Diagonalen von Parallelogrammen sind, deren Seiten durch die Wege der Vorgänge v^n_{02} und v^n_{10} bestimmt werden.

Dieses Ergebnis ist folgendermaßen zu interpretieren: Ein Punktkörper K_1 bewegt sich bezüglich K_0, und K_0 ist selbst bezüglich K_2 bewegt. Die Bahnen der Bewegungen b_{10} und b_{02} sind vorgegeben. Dann kann die Bahn der Bewegung b_{12} nach der soeben erhaltenen

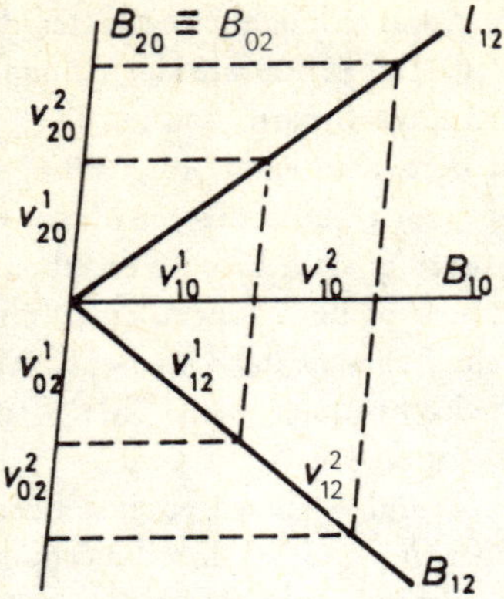

Figur 6

Parallelogrammregel konstruiert werden. Damit ist eine »resultierende Bahn« gefunden, die sich für K_I durch »Überlagerung« der Bewegungen b_{10} und b_{02} ergibt. Entsprechendes gilt für Begleitwege. Aussagen über die aus der Überlagerung zweier Bewegungen resultierende lassen sich also apriorisch und darüber hinaus uhrenfrei gewinnen durch Rückführung auf einen gleichzeitigen, geometrischen Bewegungsvergleich. So trivial die vorliegende Ableitung auch erscheinen mag, darf sie doch als Beweis des in der klassischen Physik vorausgesetzten, jedoch streng unbegründeten Satzes gelten, daß sich Geschwindigkeiten vektoriell addieren. (Zur Lösung dieser Aufgabe war es noch nicht einmal erforderlich, einen Terminus »Geschwindigkeit« einzuführen!) Es ist außerdem leicht zu sehen, daß die Rückführung der Überlagerung zweier Bewegungen auf einen uhrenfreien Bewegungsvergleich bei geeigneter Einführung des Terminus »Kraft« (welche allerdings nicht uhrenfrei möglich sein wird) auch die vektorielle Addition von Kräften liefert.

Das Ergebnis der Überlegung, wie eine Überlagerung von Bewegungen erfaßt werden kann, muß im Zusammenhang mit dem normativen Charakter der verwendeten Begriffe erneut überdacht werden. »Gerade Bahn« war als ideativer Begriff eingeführt, welchem ein Realisierungsverfahren entspricht. Von Bahnen zu reden, impliziert also, daß es möglich sein muß, eine Schiene, eine Rinne o. ä. zur Führung eines Körpers herzustellen. Aussagen über ideale Bahnen müssen dann für deren Realisate erfüllbar sein. Wie ist die Konstruktion einer resultierenden Bahn in dieses Schema einzuordnen?

Hier ist zunächst die obige Behauptung, die Regel (R) diene nur der verschiedenen Darstellbarkeit ein und desselben Sachverhalts, zu präzisieren. Während für zwei Körper diese Regel in der Tat denselben Sachverhalt auf zwei Arten darzustellen erlaubt (jeder der beiden Körper kann als Bezugskörper angesehen werden), kann im Falle dreier bewegter Körper nur mehr in einem eingeschränkten Sinn von gleichen Sachverhalten trotz Bezugskörpervertauschung gesprochen werden: Unabhängig von der Wahl des Bezugskörpers und damit unabhängig von der Darstellung ist die Lage der Körper zu einander (in gleichzeitigen Stellungen) gleich. Was jedoch die Bahnen anbetrifft, entsprechen den äquivalenten Darstellungen (äquivalent nämlich insofern, als sie die Lage der Körper in gleichzeitigen Stellungen als gleich angeben) verschiedene Realisate. Einmal ist das Paar der Bahnen B_{10} und B_{20}, zum andern das Paar der Bahnen B_{02} (identisch mit B_{20}) und B_{12} zu realisieren. Die Verfügbarkeit unterschiedener, aber äquivalenter Darstellungen setzt, so läßt sich als Ergebnis formulieren, eine Vorentscheidung voraus, welcher Sachverhalt in verschiedenen Darstellungen gleich erscheinen muß, wobei hier »Darstellung« nicht bloß verbal oder formal zu verstehen ist, sondern auch die Realisate betrifft. Damit ist nicht entschieden, ob in der Dynamik, wo im Zusammenhang mit Bahnen »Zwangskräfte« zu berücksichtigen sind, dieselbe Invarianz hinsichtlich Vertauschung von Bezugskörpern bestehen kann.

Bisher war die Überlagerung zweier Bewegungen unter der Zusatzbedingung betrachtet worden, daß die Leitlinie l_{12} der ähnlichen Bewegungen b_{10} und b_{20} durch den Bezugskörper K_0 geht. Die Erweiterung auf Fälle, in denen diese Bedingung nicht erfüllt ist, soll hier nur andeutungsweise vorgeführt werden. In Fig. 7, die beide

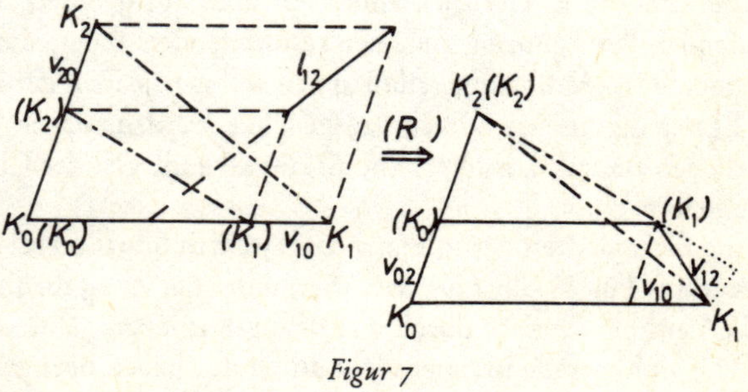

Figur 7

Darstellungen (K_0 ist Bezugskörper, K_2 ist Bezugskörper) zeigt, sind die als jeweils zueinander kongruent vorausgesetzten Dreiecke K_0, K_1, K_2 und $(K_0), (K_1), (K_2)$ (für die »früheren« Stellungen) eingezeichnet.

Die gemäß Regel (R) freie Wahl eines Bezugskörpers aus drei relativ zueinander bewegten Punktkörpern K_m, K_n, K_o führt zum »Additionstheorem für gleichzeitige, ähnliche Bewegungen«:

(S 3) $$b_{mn} \oplus b_{no} \ominus b_{mo}.$$

Diese abgekürzte Schreibweise, die gelesen werden kann als »die Überlagerung der Bewegungen b_{mn} und b_{no} ergibt die Bewegung b_{mo}«, bedeutet nichts anderes als eine Handlungsanweisung, für Begleitvorgänge den Weg eines Punktkörpers mit Hilfe der Parallelenkonstruktion zu ermitteln, welchen dieser nach Vertauschung der beiden anderen Punktkörper hinsichtlich ihrer Wahl zum Bezugskörper durchläuft.

Das Additionstheorem läßt sich schließlich auch auf nichtähnliche, jedoch gleichzeitige Bewegungen erweitern: Hierfür werden Bewegungen in differentielle Teilvorgänge zerlegt, wobei für jeweils zwei Begleitvorgänge mit Wegen, deren Länge gegen Null konvergiert, Ähnlichkeit angenommen werden kann. Das Additionstheorem gilt demnach für alle differentiellen Teilvorgänge einer Bewegung und liefert damit eine Konstruktionsanweisung für eine resultierende Bewegung im Ganzen.

Da der Aufbau einer uhrenfreien Kinematik in dieser Arbeit nur bis zu einem Stadium durchgeführt wird, welches zur Begründung der Zeitmessung erforderlich ist, wird das Additionstheorem für nichtähnliche Bewegungen nicht auftreten und braucht daher auch nicht exakter formuliert zu werden. Wie man sofort sieht, führt nämlich die Überlagerung zweier nichtähnlicher, aber auf geraden Bahnen verlaufender Bewegungen zu einer resultierenden Bahn, die nicht mehr gerade ist. Auf nichtgerade Bahnen soll hier jedoch der uhrenfreie Bewegungsvergleich nicht ausgedehnt werden, da er keinen zusätzlichen Beitrag zum Verständnis der Grundlagen der Chronometrie liefert.

Auf eine Besonderheit der in Fig. 7 dargestellten Situation sei jedoch hingewiesen: Für K_1 führt der Satz (S 3) unter der Zusatzbedingung, daß die Leitlinie l_{12} nicht durch den Bezugskörper K_0 geht, zu einer Bahn, die wohl gerade ist, aber nicht durch den neuen Bezugskörper

K_2 geht (vgl. rechte Seite der Fig. 7). Betrachtet man hingegen die Bewegung des Punktkörpers K_1 auf der Bahn, welche in allen Stellungen mit der Geraden durch K_1 und K_2 zusammenfällt, so zeigt Fig. 7, daß der Winkel zwischen dieser Bahn und B_{20} während der Bewegung nicht konstant bleibt. Eine weitere Verfolgung dieser Frage ergäbe in Analogie zu (S 3) ein Additionstheorem, welches die Überlagerung einer Drehbewegung mit einer geradlinigen Bewegung in radialer Richtung beherrscht. In diesem Zusammenhang ließe sich, was hier jedoch nicht vorgeführt werden soll, der Übergang zu Polarkoordinaten für Bewegungen uhrenfrei durchführen.

Nachdem die Überlagerung zweier Bewegungen auflösbar geworden ist in einen einfachen Bewegungsvergleich zweier auf denselben Körper bezogenen Bewegungen, ist zu fragen, ob die resultierende Bewegung noch ähnlich ist der Bewegung des anderen Körpers. Diese Frage läßt sich allgemeiner fassen als: Ist die Ähnlichkeit von Bewegungen invariant bezüglich der Regel (R)? Erst ein Beweis dieser Invarianz stellt sicher, daß Aussagen über ähnliche Bewegungen unabhängig von der Wahl des Bezugssystems (in der uhrenfreien Kinematik vorerst nur des Bezugskörpers) sind, daß m. a. W. kein Einfluß einer zufällig günstigen Wahl des Bezugskörpers auf die Gültigkeit allgemeiner Aussagen über ähnliche Bewegungen befürchtet werden muß.

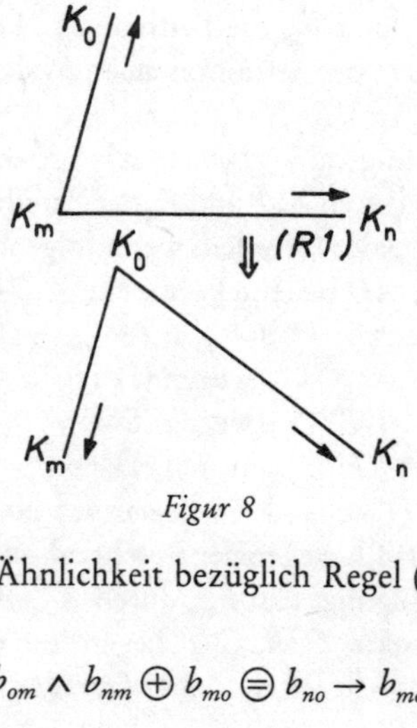

Figur 8

Die Invarianz der Ähnlichkeit bezüglich Regel (R) läßt sich formal fassen als Satz

(S 4) $$b_{nm} * b_{om} \wedge b_{nm} \oplus b_{mo} \ominus b_{no} \rightarrow b_{mo} * b_{no},$$

der mit elementaren geometrischen Mitteln bewiesen werden kann (zur Veranschaulichung der Indizes von (S 4) vgl. Fig. 8).

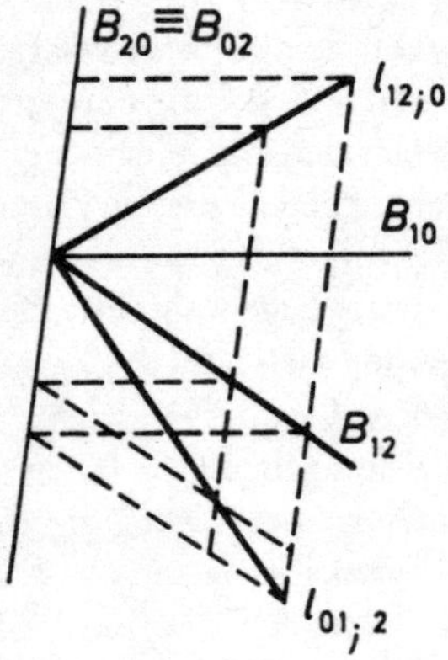

Figur 9

Auf die Ausgangssituation (vgl. Fig. 9) mit den Bedingungen $b_{10} * b_{20}$, Leitlinie $l_{12;0}$ geht durch den Bezugskörper K_0, werde auf K_0 und K_2 die Regel (R) angewendet. Für K_1 ergibt sich gemäß (S 3) die Bahn B_{12}. Dann wird gemäß (D 1), der Definition der Leitlinie, für die Bewegungen b_{12} und b_{02} die Leitlinie $l_{01;2}$ konstruiert. Dann ist die Frage, ob $b_{12} * b_{02}$, per definitionem äquivalent zur Frage, ob die Leitlinie $l_{01;2}$ gerade ist.

Damit ist (S 4) auf folgendes geometrisches Problem reduziert (vgl. Fig. 10): Liegen die Ecken *A*, *F* und *F'* der Parallelogramme *A E F G* und *A E' F' G'* auf einer Geraden, wenn folgende Voraussetzungen gelten (Abkürzung: $\underline{AD}$ bedeutet »Strecke *A D*«):

$\underline{AD} = \underline{AE}$; $\underline{AD'} = \underline{AE'}$ (wegen (R)),
$\underline{AD} = \underline{BC}$; $\underline{AD'} = \underline{B'C'}$ (wegen (D 1)),
$\underline{AE} = \underline{BG}$; $\underline{AE'} = \underline{B'G'}$ (wegen (S 1)),
$\underline{AE} = \underline{FG}$; $\underline{AE'} = \underline{F'G'}$ (wegen (D 1)).

Die Punkte *A*, *D*, *D'*, *E* und *E'* liegen auf einer Geraden. (Diese Voraussetzung ist erfüllt wegen der Beschränkung auf gerade Bahnen und der Zusatzbedingung, daß $l_{12;0}$ durch K_0 geht.)

Dann gilt: Die Punkte *C*, *B*, *G*, *F* liegen auf einer Geraden. Die Punkte *C'*, *B'*, *G'*, *F'* liegen auf einer Geraden.

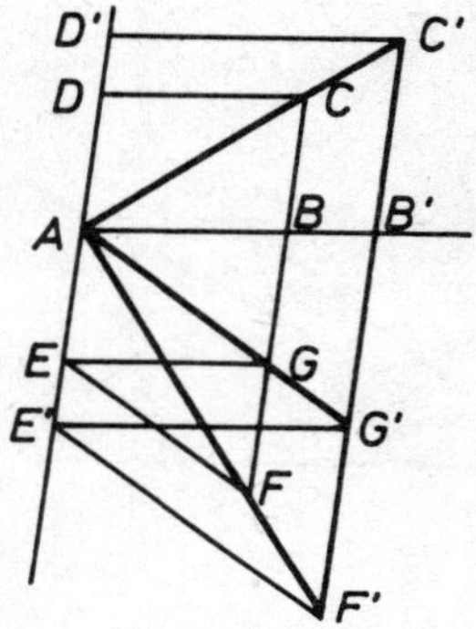

Figur 10

Damit liegen aber auch die Punkte *A*, *F* und *F'* auf einer Geraden, was zu zeigen war. Es gilt also $b_{12} * b_{02}$.
Durch eine einfache Hilfskonstruktion läßt sich auch der Fall, daß die Zusatzbedingung ($l_{12;0}$ geht durch K_0) nicht erfüllt ist, auf die gezeigte Anordnung zurückzuführen, so daß die Invarianz der Ähnlichkeit bezüglich (R) unabhängig von dieser Bedingung ist.
In (S 1) c) war die Transitivität der Ähnlichkeit für drei Punktkörper bewiesen worden, die alle bezüglich desselben Punktkörpers bewegt waren. In einem späteren Beweis wird die Erweiterung auf den Fall vorausgesetzt werden müssen, daß in einem System mehrerer Körper gleichzeitig verschiedene Bezugskörper auftreten. Diese Erweiterung auf Bewegungsvergleiche, die hinsichtlich der Bezugskörperwahl beliebig sind, entspricht darüber hinaus der Situation, in der sich der mit einer Uhr experimentierende Physiker befindet. Die Bewegung des Uhrenzeigers wird dort nicht auf denselben Körper bezogen, bezüglich dessen die mit Hilfe der Uhr untersuchte Bewegung festgestellt wird.
Gegeben sei zunächst folgende Anordnung: Drei Punktkörper K_1, K_2 und K_3 bewegen sich bezüglich K_0, und es gilt: $B_{10} \equiv B_{20}$ (d. h. K_1 und K_2 laufen auf derselben Bahn), $B_{10} \not\equiv B_{30}$.
Außerdem gelte: $b_{10} * b_{30}$ und $b_{20} * b_{30}$ (vgl. Fig. 11). Dann, so lautet die zu beweisende Behauptung, ist die Bewegung von K_1 bezüglich K_2 ähnlich zur Bewegung von K_3 bezüglich K_0, d. h. $b_{12} * b_{30}$.
Der Beweis bedient sich wiederum der Rückführung von Aussagen über Bewegungsvergleiche auf Aussagen über rationale Zahlen.
Es seien Teilungen der Bahnen B_{10} bzw. B_{20} und B_{30} in Begleitwege

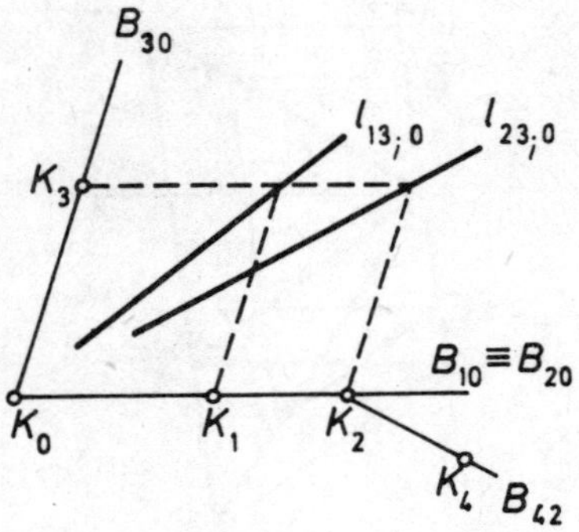

Figur 11

w^n_{10}, w^n_{20} und w^n_{30} vorgenommen. Dann gilt wegen der vorausgesetzten Ähnlichkeiten: Die Weglängenverhältnisse $|w^n_{10}|:|w^n_{30}|$ und $|w^n_{20}|:|w^n_{30}|$ sind für alle n konstant.

Die Differenzen der Weglängen w^n_{10} und w^n_{20} sind gleich der Weglänge w^n_{12} für alle n, wo die w^n_{12} Begleitwege zu den Wegen der vorausgesetzten Teilung sind. Dann ergibt sich aus

$$|w^n_{10}| = a|w^n_{30}|; \quad |w^n_{20}| = b|w^n_{30}| \quad (a, b \text{ rationale Zahlen}),$$
$$|w^n_{12}| = |w^n_{30}| \, \|a - b\| \quad (\|x\| \text{ bedeutet: Betrag von } x)$$

und somit für einen Vergleich der Bewegungen b_{12} und b_{30}:

$$|w^n_{12}|:|w^n_{30}| = \|a - b\| \quad \text{für alle } n, \text{ d. h. } b_{12} * b_{30}.$$

Das Additionstheorem (S 3) erlaubt, von der einschränkenden Bedingung $B_{10} \equiv B_{20}$ abzugehen, da (S 3) eine »Addition« und »Subtraktion« auch für solche Wege definiert, die nicht auf einer Bahn liegen. Mit dieser Erweiterung läßt sich der soeben bewiesene Satz schreiben als

(S 5) $$b_{nm} * b_{om} \wedge b_{pm} * b_{om} \rightarrow b_{np} * b_{om}.$$

Die Beziehung $b_{np} * b_{om}$, die in (S 5) erhalten wurde, ist das Ergebnis einer formalen Erweiterung der Möglichkeiten, Bewegungen zu vergleichen. Bisher war die Ähnlichkeit nur definiert für Bewegungen, die hinsichtlich desselben Bezugskörpers ablaufen. Es ist daher zu fragen, ob die formale Erweiterung auf beliebige Bewegungsvergleiche, also bei insgesamt wenigstens vier Punktkörpern, auch eine ideative Norm derart sein kann, daß sich angeben läßt, wie ein

Realisat, also irgendein Gerät, aussieht, welches einen solchen Bewegungsvergleich zuläßt. Erst wenn diese Frage positiv beantwortet ist, hat der Satz (S 5) seine Berechtigung im Rahmen einer protophysikalischen Theorie.

Die Zulässigkeit der Erweiterung, »ähnlich« als Prädikator für (hinsichtlich ihres Bezugskörpers) beliebige Bewegungen zu verwenden, kann dadurch gezeigt werden, daß eine Hilfskonstruktion angegeben wird, welche die Rückführung des erweiterten Bewegungsvergleichs auf solche Anordnungen von Körpern leistet, wie sie der Definition der Ähnlichkeit zugrunde lagen.

Ausgehend von derselben Situation wie in (S 5) (vgl. Fig. 11) kann ein fünfter Punktkörper K_4 hinzugenommen werden, der sich bezüglich K_2 auf einer Bahn B_{42} bewegt. B_{42} schließe mit B_{20} einen beliebigen, aber während der Bewegung konstanten Winkel ein. Nach Voraussetzung gilt: $b_{30} * b_{20}$. Wenn nun für die Bewegung von K_4 die Bedingungen erfüllt sind: $b_{42} * b_{20}$ und $b_{42} * b_{21}$, so gilt wegen (S 2) und (S 1) c)

$$b_{30} * b_{20} \wedge b_{20} * b_{42} \wedge b_{42} * b_{12} \rightarrow b_{30} * b_{12}.$$

In der Prämisse sind nur noch Bewegungsvergleiche des ursprünglichen Typs enthalten, so daß also (S 5) hinsichtlich der Realisierbarkeit keine anderen Voraussetzungen enthält als die Definition der Ähnlichkeit.

Schließlich wird noch ein weiterer Satz über ähnliche Bewegungen benötigt werden:

(S 6) Die Bewegungen der Punktkörper K_1 und K_2 bezüglich K_0 seien ähnlich, d. h. $b_{10} * b_{20}$. Hat der Punktkörper K_1 an der Stelle S_1 eine nuförmige (dauerförmige) Ruhestellung, so hat auch K_2 in S_2 (S_2 Begleitstellung von S_1) eine nuförmige (dauerförmige) Ruhestellung.

Der Beweis wird zunächst für die dauerförmige Ruhestellung geführt. K_1 habe also in S_1 eine dauerförmige Ruhestellung, d. h. es gibt einen Vorgang v_{30} aus der Bewegung b_{30} eines weiteren Punktkörpers K_3, so daß die Leitlinie l_{31} zur Bahn B_{30} in dem Stück, welches zu v_{30} gehört, parallel ist.

Angenommen, K_2 sei bezüglich v_{30} nicht in Ruhe, d. h. die Leitlinie l_{23} sei in dem zu v_{30} gehörenden Stück nicht parallel zur Bahn B_{30}.

Dann gibt es einen Vorgang v_{20} aus der Bewegung b_{20}, bezüglich dessen K_1 in S_1 eine dauerförmige Ruhestellung einnimmt, d. h. die

Leitlinie l_{12} ist in dem zu v_{20} gehörenden Stück parallel zur Bahn B_{20}.
Wegen der Ähnlichkeit der Bewegungen b_{10} und b_{20} gilt dann, daß die gesamte Leitlinie l_{12} der Bahn B_{20} parallel ist, d. h. daß der Körper K_1 überhaupt nicht bewegt ist.
Dieser Sonderfall, daß auch die totale Ruhe eines Punktkörpers bezüglich der Bewegung eines anderen Punktkörpers als »ähnliche« Bewegung angesprochen werden kann, soll durch eine Zusatzvereinbarung ausgeschlossen werden. Denn die Feststellung, daß der Zustand der Ruhe zu jeder beliebigen Bewegung ähnlich ist, weist die Unbrauchbarkeit dieses Grenzfalles für Bewegungsvergleiche aus. Die Definition der Ähnlichkeit gelte also von jetzt ab nur für den Fall, daß die Leitlinie zu keiner der beiden Bahnen parallel ist.
Aus dieser zusätzlichen Voraussetzung, die für den noch offenen Beweis impliziert, daß K_1 bezüglich keines Vorgangs v_{20}^x aus der Bewegung b_{20} ruht, folgt aus der Annahme, K_2 ruhe nicht bezüglich v_{30}, ein Widerspruch zur Voraussetzung $b_{10} * b_{20}$. Also ruht K_2 bezüglich v_{30}, womit (S 4) für den Fall der dauerförmigen Ruhestellung von K_1 bewiesen ist.
In der Definition (D 3) der nuförmigen Ruhestellung war die Existenz einer zu einer der Bahnen parallelen Tangente an die Leitlinie gefordert worden. Diese Definition ist also auch für den Fall anwendbar, daß Vorgänge miteinander verglichen werden, und daß die Tangente im Endpunkt des zu den Vorgängen gehörenden Leitlinienstückes berührt. Der Kürze wegen wird (S 6) für diese Zusatzbedingung bewiesen, daß K_1 am Anfang eines Vorgangs eine nuförmige Ruhestellung einnimmt.
Wie man sofort sieht, ist damit auch der allgemeine Fall, daß die nuförmige Ruhestellung im Innern eines Vorgangs oder einer Bewegung eingenommen wird, erfaßt.
Die Bahn B_{30} sei ausgehend von der Stelle S_{30}° in Wege w_{30}^n gleicher Länge geteilt. Über die Leitlinie l_{13} lassen sich auf der Bahn B_{10} die Begleitwege w_{10}^n ermitteln. Dann folgt aus der Bedingung, daß l_{13} in P (vgl. Fig. 12) eine zu B_{30} parallele Tangente hat, für die Wege w_{10}^n.
Ab einer hinreichend feinen Teilung von B_{30} bilden für ein $n > N$, wo N in Abhängigkeit vom Verlauf der Leitlinie l_{13} und der Feinheit der Teilung geeignet zu wählen ist, die Weglängen $|w_{10}^n|$ mit fallendem n eine Nullfolge.

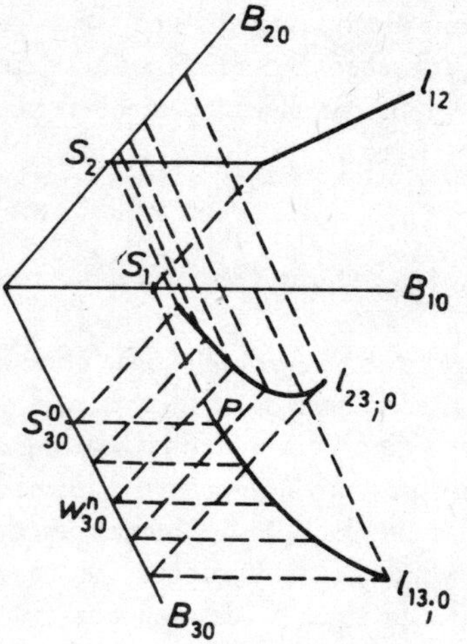

Figur 12

Wegen der Ähnlichkeit der Bewegungen b_{10} und b_{20} ist auch die Folge der Weglängen $|w^n_{20}|$ (die w^n_{20} seien die Begleitwege zu den w^n_{10}) mit fallendem n eine Nullfolge.

Nachdem so über die Leitlinien l_{12} und l_{13} auf B_{20} die Begleitstellen S^n_{20} zu den Stellen S^n_{30} auf B_{30} ermittelt sind, läßt sich die Leitlinie l_{23} konstruieren, welche einen Bewegungsvergleich zwischen b_{20} und b_{30} erlaubt. Ersichtlich muß auch l_{23} an dem Punkt, der zu S°_{30} gehört, eine zu B_{30} parallele Tangente haben. Damit ist aber bewiesen, daß K_1 in S°_{20} eine nuförmige Ruhestellung einnimmt, was zu zeigen war.

Wegen der schon gegebenen Erweiterung der Bewegungsvergleiche auf Bewegungen mit beliebigen Bezugskörpern gilt (S 6) auch unter der erweiterten Bedingung, daß die Bewegungen von K_1 und K_2 nicht auf denselben Punktkörper bezogen sind.

Die bisher getroffenen terminologischen Unterscheidungen und die daraus logisch folgenden Sätze stellen einen Apparat dar, der geeignet ist, schon in der elementaren Bewegungslehre ein Problem aufzugreifen, welches im Rahmen der empirisch verstandenen klassischen Physik kaum diskutiert wird, obgleich man häufig von einer Vorentscheidung dieses Problems Gebrauch macht: die Stetigkeit von Geschwindigkeitsänderungen. Freilich ist dies nicht unbedingt ein Versäumnis der Physiker, da Stetigkeitsbetrachtungen, welche im

Zusammenhang mit protophysikalischen Grundgrößen auf eine Erörterung der begrifflichen Grundlagen des Messens hinauslaufen, ohnehin durch empirische Beiträge nicht vorangetrieben werden können.

3.2. Die Stetigkeit von Geschwindigkeitsänderungen

Die Frage, ob a priori und eventuell sogar uhrenfrei Aussagen über Geschwindigkeitsänderungen formulierbar und schließlich vertretbar sind, erfordert eine vorbereitende Klärung. Zunächst mag es überraschend sein, in einer uhrenfreien Kinematik, in welcher ein Terminus »Geschwindigkeit« bisher nicht vorgekommen ist, Aussagen über Geschwindigkeitsänderungen bilden zu wollen. Wenn überhaupt, so werden solche Aussagen nur mit Hilfe zusätzlicher Unterscheidungen formulierbar werden, die freilich anhand gleichzeitiger Bewegungsvergleiche zu treffen sind. Es läßt sich nach der bisher geleisteten Vorbereitung einsehen, daß diese Unterscheidungen nur in zweistelligen Prädikatoren am Beispiel *momentaner* Geschwindigkeitsvergleiche ihren Ausdruck werden finden können. Damit ist aber auch schon der Rahmen abgesteckt, in welchem sich die folgende Erörterung bewegen wird.
Auf der Stufe der vor- oder außerwissenschaftlichen Rede ist leicht Einigkeit darin zu erzielen, daß Körper ihre Geschwindigkeit nur »stetig« ändern können. Damit ist gemeint, daß 1. auch eine Geschwindigkeitsänderung »Zeit« beansprucht, und daß 2. unter der Voraussetzung, man habe schon eine Zuordnung von Zahlen zu Geschwindigkeiten, ein Körper, der zwei verschiedene Geschwindigkeitswerte v_1 und v_2 annimmt, auch jeden Wert zwischen v_1 und v_2 annehmen muß.[187]
Die Plausibilität dieser Aussage rührt sicherlich von einer wohl jedem zugänglichen Alltagserfahrung her, daß Körper träge sind, oder, was dazu synonym ist, daß Körper sich nicht momentan beschleunigen lassen. Selbst wo die Stufe vorwissenschaftlicher Unterscheidungen verlassen wird, könnte man zunächst eine dynamische Begründung für die Stetigkeit von Geschwindigkeitsänderungen erwarten. In der Annahme, daß alle Körper eine von Null verschiedene träge Masse haben, und daß immer nur endliche Kräfte zur Beschleunigung von Körpern zur Verfügung stehen, folgt aus der

*Newton*schen Definition von »Kraft«, daß zur Änderung der Geschwindigkeit eines Körpers eine von Null verschiedene Dauer benötigt wird.

Ohne sich in Einzelheiten verlieren zu müssen, läßt sich jedoch angeben, warum eine so geführte dynamische Begründung nicht stichhaltig sein kann. Die Definition von »Kraft« als Produkt aus träger Masse und Beschleunigung ist nur verstehbar, wenn bereits ein Kontinuum von Geschwindigkeiten als definiert vorausgesetzt wird. Anders kann »Beschleunigung« nicht als Änderung der Geschwindigkeit eingeführt werden. Diese Aufgabe aber fällt der Kinematik zu.

So scheint es unumgänglich, in diesem Zusammenhang auf das Kontinuumsproblem einzugehen, welches wohl so alt ist wie das menschliche Bemühen um exakte Aussagen über die Natur. Zwar hat dieses Problem schon bei *Aristoteles* eine erschöpfende Behandlung erfahren, doch kann von einer Resonanz seiner Überlegungen in der klassischen oder in der modernen Physik keine Rede sein.

Hier soll jedoch das Kontinuumsproblem nicht aufgegriffen werden. Durch die Ausgangsposition der hier angestellten Überlegungen, in welcher die euklidische Geometrie als vollbegründete und fertige Theorie vorausgesetzt wird, ist damit auch eine befriedigende Klärung der Kontinuität von Längen, aristotelisch verstanden als Teilbarkeit in wieder Teilbares, schon als geleistet angenommen. Wo die Geometrie als Teil einer Protophysik verstanden wird, ist es eine geometrische und nicht eine kinematische Frage, ob ein Körper, der sich auf einer Bahn von einer Stelle zu einer anderen bewegt, alle dazwischenliegenden Stellen dieser Bahn auch tatsächlich durchläuft.

Die Einführung der Termini »Stelle« und »Stellung« und insbesondere die für diese Termini in Geltung gesetzten Prädikatorenregeln zeigen ohnehin, daß dort die kontinuierliche Struktur von Bahnen und Bewegungen vorausgesetzt war. Aus diesem Grunde kann die anstehende Frage, wie Geschwindigkeitsänderungen sprachlich zu fassen seien, ohne weitere Reflexion auf das Problem der Kontinuität beantwortet werden, womit dann freilich ein Teil der Voraussetzungen an die Geometrie delegiert worden ist und deshalb hier nicht behandelt wird.

Nach diesen Vorbemerkungen muß in einem ersten Schritt die verfügbare Terminologie verschärft werden. Der Terminus

»nuförmige Ruhestellung« war definiert worden durch die Bedingung, daß die Leitlinie in dem entsprechenden Punkt eine Tangente hat, welche zu einer der Bahnen parallel ist. Von »nuförmiger Ruhestellung« zu sprechen, soll nun auch für folgenden Sonderfall möglich sein, für den in den bisherigen Definitionen noch keine Festsetzungen getroffen wurden:

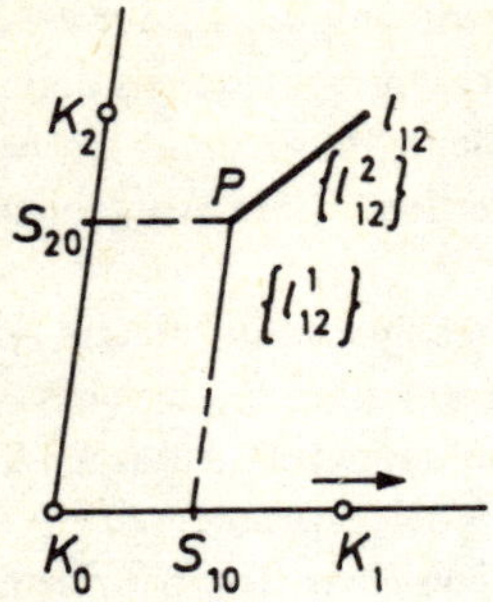

Figur 13

(D 8) Die Leitlinie l_{12} der bezüglich K_0 bewegten Punktkörper K_1 und K_2 habe den in Fig. 13 gezeigten Verlauf, d. h. K_1 habe in S_{10} eine dauerförmige Ruhestellung und sei außerhalb von S_{10} ähnlich zur Bewegung von K_2 bewegt. Dann gelte (zusätzlich zu $K_1 r K_0, v_{20}$) für die Stelle S_{20}, die zum Knickpunkt P der Leitlinie gehört, und an der K_2 die Stellung S_{20} einnimmt: $K_1 r K_0, s_{20}$, d. h. K_1 hat bezüglich s_{20} eine *nuförmige Ruhestellung*.
M. a. W.: der Punkt P der Leitlinie zähle per definitionen zum Leitlinienstück $\{l^1_{12}\}$, das Stück $\{l^2_{12}\}$ ist in Richtung auf P *offen*. *Dauerförmige* Ruhe wird also stets bezüglich *abgeschlossener* Vergleichsvorgänge konstatiert. Diese Festsetzung ist durch ihre Verträglichkeit mit den bisherigen terminologischen Bestimmungen gerechtfertigt. Im Gegensatz zur Alternativmöglichkeit, die Vergleichsvorgänge der dauerförmigen Ruhe als offen anzunehmen, ist die hier gewählte Lösung verträglich mit (D 3), der Definition von »nuförmige Ruhestellung«. Ruhestellungen werden bezüglich abgeschlossener »Ereignisse« definiert, wobei es nicht darauf ankommen soll, »wie lange« ein Körper in Ruhe ist. Diese Verwandtschaft von nuförmiger und dauerförmiger Ruhe hat einen tieferen Grund als etwa nur einen formal-ästhetischen. Die nuförmige Ruhe läßt sich trivialerweise nicht anders als »abgeschlossen« definieren. Wollte

man dann im Gegensatz dazu die dauerförmige Ruhe offen definieren, so geriete man in einen auffälligen Widerspruch nicht nur zum faktischen und von allen anerkannten Sprachgebrauch, sondern auch zu dem normativ zu rekonstruierenden, wenn sich dieser nicht seinerseits in Widersprüche verwickeln oder aber die abstrusesten Sonderfälle erzeugen sollte: Wäre der Vergleichsvorgang v_{20} der dauerförmigen Ruhe von K_1 offen, d. h. würde K_1 bezüglich der Endstellungen $s_{20}^{1;2}$ des Vergleichsvorganges v_{20} keine (per definitionem: nuförmigen) Ruhestellungen einnehmen, so könnte man den »Bewegungszustand« von K_1 bezüglich $s_{20}^{1;2}$ zunächst als undefiniert bezeichnen. Das Ziel, strenge Bewegungsvergleiche zu ermöglichen, fordert die Aufhebung solcher undefinierter »Bewegungszustände«. Dann bleibt keine andere Wahl mehr (wollte man nicht einen »dritten Bewegungszustand« erfinden), als K_1 bezüglich $s_{20}^{1;2}$ als bewegt zu bezeichnen. Diese Lösung würde implizieren, einen Körper, von dem feststeht, daß er über eine Dauer hin in Ruhe ist, plötzlich bewegt zu nennen, und zwar »zu einer Zeit«, in der er immer noch dieselbe Stelle einnimmt. (Der Ausdruck »zu einer Zeit« darf hier nicht irritieren. Er ist durch Aussagen über K_2 eliminierbar.) Damit darf behauptet werden, daß es im Hinblick auf die Konsistenz der kinematischen Terminologie gerechtfertigt ist, die dauerförmige Ruhe bezüglich abgeschlossener Vergleichsvorgänge zu definieren, was nichts anderes heißt, als »zeitlich an Anfang und Ende« (also bezüglich der Bewegung von K_2) einer dauerförmigen Ruhestellung nuförmige Ruhestellungen anzunehmen.

Nach dieser Erweiterung der Terminologie läßt sich folgender Satz beweisen:

(S 7) Die Leitlinie l_{12} der bezüglich K_0 bewegten Punktkörper K_1 und K_2 habe den in Fig. 14 gezeigten Verlauf, d. h. es gelte: $v_{10}^1 * v_{20}^1$, $v_{10}^2 * v_{20}^2$. S_{10} und S_{20} sind Begleitstellen. Der zu ihnen gehörende Punkt P liegt in einer Knickstelle der Leitlinie.

Dann, so lautet die zu beweisende Behauptung, nehmen K_1 in S_{10} und K_2 in S_{20} Ruhestellungen ein, d. h. es kann eine Bewegung b_{70} eines Punktkörpers K_7 erzeugt werden, so daß gilt:

$$K_1 r K_0, s_{70} \text{ und } K_2 r K_0, s_{70}$$

oder

$$K_1 r K_0, v_{70} \text{ und } K_2 r K_0, v_{70}.$$

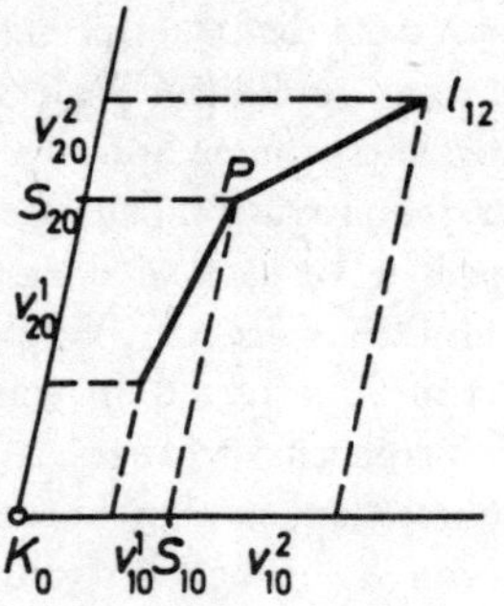

Figur 14

Beweis: Zunächst werden neue Punktkörper, welche die angegebenen Bedingungen erfüllen, eingeführt, was zu einer Hilfskonstruktion führt, wie sie in Fig. 15 dargestellt ist.

K_3 mit: $B_{30} \equiv B_{10}$; $b_{30} \ast b_{20}$; $K_1 r K_3, v^1_{20}$;
K_4 mit: B_{43} parallel zu l^1_{12}; $b_{43} \ast b_{03}$;
K_5 mit: $B_{50} \equiv B_{10}$; $b_{50} \ast b_{20}$; $K_1 r K_5, v^2_{20}$;
K_6 mit: B_{65} parallel zu l^2_{12}; $b_{65} \ast b_{05}$;

Betrachtet man die Bewegungen b_{13} und b_{15}, welche der Körper K_1 hinsichtlich der neu eingeführten Bezugskörper K_3 und K_5 ausführt, so ergeben sich als Begleitstellungen zu s_{20} die Stellungen s_{13} und s_{15}, die an den Stellen S_{13} und S_{15} eingenommen werden. Der besseren Übersichtlichkeit wegen sind in Fig. 15 die Bahnen B_{43} und B_{65} so

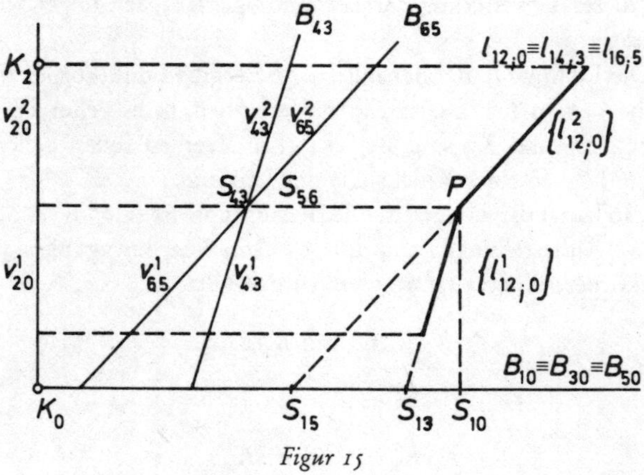

Figur 15

gezeichnet, daß sie sich in den zu P gehörenden Stellen S_{43} und S_{65} schneiden, was allerdings keine relevante Zusatzbedingung darstellt. Die Wahl der Bedingungen für die Punktkörper K_3 bis K_6 hat zur Folge, daß die Leitlinien $l_{12;0}$, $l_{14;3}$ und $l_{16;5}$ stückweise identisch sind (vgl. Fig. 15).

Aus den Voraussetzungen $v^2_{10} * v^2_{20}$ und $b_{20} * b_{30}$ folgt wegen (S 1) c) und (S 5):

(I) $$v^2_{13} * v^2_{20}.$$

Aus den Voraussetzungen $b_{20} * b_{30}$ und $b_{43} * b_{03}$ folgt wegen (S 1) c) und (S 2):

(II) $$b_{20} * b_{43}.$$

Aus (I) und (II) folgt:

(IIIa) $$v^2_{13} * v^2_{43}.$$

Analog beweist man:

(IIIb) $$v^1_{15} * v^1_{65}.$$

Damit ist gezeigt: Die Hilfskonstruktion erlaubt zweimal die Anwendung der Definition (D 8), und zwar einmal auf die Punktkörper K_1,K_3 und K_4 und zum anderen auf K_1,K_5 und K_6. Dann gilt also gemäß (D 8):

$$K_1 r K_3, s_{43} \text{ und } K_1 r K_5, s_{65}.$$

Aus (II) und dem analog zu zeigenden $b_{20} * b_{65}$ folgt wegen (S 6) für s_{20}:

Es kann eine Bewegung b_{70} eines Punktkörpers K_7 erzeugt werden, für die gilt:

$K_2 r K_0, s_{70}$ und wegen (S 6) dann auch
$K_1 r K_0, s_{70}$ oder:
$K_2 r K_0, v_{70}$ und wegen (S 6) dann auch
$K_1 r K_0, v_{70}$, was zu zeigen war.

Der Satz (S 7) erlaubt nun, uhrenfrei Aussagen über die Stetigkeit von Geschwindigkeitsänderungen zu gewinnen. Hierzu muß zunächst noch der Sachverhalt, der durch die Voraussetzungen von (S 7) beschrieben wurde, mit anderen Worten als den hier verwendeten Termini dargestellt werden; durch Wörter insbesondere, die eine

Rede von Geschwindigkeiten ergeben. Bei der angestrebten neuen Beschreibung wird darauf zu achten sein, daß sich eine Übereinstimmung mit dem gängigen Sprachgebrauch insofern ergibt, als auch in der uhrenfreien Kinematik die Bewegung eines Körpers dann schneller als die eines anderen heißen soll, wenn er »in gleichen Zeiten« (ausgedrückt durch Begleitvorgänge) größere Strecken zurücklegt. In der verfügbaren Terminologie läßt sich etwa folgendermaßen definieren: Die Bewegung eines Punktkörpers K_1 ist schneller als die Bewegung eines Punktkörpers K_2, wenn das Weglängenverhältnis $|w^n_{10}|:|w^n_{20}|$ der Begleitwege w^n_{10} und w^n_{20} für alle n größer als 1 ist. Erweitert auf Bewegungsvergleiche mit beliebigen Bezugskörpern bedeutet dies:

Eine Bewegung b_{1x} ist schneller als eine Bewegung b_{2y}, wenn für die Weglängenverhältnisse aller Begleitwege gilt:

$$|w^n_{1x}|:|w^n_{2y}| > 1.$$

Betrachtet man in Fig. 15 die Leitlinie $l_{12;0}$ und gibt man die Geschwindigkeitsverhältnisse g^1 und g^2 für die Paare v^1_{10}, v^1_{20} und v^2_{10}, v^2_{20} von Begleitvorgängen unter Hinweis auf deren Ähnlichkeit an durch

$$g^1 = |w^1_{10}|:|w^1_{20}|,$$
$$g^2 = |w^2_{10}|:|w^2_{20}|,$$

so sind ersichtlich g^1 und g^2 verschieden. Das Geschwindigkeitsverhältnis von K_1 und K_2 ändert sich also an den Stellen S_{10} bzw. S_{20}, und zwar *sprunghaft*, wofür der Terminus »unstetig« gesetzt werde.

Damit ist die unstetige Änderung von Geschwindigkeits*verhältnissen* per definitionem äquivalent mit dem Auftreten einer Knickstelle in der Leitlinie. Genau genommen müßte noch gezeigt werden, daß diese definitorische Äquivalenz auf Knickstellen in nichtgeraden Leitlinien, also bei nichtähnlichen Teilvorgängen, ausgedehnt werden kann, was aber der Einfachheit halber hier weggelassen werden darf. Nun besagt aber andererseits Satz (S 7), daß eine geknickte Leitlinie darauf schließen läßt, daß die Körper, welche die Leitlinie erzeugen, in den zum Knickpunkt gehörenden Stellen Ruhestellungen einnehmen. Daraus folgt logisch: Wenn zwei Punktkörper auf einem Paar von Begleitwegen keine Ruhestellungen einnehmen, können sie innerhalb dieser Begleitwege ihr Geschwindigkeitsverhältnis nicht unstetig ändern.

Freilich ist damit nur ein Satz über Geschwindigkeitsverhältnisse gewonnen, während in der einleitenden Erörterung des Stetigkeitsproblems die Frage gestellt worden war, ob ein Punktkörper seine Geschwindigkeit unstetig ändern könne, ohne daß dort von einem Geschwindigkeitsvergleich die Rede war. Es darf hier jedoch als ausreichend begründet vorausgesetzt werden (vgl. S. 135 f.), daß »absolute« Aussagen über Geschwindigkeiten zunächst nur als Aussagen relativ zum menschlichen Zeitempfinden verstanden werden können, und daß im Bereich der exakten Wissenschaften dann an die Stelle dieses Zeitempfindens ein objektiver Zeitstandard treten muß.

Da in dieser Arbeit der objektive, d. h. reproduzierbare Vergleichsstandard für Bewegungen bestimmt und ein Realisierungsverfahren angegeben wird, da also später eine methodisch eingeführte Rede über Uhren verfügbar sein wird, kann hier im Vorgriff der Vergleich beliebiger Bewegungen mit einer gleichförmigen Bewegung konstanter Geschwindigkeit in die Stetigkeitsbetrachtung einbezogen werden.

Ein uhrenfreier, bloß geometrischer Bewegungsvergleich kann keine Aussagen über Bewegungsformen liefern. So ist auch durch den Verlauf einer Leitlinie nichts darüber ausgesagt, wie sich die Geschwindigkeit eines Körpers »absolut«, und dies kann hier nun heißen: relativ zu einer Uhr, ändert. Läßt man zunächst (S 7) außer acht, so kann aus einer unstetigen Änderung des Geschwindigkeitsverhältnisses zweier Körper für deren »absolute« Geschwindigkeitsänderungen nur gefolgert werden, daß entweder beide Körper ihre Geschwindigkeit unstetig ändern, oder, wenn einer der beiden Körper »absolut« nur stetige Geschwindigkeitsänderungen erfährt, zumindest der andere seine Geschwindigkeit unstetig verändert. Dadurch wird deutlich, daß unter Vernachlässigung von (S 7) die Einführung von Uhren keine Entscheidung für oder wider die Möglichkeit unstetiger Geschwindigkeitsänderungen bringen kann. (Zur Vermeidung eines naiv realistischen Mißverständnisses muß hier ergänzt werden, daß »Möglichkeit« in diesem Satz lediglich die Konsistenz mit der bereits verfügbaren Theorie meint.)

Berücksichtigt man jedoch (S 7) und verwendet im Vorgriff auf noch zu Leistendes die gängige Terminologie für Bewegungsformen, so kann das Ergebnis von (S 7) folgendermaßen formuliert werden: Eine »absolute« unstetige Geschwindigkeitsänderung, d. h. eine Geschwindigkeitsänderung, die keine Dauer beansprucht, zeigt sich durch einen Knick in der Leitlinie bei Bewegungsvergleich mit einem »Uhrkörper«, worunter ein Punktkörper zu verstehen ist, der sich gleichförmig und mit konstanter Geschwindigkeit bewegt. Diese Darstellung wäre nach (S 7) gleichbedeutend damit, daß in einer gleichförmigen Bewegung konstanter Geschwindigkeit Ruhestellungen enthalten sind, was ein offensichtlicher Widerspruch ist. Wird definitorisch ausgeschlossen, daß der Zustand der Ruhe eine Sonderform der gleichförmigen Bewegung konstanter Geschwindigkeit ist, so ist durch die Stetigkeitsbetrachtung für Geschwindigkeitsverhältnisse auch gezeigt, daß es keine bezüglich einer gleichförmigen Bewegung unstetige Geschwindigkeitsänderung geben kann, d. h. wer sich auf die hier aufgebaute Terminologie einläßt, die mit Bedacht in Übereinstimmung mit der in der klassischen Physik üblichen Terminologie steht, muß auch zugeben, daß ein Körper seine Geschwindigkeit nur in einer von Null verschiedenen Dauer ändern kann.

Aus dieser Einsicht ergibt sich eine weitere Folgerung, die als letzter Satz der uhrenfreien Kinematik bewiesen werden soll:

(S 8) Durchläuft ein Punktkörper eine geknickte Bahn, so hat er an der Knickstelle eine Ruhestellung.

Aus einsichtigen Gründen kann von geknickten Bahnen nur dort gesprochen werden, wo mindestens drei Punktkörper betrachtet werden. Der Beweis von (S 8) geht dann von folgender Situation aus: Ein Punktkörper K_1 bewege sich bezüglich K_0 auf der Bahn B_{10} (vgl. Fig. 16). Die Bahn B_{21} eines Punktkörpers K_2 sei nicht parallel zu B_{10}. K_2 ruhe bezüglich K_1 und bezüglich v_{01} und bewege sich ansonst ähnlich zu b_{10}. Unter Verwendung von (S 3) ergibt sich für K_2 eine Bahn

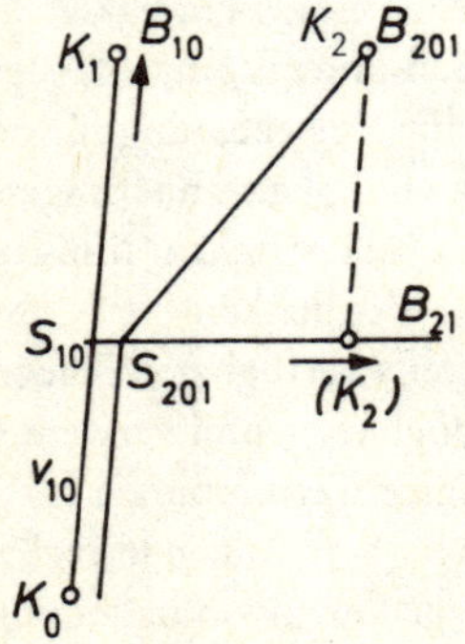

Figur 16

B_{201} (als Abkürzung für »die Bahn von K_2 bezüglich K_0 und K_1«), welche in S_{201}, der Begleitstelle zu S_{10}, eine Knickstelle hat.
Wendet man nun auf K_0 und K_1 die Regel (R) an (wie es schon in der Voraussetzung K_2rK_1,v_{01} zum Ausdruck kommt), vertauscht man also die Bezugskörper, so ergibt sich als neue Leitlinie $l_{20;1}$ (vgl. Fig. 17). Diese weist in P, dem zu $S_{01} = S_{10}$ gehörenden Punkt, einen Knick auf.

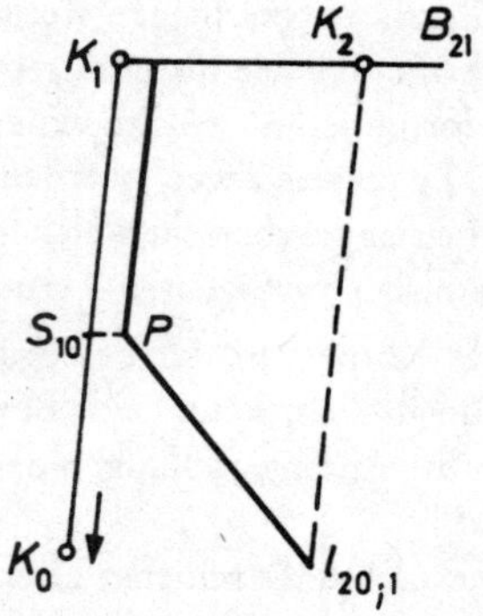

Figur 17

Der Verlauf von $l_{20;1}$ ist derselbe wie in (D 8) beschrieben, so daß gilt: K_2rK_1,s_{01}, woraus wiederum wegen (R) folgt, K_2 hat in seiner Bewegung bezüglich K_0 an der Stelle S_{201} eine (nuförmige) Ruhestellung, was zu beweisen war.
Da relative Ruhe, die gemäß (D 2) und (D 3) geometrisch definierte Ruhe eines Punktkörpers »absolute« Ruhe, also Ruhe bezüglich der Bewegung von Uhren impliziert – und Uhren sollen keine Ruhestellungen einnehmen –, darf auch die »absolute« Gültigkeit von (S 8) behauptet werden. Ein Körper, der eine geknickte Bahn durchläuft, nimmt an der Knickstelle eine Ruhestellung bezüglich der Bewegung von Uhren ein. »Idealiter« kann ein Körper eine geknickte Bahn also nur dann durchlaufen, wenn seine Geschwindigkeit an der Knickstelle Null wird.
Die Erweiterung der Sätze (S 7) und (S 8) auf nichtähnliche Bewegung kann geometrisch erfolgen und bietet kinematisch keine prinzipielle Neuerung. Da im folgenden nicht darauf zurückgegriffen wird, soll diese Erweiterung hier nicht gegeben werden. So ist mit (S 8) die Konstruktion einer Bewegungslehre, welche nur Aussagen über gleichzeitige Bewegungsvergleiche enthält, abgeschlossen. Sie nur für

geradlinige Bewegungen entwickelt zu haben, darf aus dem Ziel dieser Arbeit abgeleitet werden, einen zirkelfreien Weg zur Einführung einer Rede über Zeit im Rahmen der exakten Wissenschaften zu weisen.

Bevor es nun um die Einführung von Termini für Bewegungsformen geht, ist noch das Versprechen von S. 155 einzulösen. Es ist zu zeigen, daß die uhrenfreie Kinematik, wenn sie auch nicht zur Verwendung in der Praxis vorgeschlagen werden soll, dennoch hinreicht, nichttriviale qualitative wie quantitative empirische Aussagen als Hypothesen zu formulieren, welche experimenteller Überprüfung zugänglich sind. Zu diesem Zweck werden vier Beispiele zunehmender Kompliziertheit angegeben, in welchen an »kinematischen« Prädikatoren nur die bisher verfügbaren Termini auftreten.

1. Der freie Fall eines Körpers ist der Bewegung eines Körpers auf der schiefen Bahn dann ähnlich, wenn beide Bewegungen gleichzeitig beginnen, d. h. wenn die Anfangsstellungen der beiden Bewegungen Begleitstellungen sind.

2. Die Bewegung eines auf einer schiefen Ebene aufsteigenden Körpers eilt der Bewegung eines auf einer schiefen Ebene fallenden Körpers nach.

Auf *Galilei* geht folgender Satz über Fallbewegungen zurück:

3. Die Körper K_1 und K_2 mögen bezüglich K_0 fallen, K_1 lotrecht, K_2 auf einer beliebig geneigten Ebene. K_1 und K_2 nehmen im Schnittpunkt ihrer Bahnen B_{10} und B_{20} Begleitstellungen ein. (Diese Forderung läßt sich für ausgedehnte Körper durch Projektion ihrer Bahnen in eine Ebene erfüllen.) Dann gilt für alle Paare von Begleitstellen: Zu einer Stelle S^n_{10} ermittelt man die Begleitstelle S^n_{20}, indem man das Lot von S^n_{10} aus auf die Bahn B_{20} fällt (vgl. Fig. 18).

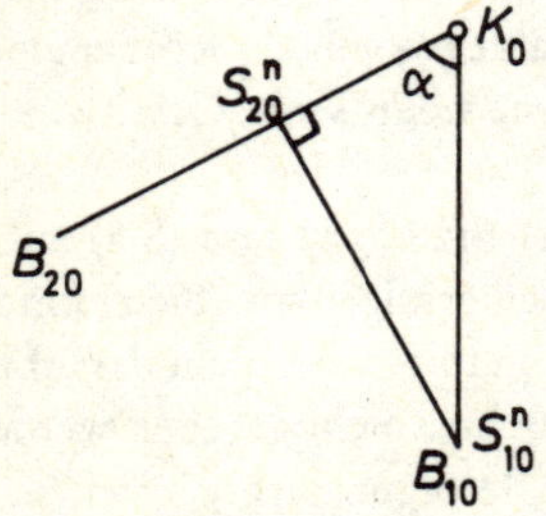

Figur 18

Dazu äquivalent ist der Satz: Das Weglängenverhältnis der Begleitwege w^n_{20} und w^n_{10} ist gleich dem Kosinus des Winkels, den die Bahnen B_{10} und B_{20} einschließen.

Schließlich kann uhrenfrei auch folgender, nun sicher nicht mehr triviale Satz formuliert werden, der empirisch gültig ist:

4. Die Bahnen der Körper K_1 und K_2 schließen einen Winkel α ein. B_{10} verlaufe lotrecht (vgl. Fig. 19). Auf B_{20} werden Stellen S^1_{20} und S^2_{20} durch folgende Bedingung festgestellt:

$$1.\ |w^1_{10}|:|w^1_{20}| = \cos\alpha \text{ (für } S^1_{20}\text{)}.$$

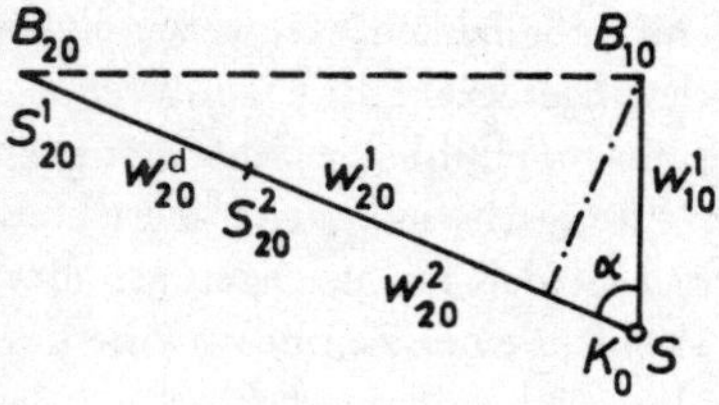

Figur 19

2. Von S aus wird eine Strecke der Länge 2 w^1_{10} von w^1_{20} durch Abtragen abgezogen und der verbleibende Rest um die Projektion von w^1_{10} auf B_{20} verlängert. Die so erhaltene Strecke von S aus bestimmt auf B_{20} die Stelle S^2_{20}. Der Weg von S^1_{20} bis S^2_{20} heiße w^d_{20}. Wenn dann gilt: $K_1 r K_0, v^d_{20}$; S^1_{10} ist Begleitstelle zu S^2_{20} (d. h. K_1 beginnt in dem Augenblick zu fallen, in welchem K_2 die Stelle S^2_{20} passiert); so treffen die Körper K_1 und K_2 in S gleichzeitig ein und haben in dieser Stelle gleiche Geschwindigkeit.

4. Bewegungsformen

4.1. Vorbemerkung: Einwände gegen die Periodizität als protophysikalischen Grundbegriff

Mißt man das in der uhrenfreien Kinematik bisher Geleistete an dem Programm, welches in der Diskussion der Erwartungen an eine Chronometrie skizziert worden war, so ist bisher nicht mehr erreicht als die bescheidene Möglichkeit, Geschwindigkeitsvergleiche bei gleichzeitigen Bewegungen exakt durchzuführen. Auch davon wurde eher beiläufig und nur im Hinblick auf den Stetigkeitsbeweis und das Additionstheorem für Geschwindigkeiten berichtet, weil eben schon behauptet werden darf, daß im gleichzeitigen Bewegungsvergleich gerade nicht das Problem einer Zeitmeßtheorie liegt.

Aus diesem Grund ist auch darauf verzichtet worden, zusätzlich eine relationale Redeweise über Bewegungsformen einzuführen, die zunächst nur zweistellige Prädikatoren enthalten könnte und daher – verglichen mit dem üblichen Sprachgebrauch – eine zumindest befremdliche Beschreibungsart bleiben müßte. Zwar können durch Auszeichnung bestimmter Formen der Leitlinie, etwa durch einsinnige Krümmung, Prädikatoren für »relative Bewegungsformen« eingeführt werden, doch wären Termini wie »beschleunigt bezüglich« (statt »voreilen« in Definition (D 7)) irreführend. Eine Bewegung kann nämlich zugleich beschleunigt bezüglich einer anderen und »absolut«, d. h. bezüglich einer Uhr, verzögert sein.

Die Rede von *Bewegungsformen* wird erst sinnvoll, wenn ohne Schwierigkeiten auf eine *allgemeine Standardbewegung* Bezug genommen werden kann und damit Prädikatoren für Bewegungsformen explizit einstellig gebraucht werden können, ohne Mehrdeutigkeiten nach sich zu ziehen. Das ist auch in der Alltagssprache der Fall. Ein solcher einstelliger Prädikator – es wird sich zeigen, daß bereits einer für die Zeitmessung genügt – wird nun schrittweise eingeführt, wobei ein Entscheidungsverfahren angegeben wird, das ein Argumentieren für oder wider das rechtmäßige Zusprechen dieses einstelligen Prädikators für eine Bewegungsform erlaubt. Dadurch wird insbesondere die Zeitunabhängigkeit von Aussagen über Bewegungsformen erreicht, was heißen soll, daß Bewegungen, die zu verschiedenen Zeiten ablaufen, hinsichtlich ihrer Form vergleichbar sind.

Dem unvoreingenommenen Kenner der Physik bieten sich zumindest zwei Bewegungsformen an, von denen man erwarten darf, daß sie sich als Grundform einer Chronometrie auszeichnen lassen, die *»periodischen«* und die *»gleichförmigen«* Bewegungen. (Hier seien »periodisch« und »gleichförmig« zunächst exemplarisch eingeführt. Im folgenden werden diese Prädikatoren konträr gebraucht, d. h. eine Bewegung soll nur dann periodisch heißen, wenn sie nicht gleichförmig ist; so sind Pendelschwingungen ein Beispiel für eine periodische Bewegung, nicht aber die Drehung eines Körpers mit konstanter Winkelgeschwindigkeit. »Gleichförmig« bezeichne außerdem nur Bewegungen mit konstanter Geschwindigkeit, nicht aber gleichförmig beschleunigte Bewegungen.) Zwischen diesen beiden Formen ist nun unter den in Kap. II dargestellten Prämissen eine *begründete* Wahl zu treffen. Hier soll der herrschenden Auffassung, Zeitmessung gründe sich vorzugsweise auf periodische Bewegungen, dadurch Reverenz erwiesen werden, daß diese Bewegungsform zuerst auf ihre Eignung als chronometrische Grundform hin überprüft wird.

Der Versuch einer zirkelfreien Begründung der Chronometrie erfordert dann eine terminologische Bestimmung von »periodisch«. Daß eine Definition über periodische Funktionen eines *Zeitparameters* t hier unzulässig ist, versteht sich von selbst. Deshalb greift man in der Regel auf Formulierungen in vor- oder außerwissenschaftlicher Rede zurück und versucht, damit die Ununterscheidbarkeit der einzelnen Perioden zu beschreiben. Man spricht, häufig an Beispielen wie dem Fadenpendel erläutert, über »Zustände« oder »Phasen«, die sich wiederholen, wie etwa die Umkehr eines Pendels.

Bemerkenswert an solchen Versuchen ist nicht nur die Fixierung auf das alte wissenschaftstheoretische Programm, Messung sogleich auf das Zählen von gleichen Gegenständen zurückzuführen, sondern auch die Befangenheit in einer nicht reflektierten Praxis der Zeitmessung: weil es *historisch* erfolgreich war, Uhren mit Oszillatoren wie Pendeln, Unruhen usw. zu verwenden, denkt man wohl bei den Definitionsversuchen für »periodisch« sogleich an solche Exemplare von Uhren und übersieht dabei wenigstens zwei Probleme: Erstens durchläuft man stillschweigend einen pragmatischen Zirkel, wenn man im Blick auf (in einem ungeklärten Sinne bewährte) Uhren eine

Bewegungsform definiert, mit deren Hilfe »Uhr« definiert werden soll. Und zweitens übergeht man die Aufgabe, in der Definition von »periodisch« relevante von irrelevanten Unterschieden einzelner Perioden zu trennen, und nimmt so in Kauf, daß die Definition unvollständig ist. Offensichtlich muß es nämlich solche Unterschiede geben, sonst könnte man nicht von *verschiedenen* Perioden sprechen und sie zum Zwecke der Zeitmessung zählen. Betrachtet man gleichzeitig zum Ablauf der als periodisch auszuzeichnenden Bewegung irgendein anderes Geschehen, so lassen sich sogar sehr viele Unterschiede zwischen zwei aufeinanderfolgenden und in einigen Merkmalen ununterscheidbaren »Perioden« nennen. Man kann zirkelfrei aber weder wissen, daß diese alle relevant sind, noch, daß sie alle irrelevant sind.

Unproblematisch scheint dagegen zunächst die Möglichkeit, einige Merkmale genau wenigstens zu benennen, in denen sich die Perioden einer Bewegung nicht unterscheiden sollen. Obgleich in Physik-Lehrbüchern in der Regel davon nicht Gebrauch gemacht wird, stehen z. B. alle geometrischen Aussagen dafür zur Verfügung.

Besteht nun schon in den üblichen Darstellungen ein gravierendes definitorisches Defizit hinsichtlich der Bestimmung von »periodisch«, so bleibt völlig uneinsichtig, warum sich die eher vage beschriebenen Bewegungen für die Zeitmessung *eignen* sollen, d. h. welcher Zusammenhang zwischen der »Definition« von »periodisch« und den de facto erwarteten Gangeigenschaften von Uhren, nämlich deren *konstanten Gangverhältnis*, besteht. Hält man fest, daß sich für die Definition von »periodisch« zirkelfrei durchaus bereits exakte Merkmale, nämlich z. B. geometrische Aussagen über Bewegungen, angeben lassen, so liegt das Kernproblem dieser Definition immer noch in der Unterscheidung relevanter von irrelevanten Unterschieden einzelner »Perioden« im Hinblick auf ein erwartetes Gangverhältnis von Uhren am Ort.

Mit welcher Legitimation zählt man z. B. bei einem »periodisch« bewegten Körper geometrische Kriterien der Bahn zu den relevanten Kriterien? Wenn etwa ein Fadenpendel konstanter Länge relativ zur Aufhängung irreguläre Bahnen durchläuft, im selben geometrischen Bezugssystem ein anderes Fadenpendel jedoch reguläre, so wird man allgemein das geometrisch regulär schwingende Pendel für Zeitmessungen vorziehen. Dieses Beispiel zeigt, wie schwierig es ist, die Definitionen physikalischer Grundbegriffe von Anleihen bei physikalischem Wissen frei zu halten, das man seinerseits erst mit Uhren gewinnen kann. Außerdem enthüllt das Beispiel ein nur von wenigen Wissenschaftstheoretikern bemerktes logisches Problem dieser Definitionsversuche: angenommen, man habe sich – aus welchen Gründen auch immer – darauf geeinigt, ein bestimmtes Merkmal für die Definition von »periodisch« als relevant anzusehen. Dann schließt man: Wenn Unterschiede zwischen einzelnen »Perioden« in diesem Merkmal vorliegen, so ist die fragliche Bewegung nicht periodisch. Daraus folgt logisch aber nicht, daß eine Bewegung bei Ununterscheidbarkeit einzelner Perioden in diesem Merkmal auch periodisch ist in allen Merkmalen, die für ein konstantes Gangverhältnis von Uhren verantwortlich sein können. Vielmehr ist nur bekannt, daß bei periodischen Bewegungen keine Unterschiede in den definitorisch bestimmten Merkmalen vorliegen. Mit anderen Worten, und zwar in der Terminologie von Kap. II, man greift in solchen Fällen nicht auf eine Definition, also auf eine definitorische Äquivalenz zurück, sondern nur auf eine Prädikatorenregel, also eine definitorische Implikation. Das Fehlen der Unterscheidung relevanter von irrelevanten Merkmalen periodischer Bewegung kommt also darin zum Ausdruck, daß *keine Definition*, sondern nur *eine Regel* vorliegt, die besagt, daß periodische Bewegungen in einzelnen Perioden keinen Unterschied aufweisen dürfen. Eine Definition im Sinne *definitorischer Äquivalenz* läßt sich daraus erst gewinnen, wenn ein vollständig bezeichneter Katalog von Merkmalen angegeben wird, bezüglich derer einzelne Perioden einer Bewegung ununterscheidbar sein müssen.

Wie schon in Kap. II, 2 angemerkt, neigen nicht nur Empiristen zu der Auffassung, man könne einen solchen Katalog von Merkmalen im Fortschreiten der empirischen Physik sukzessiv vervollständigen, sondern auch z. B. H. Dingler. Man hat sich diese Auffassung etwa derart vorzustellen, daß zunächst eine augenscheinlich periodische Bewegung zur Zeitmessung verwendet wird. Wenn dann damit Kenntnisse z. B. über den Einfluß des Luftwiderstandes auf bewegte Körper gewonnen sind, läßt sich vermeintlich als neues Merkmal die Konstanz des Luftwiderstandes bei allen Perioden zur Definition hinzunehmen und eine Uhr dahingehend verbessern. In diesem Vorgehen liegt jedoch insofern ein Fehler, als für die Feststellung der Bremswirkung des Luftwiderstandes in Abhängigkeit z. B. von Temperatur und Luftdruck angenommen werden muß, daß die

bezüglich Luftwiderstand noch nicht stabilisierte Uhr bereits konstant läuft. Man muß sich m. a. W. auf das widersprüchliche Argument einlassen, daß sowohl die stabilisierte als auch die nichtstabilisierte Uhr eine gute Uhr sei, obgleich doch beide nicht dauernd konstantes Gangverhältnis aufweisen. Dieser Sachverhalt läßt sich auch so ausdrücken, daß kein Grund dafür angegeben werden kann, die stabilisierte Uhr für die bessere zu halten, weil es kein *von Zeitmessung unabhängiges* Verbesserungskriterium gibt. Damit bleibt nur, die Ununterscheidbarkeit von Perioden in allen jemals in der Physik vorkommenden Parametern zu verlangen. Das ist jedoch ersichtlich kein brauchbarer Vorschlag. Zum ersten enthält er nämlich für die Parameter, deren Definition bzw. Messung von Zeitmessung abhängen, einen methodischen Zirkel. Zum zweiten läßt man sich, pointiert gesagt, auf eine Praxis des Zeitmessens ein, deren Zweck man erst mit Hilfe der Zeitmessung selbst vollständig bestimmen möchte. Zum dritten dürfen vielleicht auch Parameter wie das Alter des Universums wegen möglicher Zusammenhänge mit der Gravitationskonstanten unter die hier zu berücksichtigenden Merkmale gezählt werden, was zwar keine Einwände gegen eine für praktische Zwecke hinreichend genaue Zeitmessung ergibt, aber auf eine Definition von »periodisch« führt, der zufolge es periodische Bewegungen im strengen Sinne überhaupt nicht geben kann.
Unter einem anderen Blickwinkel hat bereits R. Carnap diese Schwierigkeiten deutlich gesehen und nach einem Ausweg gesucht.[188] Carnaps Kritik an Definitionsversuchen für die Periodizität läßt sich so auffassen: Wenn mit Hilfe periodischer Bewegungen Zeit gemessen, also die Gleichheit von Dauern festgestellt werden soll, so darf die Gleichheit von Dauern nicht zu den Definientes von »periodisch« gehören.
Deshalb unterscheidet Carnap »schwach periodische« Bewegungen, bei denen sich irgendeine »Phase« fortgesetzt wiederholt, von »stark periodischen«, bei denen die sich wiederholenden Bewegungsabschnitte gleichlang dauern. Er weist nach, daß die Forderung nach starker Periodizität als Grundform der Zeitmessung zirkulär ist und schlägt deshalb folgenden Ausweg vor: Man beginne bei den schwach periodischen Bewegungen. Mit ihrer Hilfe könne man entdecken, daß es in der Natur eine große Menge schwach periodischer Bewegungen gibt, die zueinander konstantes Frequenzverhältnis haben. Und sofern man Bewegungen aus dieser Gruppe zur

Grundlage der Zeitmessung wählt, würde die damit gewonnene Naturbeschreibung einfacher als z. B. bei Zeitmessung mit Hilfe unseres Pulses.

Daß diese Auffassung Carnaps vom Wesen der Zeitmessung noch nicht einmal eine korrekte Beschreibung dessen ist, was Physiker wirklich tun, und daß sie einige unsinnige Annahmen enthält, wurde schon in Kap. I gezeigt.[189] Hier ist Carnaps Auffassung noch einmal zitiert, um ihren vernünftigen Kern hervorzuheben: Mit Carnap läßt sich behaupten, daß in die Definition von »periodisch« nicht, auch nicht versteckt, Wörter wie »gleichlang dauernd« oder äquivalente eingehen dürfen. Also muß man mit einer sparsameren Definition auskommen. Weil wir aber, und hier ist eine Abweichung von Carnap unumgänglich, nach physikalischen Sätzen suchen, deren Gültigkeit *zeitinvariant* ist, müssen wir solche Vorgänge zur Zeitmessung künstlich so erzeugen, daß sie *zeitinvariant reproduzierbar* sind. Carnaps Intention, den Bezug auf eine Klasse von (seiner irrtümlichen Meinung nach »von Natur aus vorhandenen«) Bewegungen zusätzlich dadurch zu legitimieren, daß sich daraus einfachste Naturbeschreibungen ergäben, läßt sich noch am ehesten mit dem Begriff der semantischen Konsistenz bei C. F. v. Weizsäcker interpretieren,[190] wonach die Auszeichnung der Meßvorgänge mit den daraus erhaltenen empirischen Theorien logisch verträglich sein müssen. Im Rahmen einer solchen Konsistenzbetrachtung kann man dann aus der empirischen physikalischen Theorie Gründe herleiten, warum die zunächst schwach periodischen Bewegungen in ihren Perioden gleichlang sind. Eine solche, wahrscheinlich im Sinne Carnaps liegende Interpretation offenbart, daß es Carnap zwar gelungen ist, einen offenkundigen definitorischen Zirkel zu vermeiden, daß er dafür aber einen um so gravierenderen methodischen Zirkel durchläuft.

In der ersten Fassung der »Protophysik der Zeit« war dafür argumentiert worden, daß die periodische Bewegung *prinzipiell* nicht als Grundform für eine Chronometrie infrage käme. Diese Auffassung ist häufig kritisiert, aber, soweit ich sehe, nirgends wirklich widerlegt worden. Andererseits hatte die Begründung dafür, warum der gleichförmigen von der periodischen Bewegung der Vorzug gegeben werden solle, eine Reihe von Unklarheiten, die im folgenden behoben sind.

Hier ist vor allem zu trennen zwischen der Frage, ob *innerhalb* der

Protophysik (mit ihren Ansprüchen auf Zirkelfreiheit und Operativität) die periodische Bewegung *prinzipiell unmöglich* oder vielleicht auch nur *weniger gut geeignet* ist als die gleichförmige, und ob bei den *außerhalb* der Protophysik vorgelegten Definitionsversuchen ein *prinzipielles* Hindernis besteht. Das Resultat wird sein, daß innerhalb der Protophysik für periodische Bewegungen ein streng analoger Aufbau der Chronometrie wie bei den gleichförmigen Bewegungen zwar *möglich*, aber *wesentlich komplizierter* ist, daß aber außerhalb der Protophysik für einen ganzen Typus von Definitionsbemühungen prinzipielle Hindernisse gegen eine Begründung der Zeitmessung mit periodischen Bewegungen besteht.

Zunächst zu den periodischen Bewegungen als *protophysikalische* Grundform: Der in diesem Buch vorgetragene Ansatz versucht, methodische Zirkel wie bei Carnap zu vermeiden. Es ist also zu fragen, ob sich eine in den oben beschriebenen Fehlern *korrigierte Definition von »periodisch«* finden läßt.

Da an dieser Stelle bereits die uhrenfreie Kinematik zur Verfügung steht, können (in den Mitteln also reicher als bei Carnap) zirkelfrei Aussagen nicht nur über (»natürlich«) ausgezeichnete Zustände wie Anfang und Ende von Vorgängen gemacht werden, sondern auch über Bewegungsvergleiche für *beliebige innere* Abschnitte der Bewegungen. So sind z. B. die Bewegungen zweier *synchron* schwingender Pendel (auch bei verschiedener Amplitude) zueinander *ähnlich*. (»Synchron« kann hier als zweistelliger Prädikator als exemplarisch bestimmbar gelten.) Freilich soll die Definition von »periodisch« gerade dazu dienen, nichtgleichzeitige Dauern zu vergleichen. Damit scheint es zunächst fraglich, ob sich das an gleichzeitigen Bewegungen definierte Vokabular überhaupt auf nichtgleichzeitige Bewegungen anwenden läßt. Offensichtlich ist dies nicht in der Weise möglich, etwa zu fordern, zwei aufeinanderfolgende Vorgänge sollten ähnlich sein. Eine solche Forderung ist gemäß der Definition von »ähnlich« sinnlos. Deshalb soll versucht werden, aufbauend auf den Vergleich gleichzeitiger Bewegungen eine allgemeine, d. h. auch für nichtgleichzeitige Bewegungen anwendbare Definition von »periodisch« zu formulieren.

In der uhrenfreien Kinematik war die Möglichkeit eines momentanen (gleichzeitigen) Geschwindigkeitsvergleichs gewonnen worden. Betrachtet man nun die momentane Relativgeschwindigkeit zweier Bewegungen b_1 und b_2 als Funktion der zurückgelegten Strecke einer der beiden Bewegungen, z. B. von b_1, so läßt sich eine *relative Periodizität* dadurch definieren, daß diese *Funktion* periodisch ist. Es ist dann eine bloß geometrische bzw. mathematische Aufgabe, zu beweisen, daß die Wahl einer der zwei Bewegungen als Bezug für das Geschwindigkeitsverhältnis keine Rolle spielt, und daß alle zu einander relativ periodischen Bewegungen eine *Äquivalenzklasse bezüglich relativer Periodizität* bilden. Ebenso ist es unerheblich, mit welcher *relativen Phasenverschiebung* die beiden Bewegungen b_1 und b_2 ablaufen. Offensichtlich ist damit eine strenge Definition einer Klasse von Bewegungen gefunden, die der nach Carnaps Auffassung natürlich vorfindlichen Klasse periodischer Bewegungen entspricht. Die hier gegebene Definition hat offensichtlich Vorteile gegenüber der Carnaps, insofern sie nämlich unabhängig von Phasenverschiebungen ist und nicht voraussetzen muß, daß das Frequenzverhältnis der beiden Bewegungen rational ist.

An die Definition der relativen Periodizität läßt sich dann ein streng analoger Aufbau einer protophysikalischen Chronometrie anschließen, wie er sich im Falle der gleichförmigen Bewegungen an die Definition der Ähnlichkeit anschließt. (Da dieser Aufbau erst im nächsten Abschnitt dieses Kapitels vorgetragen wird, kann hier lediglich im Vorgriff eine analoge Möglichkeit für periodische Bewegungen behauptet werden, die allerdings erst nach Lektüre des folgenden Abschnitts verständlich ist.) Es können Forderungen formuliert werden, zunächst in einer Auswahlnorm eine Klasse von zueinander beständigen periodischen Bewegungen zu bilden. Für diese wäre dann die Erhaltung der relativen Periodizität bei Phasenverschiebung zu fordern. Diese Forderungen ließen sich dann freilich nicht mehr zu einem Homogenitätsprinzip als der diese Forderungen umfassenden Zielsetzung führen. Statt dessen bliebe von der Lebenswelt her als Ziel der Chronometrie direkt die zeitinvariante (in einem Vorverständnis von Invarianz bezüglich Nullpunktsverschiebung und Einheitenwahl) Periodizität von Bewegungen selbst zu begründen, für das sich prinzipiell auch ein Eindeutigkeitsbeweis in dem Sinne führen ließe, daß unabhängige Realisierungen von Paaren periodischer Bewegungen auch zueinander relativ periodisch sein müßten. Es sind mit anderen Worten keine Gründe sichtbar, warum ein solcher Aufbau analog dem der gleichförmigen Bewegung »prinzipiell« nicht möglich sein sollte.

Andererseits gibt es eine Reihe guter Gründe, warum trotz dieser prinzipiellen Möglichkeit die periodische Bewegung nicht zur Grundform einer protophysikalischen Zeitdefinition erklärt werden sollte:

Erstens sind die erforderlichen Definitionen, beginnend mit derjenigen für die relative Periodizität, und die anschließenden Sätze und Beweise wesentlich komplizierter. An die Stelle einer Konstanten tritt eine periodische Funktion, und der Eindeutigkeitsbeweis müßte für beliebige Phasenverschiebungen geführt werden. Diese Komplizierung könnte vielleicht in Kauf genommen werden, wenn sich dafür andere Vorzüge der periodischen Bewegung ins Feld führen ließen. Diese bestehen, soweit man in der wissenschaftstheoretischen oder physikalischen Diskussion nach ihnen sucht, in der Regel in Verweisen auf die tatsächlich praktizierte Technik der Zeitmessung und auf die Geschichte des Uhrenbaus mit ihrer Bevorzugung periodischer Bewegungen.

Vor dem Anspruch auf Zirkelfreiheit wird dies freilich zum zweiten Gegengrund gegen die Wahl der periodischen Bewegung: wie oben schon ausgeführt, verbirgt sich nämlich in einem Verweis auf die heute in der Physik entwickelten hochpräzisen Uhren und auf die Geschichte der Uhrmacherkunst ein pragmatischer Zirkel, und für die Uhrmacherkunst außerdem noch das historische Mißverständnis, als wäre es den alten Uhrmachern um eine möglichst gute Realisierung periodischer Bewegungen gegangen. Vielmehr läßt sich, wie in Kap. IV ausgeführt, als Ziel des Uhrenbaus eine möglichst gute Simulierung der konstanten Erddrehung durch Uhrenzeiger annehmen, für die sich dann die periodische Bewegung als Umweg und technisches Mittel besonders günstig hat verwenden lassen. Ziel waren also nicht Uhren, die Perioden zählen, sondern Uhren, die konstante Zeigerdrehungen zeigten, und bei denen ein Zerhacken in Perioden so fein wurde, daß es nicht mehr störte.

Drittens müßte eine Protophysik der Zeit, die auf Periodizität aufbaut, aus dem Alltag heraus ein Ziel der Chronometrie formulieren, das in der Reproduktion gleichlanger Ereignisse mehr läge als allgemein im Vergleich von Ereignissen hinsichtlich ihrer Dauer. Hierbei würde man immer Gefahr laufen, sich in die Zirkel zu verlieren, die am Beispiel der analytischen Metrisierungstheorien in Kap. I diskutiert wurden: die Gleichheit von Größenverhältnissen kann operativ nicht zirkelfrei über die Verwendung von Einheiten definiert werden, wohl aber lassen sich reproduzierbare Einheiten definieren, nachdem die Gleichheit von Größenverhältnissen geometrisch bestimmt ist.

Viertens spricht die Anbindung einer technisch orientierten, d. h. Geräteeigenschaften normierenden Zeitmessung an »natürliche« Bewegungen gegen die Periodizität. Die häufig zu findende Behauptung, es gäbe in der Natur »periodische« Bewegungen oder sogar eine große Klasse von zueinander periodischen Bewegungen, ist problematisch. Sie verdankt sich einerseits dem Umstand, daß Bewegungen wie Pendelschwingungen von astronomischen Trägheitsbewegungen nicht unterschieden werden, obgleich die einen technisch, die anderen natürlich sind, und obgleich die einen ausgezeichnete Anfangs- und Endpunkte haben, die anderen aber konventionell festzulegender Bezugssysteme bedürfen. Andererseits ist der Hinweis auf eine »naturgesetzliche« Konstanz des Schwingungsverhältnisses von natürlichen Bewegungen (wie der Erdrotation) und künstlichen Bewegungen (wie technisch aufrechterhaltenen Pendelschwingungen) ein Irrtum, solange Uhren an Sterndurchgängen astronomisch geeicht werden (die Konstanz besteht dann rein konventionell und nicht empirisch), und er verfehlt sein Ziel, wo (etwa wegen Einwänden gegen die Erdrotation als Zeitstandard) nun eine technische Alternative in Form von Oszillatoren gegenüber der natürlichen Bewegungen bevorzugt wird (daß moderne Uhren, mit denen man Schwankungen der Erdrotation messen kann, besser sind als die Uhr Erde, kann nur ohne Bezug auf einen natürlichen Zeitstandard und deshalb aus den Zwecken physikalischer Zeitmessung allein begründet werden). Die Protophysik unterscheidet die wissenschaftliche Zeitmessung von der lebensweltlichen dadurch, daß an die Stelle der Zielsetzung für die Zeitmessung der Lebenswelt, nämlich die Erdrotation zu simulieren, die wissenschaftliche Zielsetzung tritt, zeitinvariant das Verhältnis von Dauern bestimmen zu können.

Diese vier Gründe sprechen deutlich dagegen, sich der Bevorzugung der periodischen Bewegung zu Definitionszwecken in Theorien der Zeitmessung anzuschließen.

4.2. Die gleichförmige Bewegung

Wenn jetzt die Aufgabe, einen einstelligen Prädikator für Bewegungsformen zu bestimmen, in Angriff genommen wird, so ist von der vorwissenschaftlichen Praxis auszugehen. Der Aufbau der Chronometrie soll insbesondere schon bei der Rede über Bewegungen von Körpern seinen Anfang nehmen, die so weit als verfügbar vorausgesetzt wird, daß es Sinn hat, von der *Wiederholung von Ereignissen* zu sprechen. Eine solche Stufe ist in der außerwissenschaftlichen Alltagssprache tatsächlich auch immer erreicht, wo es zu den elementarsten Situationen zählt, einen Menschen zur Wiederholung oder Unterlassung einer Handlung aufzufordern. Auch im Bereich der »außenbeobachtbaren« Bewegungen, d. h. solcher Veränderungen, an denen ersichtlich kein Mensch mitwirkt, leistet die außerwissenschaftliche Sprache die geforderte Identifizierung. Allbekannte Beispiele sind der Lauf der Sonne, die Brandung oder etwa die jährliche Nilüberschwemmung, die historisch für die Zeitbestimmung eine wichtige Rolle gespielt hat. Auch im Falle solcher natürlich wiederholter Ereignisse ist der Bezug auf die Situation des Menschen, der zweckorientiert handelt, entscheidend. Er identifiziert Ereignisse und deren Wiederholung, insoweit es seinen Bedürfnissen entgegenkommt.

Da in der Physik an mehreren Stellen (auch außerhalb der Quantenphysik) explizit die Frage auftritt, ob und unter welchen Bedingungen Ereignisse, natürliche wie künstliche, sich wiederholen können, mag die Befürchtung naheliegen, daß es eine zumindest folgenschwere Entscheidung mit möglicherweise später unerwünschten Konsequenzen für physikalische Theorien ist, von der Wiederholbarkeit von Bewegungen im vorwissenschaftlichen Bereich auszugehen. Diese Befürchtung ist Grund genug, noch einmal kritisch nach der Rechtfertigung dieses ersten Schrittes zu fragen. Die bloße Möglichkeit, wiederholbare Ereignisse auf der vorwissenschaftlichen Stufe auszuzeichnen und darin der Chronometrie eine analoge Behandlung zur Geometrie zuteil werden zu lassen, ist bereits gezeigt. Versucht man sich auf eine Stufe zu versetzen, wo noch keine, auch nicht die primitivste Uhr zur Verfügung steht, und fragt,wie es wohl gewesen sein muß, daß ein *Bedürfnis nach Zeitmessern* entstehen konnte (unabhängig davon, wie es historisch gewesen ist), so wird wohl die unzuverlässige Beurteilung von Dauern nach dem Zeitempfinden Anlaß zur Verbesserung der Abschätzung von Dauern gewesen sein. Daß freilich das Zeitempfinden bisweilen in die Irre führt, kann nicht festgestellt oder behauptet werden, wenn nicht der gefühlsmäßigen Beurteilung einer Dauer irgendein wiederholtes Ereignis entgegengehalten wird. Was aber dann von einem Zeitmesser (zunächst für den alltäglichen Gebrauch und ohne jeden wissenschaftlichen Anspruch) erwartet wird, ist nichts anderes, als in jederzeit verfügbarer Weise gleiche Wiederholungen eines Ablaufs aufzuweisen, wobei »gleich« hier ein Pleonasmus ist, da Wiederholung nur heißen wird, was Wiedererkennbares ist. Ohne daß also schon von Wiederholungen von Ereignissen gesprochen wird, ist noch nicht einmal der Bedarf an »Zeitvergleich« oder »Zeitbestimmung« auf der elementarsten Stufe des täglichen Lebens einzusehen, von der Verwendbarkeit eines Gerätes zu diesem Zweck ganz zu schweigen.

Hier scheint sich doch noch ein Argument für den oben abgelehnten Vorschlag anzubieten, periodische Bewegungen zur Begründung der Chronometrie heranzuziehen. Dem ist jedoch nicht so. Die vorwissenschaftliche Auszeichnung wiederholbarer Abläufe hat einen viel elementareren Charakter als die Definition der Periodizität. Die Rolle der vorwissenschaftlichen *Identifizierung von Ereignissen* läßt sich vielleicht durch ein geometrisches Analogon veranschaulichen: Wie eine operative Geometrie nicht mit der Bearbeitung sehr weicher Körper (etwa aus Wachs oder Kautschuk) gelingen kann, so ist vor jeder Wissenschaft einsichtig, daß die Chronometrie nicht auf unwiederbringliche Ereignisse wie das Ziehen der Wolken, Schneegestöber oder auch Bewegungen von Mensch und Tier gegründet werden kann. Das Herabrollen einer Kugel über eine Fallrinne, die Schwingungen eines Fadenpendels, das Leerlaufen eines Gefäßes durch eine kleine Öffnung o. ä. sind dagegen Äquivalente zur Auswahl von Basalt oder Stahl bei der Herstellung ebener Platten.

Gegen eine solche Auswahl von »geeigneten« bereits der Alltagserfahrung zugänglichen Bewegungen sind Einwände zu erwarten. Vorausgeschickt sei, daß in der modernen Physik bekanntlich nicht nur Bewegungsgesetze, sondern auch die Geometrie als ein Bereich von Grundbegriffen angesehen wird, der als Ergebnis einer Analyse anerkannter physikalischer Theorien von deren empirischer Kontrolle abhängig, also kurz, empirisch ist. In der klassischen Physik jedoch wird die euklidische Geometrie naiv vorausgesetzt. Aussagen über Bewegungen aber, mögen sie nun die Zeitmessung oder Kinematik und Dynamik betreffen, werden auch in der klassischen Physik bereits als Teile einer *empirischen* Mechanik angesehen. Insbesondere gibt es keine von dynamischen Begründungen (nämlich Bezügen auf Inertialbewegungen) unabhängigen Versuche, eine für

den Physiker wirklich relevante Theorie der Bewegungen zu entwickeln. Kinematik wird verstanden als Dynamik unter Abblendung von Fragen nach den bewegenden Kräften.
Aus dieser Sicht betrachtet erscheint es vielleicht problematisch, auf der Basis von Alltagswissen bei wiederholbaren Bewegungen zu beginnen. Pointiert gesagt, ist nach dieser Auffassung doch alles, was sich bewegt, nach Naturgesetzen bewegt, weil schon die einfachsten Aussagen über Bewegtes Teile einer empirischen, d. h. Naturgesetze formulierenden Theorie sind. Die Antworten auf diesen möglichen Einwand wurden in anderem Zusammenhang bereits gegeben und dort begründet: Jede als naturgesetzlich angesehene Wiederkehr gleicher Ereignisse bedarf, damit sie überhaupt erkannt werden kann, der menschlichen Fähigkeit, solche Unterscheidungen zu treffen, daß für oder gegen die Behauptung argumentiert werden kann, ein (bestimmtes) Ereignis wiederhole sich. Allgemein kann Alltagserfahrung nicht methodisch durch wissenschaftliche Erfahrung hinterfragt werden. Es wäre also nur eine Scheinsicherheit gewonnen, wollte man *physikalische* Gründe für die Auswahl erster wiederholbarer Bewegungen ins Feld führen, etwa für Pendel- oder Trägheitsbewegungen. Nur von den empirischen Ergebnissen der Physik unabhängige Auswahlkriterien sind methodisch zulässig. Welche dies im Detail sein können, wird später noch ausführlich diskutiert.
Zunächst genügt es, mit Bewegungen von Körpern zu beginnen, die sich wiederholen lassen. Der Ausdruck *»wiederholen«* wird dabei *exemplarisch bestimmt.* Beispiele wären etwa: einen (bestimmten) Stein werfen oder fallenlassen, eine Töpferscheibe drehen, eine Kanne Wasser in eine andere Kanne umfüllen. Gegenbeispiele sind etwa: ein (bestimmtes) Streichholz anzünden, eine (bestimmte) Flasche Wein leertrinken, eine (bestimmte) Glasscheibe zerbrechen. Schon an solchen Beispielen und Gegenbeispielen läßt sich dann erläutern, daß mit »Wiederholung« nicht das allgemeine Schema einer Handlung (z. B. das Anzünden eines Streichholzes), sondern das *Handlungsschema zusammen mit bestimmten,* durch Eigennamen oder Kennzeichnungen benannten *Körpern* (»dieses Streichholz anzünden«) gemeint ist. Es läßt sich dann jede die Bewegung eines bestimmten Körpers betreffende Beschreibung schrittweise präzisieren, wobei jedes Merkmal der Beschreibung daraufhin kontrolliert werden kann, ob dadurch die Wiederholbarkeit der Handlung verlorengeht oder nicht. Auf diese Weise kann erlernt werden, was es

heißt, eine in einer Aufzählung von Merkmalen bestimmte Bewegung zu wiederholen und dann allgemein von einer Sorte wiederholbarer Bewegungen zu sprechen, etwa den Wurfbewegungen von Steinen.

Ebenfalls ohne physikalisches Vokabular kann erlernt werden, wann eine Bewegung *sich selbst überlassen* ist, nämlich wenn sie nicht mehr durch einen Menschen beeinflußt wird. Das Ziehen einer Schachfigur ist keine sich selbst überlassene Bewegung, wohl aber das Rollen einer Kugel beim Kegeln oder der Flug eines Pfeils. Die sich selbst überlassenen Bewegungen bilden also eine Gruppe gleichsam zwischen den völlig vom Menschen geführten und den ganz ohne menschliche Einwirkung ablaufenden Bewegungen wie dem Lauf der Sonne oder den Witterungserscheinungen.

Selbstverständlich lassen sich gegen diese Einteilung viele spitzfindige Einwände konstruieren. Angenommen, ein Psychologe habe für ein lerntheoretisches Experiment eine Kegelbahn mit einer Vorrichtung versehen, den Lauf der Kugel unbemerkt für die Versuchsperson zu beeinflussen. Oder jemand glaubt, wiederholt eine bestimmte Bewegung verursacht und dann sich selbst überlassen zu haben, und statt dessen wäre diese Bewegung auch ohne seine Einwirkung abgelaufen, und der vermeintliche Verursacher der Bewegung sei nur durch eine Begleiterscheinung dieser Bewegung unbemerkt zu seinen in Wahrheit nichts verursachenden Handlungen veranlaßt worden, u.s.w. Solche »was wäre, wenn«-Fragen verfehlen jedoch die Intention der Einteilung von Bewegungen in geführte, sich selbst überlassene und nicht durch menschliche Einwirkung veranlaßte. Es ging dort um die Frage, welche Bewegungen Menschen so in Gang setzen können, daß sinnvollerweise von Wiederholbarkeit gesprochen werden kann. Und es ging auch darum, Beispiele für sich selbst überlassene Bewegungen zu finden, die, obwohl sie von einem bestimmten Zeitpunkt an nicht mehr der unmittelbaren Einwirkung ihres menschlichen Verursachers unterliegen, gleichwohl in ihrem Ablauf bestimmten Erwartungen des Verursachers genügen. Jeder Sprung über einen Graben, jeder Wurf oder Schuß auf ein Ziel hin ist ein solches Beispiel. Und wieder ist es im Hinblick auf die methodische Reihenfolge von Schritten undenkbar, daß Menschen darauf gekommen wären, Wurfbewegungen wissenschaftlich zu beschreiben, zu erklären und vorherzusagen, wenn nicht das gezielte Werfen zu den elementaren Alltagsfähigkeiten des Menschen zählte.

Die uhrenfreie Kinematik, die allein an geführten Bewegungen konstruiert werden konnte, läßt sich nun auch zur Verschärfung von Aussagen über sich selbst überlassene Bewegungen verwenden und erlaubt so, in einem anspruchsvolleren Sinne von Wiederholbarkeit zu sprechen. Damit vollzieht sich zugleich ein *Übergang zum Bau von Geräten.* Beispiele für solche im strengeren Sinne wiederholbare Bewegungen sind etwa die Abläufe von feder- oder gewichtgetriebenem Spielzeug. Auch hier zeigt sich wieder die weitgehende Parallelität von methodischer Reihenfolge und tatsächlicher historischer Entwicklung: der Bau von Musikautomaten und Spieluhren war nicht etwa ein Abfallprodukt einer auf Zeitmessung ausgerichteten Uhrmacherkunst; vielmehr hat die Fähigkeit, immer komplexere mechanische (und akustische) Abläufe durch ein Gerät festzulegen, dann auch das spezielle Ziel besser erreichbar werden lassen, die Erddrehung durch ein Gerät zu imitieren.

Nach diesen Vorbemerkungen über die handwerkliche, vorwissenschaftliche Herstellung von Geräten, die in Gang gesetzt werden können und dann sich selbst überlassene Bewegungen ausführen, soll nun wieder mit dem Vokabular der uhrenfreien Kinematik allein versucht werden, der Bestimmung der gleichförmigen Bewegung näherzukommen. Es seien zu diesem Zweck an zwei Geräten G_1 und G_2 die Punktkörper K_1 und K_2 betrachtet. K_1 bzw. K_2 seien also Teile von G_1 bzw. G_2. Wie immer sonst der Mechanismus von G_1 und G_2 beschaffen sei, es soll nur die Bewegung von K_1 bzw. K_2 interessieren. K_1 und K_2 sind mit anderen Worten die *»Zeiger«* der Geräte. Die Bezugskörper für die Zeigerbewegungen, also gleichsam die Ziffernblätter (obgleich hier noch nicht an bestimmte Skalen zu denken ist) seien für jedes der Geräte festgelegt.[191] Sie werden im folgenden nicht weiter genannt oder als Indizes berücksichtigt, was durch die Ergebnisse der uhrenfreien Kinematik als zulässig ausgewiesen ist.

Mit solchen Geräten werden nun uhrenfreie, also gleichzeitige Bewegungsvergleiche durchgeführt. Dabei werde jeweils die Leitlinie (bzw. das momentane Geschwindigkeitsverhältnis in Abhängigkeit einer beliebigen der beiden Bewegungen) registriert.

(D 9) Werden Wiederholungen des Bewegungsvergleichs jeweils mit demselben Paar von Begleitstellungen begonnen, und entsteht dabei jeweils die gleiche Leitlinie, so mögen die verglichenen Vorgänge *»relativ zueinander wiederholbar«* heißen. Sind die Abläufe zweier

Geräte G_1 und G_2, d. h. die Vorgänge ihrer Zeiger K_1 und K_2 relativ zueinander wiederholbar, so mögen G_1 und G_2 *»zueinander beständig«* heißen.

Die Begründung einer Chronometrie im engeren Sinne, also unter Absehung ihrer Voraussetzungen in Geometrie und uhrenfreier Kinematik, beginnt mit der Norm:

(N 1) Stelle zueinander beständige Geräte her! Äquivalent dazu ist die Norm: Stelle Geräte zur Erzeugung von Vorgängen her, die relativ zueinander wiederholbar sind! Diese Normen sind *Auswahlnormen,* d. h. sie fordern dazu auf, aus dem Bereich der verfügbaren künstlichen Bewegungen solche auszuwählen, für die relative Wiederholbarkeit gegeben ist.

Es mag überraschen, daß eine Norm, die ja schließlich künstlich hergestellte Geräte betrifft, als Auswahlnorm und nicht als Herstellungsnorm bezeichnet wird. Eine genauere Betrachtung der methodischen Reihenfolge von Einzelschritten zeigt jedoch, daß im ersten Schritt keine Vorschriften zur Herstellung von beständigen Geräten formuliert werden können, weil dazu bereits das Wissen erforderlich ist, welche Umstände die Beständigkeit von Geräten bewirken bzw. welchen Konstruktionsprinzipien eine solche Herstellung folgen müßte. Mit anderen Worten, es muß vorausgesetzt werden, daß die Herbeiführung relativ zueinander wiederholbarer Vorgänge bereits gelungen ist. Hier könnte vom empiristischen Standpunkt aus eingewendet werden, daß also das Fundament auch einer normativ verstandenen Chronometrie die Erfahrung sei. Ob dieser Ansicht zuzustimmen oder zu widersprechen ist, hängt jedoch ganz vom Gebrauch des Wortes »Erfahrung« in diesem Satz ab. Es wäre unsinnig, hierunter ein experimentelles Resultat einer systematischen Bemühung zu verstehen und damit das Gelingen der Auswahl wiederholbarer Vorgänge durch Verweis auf ein »Naturgesetz« begründen zu wollen. Es ist aber durchaus ein im eigenen Handeln (ohne Leitung durch Prinzipien, wie sie für die Wissenschaften konstitutiv sind) erworbenes Erfahrungswissen, daß bestimmte Handlungen wie die Herstellung beständiger Geräte erfolgreich sind. Man könnte dies, abgesehen vom Unterschied »wissenschaftlich – vorwissenschaftlich« oder »messend – nichtmessend« auch charakterisieren durch den Unterschied »historische Erfahrung – systematische Erfahrung«. Die historische Erfahrung, daß es uns gelingt, Geräte zu bauen, die in immer der gleichen Weise (im Sinne relativer Wiederholbarkeit) ablaufen, kann gleichsam *nur einmal* gemacht werden. Dann steht sie zur Verfügung und kann auch später nicht durch eine systematische Erfahrung im Rahmen einer mit wiederholbaren Experimenten arbeitenden Physik widerlegt oder zurückgenommen werden. Die historische Erfahrung ist nämlich in dem Sinne einmalig, als jede neue, ihr anscheinend widersprechende Erfahrung unter neuen Bedingungen erworben ist und deshalb auch einen neuen Gegenstand betrifft. Mit der Behauptung, eine normativ begründete Chronometrie beginne mit einer Auswahlnorm, den Bereich bereits künstlich erzeugter Geräte bzw. Bewegungen betreffend, knüpft also an ein historisches Faktum an, das seinerseits selbstverständlich wieder wissenschaftlichen Fragen offensteht, aber kein Gegenstand der Physik mehr ist.

Es ist ein *Charakteristikum der Auswahlnormen*, daß sie nicht (wie dies später bei Herstellungs- und Verwendungsnormen der Fall sein wird) durch Approximation immer besser erfüllt werden können, und zwar im folgenden Sinne: Es kann zwar die »Beobachtungsgenauigkeit« für die Wiederholbarkeit von Vorgängen gesteigert werden, und es kann auch der Fall sein, daß sich dadurch einige zunächst als wiederholbar angesehene Vorgänge bei genauerer Kontrolle nicht mehr als wiederholbar erweisen. In einzelnen Fällen mag auch durch Probieren zu erreichen sein, daß die durch bessere Beobachtungsgenauigkeit als nicht mehr wiederholbar eingestuften Vorgänge erneut wiederholbar dadurch werden, daß die fraglichen Geräte verändert werden. Aber eine Auswahlnorm stellt kein *Wissen* bereit, daß und wie Wiederholbarkeit erreichbar ist. Ihr entsprechen keine Handlungsanweisungen und kein (im später explizierten terminologischen Sinne) Realisierungsverfahren.

Ob Vorgänge eines bestimmten Typs als wiederholbar gelten dürfen oder nicht, wird nur durch technische Zwecke und nicht etwa durch physikalische Gesetze (z. B. durch das Verhältnis zur Vakuumlichtgeschwindigkeit) bestimmt. Der Wiederholbarkeit von Vorgängen fällt in der Chronometrie eine analoge Rolle zu wie der (vorwissenschaftlich bestimmbaren) Härte von Körpern in der Geometrie. Dort wird zunächst exemplarisch unterschieden zwischen fest, flüssig und gasförmig. Diese Unterscheidung ist mit einer Vielzahl von Unschärfen belastet. Sie wird deshalb je nach Verwendungszweck präzisiert. Im Zusammenhang mit der Herstellung von bestimmten Gestalten und Formen von Körpern wird die Auswahlnorm formuliert, nur

»harte« Körper zur Geräteherstellung zu verwenden, wobei »Härte« definiert ist als die Materialeigenschaft, »gestaltgleich« (z. B. zwei in derselben Form gegossene Bronzefiguren heißen »gestaltgleich«) als transitive Relation zuzulassen. Wie also die Härte (d. h. eine relative Formkonstanz) ein Auswahlkriterium für Materialien ist, mit denen erst sinnvoll begonnen werden kann, Körper nach bestimmten Verfahren zu bearbeiten und etwa Normen für die Herstellung von Meßgeräten aufzustellen, so sind die relativ zueinander wiederholbaren Vorgänge gleichsam das Material, mit dem erst sinnvoll begonnen werden kann, eine bestimmte, jederzeit reproduzierbare Form von Vorgängen aufzusuchen.

In Analogie zu ähnlichen Einwänden gegen eine protophysikalische Begründung der Geometrie soll bereits hier die Frage aufgegriffen werden, ob es nur eine *einzige Klasse von zueinander wiederholbaren Vorgängen* gebe, oder ob nicht vielmehr mehrere Klassen gefunden würden, was möglicherweise mehrere Physiken mit jeweils anderer Zeitmessung zum Resultat hätte. Mit einer ähnlichen Frage befassen sich auch die Zeitmeßtheorien, die bei periodischen Bewegungen ansetzen. Dort wird dann in der Regel behauptet, und zwar mit einer gewissen Erleichterung über die damit anscheinend erfüllten Beweispflichten, daß man aus *Erfahrung* wisse, daß es nur eine große Klasse solcher periodischer Bewegungen gibt. In Kap. I wurde ausgeführt, daß diese Behauptung schlicht falsch ist, und daß es nur von bestimmten Vorentscheidungen hinsichtlich der Verwendung der Zeitmessung abhängt, eine Vielzahl von (sogar »natürlich« vorhandenen) Klassen (schwach) periodischer Bewegungen zu finden, die von Klasse zu Klasse kein konstantes Frequenzverhältnis haben. Die dort geführte Argumentation gilt hier analog: Schon die Frage, ob es mehrere oder nur eine Klasse von relativ zueinander wiederholbaren Vorgängen »gibt«, geht von einer nicht annehmbaren Fiktion aus. Es kann nicht das Ziel der modernen Physik sein, die Totalität der Natur zu erfassen und zugleich zu fragen, ob die Natur selbst uns hierfür nur einen oder mehrere Wege zur Verfügung stellt. Beunruhigend aber für die Aussagekraft physikalischer Theorien ist die Möglichkeit, es könnten (»zufällig« bzw. »naturgesetzlich«) mehrere »Zeitmessungen« gefunden werden, nur unter dieser abwegigen Prämisse der totalen Naturerklärung. Im Rahmen einer bewußt zweckorientierten Physik ist dagegen die Befürchtung, es könnte möglicherweise von Natur aus mehrere Klassen von Bewegungen geben, die sich zur Zeitmessung eigneten, unberechtigt. Dort bleibt für den Fall, daß sich bezüglich einer bestimmten Zwecksetzung tatsächlich mehrere Klassen von zueinander periodischen Bewegungen bzw. wiederholbaren Vorgängen finden sollten, immer noch die Auswahl einer einzigen Klasse nach dem Kriterium, welche dieser Klassen das geeignetste Mittel im Hinblick auf diese Zwecke ist. Was freilich die Zwecke von Physik oder Teilen der Physik sind bzw. sein sollen, kann nicht aus einer Analyse ihrer Theorien ersehen werden.

Es waren oben noch nähere Angaben für die Auswahl von wiederholbaren Bewegungen unabhängig von den Ergebnissen der empirischen Physik versprochen worden. Sie lassen sich jetzt nachholen. Ausgehend von der Einsicht, daß »Zeit« im Rahmen der Naturwissenschaften keine eigene Entität wie etwa die Erde oder deren Gravitationsfeld ist, sondern nur eine *ökonomische Sprechweise für den Vergleich von Ereignissen,* muß im Hinblick auf die Zeitmessung entschieden werden, an welchen Ereignissen eine normierte Sprechweise festgelegt werden soll. So ist es z. B. trivial, daß zum Zweck der Längenbestimmung auf See eine »Zeitmessung« benötigt wird, welche allein die Aufgabe hat, die Erddrehung zu simulieren. Diese Zeitmessung eignet sich wegen der großen Bedeutung des Lichttages für unser tägliches Leben auch für nahezu alle anderen Aufgaben der Zeitbestimmung, vor allem für organisatorische. Sie eignet sich aber nicht selbstverständlich auch für alle physikalischen oder allgemein naturwissenschaftlichen Aufgaben. Es ist sicher sofort als sinnvoll einzusehen, für astronomische Beobachtungen ebenfalls eine die Erddrehung imitierende »Uhr« (etwa zum Zwecke der genaueren Unterteilung des Sterntages) zu wählen. Wenn dagegen Zeiten gemessen werden sollen, um eine Theorie der Fall- und Wurfbewegungen aufzustellen und zu testen, stellt sich das Auswahlproblem für eine Art von zeitmessenden Vorgängen von neuem. Es kann offenbleiben, ob es ein historischer Glücksfall oder ein intuitiv richtiger Vorgriff der Väter der Klassischen Physik auf das Trägheitsprinzip war, Pendeluhren und damit bereits eine Klasse von Fall- bzw. Wurfbewegungen zu verwenden; oder Newtons Vereinigung irdischer und himmlischer Mechanik ansprechend, ob Mechanik und Gravitationstheorie als Theorie der Trägheitsbewegungen intendiert waren und deshalb Zeitmessung mit Trägheitsbewegungen ausgeführt wurde. So betrachtet müßte sich die Elektrodynamik, solange sie sich mit Kräftemessungen an bewegten Körpern befaßt, an die

Zeitmessung mithilfe bewegter Körper halten; wo sie aber z. B. Ausbreitungsphänomene elektromagnetischer Wellen erforscht, erneut in eine Diskussion über die Auswahl einer Klasse von Vorgängen eintreten, die in diesem neuen Zusammenhang die Zeit messen. Ob diese beiden Klassen, die mechanischen und die elektromagnetischen Zeitmeßvorgänge, als eine einzige Klasse anzusprechen seien, weil »Uhren« beider Typen zueinander konstantes Gangverhältnis haben, ist dann eine der messenden Physik zu überlassende Frage, eine Frage freilich, deren Antwort, wie immer sie ausfällt, nicht eine »Widerlegung« oder »Revision« der mechanischen durch eine elektromagnetische Zeitmessung sein kann.

Die durch die Wahl der wiederholbaren Bewegungen zum Ausgangspunkt gemachten *Voraussetzungen* sind zum Teil stärker, zum Teil schwächer als die der traditionellen Zeitmeßtheorien. Stärker, insofern sie bereits vorphysikalische Auswahlkriterien für Klassen von künstlichen Bewegungen anhand von Forschungszielen vorsehen, schwächer, insofern sie keine Hypothese über die Natur, die uns genau eine Klasse von zueinander frequenzkonstanten periodischen Bewegungen zur Verfügung stellt, enthalten. Daß Menschen aber in benennbaren Kriterien wiederholbare Handlungen erlernen und durchführen können, ist eine Voraussetzung, die niemand bestreiten kann, wollte er nicht gleichzeitig die Möglichkeit jeder Wissenschaft (und anderer kultureller Leistungen) bestreiten.

Nachdem nun zueinander beständige Geräte bzw. relativ zueinander wiederholbare Bewegungen verfügbar sind, werden weitere Normen formuliert. Dazu wird zunächst definiert:

(D 10) Zwei Geräte G_1 und G_2 seien zueinander beständig. Wenn das Gangverhältnis von G_1 und G_2 konstant ist, d. h. wenn die Vorgänge ihrer Zeiger K_1 und K_2 ähnlich sind, so heißen G_1 und G_2 *»zueinander passend«*, die Vorgänge ihrer Zeiger *»wiederholbar ähnlich«*.

Damit sind wegen (D 9) die Geschwindigkeitsverhältnisse bei Wiederholung gleich groß. In der Definition (D 10) war gemäß (D 9) vorausgesetzt, daß es bei Wiederholungen des Bewegungsvergleichs jeweils dieselbe Zuordnung von Begleitstellungen für den Anfang der verglichenen Vorgänge gibt. Diese Beschränkung soll in der folgenden Definition aufgegeben werden:

(D 11) Zwei Geräte G_1 und G_2 seien zueinander passend. Wenn dann bei Wiederholung der Abläufe ohne Erhaltung gleicher Anfangsstellungen ebenfalls gleiches und konstantes Gangverhältnis vorliegt,

d. h. wenn beliebige Teilvorgänge der Zeiger K_1 und K_2 zueinander ähnlich sind und gleiches momentanes Geschwindigkeitsverhältnis haben, so mögen G_1 und G_2 *»zueinander gleich«*, die Vorgänge ihrer Zeiger *»zueinander verschiebbar«* heißen.

Damit lassen sich jetzt die Normen formulieren:

(N 2) Stelle zueinander passende Geräte her!

(N 3) Stelle zueinander gleiche Geräte her!

(N 2) und (N 3) sind im Gegensatz zu (N 1) *Herstellungsnormen*. Es kann nämlich schrittweise versucht werden, beständige Geräte so zu verändern, daß sie passen und dann gleich sind. Man denke etwa an ein Paar von Kugeln, die je eine Fallrinne herabrollen. Solche Geräte sind (unabhängig von der geometrischen Form der Fallrinne) zueinander beständig. Angenommen, eine der Fallrinnen sei eine Gerade, die andere in der Projektion auf die horizontale Ebene gerade, in der Projektion auf die vertikale Ebene konkav kreisförmig. Dann sind diese Geräte nicht zueinander passend. Es läßt sich jedoch durch einen uhrenfreien Bewegungsvergleich feststellen, welche Abweichungen von der Passung vorliegen, genauer, daß die gerade bewegte Kugel der kreisförmig bewegten Kugel voreilt im Sinne der Definition (D 7), falls beide Kugeln »gleichzeitig« anlaufen, d. h. falls ihre Anfangsstellungen Begleitstellungen sind. Außerdem kann in diesem Bewegungsvergleich festgestellt werden, daß eine Erhöhung der Neigung einer der beiden Fallrinnen zwar das momentane Geschwindigkeitsverhältnis zur Bewegung auf der anderen Fallrinne erhöht, aber noch nicht zur Passung führt. Daraus läßt sich bereits die Herstellungsanweisung gewinnen, die Voreilung der kreisförmig bewegten Kugel dadurch zu beseitigen, daß die Neigung der Kreisbahn mit dem Weg zunehmend erhöht werden muß. Dieser hier selbstverständlich nur zur Veranschaulichung künstlich verkomplizierte Weg führt schließlich dazu, zwei gerade Fallrinnen zu wählen. Sie stellen dann zwar zueinander passende, aber keine zueinander gleichen Geräte dar. Denn wenn eine Kugel »eher« anläuft als die andere, so sind ihre Bewegungen nicht ähnlich (ein Sachverhalt, der in uhrenabhängiger Sprache später, d. h. im Rahmen einer Theorie der Fall- und Wurfbewegungen beschrieben wird durch die Aussage, daß die Geschwindigkeit der Fallbewegungen im Gravitationsfeld proportional der Zeit wächst).

Wieder kann der uhrenfreie Bewegungsvergleich zu Änderungen an den beiden Fallapparaten derart Anlaß geben, daß schließlich zueinander gleiche Fallapparate erhalten werden. An »Erfahrungswissen« genügt auch hier wieder das Wissen, daß die Erhöhung der Neigung einer der Fallbewegungen zu einer Erhöhung des Geschwindigkeitsverhältnisses bezogen auf die andere Fallbewegung bewirkt. Zueinander gleich sind die Fallapparate dann, wenn (wie hier im Vorgriff auf eine methodisch erst später verfügbare Terminologie gesagt wird) die Reibungsverluste der Rollbewegung gerade durch die Schwerebeschleunigung kompensiert wird. Solche Bewegungen lassen sich (grob und selbstverständlich zur genauen Zeitmessung ungeeignet) durch Metallwalzen realisieren, die mit Samt bezogene schiefe Ebenen herabrollen.

Eine bisher stillschweigende Voraussetzung muß noch explizit genannt werden: Bei allen Versuchen, eine Zeitmessung auf wiederholbaren Bewegungen aufzubauen, kommen trivialerweise nur endliche Bewegungen, terminologisch exakt also Vorgänge in Betracht, weil sich »ewige« Bewegungen per definitionem nicht wiederholen lassen. Die Norm (N 3), welche die Verschiebbarkeit der Zeigervorgänge fordert, schließt aber aus, daß die ganzen Abläufe der Geräte von Ruhestellung zur Ruhestellung dieser Norm genügen, da in irgendeiner Umgebung der Anfangs- und Endstellung selbstverständlich Beschleunigung bzw. Verzögerung des Zeigers erfolgen müssen, andernfalls die Zeiger immer oder nie bewegt wären. Also gelten alle oben gemachten Aussagen und Normen *immer bis auf einen Anlauf- und einen Auslaufteilvorgang.*

Ziel der bisher unternommenen Anstrengungen war es, eine zirkelfreie Bestimmung der gleichförmigen Bewegung zu finden. Ein Blick auf die Norm (N 3) zeigt, daß hier (im folgenden immer abgesehen von einem Anlauf- und einem Auslaufteilvorgang) eine Homogenität von Vorgängen gefordert wird. *Homogen* sind die der Norm (N 3) genügenden Vorgänge von G_1 insofern, als alle ihre Stellungen ununterscheidbar sind. Unterschiede können hierbei formuliert und müssen gegebenenfalls festgestellt werden bezüglich irgendwelcher Stellungen des Zeigers K_2 eines zu G_1 gleichen Gerätes G_2. Das *einzige* dabei in Frage kommende Kriterium ist das uhrenfrei feststellbare momentane Geschwindigkeitsverhältnis. Es ist also gerade die Forderung nach Gleichheit der herzustellenden Geräte bzw. nach Verschiebbarkeit ihrer Zeigervorgänge, welche die Homogenität dieser Vorgänge zur Folge hat. Ähnlich erzeugt auch erst die Verschiebbarkeit zweier Flächen aufeinander deren (innere) Homogenität,

d. h. deren sphärische Form. Diese Bemerkung mag als Motivation für die hier in der Chronometrie gewählte Terminologie gelten.
Im Hinblick auf die erläuterte Homogenität von zueinander verschiebbaren Vorgängen sollen diese auch *»gleichmäßig«* heißen. Gleichmäßig ist damit ein durch Definition bestimmter Prädikator für reale, an bestimmten Geräten erzeugte Vorgänge.
Entsprechend den methodologischen Erläuterungen von Kap. II muß jetzt noch ein *Ideationsverfahren* angegeben werden. Zu diesem Zweck wird das chronometrische Homogenitätsprinzip aufgestellt:

$$\text{(H)} \qquad s \varepsilon v \wedge s' \varepsilon v \wedge \mathrm{a}(s, v) \rightarrow \mathrm{a}(s', v)$$

d. h. zwei Stellungen s und s' aus dem Vorgang v (im Gerät G) sind ununterscheidbar, »a« sind dabei Aussagen, in denen keine freien Variablen vorkommen dürfen, wohl aber unter Quantoren gebundene. Durch eine in diesem Sinne zulässige Ersetzung von a durch eine Aussage, die mithilfe des Vokabulars der uhrenfreien Kinematik möglich ist, entsteht aus dem Homogenitätsprinzip (H) der Homogenitätssatz H.
Beschränkt man sich dann auf diejenigen Aussagen A, die aus H logisch folgen, spricht man also invariant bezüglich Realisierungsmängeln über gleichmäßige Vorgänge, so soll zur terminologischen Kennzeichnung dieses Übergangs an die Stelle von »gleichmäßig« der Ideator *»gleichförmig«* treten.
Der terminologischen Vollständigkeit halber ist eine Ergänzung angebracht: Ein Blick auf die einzelnen Schritte der Einführung von »gleichförmig« zeigt, daß dieser Terminus zunächst nur für Vorgänge bestimmt ist. Seine Anwendung auf Bewegungen ist jedoch leicht per definitionem zu sichern: Eine *Bewegung*, die in allen Teilvorgängen gleichförmig ist, heiße *gleichförmig*. Ist eine Bewegung gleichförmig, so hat sie also keine Ruhestellungen, was man auch ausdrücken kann als: Die gleichförmige Bewegung ist ohne Ende.
(D 12) Ein Gerät, an dem sich ein Punktkörper (Zeiger) gleichförmig bewegt, heiße *Uhr*.
Wie an anderer Stelle ausgeführt, soll die Frage nach einer Zeitmetrik, hier also nach einer Uhrenskala, auf die Geometrie verlegt werden; außerdem sind auch Fragen nach der Definition einer Zeiteinheit innerhalb der Protophysik nicht von Bedeutung. Hier ging es nur um Gerätefunktionsnormen, welche die Gleichförmigkeit der Zeigerbewegung an Uhren ideativ bestimmen. Dabei ver-

folgt die Uhrendefinition den Zweck, die Herstellung und Verwendung von Uhren zu regeln und den ungestörten Gang von einem gestörten zu unterscheiden.

4.3. Die Eindeutigkeit der Uhrendefinition

Gemäß Kap. II ist nun noch ein Eindeutigkeitsbeweis für die homogene, gleichförmige Bewegung zu erbringen. Um diesen Beweis übersichtlich führen zu können, soll die Terminologie noch geringfügig erweitert werden. Das (momentane) *Geschwindigkeitsverhältnis zweier Begleitstellungen* wird durch die Steigung der Tangente an die Leitlinie in dem zu diesen Stellungen gehörenden Punkt bestimmt. Die Steigung kann durch das Weglängenverhältnis zweier Begleitvorgänge angegeben werden, die diese Tangente zur Leitlinie haben. In dieser Weise, also durch eine Limesbildung, lassen sich Geschwindigkeitsverhältnisse von Stellungen auf Weglängenverhältnisse zurückführen und durch rationale Zahlen darstellen.
Damit ergibt sich unmittelbar ein *Satz* für alle Quadrupel von Begleitstellungen der Bewegungen b_x, b_y, b_u, und b_v und deren paarweiser Geschwindigkeitsverhältnisse, dessen Beweis wegen seiner Einfachheit hier weggelassen werden soll:

(S 9) $$g_{xy} = g_{xu} \cdot g_{uv} \cdot g_{vy}.$$

Die Erwartung an reale Uhren, d. h. an Realisate von Geräten mit gleichförmig bewegtem Zeiger ist dann, so paradox es klingt, keine andere, als daß sie Uhren im Sinne der Definition sind; die Eindeutigkeit dieser Definition bedeutet inhaltlich, daß die Uhren untereinander konstantes Geschwindigkeitsverhältnis aufweisen, und zwar auch dann, wenn sie aus verschiedenen und voneinander unabhängigen Realisierungsverfahren hervorgegangen sind. Damit ist im Eindeutigkeitsbeweis zu zeigen, daß aus der Voraussetzung, zwei Paare G_1, G_2 und G_3, G_4 von Geräten seien jeweils Uhren, logisch folgt, daß jede Uhr des einen Paares zu jeder Uhr des anderen Paares konstantes Ganggeschwindigkeitsverhältnis hat, oder in der oben eingeführten Terminologie, daß jede Uhr zu jeder paßt und gleich ist. Es seien also im Sinne von (D 9) bis (D 12) zwei Uhrenpaare U_1, U_2 und U_3, U_4 gegeben. Ohne Beschränkung der Allgemeingültigkeit

soll dann angezeigt werden, daß das Paar U_1, U_3 zueinander paßt und gleich ist. Für die anderen drei Paare lauten die Beweise analog.
Von den Voraussetzungen benötigt man explizit die Verschiebbarkeit der Vorgänge an den Uhrenpaaren U_1, U_2 und U_3, U_4:

$$(1) \quad g(s_1^1\, s_2^1) = g(s_1^1\, s_2^2)^w;$$
$$(2) \quad g(s_3^1\, s_4^1) = g(s_3^1\, s_4^2)^w;$$

Die unteren Indizes geben die jeweilige Uhr an. Der hochgestellte Index »w« deutet an, daß es sich auf den rechten Seiten der beiden Gleichungen um Geschwindigkeitsverhältnisse handelt, die in einer *Wiederholung* desjenigen Vorgangs festgestellt wurden, aus dem die Geschwindigkeitsverhältnisse der linken Seiten der Gleichungen stammen.
Außerdem mögen gemäß Voraussetzung alle vier Uhren zueinander beständig sein, d. h. es gilt insbesondere:

$$(3) \quad g(s_2^1\, s_4^1) = g(s_2^1\, s_4^1)^w;$$
$$(4) \quad g(s_1^2\, s_3^2) = g(s_1^2\, s_3^2)^w;$$
$$(5) \quad g(s_1^1\, s_2^1) = g(s_1^1\, s_2^1)^w;$$

Nun gilt gemäß Satz (S 9):

$$(6) \quad g(s_1^1\, s_3^1) = g(s_1^1\, s_2^1) \cdot g(s_2^1\, s_4^1) \cdot g(s_4^1\, s_3^1);$$

und ebenfalls nach (S 9):

$$(7) \quad g(s_1^2\, s_3^2)^w = g(s_1^2\, s_2^1)^w \cdot g(s_2^1\, s_4^1)^w \cdot g(s_4^1\, s_3^2)^w;$$

Vergleicht man die Faktoren der rechten Seiten von (6) und (7) der Reihe nach, so sind die ersten wegen (1) gleich, die zweiten wegen (3) und die dritten wegen (2). Hierbei ist berücksichtigt, daß die Verschiebung eine symmetrische Relation ist. Aus der Gleichheit der rechten Seiten folgt diejenige der linken Seiten:

$$g(s_1^1\, s_3^1) = g(s_1^2\, s_3^2)^w$$

wobei wegen (4) auch gilt:

$$(8) \quad g(s_1^1\, s_3^1) = g(s_1^2\, s_3^2);$$

Betrachet man, wie in (1) und (2) die Auswahl der oberen Indizes 1 und 2 zustandekommt, so sieht man sogleich, daß die Gleichung (8) für alle 1,2-Paare von Begleitstellungenpaaren $(s_1\, s_3)$ der Uhren U_1 und U_3 gilt, d. h. es ist bewiesen, daß U_1 und U_3 zueinander *passen*.

Nun ist noch zu zeigen, daß ihre Vorgänge auch zueinander verschiebbar sind.

Gemäß Satz (S 9) gilt:

$$(9)\quad g(s_1^1\, s_3^2)^w = g(s_1^1\, s_2^1)^w \cdot g(s_2^1\, s_4^1)^w \cdot g(s_4^1\, s_3^2)^w;$$

Wie oben wird nun ein Faktorenvergleich der rechten Seiten der Gleichungen (6) und (9) durchgeführt. Die Faktoren sind wegen (5) sowie wegen (3) und (2) gleich. Also gilt auch:

$$(10)\quad g(s_1^1\, s_3^1) = g(s_1^1\, s_3^2)^w;$$

d. h. die Vorgänge an den Uhren U_1 und U_3 sind gegeneinander verschiebbar, was zu zeigen war. (Vorausgesetzt war zusätzlich, daß keine der vier Uhren steht, d. h. daß keines der g( ) Null oder Unendlich wird.)

Der Eindeutigkeitsbeweis der Chronometrie ist damit geführt. Haben also zwei Uhren aus einer Klasse von zueinander beständigen Geräten kein konstantes Gangverhältnis, so kann dies nur an mangelnder Berücksichtigung der Normen (N 2) und (N 3) oder an äußeren Störeinflüssen liegen. Solche Störungen können dann durch *Exhaustion* beseitigt werden.

Obgleich es nicht mehr Teil der Protophysik ist, den Gang des Exhaustionsverfahrens zur empirischen Ermittlung von Störursachen zu behandeln, soll hier an einem Beispiel dargestellt werden, wie auf Grund der angegebenen Normen in der Praxis die Verbesserung von Uhren prinzipiell zu erfolgen hätte. Ein solches Beispiel ist unter anderem deshalb hilfreich, weil von manchen Kritikern der Protophysik (freilich mit einem methodisch zirkulären Rückgriff auf die spezielle Relativitätstheorie) behauptet worden ist, im Falle einer beobachteten Abweichung von den protophysikalischen Normen (N 2) und (N 3) sei prinzipiell keine Möglichkeit zur Störungsbeseitigung gegeben, so daß schließlich auch der Anspruch auf eine eindeutig begründete Zeitmessung zusammenbreche.[192] Zunächst soll daher ein Beispiel vorgeführt und dann noch einmal das Eindeutigkeitsproblem aufgegriffen werden.

Damit in einem individuellen Fall eine *Hypothese über Störungen sinnvoll* ist, muß zunächst feststehen, daß die zu verbessernden Geräte Uhren sind. Es seien also vier Uhren U_1 bis U_4 hergestellt, von denen jeweils U_1 und U_2 sowie U_3 und U_4 konstantes Geschwindigkeitsverhältnis aufweisen; die beiden Paare untereinander mögen jedoch Abweichungen vom konstanten Gangverhältnis zeigen. Dann lassen sich Hypothesen über störende Umstände formulieren, wobei es auf irgendwelche Ereignisse ankommt, welche (zeitlich) gerade dann beobachtbar sind, wenn die Abweichungen der Uhrenpaare vom konstanten Geschwindigkeitsverhältnis auftreten. Sind keine solchen Ereignisse zu beobachten, so muß versucht werden, sie künstlich durch Variation irgendwelcher Begleitumstände hervorzurufen, etwa indem man noch andere Geräte, die keine Uhren zu sein brauchen, in den Vergleich mit einbezieht. Dieser Versuch, neben der Störung des Uhrenpaares andere Ereignisse zu erkennen und so einen Anhaltspunkt für eine Hypothese über die »Ursache« der Störung zu finden, brauchte nicht wahllos zu geschehen. Da eine Erklärung für Unterschiede gesucht wird, die sich an zwei *vorliegenden* Uhrenpaaren zeigen, müssen alle weiteren Unterschiede (ohne Wissen, ob diese für den Uhrengang relevant sein können) festgestellt werden, z. B. das Material, aus welchem die Uhren gefertigt sind.

Angenommen, man habe zwei Paare von Pendeluhren U_1, U_2 und U_3, U_4 hergestellt. Für jedes Paar sei also im Sinne des Homogenitätsprinzips Beständigkeit, Passung und Gleichheit (näherungsweise) gegeben. Nun beobachte man zeitweise Schwankungen des Gangverhältnisses von U_1 und U_3, d. h. es liegen per definitionem Störungen dieser beiden Uhren vor. Weiter angenommen, man habe bei der (hier immer schon vorausgesetzten) Herstellung geometrischer Formen wie gerader Kanten, Zahnräder usw. im Zusammenhang mit der Störungsbeseitigung bei geometrischen Homogenitätsprinzipien ein empirisches Wissen über die Wärmeausdehnung von Körpern gewonnen, was ja ohne Chronometrie möglich ist. Man kann daher im Falle der gestörten Pendeluhren etwa die Hypothese formulieren, die Gangschwankungen würden auf einer unterschiedlichen, etwa materialbedingten Temperaturempfindlichkeit der beiden Uhren beruhen – die Pendel mögen aus verschiedenen Materialien bestehen.

An dieser Stelle ist nun gegen die Protophysik eingewendet worden, sie müsse ein in dem Sinne eindeutiges Kriterium angeben, daß in einem Fall wie dem geschilderten entschieden werden könne, welche der beiden Uhren gestört und welche ungestört sei. Das ist jedoch weder möglich noch erforderlich. Jede Anpassung einer der Uhren an den Gang der anderen und damit die Auszeichnung einer Uhr als störungsfrei bliebe vielmehr eine reine Willkürentscheidung, die durch die Protophysik gerade aus den Grundlagen der Physik verbannt werden soll, oder aber, sie würde von einem methodisch, hier nämlich chronometriefrei nicht verfügbaren physikalischen Wissen Gebrauch machen. So läge z. B. für einen Physiker nahe, im geschilderten Falle den Gang der Uhr, deren Pendel den größeren Wärmeausdehnungskoeffizienten hat, an den Gang der anderen Uhr anzupassen. Es ist selbstverständlich, daß dieser Physiker hierzu Kenntnisse der Gesetze der Pendelschwingungen benötigt. Deshalb kann in der hier betrachteten Situation die Störhypothese nur lauten: Temperaturschwankungen sind für die Gangschwankungen der beiden Pendeluhren verantwortlich. Diese Hypothese darf dann als erfolgreich angesehen werden, wenn z. B. ein Konstanthalten der Temperatur die Gangunterschiede zum Verschwinden bringt. *Eigennamen* für die in Betracht stehenden Meßgeräte treten in dieser Störhypothese, wenn überhaupt, dann *nur symmetrisch* auf (z. B. das Material der Pendel von U_1 und U_3 ist verschieden); *asymmetrische Störhypothesen sind unüberprüfbar* (z. B.: U_1 bleibt hinter U_2 zurück, weil der Wärmeausdehnungskoeffizient des Pendels von U_1 größer ist.)Und in der Tat würde ein Physiker die Temperaturkompensation oder ein Konstanthalten der Temperatur für beide Uhren in die Wege leiten, so daß die Forderung nach einer »eindeutigen« Wahl (Auswahl einer von zwei Uhren als ungestört oder ungestörter) nicht nur im Rahmen der Protophysik sinnlos ist, sondern auch an der Praxis der Experimentalphysiker vorbeigeht.

Dieses stark simplifizierte Beispiel, welches die Verbesserung von Uhren »am Ort« beschreiben soll, läßt sich leicht auf die Durchsetzung der Ungestörtheit von Uhren bei relativer Bewegung übertragen und selbstverständlich auch auf Uhren ausweiten, die nach einem anderen Prinzip arbeiten als die Pendeluhr. Sollten im Falle der relativ zueinander bewegten Uhren Störungen auftreten, obgleich dieselben Uhren am Ort keine Abweichungen von der konstanten Ganggeschwindigkeit zeigen, so ist z. B. die Hypothese zu prüfen, ob die Störung vom durchlaufenen Weg abhängt. Angenommen, die Störungen seien empirisch als unabhängig vom Weg nachgewiesen, so ist kein Einwand gegen die weitere Hypothese zu erheben, die *Bewegung* selbst sei die Ursache für die auftretenden Abweichungen. Dann ist durch Versuche zu klären, ob nicht etwa speziell die *Beschleunigung*, die ein Uhrenpaar erfährt, Störungen hervorruft. Sollte empirisch erwiesen werden können, daß Hypothesen über die

Geschwindigkeit oder die Beschleunigung als störende Ursache zu Recht aufgestellt werden, wie es z. B. bei der Beschleunigung von Pendeluhren in der Tat der Fall ist, so müssen daraus selbstverständlich die gleichen Konsequenzen gezogen werden wie bei jeder anderen Störung auch: Die Uhren müssen so verbessert werden, daß sie bei relativer Bewegung zu anderen Uhren nicht mehr gestört sind. Da methodisch nicht gefordert werden kann, daß *ein bestes* Realisat einer »idealen Uhr« hergestellt wird, *bevor* die Messung von Massen und Ladungen und dann empirische Physik in Gang kommen, da m. a. W. im Verfahren der Exhaustion auch Hypothesen berücksichtigt werden können, in denen Termini z. B. der Dynamik oder einer empirischen Theorie enthalten sind, ist faktisch das Problem einer hinreichend guten Realisierung der idealen Uhr schnell gelöst. Was das angedeutete Beispiel zum Exhaustionsverfahren zeigen soll, ist unter anderem Folgendes:

1. Die Aussagen, die hier exhauriert, d. h. durch Berücksichtigung empirisch kontrollierter Hypothesen durchgesetzt werden, zeigen keineswegs eine so reiche Struktur wie die Sätze der euklidischen Geometrie. Es sind genauer nur Aussagen der uhrenfreien Kinematik sowie solche, in denen die Prädikatoren »beständig«, »passend« und »gleich« enthalten sind.

Es wäre hier nur eine vermeintliche Erklärung, wollte man hinzufügen, diese Einfachheit rühre von der Eindimensionalität der Zeit her. Zwar sind die Forderungen, die an den Gang von Geräten gestellt wurden, in einem angebbaren Sinn einfacher als diejenigen, welche in der Geometrie die Grundformen der Ebene bestimmen. Außerdem beschränkt sich die Geometrie nicht nur auf *eine* unmittelbar durch Homogenitätsprinzipien festgelegte Grundform, sondern erfordert neben der Ebenheit wenigstens noch die Orthogonalität als Grundbegriff. Die Rede über »Dimensionen« läßt sich erst über eine ausführliche Diskussion dieser Unterschiede einführen und kann nicht zu deren Erklärung, d. h. logischen Voraussetzung erhoben werden.[193]

2. Das Verfahren der Exhaustion bricht nicht ab, solange die Absicht, welche den Aufbau einer in ihren Aussagen eindeutigen Physik trägt, nicht aufgegeben wird. Sollte daher jemand gerade bei Hypothesen über die Geschwindigkeit als störende Ursache die schrittweise Verbesserung von Uhren abbrechen, das Verfahren der Exhaustation also aufgeben wollen, was dann der Behauptung gleichkäme,

daß bewegte Uhren prinzipiell und unbehebbar gestört seien, so müssen hierfür Gründe genannt werden. Diese Gründe müssen zirkelfrei verstehbar sein, ansonst dieser Schritt keine Berechtigung im methodischen Aufbau einer exakten Theorie hätte und Aussagen implizieren würde, die nicht mehr als wahre verteidigt werden könnten.

Die Einwände, die sich aus der speziellen Relativitätstheorie ergeben, sind hier schon aus dem trivialen Grund nicht relevant, weil es sich bei der hier aufgebauten Chronometrie immer noch um einen Teil der Protophysik handelt, die von elektrodynamischen Gesetzmäßigkeiten unabhängig ist.

Dagegen kann hier eine Behauptung vertreten werden, die umgekehrt von der begründeten Chronometrie auf die spezielle Relativitätstheorie schließt: Wenn die (mit einer methodischen Chronometrie empirisch kontrollierbare) Hypothese von der konstanten Lichtausbreitung im Vakuum und die daran geknüpfte Definition der Gleichzeitigkeit an getrennten Orten zu der Vorhersage führen, daß gegeneinander bewegte Uhren bei Zeitvergleich durch Lichtsignale *allein aufgrund ihrer Bewegung* Gangdifferenzen zeigen, so muß daraus der Schluß gezogen werden, daß der Uhrenvergleich durch Lichtsignale ein *unzureichendes* Verfahren ist. In der Tat ist keine Darstellung der speziellen Relativitätstheorie bekannt, in der zirkelfrei begründet würde, warum der Versuch, ungestörte Uhren herzustellen oder wenigstens begrifflich zu bestimmen, aufgegeben wurde. Hier wird also ohne einen verstehbaren Grund auf die Möglichkeit einer im angegebenen Sinne eindeutigen Theorie verzichtet. (Der für die Physiker ausschlaggebende Grund ist freilich und bekanntermaßen die Lorentz-Invarianz elektrodynamischer Theorien, doch läßt sich eben dieser Grund in keinen methodischen Zusammenhang stellen.)

Wo der Anspruch auf Wahrheit im Sinne von Nachvollziehbarkeit aller Einzelschritte und damit auch auf Zirkelfreiheit von Wissenschaft und hier speziell der Physik nicht dem Gewinn geopfert werden soll, einige ohne einen solchen Schritt nicht erklärte Phänomene in die Theorie aufzunehmen, die dann trotz des Argumentes, unter dem Zwang der Empirie handeln zu müssen, nicht als empirisch begründet gelten darf, dort muß eine neue Definition der Gleichzeitigkeit an verschiedenen Orten die unzureichende der speziellen Relativitätstheorie ablösen. Die »Ausdehnung der Gleichzeitigkeit im empirischen Raum« kann zirkelfrei z. B. durch Transport ungestörter Uhren bewerkstelligt werden. Dieser Gleichzeitigkeitsbegriff ist dabei nicht weniger der empirischen Kontrolle unterworfen als derjenige der speziellen Relativitätstheorie. Wo sich aber die Zeitmessung mit astronomischen Entfernungen konfrontiert sieht, kann dieses Verfahren freilich auf (gegenwärtig oder immer) unüberwindliche Schwierigkeiten stoßen. Dann kann eine mit Hilfe ungestörter Uhren zu gewinnende Theorie der Lichtausbreitung ausgenützt werden. Diese darf aber aus logischen Gründen keine andere »Zeit« oder »Gleichzeitigkeit« erzeugen als jene der ungestörten Uhren. Sollten sich daher auch bei strengster Revision tradierter Lehrmeinungen irgendwo Gründe ergeben, die einen Unterschied zwischen der Gleichzeitigkeit der ungestörten Uhren und der Gleichzeitigkeit der Lichtsignale nach sich ziehen, so sind die optischen Zeitvergleiche entweder praktisch abzuändern oder durch rechnerische Korrekturen ihrer Ergebnisse an die photophysikalische Chronometrie anzugleichen.

Wenn daher H. Weyl, der wohl die Lücken in der begrifflichen Klärung der Grundlagen zur Physik kannte, empfiehlt: »Die philosophische Klärung bleibt eine große Aufgabe völlig anderer Art, als sie den Einzelwissenschaften zufällt; da sehe nun der Philosoph zu; mit den Kettengewichten der in jener Aufgabe liegenden Schwierigkeiten behänge und behindere man aber nicht das Vorwärtsschreiten der konkreten Gegenstandsgebieten zugewandten Wissenschaften«,[194] so möchte dennoch ein gelegentliches Verweilen der von den Kettengewichten der Begründungsbemühungen befreiten und so ohne Zweifel schneller vorwärtsschreitenden empirischen Wissenschaft zum Vorteil sein. Die Effektivität des Voranschreitens bemißt sich nämlich nicht nur an der Eile, sondern auch an der Richtigkeit des eingeschlagenen Weges. Paradoxerweise ist der modernen Physik aus der Sicht des um eine zirkelfreie Protophysik bemühten Philosophen der Vorwurf zu machen, daß sie gerade zu *wenig* an »konkreten Gegenstandsgebieten« orientiert ist. Über die Hintertür großartiger formaler Lehrgebäude gelangen doch wieder »metaphysische« Prämissen in den Aufbau der Physik, und diese unterhöhlen zu allererst den Anspruch auf die empirische Bestätigung einiger gegenwärtig anerkannter Theorien.

4.4. Ausblick und Konsequenzen

Was an weiteren Aufgaben zur Lösung ansteht, bevor behauptet werden darf, die Zeitmessung sei theoretisch begründet, ist weder Gegenstand besonderer Meinungsverschiedenheiten, noch stellt es vor logisch oder methodisch schwierige Probleme, so daß hier außer einer bloß kursorischen Erwähnung einiger Gesichtspunkte keine ausführliche Diskussion erforderlich sein wird.

Einem Mißverständnis ist freilich vorzubeugen: Weder soll der Hinweis, daß die Kugellaufuhr oder die Pendeluhr ein Realisat der »idealen Uhr« sei, noch das Beispiel zur Erläuterung des Exhaustionsverfahrens dahingehend mißverstanden werden, daß hier eine Empfehlung ergehe, in der Praxis solche Uhren zu verwenden. Die heute gebräuchlichen Uhren erfüllen die hier ideativ zu verstehenden Forderungen mit weit höherer Genauigkeit, als sie von mechanischen Uhren erreicht werden könnte. Andererseits ist das Beispiel der Kugellaufuhr wiederum nicht völlig überflüssig, so daß die methodische Chronometrie ohne sie auskommen könnte bzw. ohne eine andere, einfach und zirkelfrei realisierbare mechanische Uhr (z. B. Wasseruhren vgl. S. 226 f.). Da »methodisch« auch so viel wie »nachvollziehbar« bedeutet, und da das Postulat der Zirkelfreiheit kein früher gewonnenes Wissen in den Nachvollzug aufzunehmen erlaubt – es geht ja gerade um die Unterscheidung von Wissen und Meinen, je nachdem, ob es methodisch begründet ist oder nicht –, muß in einem Nachvollzug der Chronometrie der Bau primitiver Uhren vorgesehen werden. Die Chronometrie liefert dann Voraussetzungen für eine protophysikalische Theorie der Massenmessung, in der für den Fall eines homogenen Kraftfeldes Schwingungsgesetze ableitbar sein werden. Ist empirisch das Gravitationsfeld der Erde im kleinen als eine hinreichend gute Realisierung eines solchen Feldes erkannt, so steht der Verwendung von Pendeluhren nichts mehr im Weg. Analog läßt sich die in der Geschichte geleistete Verbesserung der Uhren über Stimmgabeluhr und Quarzuhr bis zur Cäsiumuhr verstehen.

Zunächst hat die Chronometrie bisher nur eine Auszeichnung einer *Bewegungsform* gebracht. Der zweite Schritt ist die Einführung einer Metrik, welche sich unverändert aus der Geometrie übernehmen läßt. Es treten hierbei ebensowenig Schwierigkeiten auf wie bei der Wahl einer Einheit, für die neben einer, den praktischen Erfordernissen genügenden Größe die möglichst genaue und möglichst einfache Reproduzierbarkeit ausschlaggebend ist. Die Festsetzung von Einheitsgrößen zählt nicht zur Protophysik. In ihre Wahl gehen häufig empirische Kenntnisse ein. Was dann als methodisch begründet angesehen werden darf, ist eine *Kinematik,* in welcher (im Unterschied zu üblichen Darstellungen in Lehrbüchern) keine reinen zeitlichen Aussagen vorkommen.

Die Sprechweise von der Zeit, wie sie allgemein vertraut ist, bringt wegen ihrer Kürze und Einfachheit manchen Vorteil. Sie hat außerdem ihren Platz im Alltag mit seiner unreflektierten Verwendung von Uhren. (Dort ist allerdings deren »unkritischer« Einsatz durch die praktische Brauchbarkeit gerechtfertigt.) Es soll daher angedeutet werden, wie aus der bisher aufgebauten methodischen Chronometrie eine Sprechweise von der Zeit gewonnen werden kann.

Die *reinen zeitlichen Aussagen* sind, kurz, als Sätze über Bewegungen von Uhrzeigern zu verstehen, wobei es als irrelevant gilt, über welche Uhr mit welchen geometrischen Besonderheiten gerade gesprochen wird. Die Rede von der Zeit wird m. a. W. durch Abstraktion aus der Chronometrie gewonnen, wobei hier allerdings der Name »Chronometrie« irreführend ist. Genauer ist es eine *Kinematik,* aus der Aussagen »über die Zeit« abstrahiert werden. Ein Blick auf die in der Gebrauchssprache üblichen Aussagen läßt eine grobe Einteilung in solche, die einen »durativen Aspekt« der Zeit betreffen, und in solche, die einen »ordinalen Aspekt« der Zeit herausstellen, erkennen. Ereignisse werden hinsichtlich ihrer Dauer und hinsichtlich ihrer Reihenfolge in einem mitvollzogenen oder fingierten Erlebniszusammenhang verglichen. Dauern werden insbesondere in ein zahlenmäßiges Verhältnis gesetzt. (Ein Bezug auf irgendwelche Standardereignisse zur Bestimmung einer Einheitsdauer oder zur Fixierung eines Nullpunktes wie in der Kalenderrechnung ist hier nicht von Belang.)

Die Rekonstruktion dieser beiden Aussagengruppen aus einer methodischen Bewegungslehre geht vom Begriff der idealen Uhr aus. Insbesondere sei hier die Bedingung betont, daß die ideale Uhr »immer« läuft, was gleichbedeutend damit ist, daß über jedes Ereignis, gleich, ob real oder nur fingiert, Aussagen zeitlicher Art möglich sind.

Das *Verhältnis zweier Dauern* wird dann angegeben durch eine rationale Zahl, die sich als Weglängenverhältnis zweier zu diesen

Dauern gleichzeitiger Vorgänge des Zeigers der idealen Uhr interpretieren läßt. Eine derartige »Zuordnung« von Zahlen zu Paaren von Ereignissen geht also von dem chronometrisch nicht weiter zerlegbaren Verfahren aus, zunächst gleichzeitige Ereignisse mit gleichzeitigem Anfang und gleichzeitigem Ende als gleichlang zu bezeichnen. Die Rede über Dauern gleichzeitiger Ereignisse läßt sich also als Abstraktion aus der Rede über Begleitvorgänge auffassen. Das Verfahren, zwei beliebige, nichtgleichzeitige Ereignisse hinsichtlich ihrer Dauer zu vergleichen, umfaßt drei Schritte: Zu jedem der beiden Ereignisse wird auf einer Uhr ein Begleitvorgang ausgezeichnet, und diese werden dann hinsichtlich ihrer Weglängen verglichen.

In einer historisch bedingten und meistenteils unverstandenen Weise spricht man außer über Dauern auch über Zeitpunkte. Diese bei *Zenon* und *Aristoteles* beginnende Tradition tritt in zwei Varianten auf, von denen eine auf *Augustin* zurückgeht, wonach der Zeitpunkt die Zukunft von der Vergangenheit trenne – die alltagssprachliche Verwendung von »Zeitpunkt« oder »Moment« dürfte aus dieser auf eine »erlebte Zeit« bezogenen Auffassung entstanden sein – und die andere einen mehr naturwissenschaftlichen Charakter hat, wonach ein Zeitpunkt der Grenzfall immer kleiner werdender Zeitteile sei. Ohne dessen gewahr zu werden, daß die Analogie zum geometrischen »Punkt« so lange nicht trägt, wie Geometrie unter Verzicht auf terminologische Bestimmungen für die Grundbegriffe getrieben wird, reden Naturwissenschaftler im Zusammenhang mit den verwendeten mathematischen Hilfsmitteln von Zeitpunkten. Dennoch könnte sogar in der Physik auf das Wort »Zeitpunkt« (und Synonyma) verzichtet werden, ohne daß dafür eine besondere Künstlichkeit der Darstellung eingehandelt werden müßte. Will man indessen der Tradition Rechnung tragen, so muß die Rede von den Zeitpunkten systematisch rekonstruiert werden.

Zeitpunkte lassen sich nicht wie Dauern aus Ereignissen abstrahieren. Die Wörter »sich ereignen« und »Zeitpunkt« werden allgemein gerade so verwendet, daß sich in einem Zeitpunkt nichts ereignet, d. h. daß jedes Ereignis eine endliche Dauer beansprucht. Um störende Assoziationen zur Geometrie zu vermeiden, sei daher zunächst statt »Zeitpunkt« das Wort »Nu« vorgeschlagen, welches heute nur noch in der Redewendung »im Nu« geläufig ist, bis ins 18. Jht. jedoch als eigenständiges Substantiv auftrat. Das Wort »Nu« hat seiner etymologischen Verwandtschaft zum griechischen »νῦν«

wegen, die in diesem Zusammenhang durchaus angemessen an die Zeittheorie des Aristoteles erinnert, einen gewissen kulturhistorischen Bezug.

In gleicher Weise wie schon bei »Dauer« wird »Nu« zur Umschreibung des Zusatzes »Begleit-« herangezogen, wenn statt »die Stellungen s_1 und s_2 sind Begleitstellungen« gesagt wird, »die Stellungen s_1 und s_2 werden im selben Nu eingenommen«. Wo nicht über Begleitstellungen gesprochen wird, sind Nue Abstrakta aus Stellungen. Durch Beschränkung auf Aussagen über die Ordnung von Stellungen zueinander gewinnt man Aussagen über Nue. An »Ordnungsprädikatoren« können hier z. B. auftreten: »zwischen« (die Stellung s_1 wird zwischen s_2 und s_3 eingenommen) und »liegen wie« (s_1 liegt zu s_2 wie s_3 zu s_4). In der Alltagssprache, wo das Miterleben von Ereignissen eine Orientierung der Zeit erzeugt, kommen die Prädikatoren »früher« und »später« hinzu. Schließlich lassen sich dann für Dauern und Nue analoge Regeln wie für Vorgänge und Stellungen in Geltung setzen, wonach Nue die Grenzen von Dauern sind usw.

Damit ist die Rede von Dauern und Nuen, gewonnen durch Abstraktion aus Aussagen über Vorgänge und Stellungen, verstehbar. Abstrahiert wird von geometrischen Besonderheiten der Wege und Stellen sowie von der Wahl der betrachteten Körper, was insbesondere ein Absehen von der Wahl einer individuellen realen Uhr impliziert.

Den Abschluß der Chronometrie bildet ein Hinweis auf zwei Problemkreise, die nicht mehr in den methodischen Rahmen einer protophysikalischen Zeitmeßtheorie gehören. Sie werden jedoch gelegentlich im Zusammenhang mit der Chronometrie diskutiert, so daß eine Abgrenzung gegen sie erforderlich scheint.

In der Klärung des Vorverständnisses, das in den Aufbau einer Chronometrie eingebracht wird, ist dafür plädiert worden, die Prädikatoren »früher« und »später« nicht unter die Termini der Theorie aufzunehmen. Nachdem jetzt die Kinematik und darüber hinaus reine zeitliche Aussagen ohne dieses Wortpaar rekonstruiert sind, kann es als erwiesen gelten, daß es für eine methodische Chronometrie nicht erforderlich ist »die Zeit« mit einer *Orientierung* zu versehen.

Behandelt man Körper und Ereignisse in der angegebenen Weise analog, spricht man also bei Wiederholung von »demselben Ereignis« wie man demselben Körper wiederholt begegnen kann, so ist die zeitliche Reihenfolge zweier Ereignisse bei Wiederholung umkehrbar. In der Physik kann darauf in einem zweiten Schritt, der jedoch den ersten nicht vergessen machen darf, vereinbart werden, Körper nur durch Ortskoordinaten, Ereignisse jedoch durch Orts- *und* Zeitkoordinaten zu lokalisieren und eine *Asymmetrie* in Kauf zu nehmen. Diese ist dann aus Zweckmäßigkeitserwägungen selbst erzeugt und braucht wohlverstanden keinen Anlaß für zusätzliche Überlegungen »über das Wesen der Zeit« zu geben.

Eine Chronometrie, die keine »Richtung der Zeit« definiert, was immer nur als eine invariante Form der Rede über Ereignisse möglich wäre, trifft somit keine Vorentscheidung bezüglich der in der empirischen Physik gelegentlich auftauchenden und in ihren Konsequenzen wichtigen Frage, ob bestimmte Ereignisse »umkehrbar« seien. Nach der Erörterung der begrifflichen Grundlagen zur Chronometrie kann vielmehr behauptet werden: Die Frage nach der Umkehrbarkeit von Ereignissen, die sich einer quantitativen Bestimmung von »Zuständen« bedient und insofern in den meisten Fällen die Chronometrie schon voraussetzt, kann selbst für die Grundlegung der Chronometrie nicht relevant werden. Um diese Unabhängigkeit der methodischen Chronometrie von der empirischen Frage nach der »Umkehrbarkeit« von Ereignissen terminologisch anzuzeigen, heiße die vorliegende Chronometrie »reversibel«. »Die Umkehrbarkeit der Zeit« oder auch »die Richtung der Zeit« mag (trotz verfehlter terminologischer Fassung) ein echtes Problem der empirischen Physik sein, in der Protophysik darf sie unbeachtet bleiben.

Das zweite Problem, das nur zum Teil eine Sache der Chronometrie oder der Protophysik ist, betrifft die *Transformationsgleichungen*, die den Übergang von einem in ein anderes Bezugssystem beschreiben. Hier liegt ein wichtiger Anlaß für die aus physikalischer Perspektive gegen die Protophysik vorgebrachte Kritik, die jedoch bisher von seiten der Physik immer mit einer unbedachten Vorentscheidung geübt wurde:

Die Physik diskutiert als Bezugssysteme nur Inertialsysteme oder solche Bezugssysteme, die ihrerseits mit Bezug auf Inertialsysteme definiert werden. Nun steht der Terminus »Inertialsystem« aber für einen dynamischen Begriff, nicht für einen kinematischen. Das heißt, daß in einem methodischen Aufbau Inertialsysteme nicht mit Geometrie allein definiert werden können, sondern für ihre operative Bestimmung zumindest auch Zeitmessung erfordern. Deshalb kann im Rahmen einer Chronometrie oder einer vor aller Dynamik und ihren grundlegenden Definitionen aufgebauten Kinematik die Frage nach Transformationseigenschaften kinematischer Sätze nicht mit Argumenten diskutiert werden, die aus der Dynamik kommen. Es ist deshalb auch unzulässig, aus irgendwelchen (für empirisch gehaltenen) Kraftgesetzen darauf schließen zu wollen, ob für Sätze der Kinematik eine Galilei-, Lorentz- oder sonstige Transformation gelte.

In einem methodischen Aufbau geht es darum, »Bezugssysteme« und gegebenenfalls Klassen von gegeneinander bewegten Bezugssystemen operativ zu definieren. Daß in eine solche Definition keine Konstanten und schon gar keine empirisch konstanten Meßgrößen eingehen dürfen, versteht sich nach dem Prinzip der methodischen Ordnung von selbst.

Nun geht es den Protophysikkritikern in diesem Zusammenhang ja wohl der Sache nach nur um Transformationseigenschaften von Kraftgesetzen. Da in diesem Buch die Dynamik nicht entwickelt wird, kann hierzu nur soviel behauptet werden, daß unterschieden werden muß zwischen nichtempirischen und empirischen Kraftgesetzen. Wenn etwa der Impulssatz für den unelastischen Stoß in einer Theorie als Definiens auftritt (wie z. B. für die Masse bei Lorenzen oder für Inertialsystem beim Verfasser), so kann es selbstverständlich keine empirische Frage sein, wie sich der Impulssatz transformiert. Diese Frage ist vielmehr definitorisch entschieden und muß sich nach den argumentativen Mitteln richten, die zirkelfrei zugänglich sind. (Hier einzuwenden, diese Vorgehensweise sei unzulässig, *wenn* der (klassische) Impulssatz widerlegt sei, würde auf einem logischen Fehler beruhen. Und die Behauptung, *daß* der (klassische) Impulssatz bereits widerlegt sei, ist bisher noch nicht im Rahmen einer zirkelfrei aufgebauten Theorie erhoben worden.)

Für empirische Kraftgesetze (wie dem Newtonschen Gravitationsgesetz) wird die Frage nach den Transformationseigenschaften davon abhängen, wie die definitorischen Vorgaben aussehen. Wenn es, worüber hier nichts behauptet werden soll, sogar in einer zirkelfrei aufgebauten physikalischen Theorie mit einer operativen Definition für »Inertialsystem« möglich sein sollte, Kraftgesetze zu finden, die sich bezogen auf Inertialsysteme nicht definitionsgemäß transformieren, liegen offensichtlich zwei Sorten von Transformationseigenschaften vor – und damit eine Doppeldeutigkeit des Wortes Transformation. Die eine Sorte bestimmt definitorisch die Bezugssysteme, die allererst realisiert werden müssen, damit Kraftgesetze überhaupt empirisch kontrolliert werden können, und ist damit nichtempirisch. Die andere Sorte wird logisch aus empirischen Kraftgesetzen abgeleitet und ist damit empirisch. Ob nicht vielleicht die Galilei-Transformation so interpretiert werden kann, daß sie zur ersten Sorte gehört, während die Lorentz-Transformation von der zweiten Art ist, kann so lange nicht adäquat erörtert werden, als die Physik unreflektiert hinsichtlich ihrer operativen Voraussetzungen Mechanik in toto für eine empirische Theorie und damit die Galilei-Transformation ebenfalls für eine empirische (und mittlerweile empirisch korrigierte) Eigenschaft mechanischer Gesetze hält.

Kapitel IV

Zur Geschichte der Chronometrie

1. Vorbemerkung: Terminologische Trennung von praktischer und theoretischer Chronometrie

Die in Kapitel III aufgebaute Theorie der Zeitmessung stellt nicht nur ein für eine exakt begründete Physik unerläßliches Stück Klärung der begrifflichen Grundlagen zur Physik dar, sie bietet vielmehr durch die normierte Terminologie auch ein geeignetes Instrumentarium für eine historische Untersuchung der Chronometrie, wodurch es gerechtfertigt sein mag, diese Betrachtungen auf den Nachtrag zu verlegen.

Zwei Entwicklungen laufen einen großen Teil ihrer Geschichte voneinander nahezu unbeeinflußt ab und gehen erst im 17. Jh. mit der Entstehung der klassischen Physik ein fruchtbares Bündnis ein: die praktische Zeitbestimmung und die Zeittheorien.

Eine erste Abgrenzung dieser beiden Zweige, die im folgenden kurz *»Zeitbestimmung«* bzw. *»Zeittheorien«* genannt werden, gibt der Hinweis, daß »Zeitbestimmung« die unreflektierte Praxis bezeichnet, mit Hilfe von Beobachtungen natürlicher oder künstlicher Abläufe zu zeitlichen Aussagen zu kommen, während »Zeittheorien« Systeme von Sätzen sind, die – wie es dann in der Tradition häufig heißt – Aussagen über »das Wesen der Zeit« darstellen. Die Entwicklung der Zeitbestimmung wurde aus mehr oder weniger praktischen Bedürfnissen heraus vorangetrieben; ihre Förderer waren Staatsmänner, Priester, Architekten und Ingenieure. Die Tradition der Zeittheorien jedoch ist beheimatet in den Philosophenschulen.

Schon hier sei die Beschränkung angezeigt, unter welcher die philosophischen Bemühungen betrachtet werden: Nicht die Geschichte einer ›Philosophie der Zeit‹ wird referiert. Vielmehr wird auf der Basis des im systematischen Teil explizierten Verständnisses die Geschichte eines Zeitbegriffs dargelegt, wie er in der klassischen Physik und dann allgemein in den Naturwissenschaften zu finden ist.

Auch die Betrachtung der Geschichte der Zeitbestimmung bleibt auf einen engen Bereich beschränkt, da im Rahmen dieser Arbeit nur angestrebt wird, zum Verständnis des modernen Gebrauchs von Uhren beizutragen und die Frage zu beantworten, welches Ziel die Uhrenbauer »schon immer« beim Bau von Uhren verfolgt haben mögen.

Wie das schlichte vorwissenschaftliche Sprechen der Hochstilisierung zu einer wissenschaftlichen Sprache methodisch vorhergeht, so ist auch historisch die Praxis der Zeitbestimmung älter als theoretische Versuche, die Zeit »auf die Höhe des Begriffs« zu bringen. Diese Reihenfolge ist analog der Genese der euklidischen Geometrie, die als Theoretisierung der Landvermessung zeitlich später anzusetzen ist als die Praxis der Landvermesser selbst. Im Schritt von der Praxis zur Theorie des räumlichen Messens vollzog sich jene Entdekkung der Möglichkeit von Wissenschaft[195], die – so viel läßt sich jetzt schon behaupten – für die Chronometrie nie so recht zum Tragen gekommen ist. Eine Geschichtsschreibung der Chronometrie hält sich dann zweckmäßigerweise an die historische Reihenfolge und beginnt bei der Zeitbestimmung.

2. Die Entwicklung der Zeitbestimmung

Die Zeitbestimmung läßt sich aufspalten in die *»Zeitrechnung«* und in die *»Zeitmessung«*. In Übereinstimmung mit dem üblichen Sprachgebrauch impliziert »Messung« immer den Gebrauch von Meßgeräten. Wo also vom Menschen verfertigte Geräte herangezogen werden, um zeitliche Aussagen zu gewinnen, soll von Zeitmessung die Rede sein; zeitliche Aussagen ohne Bezug auf Geräte zählen zur Zeitrechnung, wie z. B. die Kalenderrechnung.

Die Geschichte der Zeitmessung legt eine weitere Unterscheidung nahe. Der Einsatz von Geräten zur Beobachtung von natürlichen Abläufen, d. h. solchen, die nicht vom Menschen in Gang gebracht wurden (z. B. Umlauf der Sonne), rechnen zur *»natürlichen Zeitmessung«*, während eine *»künstliche Zeitmessung«* die Herstellung der beobachteten Abläufe einschließt.

Da im systematischen Teil die Voraussetzungen der künstlichen Zeitmessung geklärt wurden, beschränkt sich die historische Betrachtung der Zeitbestimmung ebenfalls auf die künstliche Zeitmessung.

Ein Blick auf die Zeitrechnung und auf die natürliche Zeitmessung lohnt freilich dort, wo es um die Frage geht, aus welchen Bedürfnissen heraus die Zeitbestimmung und insbesondere die Zeitmessung entstanden sind. Die Beantwortung dieser Frage ist für die Beurteilung einzelner Entwicklungsabschnitte der Zeitmessung relevant.

Eigennamen für Jahreszeiten, Monate und Tage (jährlich wiederkehrende Festtage, erst später Wochentage) aus einer Zeit, aus der die ältesten Zeugnisse einer einsetzenden Zeitrechnung stammen, deuten darauf hin, daß mit der Entwicklung des Ackerbaus Anfänge eines Bauernkalenders einhergingen.

Als in Ägypten das Naturjahr mit den drei Jahreszeiten »Überschwemmung«, »Aussaat« (Winter), »Ernte« (Sommer) in zwölf Monate eingeteilt wurde, wählte man einige Monatsnamen nach jahreszeitlichen oder landwirtschaftlichen Vorgängen.[196] Die Einführung eines Kalenderjahres nach dem Lauf der Sothis (Sirius) (vermutlich um −2780[197]) wird in der Literatur mit Verwaltungsaufgaben (Steuerterminen) und mit der Festlegung kultischer Feste begründet. In Ägypten kommt noch das Bedürfnis hinzu, die Nilüberschwemmung möglichst genau vorherzudatieren.

In der babylonischen Zeitrechnung (Kalender von Nippur) vermutet man eine Sechsteilung des Monats in fünftägige Geschäftswochen[198], im griechischen Kalender wurde ein Schaltzyklus (Oktaeteris) von den Priestern von Delphi eingeführt, um »den Göttern zu denselben Zeiten dieselben Jahresfrüchte bringen« zu können[199], und selbst die Anfänge der Zeitmessung scheinen vor allem auf die Erfüllung kultischer Vorschriften ausgerichtet zu sein[200] – eine Parallele zur Verwendung der ersten Räderuhren in den mittelalterlichen Klöstern. Eine straffe Organisation des Heeres endlich bedurfte zur Einteilung der Nachtwachen brauchbarer Uhren.

Diese Ausrichtung der Zeitbestimmung auf organisatorische Erfordernisse des Alltags bzw. auf kultische Vorschriften läßt sich über die ersten Anfänge hinaus bis ins Mittelalter hinein verfolgen. Daneben kündet sich schon im alten Ägypten der Gebrauch von Uhren für wissenschaftliche Aufgaben an, d. h. für die Astronomie. A. Lübke[201] schreibt, daß »die Ägypter in der Anwendung von Wasseruhren für astronomische Messungen Erstaunliches geleistet« hätten, etwa die Bestimmung der Sonnennähe bzw. Sonnenferne.

Ein effektiver Einsatz von Uhren für astronomische Messungen konnte freilich erst nach Erfindung und einer gewissen Vervollkommnung der Räderuhren gelingen (vermutlich nicht vor dem 15. Jh.).

Speziell für experimentelle Untersuchungen scheinen Uhren erst von Galilei verwendet worden zu sein (vgl. Zeitmessung bei Galilei, S. 237 f.). Er, der in der Verbindung der Tradition der Werkstätten mit der der Universitäten[202] die Anfänge einer exakten empirischen Wissenschaft gelegt hat, ist über seine Vorläufer auch gerade darin hinausgegangen, daß er in die Physik den Zeitparameter als Darstellung einer experimentell meßbaren Zeit eingeführt hat.

Wo ist nun der Anfang einer künstlichen Zeitmessung zu erkennen? Die Sonnenuhren, anfänglich wohl als »Kalender« benutzt, d. h. als Geräte zur Anzeige des Sonnenstandes in den Tierkreiszeichen, dienen der terminologischen Festsetzung nach der natürlichen Zeitmessung. Zwar waren Sonnenuhren auch nach der Erfindung der Wasseruhr ihrer leichten Transportierbarkeit wegen im Gebrauch (bis ins 18. Jh.). Auch mag die Stundeneinteilung des Sonnentages (in Ägypten nachweisbar ab – 1400) durch eine zwölfteilige Skala einer Sonnenuhr initiiert worden sein. Da es aber bis ca. – 350 (Eudoxos von Knidos) keine Theorie der Liniennetze von Sonnenuhren gab[203]

war eine Zeitmessung, die beliebige Dauern in Relation zueinander setzen konnte, theoretisch nicht möglich. Man hat vermutlich sogar Sonnenuhren empirisch mit Wasseruhren geeicht.
Den Anfang der künstlichen Zeitmessung und damit einer strengen Zeitmessung überhaupt bildet erst der Gebrauch von Wasseruhren.

3. Kleine Geschichte der Wasseruhr

Wann zum ersten Mal künstliche Abläufe zur Zeitmessung herangezogen wurden, ist schwer zu datieren. Immerhin herrscht Übereinstimmung darin, daß das älteste Verfahren vorsah, aus einem Gefäß Wasser durch ein kleines Loch auslaufen zu lassen. In einer Grabinschrift aus der Zeit um −1580[204] gibt Amenemhet Anweisungen für den Bau einer Wasseruhr; das älteste erhaltene Exemplar stammt aus der Zeit um −1350[205]. Vermutlich ist jedoch die einfache Form der Auslaufuhr viel älter. Sie scheint schon bei den Chaldäern im Gebrauch gewesen zu sein.

Die früheste Form der Wasseruhr erlaubte lediglich, eine bestimmte Dauer durch das Leerlaufen eines Gefäßes festzusetzen, ohne daß an einer Skala Unterteilungen dieser Dauer abgelesen werden konnten[206]. Derartige Geräte dienten in Ägypten zur Beschränkung der Redezeit vor Gericht, wobei zu Beginn der Verhandlung je nach Schwere des verhandelten Falles mehr oder weniger Wasser in das Auslaufgefäß gefüllt wurde.

Die griechischen Klepshydren (Wasserheber)[207] arbeiteten nach demselben Prinzip. (Später wurde der Name Klepshydra dann allgemein für Wasseruhren, auch solche mit Skalen, üblich.) Auch aus der attischen Gerichtspraxis ist die Begrenzung der Redezeiten durch Klepshydren überliefert. Skalenfreie Auslaufuhren fanden schon früh Verwendung zur Einteilung der Nachtwachen. Der Umstand, daß sich die Auslaufgeschwindigkeit des Wassers mit der Höhe des Wasserspiegels ändert, wurde bei diesen frühen Formen der Wasseruhr nicht relevant. Die Konstruktion von Wasseruhren mit Skalen (das oben erwähnte, älteste Exemplar zeigt zwölf verschiedene Skalen – nach der Monatszahl), die je nach Länge des Lichttages eine Einteilung in zwölf jeweils gleiche Stunden ergaben[208], erforderte jedoch eine Lösung der Aufgabe, irgendeine Bewegung konstanter Geschwindigkeit zu erzeugen, z. B. gleichförmiges Sinken des Wasserspiegels oder konstante Auslaufgeschwindigkeit, die ein gleichförmiges Steigen des Wasserspiegels in einem zylindrischen Auffanggefäß ergibt. In grober Näherung gelang dies bei dem erhaltenen Exemplar dadurch, daß die Gefäßform nicht zylindrisch war, sondern sich nach oben konisch erweiterte, was bei hohem Wasserstand die erhöhte Auslaufgeschwindigkeit kompensieren sollte[209].

Soweit bekannt, wurde das Problem, die richtige Gefäßform zu finden, die ein konstantes Sinken des Wasserspiegels ermöglicht hätte (Wandung Parabel 4. Ordnung), in der Antike nicht gelöst. Gleichwohl gelang der Bau genau gehender Wasseruhren, als Ktesibios von Alexandrien (um −300) mehrere Konstruktionen erdachte und auch realisierte, denen die Verwendung von wenigstens zwei Gefäßen gemeinsam war[210].

Durch ein von einem Schwimmer gesteuertes Ventil oder durch Vorschalten eines Überlaufgefäßes wurde bei den Uhren des Ktesibios konstante Auslaufgeschwindigkeit erzielt. Das gleichförmige Ansteigen des Wasserspiegels in einem zylindrischen Auffanggefäß wurde dann mit Hilfe eines Schwimmers auf verschiedenartige Anzeigevorrichtungen übertragen.

Nachdem Vitruv ausführliche Anweisungen des Ktesibios überlieferte, worauf zur Erzielung einer konstanten Auslaufgeschwindigkeit zu achten war[211], galt das Hauptinteresse der antiken Uhrenbauer den Anzeigevorrichtungen, von denen eine reiche Zahl verspielter Formen überliefert ist. Neben akustischen Signalen aus Pfeifen oder von Kugeln, die in Bronzebecken fallend die Stunden schlugen, koppelte man Uhren mit einer Art mechanischen Astrolabiums, das Auskunft über den jahreszeitlich sichtbaren Sternenhimmel oder den Sonnenstand gab.

Die Hauptschwierigkeit des Wasseruhrenbaus lag in der variierenden Länge des Lichttages, der in zwölf gleichlange Stunden einzuteilen war[212]. Statt veränderlicher Skalen – schon Ktesibios hatte eine selbsttätige Verstellung der die verschiedenen Skalen tragenden Walze konstruiert – versuchte man auch, die Auslaufgeschwindigkeit zu verändern, was durch verschiedene Wasserstände im Auslaufgefäß, durch Veränderung der Lage der Auslauföffnung oder durch graduelles Öffnen und Schließen der Auslauföffnung erreicht worden ist.

Wasseruhren scheinen die an sie gestellten Forderungen gut erfüllt zu haben, denn sie waren bis ins 18. Jh. in Gebrauch[213]. Sie zählten im beginnenden Mittelalter gleichsam zur Grundausstattung eines Klosters, da die Ordensregeln Gebetszeiten genau vorschrieben. Hier wurde vermutlich eine Unzulänglichkeit der Wasseruhren am deutlichsten verspürt: Sie bedurften einer meist aufwendigen Wartung, und sie froren im Winter ein.

4. Kleine Geschichte der Räderuhren

Die Genauigkeit von Wasseruhren, bei denen die Zeit durch einen variablen Flüssigkeitsspiegel – sei es direkt oder in Verbindung mit einem Anzeigemechanismus – angegeben wird, ließ sich nicht beliebig steigern. Die exakte Zeitmessung, die von Physikern und Astronomen und später in der Technik benötigt wurde, war an die Erfindung und Entwicklung von Räderuhren gebunden.

Wenn hier in Anbetracht der Rolle, welche die Räderuhr in der Geschichte der exakten empirischen Wissenschaft gespielt hat und trotz Quarz- und Cäsiumuhr noch spielt, nun die Geschichte der Räderuhr verfolgt wird, so darf dadurch nicht der Eindruck entstehen, als wäre historisch die Wasseruhr von der Räderuhr unmittelbar abgelöst worden. Obgleich die mechanischen Uhren schon im 15. Jh. mit Minutenzeiger versehen wurden, befriedigte ihre Genauigkeit erst in den Tagen Huygens', Hookes oder gar Harrisons[214]. So wurden neben manch anderen Formen von Chronometern, etwa den Quecksilberuhren, Wasseruhren selbst für astronomische Beobachtungen noch lange verwendet. Kepler erwähnt eine von Salomon de Caus konstruierte »Walgeuhr«[215], und bis ins 19. Jh. hinein wurden Uhren gebaut, die Prinzipien der Wasseruhr mit Räder- oder sogar Pendelmechanismen verbanden[216].

Der Untersuchung der Anfänge der Räderuhr und ihrer ersten brauchbaren Beispiele seien einige Bemerkungen darüber vorausgeschickt, welche Gründe neben der Freude an verspielten Mechanismen[217] für die Entwicklung der Zeitmessung maßgebend gewesen sein mögen.

Mit der Entwicklung neuer Schiffsformen (Verwendung von Lateinersegeln statt der alten Rahtakelung, mehrerer Masten, Steuerruder am Heck in Fortsetzung des Kiels) trat an die Stelle der Küstenschifffahrt mehr und mehr das Befahren der offenen See. Die ersten Seekarten, derer man sich seit der Erfindung des Kompasses (um 1200) bediente, zeigten nur Küstengebiete mit Visierzielen, enthielten aber keine Entfernungsangaben[218]. Das Navigieren auf offener See war abhängig von einer Standortbestimmung des Schiffes. Geographische Breiten konnte man durch Anpeilen von Sternen ermitteln, jedoch hätte man zur Längenbestimmung einer Uhr bedurft, die aus der zeitlichen Verschiebung des Sonnentages gegen eine von einer mitgeführten Uhr gezeigten Zeit (etwa des Heimathafens oder eines weltweiten Bezugspunktes wie Greenwich seit 1884) die geographische Länge zu berechnen erlaubt hätte. Wenn auch diese Aufgabe vor 1750 kaum als gelöst angesehen werden darf, so war die Herstellung einer genaugehenden Schiffsuhr schon vom 14. Jh. an ein Ziel der Uhrenbauer.

Zum anderen bedurfte nicht nur ein kleiner Kreis von Astronomen genauerer und dabei handlicherer Uhren. Spätestens ab 1400 verbreitete sich die Sitte, die Geburtszeit eines Kindes möglichst genau festzuhalten, da diese für die Stellung eines Horoskops bekannt sein mußte.

Die ersten Schritte auf dem Weg zur gewichtgetriebenen Räderuhr hängen eng zusammen mit der Technik der damaligen Zeit, vor allem mit der Fertigungstechnik und der Entwicklung von Spezialwerkzeugen, hier wieder in erster Linie der einfachen Form der Drehbank. Nachdem sich Holz als wenig geeigneter Werkstoff für Uhrwerke erwiesen hatte, obgleich hölzerne Werke lange in Gebrauch waren und selbst Taschenuhren aus Holz verfertigt wurden[219], begann die Entwicklung mechanischer Uhrwerke erst mit der Verwendung von Metallen, anfänglich vor allem von Schmiedeeisen.

Hier übernahm der Uhrenbau eine nicht zu unterschätzende Rolle für die Konstruktion von Werkzeugen und für die Technik der Metallverarbeitung im allgemeinen. Im 14. Jh. waren Uhren neben Feuerwaffen die einzigen Geräte aus Metall, deren Herstellung eine gewisse Präzision verlangte. Waren die ersten Räderuhren noch Arbeiten von Grobschmieden[220], so führte die Einsicht, daß Uhren um so genauer gehen, je geringer die auftretenden Kräfte sind, bald zu einer Verkleinerung der Werke. Damit verband sich die Entwicklung der Drehbank und anderer Werkzeuge, die zur Herstellung von Wellen, Zahnrädern und dergleichen benötigt wurden.

Die Geschichte der Räderuhr ist im wesentlichen die Geschichte der Hemmungsmechanismen, die ein fallendes Gewicht derart bremsen sollten, daß der Fallvorgang hinreichend langsam erfolgte und gleichförmig war. In der Literatur wird daher an erster Stelle der französische Baumeister Villard de Honnecourt erwähnt[221], der um 1240 eine »Engeluhr« zeichnete, eine Vorrichtung, die, von einem Gewicht getrieben und mit einem Hemmungsmechanismus versehen, einen Engel so drehen sollte, daß er stets der Sonne zugewandt bleibt.

Zinner beschreibt diese Uhr[222] und erklärt in Übereinstimmung mit anderen Standardwerken[223] die Funktionsweise wie folgt: »Die Hemmung erfolgt durch das Gewicht das Rades, das so gewählt werden kann, daß die Drehung des Rades um ¼ Umfang, von einer Speiche zur andern, der Tagesdauer entspricht.« Obgleich man, was die Uhr Villards anbetrifft, allein auf Erklärungsversuche seiner Zeichnung angewiesen bleibt, überzeugt diese nicht recht.

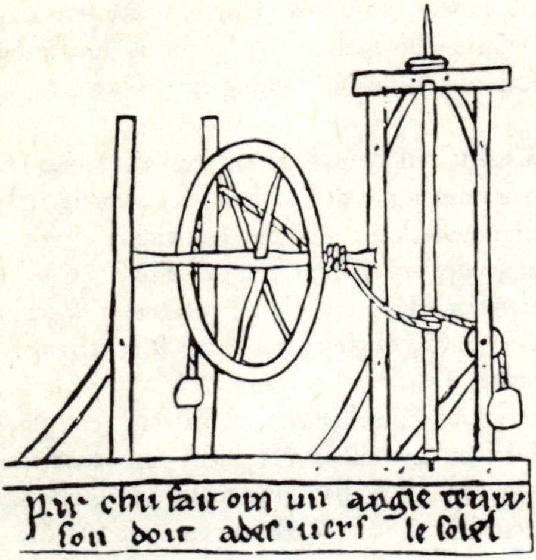

Figur 20

Die Drehung des Rades *R* und mithin die Drehung der Achse *E*, die den Engel tragen sollte, wird gleichförmig beschleunigt sein[224]. Wenn auch Villard das Fallgesetz nicht kennen konnte, so wird man doch eine qualitative Kenntnis von der Bewegung eines einfachen Mechanismus zutrauen dürfen. Es widerstrebt außerdem, einem Baumeister, also einem Mann der Praxis[225], zu unterstellen, er hätte das Funktionieren eines so langsam laufenden Mechanismus (pro Tag ¼ Umdrehung!) für möglich gehalten.

Der weitaus gewichtigste Einwand gegen die Erklärung Zinners ist, daß er nicht überzeugend darstellt, warum das Seil zwischen zwei Speichen hindurchgeführt wurde.

Im folgenden soll daher eine neue Erklärung der Funktion der Engeluhr vorgelegt werden, bei der das Rad *R* hin- und herschwingt und somit schon als ein Hemmungsmechanismus angesehen werden kann, der die Fallbewegung eines Gewichtes durch periodische Vorgänge reguliert.

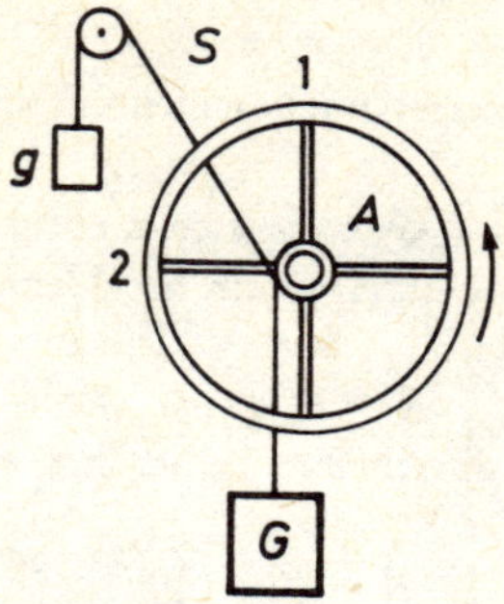

Figur 21

In vereinfachter Darstellung zeigt sich der Mechanismus (die Achse, die den Engel tragen soll, wird weggelassen) folgendermaßen:
Das Seil *S* verläuft vom Gewicht *G vor* dem Rad auf die Achse *A*, umschlingt diese und führt dann zwischen den Speichen 1 und 2 über eine Rolle zum Gewicht *g*. *G* ist schwerer als *g*. Im gezeichneten Zustand wird das Rad von einer Kraft

$$K = (G - g)r_A$$

entgegen dem Uhrzeigersinn beschleunigt. (r_A ist der Radius der Achse *A*.)

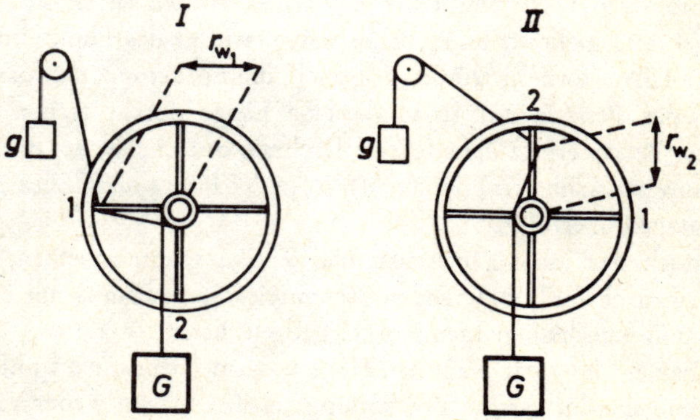

Figur 22

Schließlich schlägt die Speiche 1 an das Seil. Wenn der Schwung des Rades verzehrt ist, habe sich die Endstellung I ergeben:
In dieser Stellung wird die rücktreibende Kraft

$$K = r_{w1}g - r_A G.$$

Das Rad wird im Uhrzeigersinn beschleunigt und erreicht schließlich die Endstellung II.
Nun wirken $r_{w2}g$ und $r_A G$ in dieselbe Richtung, das Rad wird also wieder entgegen dem Uhrzeigersinn beschleunigt, und zwar zuerst mit der Kraft

$$K = r_{w2}g + r_A G,$$

bis das Seil keine der Speichen mehr berührt, und von da an mit der Kraft

$$K = (G - g)r_A,$$

womit der Schwingvorgang von neuem beginnt.
In der Endstellung I liegt das Seil beispielsweise auf ¾ des Achsenumfangs auf, in Endstellung II dagegen auf 1¼ des Umfangs. Bei geeigneter Abstimmung der einzelnen Bauteile aufeinander ist es möglich, daß die Haftreibung des Seiles auf der Achse nicht ausreicht, um $G - g$ zu halten. Das Seil rutscht etwas durch[226], bis das Rad, jetzt nur beschleunigt von der Kraft $K = r_{w1}g$, sich wieder so weit im Uhrzeigersinn gedreht hat, daß das Seil die Achse faßt. Theoretisch würde die beim Durchrutschen aufgenommene kinetische Energie des fallenden Gewichtes G ausreichen, die Reibungsverluste des schwingenden Rades auszugleichen.
Obwohl diese Erklärung physikalisch richtig ist, sieht man sofort, daß Villards Mechanismus in der Praxis nicht als brauchbare Uhr funktionieren wird: Selbst mit modernen Mitteln lassen sich Reibungskräfte nicht so exakt beherrschen, wie es das Funktionieren dieser Uhr erfordern würde. Vor allem die Forderung, daß das Seil bei jeder Periode um genau dieselbe Länge durchrutschen muß (dieser Betrag ergibt die effektive Drehung des Engels, der mit dem Seil unverrutschbar gekoppelt ist), ist in der Praxis ohne Zusatzvorrichtungen unerfüllbar.
Dennoch darf man annehmen, daß Villard schon an einen, dem Prinzip nach funktionierenden Hemmungsmechanismus mit einem hin- und herschwingenden Körper gedacht hat.
Ein Fehler, der zwar nicht den Hemmungsmechanismus, wohl aber die Aufgabe der ganzen Vorrichtung betrifft, scheint weder Villard selbst noch den Historikern, die seine Uhr beschrieben haben,

aufgefallen zu sein. Erklärter Zweck des Gerätes ist es, einen Engel so zu drehen, daß er sich stets der Sonne zuwendet. Dann aber muß sich die Achse *E* (in der Daraufsicht) im Uhrzeigersinn drehen. Wenn man vom deutlichen Größenunterschied der beiden Gewichte darauf schließt, daß das größer gezeichnete auch das schwerere ist, so hat Villard in seiner Zeichnung das Seil in falscher Richtung um die Achse *E* gewickelt. Wie immer man nämlich die Funktionsweise der Uhr erklären möchte, der Engel wird sich nach der Zeichnung von West nach Ost drehen, also entgegen dem Lauf der Sonne.
1271 beschreibt Robertus Angelicus in einem Traktat, der sich mit der Teilung des Tages in gleichlange Stunden befaßt, welche Bedingungen eine von einem Bleigewicht angetriebene Uhr erfüllen muß, um die Stunden richtig anzuzeigen[227].
Zinner weist jedoch mit Recht darauf hin, daß in dieser Darstellung von einer Hemmung nicht die Rede ist, so daß diese Textstelle zumindest unfruchtbar für die Geschichte des Uhrenbaus ist.[228]
Gern zitiert man an dieser Stelle Dantes »Göttliche Komödie« (zwischen 1316 und 1321):

»... wie wohlgefügt der Uhren Räder tun.
In voller Eil zu fliegen scheint das letzte,
Das erste scheint, wenn man's betracht, zu ruhn.«

welche auf die Verwendung eines Zahnradgetriebes hinweist.
Doch ist dies alles nur ein Eingeständnis, daß man weder den Erfinder der Räderuhr oder der Spindelhemmung kennt, noch weiß, wann diese Erfindungen gemacht worden sind. Hier mag die Bemerkung genügen, daß vermutlich um 1300 die ersten Räderuhren mit Spindelhemmung[229] gebaut wurden und daß die Uhrmacherkunst bereits im 14. Jh. einen hohen Stand erreichte, was aus einigen zum Teil noch erhaltenen Uhren aus der zweiten Hälfte des 14. Jhs. mit Spielwerken, Glockenschlag, Weckvorrichtungen usw. ersehen werden kann.
Die Spindeluhren, die anfänglich nur zwei oder drei Zahnräder besaßen, hatten den Nachteil, daß sie oft aufgezogen werden mußten. Ihre Genauigkeit ließ zu wünschen übrig[230].
So blieben bis zur Mitte des 17. Jahrhunderts verschiedene Formen von Uhren im Gebrauch. Zwar konnten die Werke mit Spindelhemmung wesentlich verbessert werden, aber eine exakte Zeitmessung sollte erst durch die Regulierung der Uhr mit einem Pendel möglich

werden. Rund ein halbes Jahrhundert, bevor Galilei und Huygens die Zeitmessung durch Pendeluhren einführten, wurden zwei Uhrenhemmungen erdachte, die einen bedeutenden Fortschritt an Ganggenauigkeit gegenüber den Spindeluhren brachten. Jost Burgi erfand neben anderen Verbesserungen den »Kreuzschlag«, der durch eine symmetrische Anordnung von zwei gegeneinander schlagenden Armen Gangunregelmäßigkeiten unterdrückt, und zwischen 1590 und 1600 entstehen die ersten Uhren mit Kugellaufhemmung. Burgis Erfindungen sind in der Fachliteratur[231] genau beschrieben, so daß hier nicht näher auf sie einzugehen ist. Dagegen sind die Kugellaufuhren hier von besonderem Interesse, da sie – älter als die Pendeluhren – Realisate der im systematischen Teil dieses Buches beschriebenen idealen Uhr als eines Gerätes zur Erzielung konstanter Geschwindigkeit sind.

»Christoph Margraf, Hofuhrmacher in Prag, schlägt (1595) dem Kaiser Rudolf II. den Kugellauf auf schiefer Ebene als Zeitnormal vor«[232] und erhält ein Patent darauf. Es ist wahrscheinlich, daß dies das früheste Zeugnis für die Verwendung einer Kugellauf*hemmung* ist, doch stößt die Datierung hier auf besondere Schwierigkeiten, weil verschiedene Verwendungen von Kugeln im Uhrenbau etwa zur selben Zeit auftauchen. Zum einen wurden auch Uhren gebaut, bei denen Kugeln die *Antriebskraft* konstant hielten, und zum anderen war der Kugellauf gelegentlich nur Schauwerk ohne Einfluß auf den Uhrengang. Nicht zuletzt gab es Versuche, über einen Kugellauf ein perpetuum mobile zu bauen oder doch wenigstens vorzutäuschen. Eines der ältesten erhaltenen Exemplare ist die kastenförmige Tischuhr, die signiert ist »Christoph Margraf cum privilegio Rom. Sac. Maj. 1596, Prag«[233], eine besonders prunkvolle Uhr stellt der »Babylonische Turm« von Hans Schlottheim dar, bei dem die Kugeln auf einer schraubenlinienförmigen Bahn außen um den Turm herumlaufen (um 1599)[234].

Ihrer Ähnlichkeit zu der in Kapitel III theoretisch postulierten Form einer methodisch ersten Uhr sei hier vor allem die Kugellaufuhr des Ulmer Uhrmachers Johannes Sayller erwähnt (vgl. Abb.). A. Weyermann beschreibt diese Uhr wie folgt[235]: »Diese Uhr hat eine freie Steigradhemmung und wird mittelst zweier Kugeln, die an einer schiefliegenden Spiegelfläche an sechs Transversallinien, welche gespannte Metallsaiten bilden, abwechselnd herunterlaufen und deren Enden in fünf Halbzirkeln sich verlieren, in Gang gebracht. Jede

Kugellaufuhr von Johannes Sayller, Ulm 1626
Württembergisches Landesmuseum Stuttgart

dieser Kugeln fällt in einer Stunde 180mal auf eine Waage herunter und wird ebenso oft wieder durch dieselbe hinaufgehoben. Sie zeigt Minuten und Stunden, den Monatstag, das Mondealter, schlägt Viertelstunden und Stunden; wenn eine dieser Kugeln weggenommen wird, bleibt das Werk plötzlich stehen«. Seine Beschreibung ist zu ergänzen durch den Hinweis, daß die Kugeln, nachdem sie auf einer etwa 3 cm langen Anlaufbahn beschleunigt werden, mit konstanter Geschwindigkeit ablaufen.

Freilich ist die Grenze an Ganggenauigkeit bei den Kugellaufuhren schnell erreicht. Der Auslösemechanismus für den Start der Kugeln gibt besondere Schwierigkeiten auf, und schon geringe Verstaubung der Kugelbahn führt zu merklichen Unregelmäßigkeiten des Uhrengangs. Eine weitgehende Erfüllung der damaligen Ansprüche an die Exaktheit der Zeitmessung konnten erst die Pendeluhren bringen.

Was die Geschichtsschreibung zum Thema »Erfindung der Pendeluhr« betrifft, sind die Historiker nicht zuletzt damit befaßt, einen Streit auszutragen, ob nun Galilei oder Huygens den Ruhm für sich beanspruchen darf, Erfinder dieses für die Wissenschaft der folgenden Jahrhunderte so wichtigen Geräts zu sein[236].

In einer Zusammenfassung, die unwichtige Einzelheiten ebenso übergeht, wie sie Mutmaßungen unterläßt, was wohl die Motive der an den nicht immer ganz durchsichtigen Ereignissen Beteiligten waren, darf als gesichert behauptet werden: Galilei hat sehr früh, wahrscheinlich nicht später als 1581, das Pendel als geeignet erkannt, kurze Zeiten zu messen. Er scheint bis zu seinem Tod geglaubt zu haben, daß die Schwingdauer eines Pendels unabhängig von der Amplitude sei. Das Pendel, das von Hand in Gang gehalten wurde und dessen Schwingungen man mitzählen mußte, kam wohl bald darauf bei den Astronomen in Gebrauch. Kunde dieser Verwendung gelangte nach Holland.

Am 15. August 1636 schrieb Galilei an die Generalität der Vereinigten Provinzen der Niederlande und schlug eine neue Methode der Längenbestimmung zur See unter Verwendung eines Zeitmessers vor. Zwar enthält Galileis Brief keine Angaben, um welche Art von Zeitmesser (»orologio per numerar l'hore e sue minuzie« und »misurator del tempo«)[237] es sich bei dem erwähnten handelt, doch verblüfft die Bemerkung, daß solche Zeitmesser, wenn man vier oder sechs von ihnen gleichzeitig laufen läßt, selbst in Monaten nicht um eine Sekunde differieren[238].

Hier könnte es sich zwar um eine Bemerkung handeln, die lediglich eine Konsequenz aus Galileis Meinung vom Isochronismus der Pendelschwingungen darstellt. Es ist aber unwahrscheinlich, daß Galilei bei diesen Zeitmessern, die über Monate laufen sollen, einfache Pendel gemeint hat, die von Hand in Gang gehalten und deren

Schwingungen von einem Beobachter mitgezählt werden müssen. Diese Stelle darf vielmehr als Indiz dafür gelten, daß Galilei bereits 1636 an eine Pendeluhr gedacht hat – wenn er sie nicht sogar konstruiert oder den Auftrag, sie zu bauen, gegeben hat, denn er sagt ausdrücklich ». . . io ho tal misurator del tempo . . .« (. . . ich habe einen solchen Zeitmesser . . .). Nachweisbar ist, daß Galilei, schon erblindet, kurz vor seinem Tod zusammen mit seinem Sohn Vincenzio einen durch ein Pendel gesteuerten Hemmungsmechanismus entworfen hat. Nach Bedini diente diese Konstruktion, die kein Ziffernblatt aufweist, nur als Pulszähler (pulsilogium) und zur Messung kurzer Dauern in der Astronomie.
1649 hat Vincenzio eine solche Pendeluhr (vermutlich durch eine Feder angetrieben) gebaut bzw. bauen lassen. Nach diesem Modell hat dann Viviani, der Biograph Galileo Galileis, Skizzen gezeichnet, die heute noch erhalten sind.
Anscheinend hatten Viviani und auch Prinz Leopold de Medici[239], der später den Prioritätsanspruch Galileis verfocht, die Bedeutung der Galileischen Erfindung nicht erkannt und sie deshalb nicht veröffentlicht. Später wollten diese beiden Verehrer Galileis dann mit nicht immer korrekten Mitteln diesen Fehler wettmachen, als das Echo, das die Uhren Huygens' fanden, sie eines Besseren belehrte.
Huygens, der nach seinen eigenen Worten gegen Ende des Jahres 1656 zum ersten Mal an eine neue Methode dachte, die Zeit zu messen[240], meldete im Juni des Jahres 1657 die Pendeluhr zum Patent an. 1658 erschien sein »Horologium« mit einer Beschreibung dieser Uhr, die jedoch noch nicht das berühmte Zykloidenpendel aufwies. Den Isochronismus der Zykloide hat Huygens erst nach 1659 entdeckt, worauf er im »Horologium Oscillatorium« 1673 eine Pendelaufhängung zwischen zykloidenförmigen Backen zeichnete.
Robertson hat eine Uhr von Samuel de Coster, dem Uhrmacher Huygens, aus dem Jahre 1657 gefunden, die ebenfalls bereits eine bifilare Pendelaufhängung zwischen zwei Backen (allerdings nicht zykloidenförmig) zeigt[241].
Was nun die Frage der Priorität von Galilei oder Huygens betrifft, so ist der Umstand, daß Huygens Veröffentlichungen später datieren als Galileis Tod (Januar 1642), noch kein Argument für die These, Huygens habe ein Plagiat begangen. Es scheint, als sei hier aus einer zeitlichen Aufeinanderfolge ein kausaler Zusammenhang konstruiert worden. Freilich legt der Streit, an dem sich Huygens selbst heftig

beteiligt hat, die Annahme dieses kausalen Zusammenhangs nahe, aber es besteht dennoch kein Grund, Huygens Beteuerungen zu bezweifeln, er habe seine Erfindung unabhängig von Galilei gemacht. An diese Unabhängigkeit zu glauben, fällt um so leichter, je mehr man von den Äußerungen engagierter Parteigänger der einen oder anderen Seite absieht und die Konstruktionen selbst betrachtet. Hier kann viel mehr als ein sorgfältiges Quellenstudium der Schriften über den Prioritätenstreit ein technisches Argument Klarheit schaffen: Der Hemmungsmechanismus der Galileischen Uhr ist gänzlich verschieden von dem der Huygensschen.

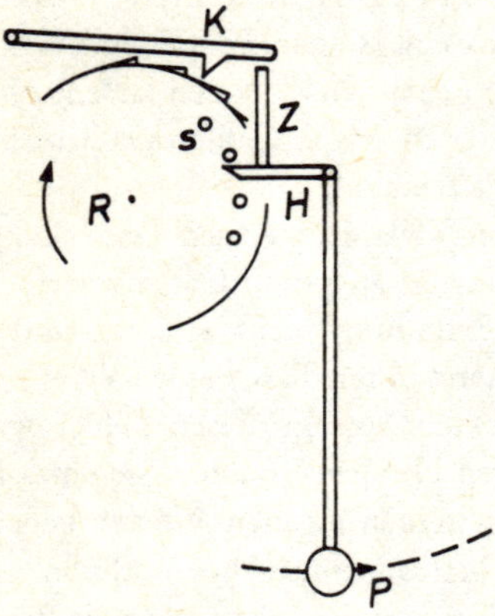

Figur 23

Im Prinzip arbeitet der Hemmungsmechanismus nach Galilei folgendermaßen (vgl. Fig. 23): Der Hebel *H*, der mit dem in *A* drehbaren Pendel *P* starr verbunden ist, greift in die Stifte *s* eines Zahnrades *R* ein. Das Pendel wird nach rechts getrieben. Die Sperrklinke *K* verhindert, daß sich das Rad *R* weiterdreht, sobald *H* den Bereich der *s* verlassen hat. Die Klinke *K* wird bei der Rückkehr des Pendels nach der linken Endstellung durch den Zapfen *Z* gehoben, und über die Stifte *s* und den Hebel *H* wird das Pendel erneut angestoßen.
Huygens Hemmungsvorrichtung jedoch ist genau die der Spindeluhr (vgl. Fig. 24): Die Achse des Pendels, versehen mit zwei Sperrklinken, steht vor einem Kronrad und wird von dessen Zähnen abwechselnd hin- und hergedreht.
Während das Pendel bei Galileis Uhr nur auf einem Teil seiner Bahn

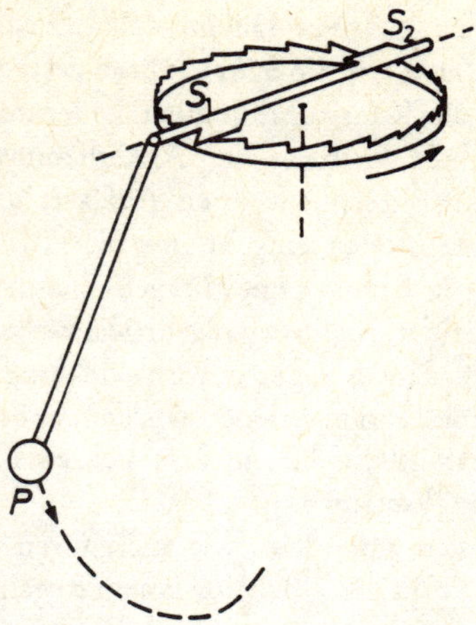

Figur 24

beschleunigt wird (in der Fig. 23 nur in der Nähe des linken Umkehrpunktes), dann aber frei schwingen kann, ist das Huygenssche Pendel immer in Kontakt mit dem Kronrad. (Wenn S_1 vom Kronrad nicht mehr berührt wird, muß S_2 bereits in den Bereich der Zähne des Kronrades eingeschwenkt sein, da sich andernfalls das Kronrad frei drehen könnte.)

Beiden Modellen ist lediglich die Verwendung eines Pendels und damit eines schwingfähigen Gebildes mit einer von der Antriebskraft unabhängigen Eigenfrequenz gemein. Die Koppelung der Pendel an die Werke unterscheiden sich. Man darf sogar die Hemmung nach Galilei als die modernere bezeichnen, da das Pendel wenigstens teilweise frei schwingt. Von dieser Seite aus betrachtet mutet es nicht als wahrscheinlich an, daß Huygens die Galileische Erfindung bereits kennengelernt hatte, als er 1657 seine Uhr konstruierte. Daß Huygens allerdings das von Astronomen in Holland damals schon benützte Verfahren kannte, kurze Zeiten mit einem Pendel zu messen, welches von Hand angestoßen wurde, ist wahrscheinlich.

Nahezu gleichzeitig wurde ein weiterer Prioritätenstreit ausgetragen: Hooke machte Huygens die Erfindung der Federunruhe streitig[242]. Hier soll jedoch diese Kontroverse nicht dargestellt werden. Es ist wahrscheinlich, daß Huygens selbständig eine Federunruhe konstruierte, die durch den gleichen Hemmungsmechanismus wie seine Pendeluhren und damit wie die Spindeluhren gesteuert wurde, während man Hooke die Konstruktion einer Federunruhe mit Ankerhemmung bzw. einer Vorform der Ankerhemmung zuschreiben darf[243]. Diehl-Patterson schließt ihren Aufsatz, der auch auf den genannten Prioritätenstreich eingeht, mit der Bemerkung, daß ab 1657 die Engländer in Kontakt mit Huygens standen und somit eine Beeinflussung in beiden Richtungen sehr wahrscheinlich ist. Es sei, so Diehl-Patterson, damals nicht um Entwicklungen gegangen, die von einzelnen Genies vorangetrieben wurden, sondern eher um ein Kapitel Wissenschaftsgeschichte, in dem sich eine Zusammenarbeit vieler Gelehrter durchsetzte[244].

Huygens befaßte sich außerdem (wie auch Wren und Hooke) mit einer völlig neuen Form der Uhr: Von einem Regelmechanismus mit konstanter Drehung erwartete man sich höhere Genauigkeit als von einem hin- und herschwingenden.

Nun war in Oxford schon 1655 und 1656 die Schwingungstheorie entwickelt worden. Nachdem Hooke in seiner Vorlesung »The Inclining Pendulum« (21. Nov. 1666) auf geometrischem Weg einen quantitativen Zusammenhang zwischen dem Ausschlag (d. h. dem Winkel zur Vertikalen) und dem »Drang« des Pendels, in die Vertikale zurückzukehren (the conatus of returning to the center), angegeben hatte, folgten die »demonstrations of the circular pendulum«. Hooke wußte, daß die gleichförmige Kreisbewegung aus zwei überlagerten Sinusschwingungen zusammengesetzt werden kann, und daß somit ein Kreispendel harmonisch schwingt. Er konstruierte eine Uhr mit einer konstant drehenden Regulierungsvorrichtung. Sie wurde vermutlich im Jahre 1666 gebaut.

Eine (ihrer Konstruktion nach interessantere) Uhr mit Kegelpendel von Huygens wurde »wahrscheinlich 1659 oder 1660 erfunden und etwa 1667 und 1668 hergestellt«[245]. Diese Kegelpendeluhr von Huygens, die zwar »äußerst genial – ja wirklich schön zu nennen« ist, die auch gebaut wurde und »ziemlich gut« (assez bien, Huygens) ging, konnte im Prinzip aber nicht als Uhr funktionieren, was anscheinend bisher nicht aufgefallen ist.

Für die Periode des Kegelpendels gilt:

$$T = 2\pi\sqrt{\frac{l \cdot \cos\alpha}{g}}$$

(l Länge, α Öffnungswinkel, g Erdbeschleunigung). Huygens hatte sich zur Aufgabe gestellt, eine Uhr zu konstruieren, die selbsttätig die Schwingdauer T konstant hält. Diese Bedingung erfüllt das Kegelpendel, wenn $l \cdot \cos\alpha$ konstant bleibt.

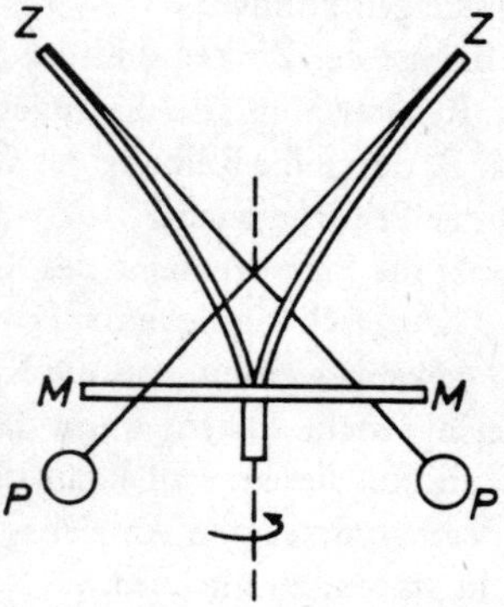

Figur 25

Folgende Pendelaufhängung leistet das Geforderte: Zwei Pendelkörper P sind über dünne Schnüre an den Zinken Z einer drehbaren Gabel so befestigt, daß sich bei einem Steigen der Gewichte P durch die Zentrifugalkraft die Schnüre allmählich von den Zinken abheben. Die Mitnehmer M sorgen dafür, daß die Pendel nicht hinter der Drehung der Gabel zurückbleiben.

Wenn hierbei die Zinken in Form einer Evolute aus einer Parabel gehalten sind, beschreiben die Pendel bei ihrer Drehung und bei gleichzeitigem Hochsteigen ein Rotationsparaboloid, auf dem die Schnüre immer senkrecht stehen. Dann gilt[246]

$$l \cdot \cos\alpha = p,$$

wo p der Parameter der Parabel $y^2 = 2px$ ist. Die Schwingdauer T ist wegen

$$T = 2\pi\sqrt{\frac{p}{g}}$$

von α unabhängig. Damit ist jedoch nur für ein *freies* Kegelpendel gezeigt, daß es eine von α unabhängige Eigenfrequenz hat.

Idealiter kann diese Vorrichtung, wenn sie von einer konstanten Kraft (Gewicht oder Feder) angetrieben wird, nicht als Uhr funktionieren, wie eine dynamische Überlegung zeigt: Unter der Annahme völliger Reibungsfreiheit wird dem Pendelsystem fortwährend Arbeit zugeführt. Diese wird ohne Änderung der Umlauffrequenz nur so lange aufgenommen und in Form potentieller Energie gespeichert, wie die Pendel höhersteigen können.

Durch die endliche Länge der Zinken und der Schnüre wird dieser Vorgang beschränkt. Realiter muß also die zugeführte Arbeit anders vernichtet werden, z. B. durch die Reibung des Getriebes oder durch den Luftwiderstand der Pendelgewichte.

Es ist also nicht primär die Eigenfrequenz des Kegelpendels, welche der Vorrichtung die Ganggeschwindigkeit aufzwingt. Vielmehr muß die Antriebskraft so gewählt werden, daß die Reibungskräfte genau dann zu ihr im Gleichgewicht stehen, wenn das Pendel mit seiner Eigenfrequenz umläuft. In diesem Fall kann das Pendel minimale Schwankungen des Verhältnisses von Antriebs- und Reibungskraft, die das Gleichgewicht stören, ausgleichen.

Da das Kegelpendel nicht intermittierend über einen Hemmungsmechanismus mit dem Räderwerk der Uhr verbunden ist, sondern dauernd durch Zahnräder gekoppelt bleibt, stellt die Huygenssche Kegelpendeluhr also einen Mechanismus dar, dessen synchroner Lauf auf einem Gleichgewicht von Antrieb und Reibung beruht, eine Anordnung, die sich wegen der schlechten Beherrschbarkeit der Reibung nicht bewähren kann.

Wenn auch mit den Leistungen von Galilei, Huygens und Hooke erst jene Geschichte anhebt, die eine Meßtechnik von einer Genauigkeit wie in keinem anderen Bereich[247] hervorbringen sollte, so bricht dennoch hier die historische Betrachtung des Uhrenbaus ab. Sieht man nämlich von den Fortschritten ab, welche die Zeitmeßtechnik im 20. Jh. auf der Basis einer hochentwickelten Technologie einerseits und eines breiten theoretischen Fundamentes andererseits erfahren hat, darf die Mitte des 17. Jhs. schon als jene Grenze gelten, an der sich der Zeitbegriff der klassischen Physik durchgesetzt hatte, so daß ein Blick auf den Uhrenbau mit dem Ziel, dadurch einen Beitrag zum Verständnis der damaligen Zeitauffassung zu gewinnen, später nicht mehr lohnt.

An dieser Grenze gilt es innezuhalten und zu fragen, welche Voraussetzungen die Uhrenbauer stillschweigend gemacht haben mögen, eine Frage, die hier zu beantworten gerade der Anlaß für die kleine Geschichte des Uhrenbaus war.

5. Die Konstruktionsprinzipien von Uhren

Die Tätigkeit, Uhren zu konstruieren, zu bauen, und zu verwenden, ist nicht an die Behauptung von Sätzen gebunden. Es hat sich bis Huygens im wesentlichen um unreflektierte Praxis gehandelt, was als Geschichte des Uhrenbaus bezeichnet werden kann. Uhrmacher waren keine Theoretiker, und so sind auch keine Schriften verfaßt oder erhalten, die Auskunft über die Absicht geben, welche die Uhrmacherkunst verfolgt hat.

Es bleibt darum nichts anderes übrig, als die Uhren selbst zu betrachten. Ihre Konstruktionsprinzipien lassen Rückschlüsse auf die Zeitvorstellung ihrer Erfinder zu.

Dieser Weg, einen Einblick in das außerwissenschaftliche Zeitverständnis der Tradition zu suchen – vor allem, da man erwarten darf, daß es sich von dem heutigen nicht wesentlich unterscheiden wird, wo doch sämtliche der alten Uhren auch heute noch in derselben Weise verwendet werden könnten –, birgt eine besondere Schwierigkeit: Die Aussagen, die über Uhren aufgestellt werden, enthalten Termini einer modernen (in dieser Arbeit explizit eingeführten) Fachsprache mit all jenen Unterscheidungen, deren Verfügbarkeit für die alten Uhrmacher eben gerade Gegenstand der Untersuchung ist. Diese Abhängigkeit wird bei einer Interpretation der Konstruktionsprinzipien auf ihre vermutlichen Gründe oder Absichten hin zu berücksichtigen sein.

In einer Trennung, die nicht durch alle Jahrhunderte des betrachteten Zeitabschnittes gleich scharf beobachtet werden kann, lassen sich zwei Arten von Uhren unterscheiden. Zum einen sind es Geräte, die möglichst gut eine gleichförmige Bewegung konstanter Geschwindigkeit erzeugen sollen, zum anderen solche Vorrichtungen, die irgendwelche Vorgänge mit möglichst geringen Unterschieden wiederholen. Als Beispiele der ersten Art können die Wasseruhren des Ktesibios oder die Kegelpendeluhr von Huygens gelten, für die zweite Art mögen die primitive skalenlose Wasseruhr oder das einfache Fadenpendel stehen, welches die Astronomen vor Erfindung der Pendeluhr zur Messung kurzer Zeiten verwendeten.

Weniger deutlich läßt sich die Unterscheidung in gleichförmige und periodische Uhren auf die Spindel- und Pendeluhr anwenden.

Bei der Spindeluhr scheint das Augenmerk der Uhrmacher noch in erster Linie dem Problem gegolten zu haben, den Fall eines Gewichtes so zu verzögern, daß er hinreichend lange dauert und mit konstanter Geschwindigkeit erfolgt. Damit war die Konstanz der Zeigerdrehung erreicht. Ob die einzelnen Schwingungen der Waage nun unterscheidbar waren oder nicht, hat vermutlich wenig interessiert. Die einzelnen Schwingungen der damaligen Spindeluhren waren vielmehr, wie man ohne Hilfsmittel hören kann, ziemlichen Schwankungen (durch Ungenauigkeit des Kronrades) unterworfen. Erst im Mittel über viele Schwingungen kann man von gleichbleibender Schwingdauer sprechen.

Bei der Pendeluhr indessen, die auf der Kenntnis des Isochronismus von Pendelschwingungen beruht, kann man die Bemühung der Konstrukteure dahingehend interpretieren, die Ununterscheidbarkeit der einzelnen Schwingungen immer besser zu realisieren. Einen Sonderfall dieser Bemühungen stellt das Zykloidenpendel von Huygens dar, das den Isochronismus von störenden Unterschieden (streng genommen ja nur von der Amplitude) gerade unabhängig machen soll[248]. Der Mechanismus, der die Schwingungen zählt, bot konstruktiv keine Schwierigkeit mehr. Stellt man überdies noch in Rechnung, daß die Pendeluhr von Galilei nicht dazu gedacht war, Tageszeiten anzuzeigen, sondern zuerst nur als Pulsilogium oder für astronomische Beobachtungen Verwendung finden, also Aussagen über Verhältnisse kurzer Dauern ermöglichen sollte, so mag es für noch wahrscheinlicher gelten, daß die Aufmerksamkeit der Uhrmacher von der Erfindung der Pendeluhr an immer mehr der Realisierung ununterscheidbarer Vorgänge gegolten hat. Dieser Weg wurde mit Erfolg bis heute beschritten. Bei modernen Quarz- oder Caesiumuhren ist dieses Ziel weitestgehend erfüllt. Moderne Springziffernuhren oder etwa die Anzeige elektronischer Uhren durch Zählröhren lassen die Gleichförmigkeit einer konstanten Bewegung schließlich ganz in den Hintergrund treten.

In diesem Zusammenhang ist es erstaunlich, daß man sich kaum um eine sprachliche Formulierung solcher konstruktiven Ziele bemüht hat. In keinem anderen Bereich des praktischen Lebens und der Wissenschaft ist die Sicherheit, auf einer unreflektierten Stufe mit Erfolg zu arbeiten, so groß wie in der Zeitmessung. Darin wird man einen Grund sehen dürfen, daß die Chronometrie bis ins 20. Jh. hinein nicht zu einer exakten Theorie ausgebaut wurde, obwohl das Vorbild der Geometrie dies nahegelegt hätte.

Diese unreflektierte Sicherheit hat es nicht zum Problem werden lassen, sich über eine praktische Effektivität der Zeitmessung hinaus um theoretische Begründungen zu bemühen[249], und so ist die Begründung auch dann nicht gegeben worden, nachdem Einstein die vermeintlich unproblematische Selbstverständlichkeit der Zeitmessung zerstört hatte.

Grenzt man nämlich – durch die Arbeiten Einsteins vorsichtig geworden – das Problem der Zeitmessung auf die Zeitmessung an einem Orte ein, so scheint die unbekümmerte Auffassung vom Gleichlauf der Zeit immer noch volle Geltung zu besitzen. Auch auf der Stufe höherer Abstraktion, auf der die Rede von der meßbaren Zeit schon als invariante Rede über künstlich erzeugte Bewegungen verstanden wird, ist immer noch der Gebrauch der Wörter »periodisch« bzw. »gleichförmig« auf der Basis exemplarischer oder zirkulär definitorischer Art üblich.

Es scheint plausibel, daß die vermeintliche Problemlosigkeit der Zeitmessung aus der »Zuverlässigkeit« astronomischer Vorgänge, vor allem des Laufs der Sonne herrührt. Eben diese Zuverlässigkeit aber hat noch nie ernsthaft in Frage gestanden[250]. Es mag anderen wissenschaftlichen Disziplinen vorbehalten bleiben, zu erforschen, inwiefern etwa mythische Vorstellungen von den Gestirnen oder aber physiologische oder andere Gründe für den Bezug unseres Zeitempfindens und unserer Zeitmessung auf die Bewegung der Sonne rechtfertigen. Daß er für den altägyptischen Uhrenbauer ebenso naheliegt wie für den modernen Physiker, ist eine Trivialität. Nun wäre freilich nichts dagegen einzuwenden, wenn in Konsequenz dazu Physik auf unsere spezielle Situation, nämlich auf der Erde zu wohnen, gestützt bliebe. Aber gerade die empirische Physik hat es zum Programm erhoben, von dieser speziellen Situation abzusehen, und dieses Programm verbietet die Verwendung nur exemplarisch aufgewiesener Normvorgänge für die Zeitmessung.

Im Verfolg dieses Programms kann es also nicht mehr befriedigen, Uhren zu konstruieren, die astronomische Ereignisse imitieren (d. h. Uhren an Sterntagen zu überprüfen), sei es hinsichtlich ihrer konstanten Geschwindigkeit, sei es hinsichtlich der ununterscheidbaren Wiederholung. Vielmehr erfordert die exakte empirische Physik im modernen Verstande eine über exemplarische Einführung hinausgehende Fixierung der Termini zur Chronometrie, wie sie in Kapitel III gegeben wurde.

6. Zeittheorien

In den Vorbemerkungen dieses Kapitels war angekündigt worden, Zeittheorien unter der Beschränkung auszuwählen, daß nur die Geschichte solcher Ansätze verfolgt werden soll, die als Vorformen eines Zeitbegriffes angesehen werden dürfen, wie er sich dann in der Naturwissenschaft wiederfindet. Die Auswahl dieser theoretischen Ansätze kann sich nach Kriterien richten, welche sich aus Kapitel II ergeben. Da es nämlich in der Physik faktisch darauf ankommt, Verhältnisse von Dauern, Geschwindigkeitsverhältnisse, Bewegungsformen und die zeitliche Ordnung von Ereignissen zu bestimmen, wird es ausreichen, sich nach Erörterungen eben der Frage nach der Möglichkeit dieser Aussagen umzusehen.
Dem Rahmen dieser Arbeit ist es ferner angemessen, nicht Neuentdeckungen auf dem Gebiete der historischen Wissenschaft anzustreben oder nach noch nicht untersuchten Quellentexten zu forschen, als vielmehr mit dem Hilfsmittel einer scharfen Terminologie eine Interpretation schon bekannter Zeitlehren zu unternehmen. Die Verfügbarkeit der eigenen Unterscheidungen nämlich und die Kenntnis wahrer Aussagen zur Zeitmessung lassen erst ein Urteil über historische Theorien über diesen Gegenstand zu.
Es wird vor allem *ein* theoretischer Ansatz sein, welchem hier die Aufmerksamkeit gilt. Die Zeitlehre des Aristoteles, und darin besteht gerade die These der folgenden Abhandlung, hat als Grundstock vieler Bemühungen zu Theorien der Zeitmessung gedient, wurde aber dann im weiteren Verlauf der Geschichte mehr und mehr verstümmelt, bis schließlich noch heute eine solche Verwirrung der Meinungen hinsichtlich der Zeit herrscht, daß diese historisch erste und begrifflich hochstehende Theorie vielen nicht verstehbar ist.

6.1. Die Zeitlehre des Aristoteles

Die Zeitlehre des Aristoteles zeigt, daß der Zeitbegriff der Physik (abgesehen von den Beiträgen der Relativitätstheorie) ihre Entstehung schon der Antike verdankt. Aristoteles kann zu Recht als ihr Urheber gelten. Ältere Ansätze fallen weder unter die oben gegebenen Bestimmungen, noch sind sie zu Theorien ausgearbeitet worden.[251] Die in den ὅροι auftretende und Plato zugeschriebene Definition: χρόνος ἡλίου κίνησις μέτρον φορᾶς (411, b, 3) bleibt wegen der zweifelhaften Echtheit der ὅροι[252] außer Betracht.

Schon die hinlänglich bekannte aristotelische Definition τοῦτο γάρ ἐστιν ὁ χρόνος, ἀριθμὸς κινήσεως κατὰ τὸ πρότερον καὶ ὕστερον (Phys. Δ 11, 219b, 1–2) weist darauf hin, daß Aristoteles über Bewegungen – und man darf hoffen, zumindest auch über Ortsbewegungen von Körpern – spricht, und darüber hinaus, daß Zeit quantitativ (ἀριθμὸς) bestimmbar sein soll.

Zur Zeittheorie des Aristoteles gibt es eine solche Fülle von Arbeiten, daß man erwarten möchte, sich auf bereits Geleistetes stützen zu können. Diese Erwartung sieht man jedoch weitgehend enttäuscht[253]. Grob lassen sich diese Arbeiten (neben dem wenig ergiebigen Kriterium ihrer Länge[254]) in zwei Gruppen einteilen, nämlich in die »ontologisch« und in die methodisch ausgerichteten. Die »ontologisch« gesonnenen Kommentatoren erhoffen sich von Aristoteles in erster Linie Antwort auf die Frage nach der »Existenz« der Zeit.[255] Dem Stagiriten ist es selbst zuzuschreiben, daß er in diese Richtung interpretiert wird, denn er fragt z. B. in Phys. Δ, 217b, 30–35, ob Zeit sei oder nicht. Die Aporetik hinsichtlich der Existenz der Zeit ist nach Wieland jedoch nur vorbereitend[256]. Sie dürfte ihren Hauptgrund in der ausgeprägten Opposition Aristoteles gegen die eleatische Lehre von der Zeit haben. Die Interpretationen, die den Akzent vor allem auf »ontologische Fragestellungen« legen, sind bei weitem in der Überzahl, da die griechischen und später vor allem die scholastischen Kommentare zur Physik des Aristoteles ihrerseits wieder im Geist der Scholastik erzogene Kommentatoren auf den Plan gerufen haben. Aus einsichtigen Gründen können sie einer um methodische Klärung bemühten Lektüre des aristotelischen Textes kaum Hilfestellung leisten.

Aus der Zahl der kritischen Arbeiten – kritisch schlicht verstanden als lesbar ohne Rückgriff auf esoterische Sprachgewohnheiten – ragen vor allem die von W. Wieland[257] und G. Wunderle[258] heraus. Insbesondere das Buch von Wieland darf als wohlbegründete Darstellung gelten, so daß ihr die zu leistende Untersuchung weitgehend folgen kann. Allerdings werden sich auch einige von Wieland abweichende Interpretationsvorschläge als angemessen erweisen.

Wieland ist in seinem Buch zu dem Ergebnis gekommen, daß eine Beschäftigung mit der aristotelischen Physik »im Hinblick auf die

Grundfragen der modernen Naturwissenschaften lohnend«[259] sei, ein Gesichtspunkt, der Wielands Buch für eine systematische Arbeit besonders empfiehlt.

Zum anderen sprechen für die Verwendung dieses Buches zwei Thesen, die Wieland explizit zugrundelegt: Die aristotelische Physik ist ohne Rückgriff auf die Metaphysik verständlich[260] (diesen Rückgriff muß die hier angestrebte methodisch-kritische Haltung verbieten), und zum anderen wird die Sprache als ein zentrales Problem der Philosophie im allgemeinen und der Aristoteles-Interpretation im besonderen apostrophiert[261], was mit dem Tenor dieses Buches – ein Vorschlag zur Normierung der Rede von der Zeit – zusammenstimmt.

Aristoteles behandelt eingehend den Weg, wie wir zu Wissen über das »von Natur aus Seiende« kommen. Davon sei hier nur soviel gesagt, daß das Ziel der Forschung für Aristoteles eine abschließende Darstellbarkeit unseres Wissens in axiomatisch deduktiver Form ist, und »was ihn interessiert, sind die Voraussetzungen, die man schon haben muß, wenn man mit einer derartigen deduktiven Darstellung beginnen will«[262].

Dieses Vorwissen – »was uns zunächst bekannt und deutlich ist«[263] – ist immer ein »Zusammengegossenes«, ein komplexes Wissen. Daher gilt es, nach den »ἀρχαί« und den »αἰτίαι«, den Prinzipien und Gründen, zu suchen. Hierin ist Aristoteles ohne Mühe zu verstehen. »Was uns zunächst bekannt und deutlich ist«, ist dasjenige (vorwissenschaftliche) Wissen, das uns den praktischen Lebensvollzug ermöglicht (und gerade darin auch Voraussetzung für die Möglichkeit ist, zu philosophieren).

Seine eigene Schwierigkeit hat es indessen, zu erklären, was *Aristoteles* mit »ἀρχαί« gemeint haben kann. Für eine Übersetzung in »Grundbegriffe« lassen sich ebenso Argumente finden wie für eine Interpretation durch »Grundsätze« (im Sinn von Axiomen)[264]. Es erzeugt keine Widersprüche zum Text, bei »ἀρχαί« (»Prinzipien«) an eine vorläufige Einteilung von exemplarisch eingeführten Prädikatoren in einzelne Sachgruppen zu denken, um auf der Basis einer solchen Einteilung zu ersten Aussagen zu kommen. Ein (nicht-aristotelisches) Beispiel: Prädikatoren, die in der Gebrauchssprache Ereignissen zu- oder abgesprochen werden können, lassen sich in örtliche, zeitliche, kausale u. a. einteilen. Um den Gebrauch dieser Prädikatoren normieren zu können, ist es hilfreich, in Beschränkung auf eine Gruppe der Prädikatoren, z. B. der zeitlichen, zuerst Prädikatorenregeln nur für diese Gruppe aufzustellen.

Wie auch immer »ἀρχαί« bei Aristoteles zu lesen ist[265], so wird man sagen dürfen, daß es sich um Anfänge menschlicher Bemühungen um sicheres Wissen handelt. In einer detaillierteren Interpretationsvorschlägen offenen Diktion sei daher schlicht von »Anfängen« die Rede, bei deren Erforschung Aristoteles in erster Linie auf die Gebrauchssprache reflektiert. Durch eine Sprachanalyse, in der er mehr als nur eine Vorstufe zu einer logischen Propädeutik sieht, glaubt er, jenes Vorwissen in den Griff zu bekommen, das man als sprechender Mensch nolens volens an jede Untersuchung heranträgt[266].

Aristoteles geht davon aus, daß es Veränderung gibt. Hier ist Veränderung ein Oberbegriff für Werden und Vergehen, für qualitative und quantitative Änderungen sowie für Ortsbewegungen. Die Bestimmung, der Gegenstand der Physik sei die Veränderung des von Natur aus Seienden, kündet schon die zentrale Stellung des Begriffs der Veränderung bei Aristoteles an. Er diskutiert ihn unter vielfältigen Aspekten, von denen einige abzublenden dem Bemühen, seine Zeitlehre zu verstehen, förderlich ist. So tritt z. B. in der Erörterung der Frage, was Bewegung sei, nach traditioneller Interpretation eine enge Verbindung des Bewegungsbegriffs mit den Modalitäten »möglich« und »wirklich« zutage[267].

Zwar ist weder diese Frage noch die aristotelische Antwort darauf Bedingung für ein Verständnis seiner Zeitlehre, aber eine geklärte Verwendung des Wortes »möglich« muß dennoch zur Verfügung stehen, wenn für die Definition des Kontinuums der Begriff der Teilbarkeit eingeführt wird.

Die aristotelische Modallogik bietet allerdings hier so wenig Hilfe wie die moderne. »Möglich« läßt sich als Prädikator für Aussagen definieren durch »nicht notwendig die Verneinung der Aussage«, und »notwendig« heißt soviel wie ableitbar aus einem Wissen, das man sich in Form von Aussagen gegeben denkt[268].

Statt »möglich« als Prädikator für Aussagen zu verwenden, reicht es im protophysikalischen Kontext aus, dieses Wort als Prädikator für Handlungen einzuführen. Eine Handlung heiße »möglich für $\mathfrak{x}$« ($\mathfrak{x}$ Variable für Menschen), wenn $\mathfrak{x}$ ein Handlungsschema kennt[269].

Die Aussage »Eine Handlung *H* ist möglich für $\mathfrak{x}$« ($\mathfrak{x}$ ein bestimmter Mensch) ist wahr, wenn $\mathfrak{x}$ auf Verlangen eines Dialogpartners das Schema für *H* aktualisiert.

Wie der Zusammenhang des aristotelischen Bewegungsbegriffs mit den Modalitäten, so ist für das Verständnis der Zeitlehre auch unerheblich, was in Phys. A 7–9 als Prinzipien des Bewegten abgehandelt wird. Dort geht es weniger um die Veränderung selbst als vielmehr um die veränderlichen Dinge und unser Wissen darüber.

Die Untersuchung setzte ein, wo Aristoteles über die Bewegung spricht (Phys. Γ 1–3). Daß »die lokale Bewegung, die Ortsveränderung, schon im aristotelischen System etwas von der fundamentalen Bedeutung besitzt, die ihr später in der Physik zukommen wird«[270], läßt sich aus dem Text rechtfertigen[271]. Es heißt also nicht, dem Text Gewalt antun, wenn im folgenden mit »Bewegung« immer »Ortsbewegung von Körpern« gemeint ist.

Bewegung kann immer nur kontinuierlich gedacht werden[272], und »bei den Analysen von Ort, Zeit und Bewegung ist die Kontinuitätsstruktur ausdrücklich vorausgesetzt«[273]. Es gilt daher, zunächst Aristoteles' Kontinuumstheorie zu skizzieren[274].

Aristoteles diskutiert ganz bewußt das Problem des Kontinuums im Rahmen der Physik, weil es ihm dabei um Strukturen des Erfahrbaren geht[275], während man heute dazu neigt, diese Fragen ganz den Mathematikern zu überlassen. Trotz unübersehbarer Parallelen der damaligen Situation zur heutigen – damals standen sich zwei Schulmeinungen, vertreten durch Zenon und Aristoteles, gegenüber wie heute die Anhänger der Cantorschen Mengenlehre denen der konstruktiven Mathematik – sei der mathematisch gebildete Leser dennoch gewarnt, mit modernen Unterscheidungen an die aristotelische Kontinuumslehre heranzugehen.

Aristoteles gibt für »συνεχές« zwei verschiedene Definitionen: Einmal bestimmt er es durch »τῶν τὰ ἔσχατα ἕν (dessen Äußerstes Eines sind), zum anderen durch »διαιρετόν εἰς αἰεὶ διαιρετὰ« (teilbar in immer wieder Teilbares).

Die erste Definition tritt zusammen mit der Einführung der Termini »ἁπτόμενον« (berührend) und »ἐφεξῆς« (benachbart) auf, wo die verschiedenen Möglichkeiten der Lage von Ausgedehntem zueinander erörtert werden. Diese drei Termini sind jeweils zweistellig, so daß für die Übersetzung von »συνεχές« ebenfalls ein zweistelliger Prädikator gewählt werden muß. Daher sei für »συνεχές« in zweistelliger Verwendung »zusammenhängend mit« vorgeschlagen, während die einstellige Verwendung durch »kontinuierlich« wiedergegeben wird[276]. Wo über Kontinuität gesprochen wird, ist es gut aristo-

telisch, auch immer an den Gegenstand zu denken, dem der Prädikator »kontinuierlich« zukommt, denn eine »Vergegenständlichung«[277] von Begriffen wie Ort, Zeit, Bewegung u. a. sei Aristoteles, so Wieland, nicht angemessen. (Hierbei ist mit »Vergegenständlichung« ein im Grammatischen vollzogener Übergang von Aussagen mit Prädikatoren in adjektivischer Form auf inhaltlich gleiche Aussagen gemeint, in denen das Adjektiv durch ein Substantiv ersetzt wurde, wie z. B. der Übergang von »Ein Körper ist gleichförmig bewegt« auf »Die Bewegung eines Körpers ist gleichförmig«. Diese Versubstantivierung vormals adjektivischer Prädikatoren verschleiert deren Einführung und gibt somit zu Mißverständnissen Anlaß.)
Deshalb ist stets »Kontinuität die Kontinuität eines Kontinuierlichen«[278]. Damit aber trifft man auf die Schwierigkeit, angeben zu müssen, welchen Gegenstand, dem der Prädikator »kontinuierlich« zukommen soll, Aristoteles gemeint hat[279]. Woran Aristoteles auch immer gedacht hat, durch das Verfahren, wissenschaftliches Sprechen zu rekonstruieren, verschwindet das Problem, ob nun die Länge, die Dauer oder die Bewegung das Primär-Kontinuierliche sei, welches die Kontinuität der anderen zur Folge habe. Man kann gleichzeitig immer nur ein Wort einführen, und nichts hindert, die Länge als den Gegenstand zu wählen, an dem die Diskussion des Kontinuitätsproblems aufgenommen wird. Dieser Entschluß hat, unabhängig davon, ob er Aristoteles angemessen ist, keine unmittelbare Auswirkung auf die Interpretation der Zeitdefinition.
Da zur sinnvollen Verwendung des Prädikators »zusammenhängend mit« auf zwei Gegenstände gesichert sein muß, daß an diesen Grenzen (ἔσχατα) von Nicht-Grenzen unterschieden werden können, daß sie also aus unterscheidbaren Teilen bestehen, können Gegenstände, die keine Teile haben, auch nicht zusammenhängen. Dies ist ein Argument – für »berührend« und »benachbart« werden entsprechende Beweise gegeben – gegen die eleatische Lehre, eine Linie könne gedacht werden als Zusammensetzung von Punkten, wo Punkte definiert waren als Gegenstände, die keine Teile haben. Wie eine Länge nicht aus Punkten, so ist auch eine Bewegung nicht aus Bewegungsschüben (κινήματα) und eine Dauer nicht aus Nuen konstruierbar.
Wenn Aristoteles von der Teilbarkeit spricht, so ist damit immer auch eine teilende Instanz ins Auge gefaßt; der Mensch teilt Längen, Dauern und Bewegungen[280].

Gerade aus diesem Grund ist es unproblematisch, »teilbar« zu verstehen. Die Möglichkeit der fortgesetzten Teilung wird durch die Kenntnis eines Handlungsschemas gesichert. Aus dem aristotelischen Text freilich kann die Definition von »teilbar« über »teilbar für $\mathfrak{x}$« durch »Kenntnis seines Handlungsschemas« kaum herausgelesen werden. Es scheint vielmehr, als wolle Aristoteles die fortgesetzte Teilbarkeit gleichsam im Objektbereich selbst sichern. In einem Beispiel, das an »Achilles und die Schildkröte« erinnert, heißt es, daß der schnellere Körper die Zeit, der langsamere die Strecke teilt[281]. Dieser aphoristische Satz steht für folgenden Sachverhalt: Ein Körper K_1, langsamer als ein Körper K_2, legt in einer bestimmten Dauer einen kürzeren Weg zurück als K_2. Diesen kürzeren Weg durchläuft der schnellere Körper K_2 in einer kürzeren Dauer, als K_1 für ihn benötigen würde. In dieser kürzeren Dauer legt der langsamere Körper K_1 einen abermals kürzeren Weg als K_2 in derselben Dauer zurück usw. Allerdings spricht gegen die Auffassung, die fortgesetzte Teilbarkeit gleichsam im Objektbereich zu sichern, nicht nur, daß der Mensch die teilende Instanz ist, sondern auch, daß Aristoteles das Verfahren erwähnt, Teilungen durch Setzen von Marken durchzuführen[282]. Die Verwirrung wächst, wenn schließlich die drei Kombinationsmöglichkeiten aufgezählt werden, Längen und Dauern, Längen und Bewegungen und schließlich Dauern und Bewegungen aneinander zu messen[283].

Statt freilich eine »Unbegreiflichkeit des Wesens von der Größe, Zeit und Bewegung«[284] zu bedauern, empfiehlt sich ein Versuch, die Verständlichkeit der aristotelischen Behauptungen zu unterstellen und eine methodisch geordnete Interpretation zu geben, die speziell auch das Wort »messen« festlegt.

In Übereinstimmung mit der Auffassung Wielands, daß die Kontinuumstheorie der Zeitdefinition vorausgehe, werde in einem ersten Schritt nur die Kontinuität der Länge betrachtet.

Eine Länge (»μῆκος«, Größe) ist teilbar in immer wieder Teilbares, d. h. kontinuierlich, und ihre Teile sind zusammenhängend. Der Mensch teilt die Länge durch Setzen von Marken. Die Ideation führt auf eine Sprachebene, auf der es möglich ist, von der Teilung von geometrischen Linien durch Grenzen zu sprechen und zu fordern, daß die Grenzen keine Teile haben, also Punkte sind.

Auf der Basis eines solchen geometrischen Kontinuums läßt sich dann eine Rede von bewegten Körpern und von der Teilung von

Bewegungen einführen, wie es in Kap. III, 2 erfolgt ist. Aristoteles scheint noch eine andere Möglichkeit der Bewegungsteilung darstellen zu wollen: Indem ein Beobachter zweimal »νῦν« ausspricht, hat er ein »Dazwischenliegendes« ausgezeichnet.

Damit überträgt Aristoteles die Unterscheidungen, welche die Kontinuität der Länge konstituieren, auf die Bewegung. Die aus der Gebrauchssprache bekannten (»zeitlichen«) Prädikatoren werden in ihrer Verwendung präzisiert, indem Regeln aufgestellt werden, die denen für geometrische Termini streng analog sind. Die Grenzen, welche »τὰ νῦν« (die Nue) heißen, und für die gefordert wird, daß sie ihrerseits keine Teile haben, teilen die Zeit. Die Teile heißen Dauern[285]. Die durch verschiedene Nue abgegrenzten Dauern werden gezählt[286]. Zeit ist also die Zahl der (in Einheitsdauern geteilten) Bewegung. Nun lautet freilich die Definition bei Aristoteles: Zeit ist die Zahl der Bewegung *hinsichtlich des früher oder später*.

Ganze Generationen von Interpreten haben sich an der Frage versucht, ob nicht ein Zirkel darin liege, die Wörter »früher« und »später« zur Zeitdefinition heranzuziehen. Als Patentlösung wird gelegentlich empfohlen, »ὕστερον« und »πρότερον« örtlich aufzufassen, was dann freilich wiederum die Frage aufwirft, wie sich örtlich ein »vorher« und ein »nachher« anders unterscheiden lassen als beim Durchlaufen einer Länge »in der Zeit«.

Hier ist man einem Scheinproblem aufgesessen, das aus der Unreflektiertheit des eigenen Sprechens resultiert. Sobald es als sinnvolle Möglichkeit begriffen ist, die eigene Sprache durch eine gedankliche Rekonstruktion zu einem beherrschten, ihren Zwecken angepaßten Werkzeug zu machen, tritt diese Schwierigkeit nicht auf: »früher« und »später« werden an Beispielen eingeführt.

Es bedarf keiner besonderen Interpretationskunststücke, zu erklären, warum Aristoteles gerade diese Wörter gewählt hat. Eine Dauer wird von zwei verschiedenen Grenzen »aus der Zeit« ausgeschnitten. Ein Wort für Nu gibt es im Griechischen nicht, und »νῦν« läßt sich nicht synonym mit Nu (oder Zeitpunkt) verwenden, da es nur das jetzige Nu bezeichnet, also in einem bestimmten Verhältnis zur Redesituation steht. »νῦν« ist logisch gesehen kein Prädikator, sondern ein deiktischer Ausdruck, ein »Indikator«.

Also wählt Aristoteles das Wortpaar »früher – später«, welches die Verschiedenheit der eine Dauer bestimmenden Grenzen impliziert und sich zudem ohne eine Theorie der Zeit verstehen läßt.

Damit ist eine Interpretation der aristotelischen Zeitdefinition dargestellt, die sich zirkelfrei nachvollziehen läßt, die aber dennoch die Klärung zweier Fragen erfordert.

1. Wie soll man bei Aristoteles den Terminus »μετρεῖν« (messen) verstehen? (Neben dem schon genannten Beispiel, daß Längen und Dauern, Längen und Bewegungen und schließlich Bewegungen und Dauern aneinander gemessen werden, heißt es in der Zeitdefinition mitunter »Zeit ist das *Maß* (μέτρον) der Bewegung« ...[286])

2. Welchen Bedingungen muß eine Bewegung gehorchen, damit sie Zeit mißt, da doch nach Aristoteles Bewegung schneller oder langsamer sein kann, Zeit jedoch nicht (Phys. Δ, 218b, 13–15)?

Anhand der Zeitdefinition läßt sich der Gebrauch von »messen« dahingehend auffassen, daß Einheitsdauern gezählt werden, daß als Maßzahlen also stets *ganze* Zahlen auftreten. Auf einem Kontinuum jedoch nur mit ganzen Zahlen messen zu wollen, hat Aristoteles schon unter den griechischen Kommentatoren Kritiker beschert, unter ihnen vor allem Straton von Lampsakus[287].

Doch lassen einige Beispiele, etwa das oben zitierte, daß der schnellere Körper die Zeit, der langsamere die Strecke teilt, oder die Stelle Phys. Θ, 265b, 8–11, wo die Himmelsbewegung als die erste bezeichnet wird, weil sie alle anderen mißt, vermuten, daß bei »μετρεῖν« nicht immer an eine zahlenmäßige Bestimmung irgendwelcher Größen zu denken ist.

Hier erschwert der moderne Gebrauch von »messen« den Zugang zu Aristoteles. Bevor sich der heute übliche Bezug auf feste Maßeinheiten durchgesetzt hatte, mußten quantitative Sätze der Physik in Form von Proportionen geschrieben werden[288].

Die Darstellung von Meßergebnissen durch Gleichheit von Proportionen, ohne Verwendung von Zahlen[289], scheint dem aristotelischen Begriff des Messens am nächsten zu kommen. »Messen« im Bereich der Bewegungslehre heißt dann genauer Teile (Längen und Dauern) durch Ziehen von Grenzen auszeichnen und vergleichen.

Jedenfalls verfährt Aristoteles auf diese Weise, wenn er davon spricht, daß Längen, Bewegungen und Dauern aneinander gemessen werden. Damit ist freilich immer noch nicht geklärt, was die Messung einer Bewegung sein soll. Es liegt nahe, hier an eine Messung der Geschwindigkeit einer Bewegung zu denken, aber aus dem Text läßt sich diese Vermutung nicht stützen. Wunderle schlägt daher vor, eine Messung von Bewegung (oder Ruhe) immer als Messung der

Dauer zu interpretieren[290], was ersichtlich zu Schwierigkeiten führt, wenn Bewegungen und Dauern aneinander gemessen werden sollen[291].

Nichts kann darüber hinwegtäuschen, daß Aristoteles sich in dieser Hinsicht nicht verständlich ausgedrückt hat. Es scheint, als bliebe keine andere Möglichkeit, Bewegungsvergleiche nur hinsichtlich der Wege und hinsichtlich der Dauern zuzulassen.

Mit der Erklärung von »μετρεῖν« als »Teile auszeichnen und Aussagen über Verhältnisse von Dauern und Wegen aufstellen« kann versucht werden, eine Antwort auf die zweite Frage zu geben, unter welchen Bedingungen eine Bewegung Zeit messen könne.

Der erste Teil des Satzes »Bewegung ist schneller oder langsamer, Zeit indessen nicht«[292] birgt keine Schwierigkeit. In der Gebrauchssprache werden die Prädikatoren »schneller« und »langsamer« für beobachtbare Veränderungen verwendet. Doch wie steht es mit dem zweiten Teil des Satzes?

Die immer wieder vorgeschlagene Lesart »die Zeit vergeht immer gleich schnell« ist von den zwei möglichen Interpretationen die falsche. Nirgends führt Aristoteles die Wörter »schnell« und »langsam« als Prädikatoren für die Zeit ein. Dagegen ist es eine dem Text durchaus angemessene Lesart, zu übersetzen: »Schneller« und »langsamer« können auf »Zeit« nicht angewendet werden. Dann hat dieser Satz den Rang einer Prädikatorenregel für »Zeit«, »schnell« und »langsam«, und stellt eine dem üblichen Sprachgebrauch gerechte Forderung dar[293].

Wer die Rede von der »gleichmäßig verfließenden Zeit« führen möchte und dabei nicht eine stimmungsmäßige Beurteilung von Erlebnissen im Auge hat, sondern wissenschaftliche und damit situationsinvariante Aussagen intendiert, muß entweder eine andere Zeitdefinition als die aristotelische geben oder zumindest Regeln aufstellen, wie auf diese Zeit die Prädikatoren »schneller« und »langsamer« angewendet werden sollen.

Nach dem aristotelischen Text freilich ergibt es nicht einmal einen Sinn, von der Zeit zu sagen, sie vergehe oder sie bewege sich. Wenn in Phys. Δ 219b, 23 zu lesen ist, die Zeit folge (ἀκολουθεῖ) der Bewegung, so heißt dies nichts anderes, als daß die Dauer mit der in einer Bewegung zurückgelegten Strecke wächst[294].

Damit eine Bewegung Zeit mißt, muß sie nach Aristoteles auf einer Kreisbahn verlaufen. Als stärkstes Argument hierfür nennt er, daß

die Kreisbewegung weder Anfang noch Ende habe, außer wenn diese von außen bewirkt würden (Phys. Θ 265b, 14–16). Die Behauptung, daß nur eine Kreisbewegung gleichförmig verlaufen könne, während eine geradlinige Bewegung immer ungleichförmig sei, ist im Lichte seiner Lehre von den natürlichen Örtern der Elemente zu sehen. Aristoteles denkt offensichtlich an Bewegungen, die in der Natur ohne Eingreifen des Menschen vorkommen. Daß ein Experimentator eine Normbewegung künstlich erzeugt, ist ein Gedanke, der sich erst in der Überwindung der aristotelischen Naturlehre durch die Begründer der klassischen Physik im 17. Jh. durchsetzen kann.
So überrascht es nicht, wenn Aristoteles den Umschwung des Himmels als die »erste« Bewegung auszeichnet, an der alle anderen gemessen werden. Die methodische Frage, ob schon feststehen muß, was eine gleichförmige Kreisbewegung heißen darf, bevor der Satz behauptet werden kann, daß der Umschwung des Himmels eine solche sei, entstand für Aristoteles aus »metaphysischen« Gründen nicht. Genau in der metaphysischen Argumentation über die Himmelsbewegung aber erreicht Aristoteles einen Punkt, wo seine Auffassung mit der Forderung nach methodischer Verstehbarkeit kollidiert und daher der Versuch, Aristoteles zu interpretieren, abbrechen muß.
Neben der Gleichförmigkeit, die nahezu alle Kommentatoren, an dieser Stelle methodisch so unkritisch wie Aristoteles selbst, als Grund für die Auszeichnung der Himmmelsdrehung angeben, kann noch ein kosmologischer Grund bestimmend sein: Wie die Himmelskugel der »κοινός τόπος«, der gemeinsame Ort aller irdischen Dinge ist, so ist die Drehung der Himmelskugel die »πρώτη φορά«, die erste Bewegung, die den »χρόνος« erzeugt als eine Zeit, die alle Ereignisse innerhalb der Himmelskugel umspannt. Später dann in der scholastischen Version, nach welcher es vor der Erschaffung der Welt »Zeit gegeben habe«, wurde gerade diese Auffassung des Aristoteles aufgegeben. Indem insbesondere vergessen wurde, daß die Rede über die Zeit eine verkappte Rede über Bewegungen ist, hat sich Zeit verselbständigt. Das Motiv für diesen Wandel ist freilich nicht bei der Physik, sondern bei der Absicht zu suchen, den Schöpfungsbericht konsistent zu interpretieren.
Die aristotelische Zeitlehre behauptet, in einen Satz zusammengefaßt: An einer aus »metaphysischen« Gründen gleichförmigen und ewigen Kreisbewegung, die analog der geometrischen Länge konti-

nuierlich ist, wird durch Zählen von Einheitsdauern oder durch (zahlenfreie) Vergleiche von Verhältnissen verschiedener Bewegungsabschnitte Zeit gemessen.

Man darf Wagner[295] zustimmen, der sagt: »Die Betrachtung (sc. der Zeit) bleibt ganz auf die Bedürfnisse der Physik eingeschränkt: Die Zeit wird einfach als Zeit von Prozessen erörtert, als Maß ihrer Dauer.«

Gerade dieses übersehen zu haben, muß man, Wieland und Wunderle ausgenommen, den meisten Arbeiten über die Zeitlehre des Aristoteles zur Last legen.

Vergleicht man die Zeitlehre des Aristoteles mit der in Kapitel III gegebenen Chronometrie, so werden Ähnlichkeiten der beiden Ansätze auffallen. Wenn man davon absieht, daß die Auswahl der Himmelsdrehung als Standardbewegung für die Zeitmessung nicht begründet, sondern allenfalls in »metaphysischer« Argumentation motiviert wird, so trifft Aristoteles allenfalls noch der Vorwurf, in seiner Terminologie inkonsequent verfahren zu sein.

Hier muß man in Rechnung stellen, daß die einzelnen Bücher der »Physik« wohl nicht als ein zusammenhängendes Werk konzipiert waren, sondern eine Sammlung einzelner Vorlesungen sind. Zudem ist an vielen Stellen strittig, wie die Arbeit von Torstrik deutlich macht, ob man es bei den erhaltenen Texten mit dem Original oder mit späteren »Emendationen« zu tun hat.

Zusammenfassend darf man wohl behaupten, daß die Zeitlehre des Aristoteles eine der großen theoretischen Leistungen der griechischen Antike ist. Die Konzeption dieses Entwurfs, der einen wichtigen Teil der Voraussetzungen einer exakten Naturlehre darlegt, ist – im Gegensatz etwa zur aristotelischen Dynamik – durchaus geeignet, zusammen mit der Kontinuumslehre wertvolle Hilfe zu leisten, wo es um eine kritische Reflexion auf die Voraussetzungen der modernen Naturwissenschaft geht.

Wenn in neueren Arbeiten die aristotelische Zeittheorie gelegentlich eine negative Bewertung erfährt, so liegt dies nicht zuletzt an der Verkennung der Tatsache, daß es sich hierbei um ein Stück Protophysik handelt. Es wird einem Interpreten hinderlich sein, wenn eine eigene detaillierte Meinung von der Zeit, eine Meinung, die nicht selten alle Aspekte der traditionellen Rede über Zeit einschließt, an den aristotelischen Text herangetragen wird.

Unabhängig von solchem Urteil ist der Einfluß der aristotelischen

Zeittheorie in der Geschichte der Entstehung der exakten Naturwissenschaften immer wieder nachweisbar.

Die griechischen Kommentatoren der arisotelischen »Physik« unterscheiden sich, wenn ihre Bemerkungen über die Zeit pauschal beurteilt werden dürfen, nicht von Aristoteles in der Ausrichtung dieses Themas auf die Physik. Sowohl bei Simplicius als auch bei Straton von Lampsakus und bei Damaskios werden vorrangig Fragen des Kontinuums sowie des Zählens oder Messens der Zeit erörtert. Es muß hier darauf verzichtet werden, den ersten Anzeichen nachzuforschen, die ein allmähliches Abrücken von dieser immer noch als protophysikalische Diskussion verstehbaren thematischen Ausrichtung ankündigen.

Vollzogen ist die Wende von der – in moderner Diktion – naturwissenschaftlichen Grundlagendiskussion zur Bevorzugung anderer Aspekte wie Zeitmodi oder die »Realität von Zeit« bei Augustinus. Von den zwei Problemen der Zeit im damaligen Verstande, kurz in die Fragen »an sit« und »quid sit« gefaßt, schloß sich später die Scholastik hinsichtlich der Entscheidung, was Zeit sei, weitgehend der aristotelischen Definition an. Doch die (für ein methodisches Denken wohl immer befremdliche) Frage, ob Zeit sei, rückt schon bei Augustinus in den Vordergrund und wird dort im Zusammenhang mit den Zeitmodi behandelt. Als Bewertung der Rolle, welche die Zeitauffassung von Augustinus für die Folgezeit gespielt hat, schreibt A. Maier: »Die klassische Autorität für diese Problemstellung ist für das Mittelalter Augustin gewesen, mit jenen berühmten Kapiteln aus dem XI. Buch der Confessiones. Die Überlegung, die vor allem für die Folgezeit maßgebend geworden ist, ist diese: Die Zeit kann nichts Reales sein, denn die Teile, aus denen sie besteht, sind nicht real: Die Vergangenheit ist nicht mehr und die Zukunft ist noch nicht, und der gegenwärtige Augenblick ist nur ›quia tendit non esse‹. Und vor allem, so ergänzt die Scholastik diese Argumentation, ist der gegenwärtige Augenblick kein eigentlicher, integrierender Teil der Zeit, denn die Zeit besteht nicht aus *instantia,* wie allgemein ein Kontinuum nicht aus Punkten besteht. Darüber waren sich die scholastischen Denker, wenigstens die überwiegende Mehrzahl von ihnen, völlig klar.«

Zwar hatte die Bewegung (motus, im allgemeinsten Sinne von Veränderung) auch in der Scholastik einen gegenüber dem Zeitbegriff primären Status, was durchaus so verstanden werden darf, daß die

Rede von Bewegungen der Rede von der Zeit methodisch vorhergeht, aber im allgemeinen gilt doch das Interesse der Gelehrten in dieser Epoche »ontologischen« Gesichtspunkten. »Die Frage, die in der Philosophie des 13. und 14. Jahrhunderts eine zentrale Rolle gespielt hat, wurde dahin formuliert, ob das *tempus*, verstanden im Sinn der aristotelischen Definition, eine außerseelische Realität habe, ob es *aliquid praeter animam* sei, ob ihm ein *esse in re extra* oder nur *in anima* zukomme«[296].

Erstaunlich ist, daß diese thematische Ausrichtung sich auch unter den modernen Kommentatoren der Augustinischen Zeitlehre fortzusetzen scheint, und mit ihr das Festhalten an der Diskussion der »Realität der Zeit«. In der Regel hebt die Augustinus-Diskussion dann die Selbständigkeit dieser Fragestellung gegenüber der Physik und ihrem Zeitbegriff hervor. Doch wird hierbei zweierlei übersehen:

Die Diskussion der Existenz der Zeit macht Gebrauch von Ausdrükken wie »teilbar« oder »meßbar« und »Teil der Zeit«. Auch wenn Augustinus nur reine zeitliche Aussagen und keine über Bewegungsvergleiche geleiteten Bemerkungen zur Meßbarkeit der Zeit oder zum Uhrenbau macht, reicht dennoch eine Klärung des logischen Status der von Augustin verwendeten Wörter hin, das Augustinische Zeitparadox aufzulösen. Außerdem findet sich bei Augustinus eine ebenfalls auf reine zeitliche Aussagen beschränkte Erörterung der Frage, wie Zeit gemessen werden kann, genauer, welcher Standard für Zeitvergleiche aus welchen Gründen infrage kommt. Thematisch kommt also hier auch die Zeitlehre Augustinus' in Betracht; über ihre historische Wirksamkeit in einer in die klassische Physik mündenden Entwicklung soll indessen nichts behauptet werden.

6.2. Die Zeitlehre des Augustinus

Für Augustinus spitzt sich im XI. Buch der »Bekenntnisse« das Zeitproblem auf die Frage zu: Wie können wir Zeit messen, da sie doch nicht »ist«? Die Frage nach der Existenz der Zeit hängt also aufs engste mit der Frage nach ihrer Meßbarkeit zusammen.

Wenn hier deshalb mit einer gewissen Betonung wissenschaftstheoretischen Interesses das XI. Buch der »Bekenntnisse« interpretiert wird, so soll damit weder vorgeschlagen sein, dieses Buch als Lehrstück der theoretischen Philosophie oder gar als methodologisches Exposé zu lesen, noch soll unterschlagen werden, daß Augustins Zeitdiskussion von einer exegetischen Frage an den Schöpfungsbericht ausgeht[297] und für Augustin dementsprechend motiviert ist. Aber die Behandlung, welche der Beitrag Augustins zu einer Philosophie der Zeit erfahren hat, scheint durchweg einseitig[298] erfolgt zu sein und übersieht – jedenfalls in allen in dieser Arbeit zitierten Darstellungen –, daß sich das XI. Buch zwanglos als eine selbständige Erörterung lesen und verstehen läßt. Es ist zuzugeben, daß durch die Betonung des wissenschaftstheoretischen Aspektes einige andere Gesichtspunkte unberücksichtigt bleiben, die für das exegetische Problem Augustins relevant sein mögen. Vor allem treten »ontologische« Fragen in den Hintergrund. Allerdings darf auch behauptet werden, daß der Verlust der erwähnten Aspekte vor allem solche betrifft, die erst im Rahmen weitgehender thematischer Vorentscheidungen Gewicht gewinnen, von Vorentscheidungen freilich, deren kritische Verstehbarkeit erst noch zu zeigen wäre[299].

Unsere Erörterung setzt ein, nachdem Augustin Zeit als von Gott geschaffen bezeichnet hat. Dieser, zu Beginn des 14. Kapitels des XI. Buches erreichte Stand der Untersuchung ist hier deshalb von Bedeutung, weil Zeit damit als Teil einer für Augustin von Gott geschaffenen Natur Gegenstand einer naturphilosophischen Betrachtung werden kann. Es ist dieser Sachverhalt, der eine von theologischen oder exegetischen Fragen unabhängige Behandlung der augustinischen Zeitdiskussion erlaubt[300].

Augustin beginnt, als wäre er ein gelehriger Schüler des Aristoteles mit dem für ihn Bekanntesten[301]. Wir verstehen das Wort Zeit, wenn wir es aussprechen oder von anderen hören[302]. Der erste, theoretisch noch nicht reflektierte Zugang zur Zeit eröffnet sich über die Zeitmodi. Die Unterscheidung von Vergangenheit, Gegenwart und Zukunft ist jedem vertraut. Jeder weiß, was es heißt, ein Ereignis sei vergangen oder stehe bevor. Solche Ereignisse finden nicht jetzt statt, sind nicht gegenwärtig. Außerdem – und auch diese Stelle darf man als einen Rückgriff auf das Vorverständnis bewerten – verfließe Zeit, d. h. was gegenwärtig ist, muß später vergangen sein, oder man habe es eben nicht mit Zeit zu tun.

Augustin verwundert sich erst, als er eine Unverträglichkeit dieser Zeitvorstellung damit vermutet, daß wir – und wieder darf man einfügen, im vorwissenschaftlichen Verständnis – von langer und kurzer Zeit sprechen[303]. Eine vergangene Zeitspanne kann nur lang sein in dem Sinne, daß sie lange gedauert hat, als sie Gegenwart war. Andererseits läßt sich jede gegenwärtige Zeitspanne, z. B. das Jahrhundert in dem wir leben, unterteilen, und nur ein Teil ist gegenwärtig, die anderen Teile vergangen oder zukünftig[304]. An diese Überlegung knüpft Augustin den Schluß, daß Gegenwart, solange sie Ausdehnung hat, geteilt und zu Teilen der Vergangenheit oder der Zukunft zugerechnet werden kann, also strenggenommen nicht Gegenwart ist. Sofern sie aber keine Ausdehnung hat – und darauf schränkt Augustin schließlich »Gegenwart« ein – kann sie auch keine bestimmte Ausdehnung haben, also nicht gemessen oder geschätzt werden. In pointierter Formulierung ergibt sich somit das Paradox: Wie kann Zeit gemessen werden, da Vergangenheit, Gegenwart und Zukunft nicht »sind«?

Zur Auflösung dieses Paradoxons ist zunächst festzuhalten, daß Augustin von einer theoretisch nicht weiter problematischen Bestimmung der Zeitmodi ausgeht. An späterer Stelle präzisiert er diese Unterscheidung noch durch den Hinweis, man solle von »drei Zeiten«, nämlich der Gegenwart des Vergangenen, der Gegenwart des Gegenwärtigen und der Gegenwart des Zukünftigen sprechen. Hier wird abermals die erlebte Zeit als Ausgangspunkt der augustinischen Erörterung sichtbar, denn das Vergangene sei in der Erinnerung, das Gegenwärtige in der sinnlichen Wahrnehmung und das Zukünftige in der Erwartung gegenwärtig[305].

Als nächstes ist dann zu fragen, wie in diesem Zusammenhang »sein« zu verstehen sei. Hier soll freilich nicht die Rede vom »Sein« bei Augustin im allgemeinen untersucht werden[306], ja, es wird noch nicht einmal eine vollständige terminologische Bestimmung von »sein«, wo es im XI. Buch als Vollverb auftritt, zu geben sein. Hier genügt es völlig, wie sich zeigen wird, eine einzige, auch von Augustin selbst mehrfach erwähnte terminologische Einschränkung[307] im Auge zu behalten: Was nicht jetzig, nicht gegenwärtig ist, »ist« nicht. Daß etwas gegenwärtig ist, stellt also eine notwendige Bedingung dafür dar, daß es überhaupt »ist«, was »ist« an dieser Stelle auch immer bedeuten mag. In moderner logischer Terminologie: Die folgende Untersuchung hält sich bezüglich der Verwendung von »seiend« an die Prädikatorenregel »was ›ist‹, ist ›jetzig‹«, in symbolischer Schreibweise: $x \varepsilon$ seiend $\Rightarrow x \varepsilon$ jetzig. Damit gilt logisch auch »was nicht ›jetzig‹ ist, ›ist‹ nicht«, und dies unter Einschluß entsprechender

Synonyma wie »gegenwärtig« für »jetzig« und »existierend« für »seiend«. Diese terminologische Festsetzung impliziert freilich keine Synonymität von »jetzig« und »seiend«.
Logischerweise haben dann Vergangenheit und Zukunft kein »Sein«. Sie waren ja gerade dadurch bestimmt, nicht jetzig zu sein. Die Argumentation dafür, daß auch die Gegenwart kein »Sein« habe, kann allerdings nicht auf ähnlich einfache Weise aus der terminologischen Eingrenzung von »Sein« abgeleitet werden. Zwar unternimmt Augustin einen Versuch, nachzuweisen, daß Gegenwart nicht »ist«, aber dieser Versuch kann als gescheitert angesehen werden und spielt in dieser Form für die weitere Erörterung keine Rolle, sei also nur der Vollständigkeit halber erwähnt: Damit Gegenwart Zeit ist, muß sie in Vergangenheit übergehen; anders wäre sie Ewigkeit. Wie kann aber Gegenwart »sein«, wenn ihr »Grund, daß sie sei, jener ist, nicht zu sein« (causa, ut sit, illa est, quia non sit)[308]. Wir nennen Gegenwart also Zeit nur im Hinblick darauf, daß sie danach strebt, nicht zu sein. Augustin fügt nun nicht an, also »sei« Gegenwart nicht. Er leitet aus diesem Argument auch nicht den Schluß ab, also könne man Gegenwart nicht messen, sondern er wendet sich einer neuen Begründung dafür zu, daß auch Gegenwart (neben den nichtseienden, weil nicht jetzigen Vergangenheit und Zukunft) nicht gemessen werden könne.
Wie ihm die Unterscheidung der Zeitmodi im Vorverständnis gegeben oder jedenfalls theoretisch zunächst nicht zum Problem zu werden scheint, so geht Augustin jetzt ohne weiteren Hinweis davon aus, daß wir Zeit teilen können. Hier unterläuft ihm dann freilich ein erster schwerer Fehler, wenn er annimmt, durch fortgesetzte Teilung einer (z. B. kalendarisch bestimmten) gegenwärtigen Zeit – das gegenwärtige Jahrhundert, das gegenwärtige Jahr, der gegenwärtige Monat – endlich zu einer ausdehnungslosen Gegenwart zu kommen; denn das Ergebnis einer Teilung von Ausgedehntem ist stets wieder ausgedehnt[309]. Der Text zeigt unmißverständlich[310], daß Augustin einen Verstoß gegen diese in der aristotelischen Kontinuumstheorie festgehaltene Einsicht macht, und er argumentiert weiter: wäre Gegenwart ausgedehnt, so könnte man sie teilen, und bis auf einen Teil wären alle Teile vergangen oder zukünftig, also gerade nicht gegenwärtig. Gegenwart im strengen Sinne kann also nur punktförmig sein, was ja nichts anderes heißt, als daß sie keine Teile hat. Wenn aber Gegenwart nicht ausgedehnt sei, könne sie auch keine zu

bestimmende Länge haben. Ohne also nochmal vom »Sein« der Gegenwart zu sprechen, glaubt Augustin, damit eine Argumentation dafür vorgeführt zu haben, daß Gegenwart nicht gemessen werden kann.

Ein Blick in die »Physik« des Aristoteles zeigt, daß Augustin hier weit hinter jenem zurückbleibt. Das νῦν, das Jetzt, bzw. der jetzige Zeitpunkt, ist nach Aristoteles kein Teil der Zeit, oder gleichbedeutend, mißt nicht Zeit, da aus unteilbaren Zeitpunkten keine Dauern zusammengesetzt werden können – ebensowenig, wie aus Punkten eine Strecke.

Etwas reicher dagegen als bei Aristoteles[311] sind bei Augustin Bemerkungen zur Verwendung des Wortes »messen«. Es geht zunächst um ein Abschätzen von Dauern – erwähnt werden z. B. Vergleiche verschieden langer, gesprochener Silben oder des Umlaufs der Sonne mit der Umdrehung einer Töpferscheibe. Man darf aber auch an Zeitmessung mit Hilfe von Sonnen- und Sternuhren, darüber hinaus sicherlich auch mit Wasseruhren denken. Ein von allen Kommentatoren unerwähnter Hinweis mag hier sein, daß Augustin über die Teilung des vollen Tages in 24 Stunden spricht, also Meßbarkeit von Zeit auch während der Nacht praktisch voraussetzt. Messen oder Abschätzen ist hier eine Handlung, die nur an einem verfügbaren, gegenwärtigen Gegenstand vorgenommen werden kann. Zwar können Ereignisse aus der Erinnerung in ihrer Dauer abgeschätzt werden, sofern man sie sich nur vergegenwärtigt, aber die Handlung findet »in der Seele« statt, ist also nicht Messung im engeren Sinne, d. h. unter Verwendung eines Meßgerätes oder eines natürlichen, beobachtbaren Vorgangs. Gleiches gilt für die mit dem Erinnerungsvermögen eng zusammenhängende Fähigkeit, ein Ereignis einer bestimmten Dauer zu erwarten. Und daß Gegenwart mit Uhren nicht gemessen werden kann, ist schon gezeigt. Es bleibt auch nach dieser terminologischen Verschärfung das Paradox: Wie kann Zeit gemessen werden, da keine der »drei Zeiten« meßbar ist? Die Auflösung des Paradoxons kann freilich nicht in einer Beantwortung der paradoxen Frage bestehen, sondern ergibt sich aus einem Nachweis, daß schon die Formulierung der Frage einen logischen Fehler enthält[312].

Wo immer gemessen oder abgeschätzt wird, d. h. wo Aussagen über Größenverhältnisse gesucht werden, müssen zuerst nach allen Seiten begrenzte Größen entweder vorgegeben sein oder durch Setzen von Grenzen ausgezeichnet werden. Auch Augustin weist darauf hin, daß man von der Dauer eines Ereignisses nur sprechen kann, wenn dieses abgeschlossen ist oder als abgeschlossen vorgestellt wird[313]. Die Unverträglichkeit eines solchen messenden Umgangs mit Ereignissen einerseits und der begrifflichen Konstruktion der Zeitmodi andererseits rührt nun lediglich daher, daß Gegenwart sich in dieser Konstruktion vermeintlich als unausgedehnte ergibt. Genau besehen setzt aber schon diese Konstruktion eben dasjenige, dessen Unmöglichkeit bewiesen werden soll, voraus, nämlich einen Umgang mit abgeschlossenen, ausgedehnten Größen.

Um die Fehler in Augustins Argumentation klar herauszustellen, ist zunächst festzuhalten, daß »ausgedehnt« und »teilbar« synonym verwendet werden, denn jedes ausgedehnte gegenwärtige Ereignis soll nach Augustin auch teilbar sein, und was teilbar ist, ist entsprechend der antiken Definition kein Punkt, sondern ausgedehnt.

Augustin vergibt den Prädikator »gegenwärtig« zu Beginn seiner Erörterung an ausgedehnte Ereignisse bzw. Dauern (Säkulum, Jahr, Monat usw.). Seine Beispiele sind ohne Zweifel alle von der Art, daß sie die Meßbarkeit der Zeit in seinem Sinne[314] voraussetzen, denn nichts anderes als Ergebnisse von Zeitmessungen sind die Dauern, von denen er spricht. Hierin liegt also ein zweiter Fehler; denn von Augustin muß die Meßbarkeit der Zeit explizit vorausgesetzt werden, damit er dafür argumentieren kann, daß Zeit nicht meßbar ist. Wie schon erwähnt, ist dann ein zusätzlicher Fehler, als Ergebnis wiederholter Teilungen eine ausdehnungslose Gegenwart anzunehmen. Läßt man dennoch für den Augenblick außer acht, daß die Teilung von Ausgedehntem nur wieder zu Ausgedehntem führen kann, so hätte Augustin allenfalls ein Argument dafür gewonnen, daß die Prädikatoren »gegenwärtig« und »ausgedehnt« bzw. »teilbar« konträr sind. Wollte Augustin diesen strengen Gebrauch von »gegenwärtig« in der Tat durchhalten, so dürfte er im Zusammenhang mit (ja immer ausgedehnten) Ereignissen nicht von »gegenwärtig« sprechen. Da Zeitmessung der Vergleich von Dauern verschiedener Ereignisse ist, so kann daraus geschlossen werden, daß es in der Terminologie Augustins sinnlos ist, die Meßbarkeit gegenwärtiger Dauern zu diskutieren, weil »gegenwärtige Dauer« per definitionem ein logisch widerspruchsvoller Ausdruck ist. Aber daraus, daß nichts, was im strengen Sinn gegenwärtig ist, gemessen werden kann, folgt noch lange nicht, daß Zeit nicht gemessen werden kann. Der Schluß, den Augustin hätte ziehen sollen, ist: die Frage der Meßbarkeit von Zeit hat mit den Zeitmodi im Sinne seiner Konstruktion nichts zu tun.

Nun zwingt nichts dazu, den fehlerhaften Schluß Augustins mitzuvollziehen. Auf der einen Seite kann vorgeschlagen werden, »gegenwärtig« im strengen Sinn konträr zu »ausgedehnt«, »teilbar« und dann auch zu »meßbar« zu verwenden. Nur jeweils ein Zeitpunkt soll weder vergangen noch zukünftig, sondern gegenwärtig sein. Auf der anderen Seite läßt sich doch noch fragen, ob die fortgesetzte Schachtelung von Dauern, die jeweils den gegenwärtigen Zeitpunkt enthalten, und die dann unter eben dieser Bedingung auch noch mit »jetzig« prädiziert werden dürften, eine Aussage hinsichtlich der Meßbarkeit von Zeit abzuleiten eraubt. Werden also Dauern, die den gegenwärtigen Zeitpunkt enthalten, in kürzere Dauern eingeteilt, und wird diese Teilung jeweils an dem Teil wiederholt, der den gegenwärtigen Zeitpunkt enthält, so kann man von einer beliebig kurzen, »jetzigen«, d. h. den gegenwärtigen Zeitpunkt enthaltenen Dauer sprechen. Das Ergebnis einer solchen Folge von Teilungen kann aber niemals ein Argument dafür abgeben, daß Zeit nicht meßbar sei. Die Herstellung der Folge von Teildauern macht nämlich schon von der Möglichkeit Gebrauch, zu entscheiden, daß eine Dauer kürzer als eine andere ist. Wenn hier auch prinzipiell noch kein zahlenmäßiger Vergleich von Dauern notwendig ist, so muß doch schon die Abschätzung von Dauern hinsichtlich kürzer und länger möglich sein.

Zusammenfassend kann also gesagt werden: Augustin macht drei Fehler. 1. Er übersieht, daß die Teilung von Ausgedehntem nur wieder zu Ausgedehntem führt. 2. Nach einer korrekten Argumentation dafür, daß die Prädikatoren »gegenwärtig« und »teilbar« konträr sind (wenn Gegenwart teilbar wäre, wären Teile der Gegenwart vergangen bzw. zukünftig, also nicht gegenwärtig), verstößt er gegen diese terminologische Regel, indem er Ereignisse als gegenwärtig bezeichnet. 3. In seiner Argumentation dafür, daß Zeit nicht meßbar sei, setzt er gerade voraus, daß Dauern geteilt und abgeschätzt, d. h. also, gemessen werden können.

Gleichzeitig mag deutlich geworden sein, daß hier nicht irgendwelche »ontologischen« Eigenschaften der Zeit zur Diskussion stehen, und daß es sich an keiner Stelle etwa um die Frage handelt, ob Zeit »wirklich« sei, wenn Gegenwart keine Ausdehnung habe, sondern daß hier nur die Konsistenz einer Terminologie hergestellt bzw.

Augustins Verstöße gegen diese Konsistenzforderung aufgezeigt werden müssen. Augustins Zeitparadox braucht also den Philosophen nicht weiter zu beschäftigen. Dies gilt jedoch nicht für das ganze XI. Buch der Bekenntnisse. Augustin scheint die prekäre Lage, in die er mit der Frage nach der Meßbarkeit der Zeit auf dem Boden terminologischer Bestimmungen zu den Zeitmodi geraten ist, selbst empfunden zu haben. Er nimmt daher gleichsam einen neuen Anlauf und diskutiert ohne Berücksichtigung der Modalität der Zeit, wie Zeit gemessen werden könne. Es scheint bisher in der Augustinliteratur übersehen worden zu sein, daß Augustin sich hier ernsthaft mit einem wissenschaftstheoretischen Problem auseinandersetzt[315].

Er bestimmt von neuem, worum es ihm in seiner Erörterung geht: »Was ich wissen möchte, ist die Macht und Natur (vim naturamque) der Zeit, durch welche wir die Bewegung von Körpern messen und sagen, daß diese Bewegung z. B. doppelt so lange gedauert habe als jene«[316]. Noch deutlicher wird sein Anliegen durch das folgende Beispiel. Was ist ein Tag? Da der Tag am Umlauf der Sonne gemessen wird, müßte man nicht auch dann von einem Tag sprechen, wenn die Sonne in nur einer Stunde umliefe? Seine noch detailliert zu interpretierende Frage, »ob ein Tag diese Bewegung (sc. der Sonne), oder die Dauer, in welcher diese Bewegung abläuft, oder aber beides sei«[317], weist auf die Suche nach einer Bezugsbewegung für die Zeitmessung hin. Leider läßt dann Augustin die Frage, »was Zeit sei, mit der wir den Sonnenumlauf messen, so daß wir etwa sagen könnten, er habe sich in der Hälfte der gewohnten Zeit vollzogen«[318], ebenso unbeantwortet wie die anschließende, wie die Dauer der Bewegung und der Ruhe beliebiger Körper gemessen werden könne, da Bewegung selbst erst in der Zeit möglich sei. Und da es ihm endlich nicht gelingt, »ein festes Maß für die Zeit« (certa mensura temporis)[319] zu finden, begnügt er sich schließlich mit einer Pseudoantwort: »Daher scheint es mir, Zeit sei nichts Anderes als Ausdehnung; die Ausdehnung wessen, weiß ich nicht. Es sollte mich wundern, wenn es nicht die des Geistes (animi) selbst wäre.

Obgleich also Augustin seine Erörterung nicht mit einer Beantwortung der selbst gestellten Fragen beendet, zeigt doch seine Argumentation, und hier vor allem der zentrale Abschnitt, 23, 30-24, 31, daß er, auch hier über Aristoteles hinausgehend, die im gegebenen Zusammenhang entscheidenden Probleme anspricht. Einige Interpretationsschwierigkeiten bietet hier zunächst folgende Passage: ». . . Da also der Tag durch die Bewegung der Sonne und ihren Umlauf von Sonnenaufgang bis Sonnenaufgang erklärt wird, frage ich, ob der Tag (1)[320] diese Bewegung selbst, oder aber (2) die Dauer, in welcher sie zurückgelegt wird, oder aber (3) beides sei. (E 1)[321] Wenn nämlich das erste der Tag wäre, hätten wir auch dann einen Tag, wenn die Sonne in der Dauer einer einzigen Stunde ihren Lauf vollendete. (E 2) Wäre der Tag aber das zweite, so hätten wir keinen Tag, wenn die Zeit von einem Sonnenaufgang zum anderen so kurz wie eine Stunde wäre, sondern die Sonne müßte 24 Umläufe vollenden, um einen Tag zu erfüllen. (E 3) Wäre aber der Tag beides, so könnte man weder von einem Tag sprechen, wenn die Sonne ihren ganzen Umlauf in der Dauer einer Stunde vollendete, noch dann, wenn bei stillstehender Sonne soviel Zeit verginge, wie die Sonne von einem Morgen zum anderen gewöhnlich benötigt«[322].

Zunächst bietet sich die Interpretation an, in (1) werde die Sonnenbewegung als einzig verfügbarer Zeitstandard angenommen, also eine *Einheit* der Dauer am Sonnenumlauf und mithin ohne zusätzliche Korrekturmöglichkeit definiert, während in (2) auch noch sonnenunabhängige Uhren zur Verfügung stünden, so daß der Tag durch die *Dauer* von 24 Stunden definiert ist, gemessen etwa mit einer Wasseruhr. Doch diese Interpretation kann hier nicht richtig sein. (1) und (2) sind hier nämlich kontradiktorisch und erlauben also keinen Fall (3), in welchem (1) *und* (2) gelten sollen.

Auch die möglichst wörtliche Lesart, man dürfe von einem Tag nur sprechen, wenn die (durch Uhren meßbare) Dauer von 24 Stunden verflossen sei und außerdem die Sonne sich bewegt habe – so läßt sich wenigstens die Erklärung (E 3) lesen – führt zu einer groben Ungereimtheit. Daß überhaupt auf den Lauf der Sonne Bezug genommen wird, hängt daran, daß im alltäglichen Leben der Tag am Lauf der Sonne bestimmt ist. Dort kommen aber weder die fingierten, bezüglich eines anderen Zeitstandards beschleunigten Sonnenumläufe vor, noch der von Augustin aus einem biblischen Beispiel (Jos. 10, 12 f.) genommene Sonnenstillstand.

Da aber in (3) offensichtlich zur Bestimmung des Tages die sonnenunabhängige Messung von 24 Stunden Vorrang hat, muß man hier nicht nur an den geschilderten Fall denken, daß ein Sonnenumlauf nur eine Stunde, sondern auch, daß er ein Vielfaches von 24 Stunden dauert – so lange eben nur die Sonne nicht stillsteht. Zwischen zwei Sonnenaufgängen könnten also viele »Tage« liegen; die Sonnenbewe-

gung hätte allenfalls sicherzustellen, daß quasi das Verfließen von Zeit objektiv beobachtbar ist, aber eine Beziehung zwischen dem Sonnenumlauf von einem Morgen bis zum anderen und der Abgrenzung eines Tages ist völlig aufgehoben. Da aber Augustin kurz vorher bekräftigt hatte, daß Sterne und »himmlische Lichter« (Sonne und Mond) dazu da seien, Zeiten wie Tage und Jahre auszuzeichnen, ist die Interpretation, ein Tag sei die Dauer von 24 Stunden, und außerdem müsse die Sonne sich überhaupt bewegen, damit man von Zeit reden könne, dem augustinischen Text unangemessen.
Was meint Augustin aber, wenn er in (1) fragt, ob der Tag die Bewegung der Sonne selbst sei? Welche Rolle spielt hier im weiteren Kontext die Frage, wodurch der Tag bestimmt sei, da Augustin sie doch sogleich wieder aufzugeben scheint (»so will ich mich jetzt nicht weiter fragen, was das sei, das man den Tag nennt, sondern danach, was die Zeit sei, mit der wir den Sonnenumlauf messen«). Die Diskussion der Beziehung von Sonnenumlauf und Bestimmung des Tages befindet sich in einer Argumentation gegen die Meinung eines »Gelehrten«, nämlich, »daß die Bewegung der Sonne und des Mondes und der Sterne selber die Zeit seien«. Und das Gegenargument besteht, wie aus oben zitierten Stellen deutlich wird, darin, daß z. B. ein Tag eine bestimmte Dauer ist, die auch unabhängig vom Sonnenumlauf, genauer, auch wenn die Sonne plötzlich nicht mehr gleichförmig laufen sollte, seinen Sinn behält – eben durch einen nichtastronomischen Zeitstandard. Die zu interpretierende Passage kann also als Frage nach den verschiedenen Möglichkeiten verstanden werden, Himmelserscheinungen zum Zeitstandard zu machen, wobei »Tag« ein beliebiges herausgegriffenes Beispiel ist und dafür auch eine andere Dauer stehen könnte. Konsistent läßt sich die Untersuchung Augustins interpretieren, wenn man moderne Einsichten in die Voraussetzungen der Zeitmessung zugrunde legt. Ob Augustin diese im einzelnen vorweggenommen hat, mag dahinstehen.
Augustin scheint gesehen zu haben, daß zur Zeitmessung ein Standard in zweifacher Hinsicht erforderlich ist: zunächst bedarf es einer ausgezeichneten *Bewegungsform*, wie etwa der der Gleichförmigkeit des Sonnenumlaufs, und dann muß eine *Standardeinheit* als ein bestimmter Ausschnitt aus der gleichförmigen Bewegung definiert werden. Hier stehen, wie erwähnt, die Sonne und ihre Bewegung für einen beliebigen astronomischen, d. h. natürlichen Zeitstandard,

und »Tag« für eine beliebige, astronomisch definierte Maßeinheit. Wenn es dann in (1) heißt, der Tag sei die Bewegung der Sonne selbst, so ist damit gemeint, daß wir die Bewegung der Sonne zum Standard für eine Bewegungsform erheben, sie also zur Uhr erklären. Der exemplarische Bezug auf einen natürlichen Standard impliziert, daß uns neben diesem kein anderer Standard für die gleiche Bewegungsform zur Verfügung steht, d. h. eine von der Sonne unabhängige Zeitmessung wird unmöglich und (E 1) ist erfüllt: wie auch immer die Sonne umläuft, ein Umlauf zählt als wohlbestimmte Dauer, auch wenn er eine Stunde dauerte. Freilich ist es hier noch offen, ob die letzte einschränkende Bedingung methodisch an dieser Stelle überhaupt formuliert werden kann. Wenn wir keinen anderen Zeitmeßstandard als die Sonne haben, scheint es zunächst sinnlos, zu sagen, »auch wenn der Umlauf der Sonne nur eine Stunde dauerte«.

Hier zeigt die Argumentation Augustins eine Doppelschichtigkeit, die wegen des Mangels an zusätzlicher Explikation zu Mißverständnissen Anlaß gibt. Dieser Mangel an Verdeutlichung der beiden »Schichten«, in denen über Zeit geredet wird, läßt sich jedoch nachträglich leicht beheben. Augustin bedient sich unglücklicherweise bei der Methodendiskussion – der einen Schicht, – eines Mittels, welches, im strengen Sinne erst nach Beendigung der Methodendiskussion zur Verfügung steht, nämlich der Rede von bestimmten Dauern, und der Zeitmessung, wie sie im Alltag üblich ist – und dies ist die zweite Schicht. Wenn Augustin also in der Methodendiskussion den Fall fingiert, daß der Sonnenumlauf nur eine Stunde dauert, so tut er dies unter Rückgriff auf die Alltagspraxis, in der Methodenfragen damals ebensowenig relevant waren, wie sie es heute sind.

Wie wenig berechtigt der Vorwurf der Zirkelhaftigkeit in 23,30 ist, mag u. a. daraus hervorgehen, daß Augustin nur in den Erläuterungen (E 1) bis (E 3) auf die im Alltag übliche Rede von Zeit zurückgreift, sie jedoch weder zur Formulierung der methodologischen Fragen (1) bis (3) noch zur Formulierung irgendwelcher Voraussetzungen für einen Aufbau einer Theorie von der meßbaren Zeit verwendet. Sein Problem besteht an dieser Stelle nicht darin, zu klären, wie man überhaupt von Zeit reden kann, sondern, wie man von der unreflektierten Praxis im Alltag zu einer theoretisch fundierten Zeitmessung kommt, die im modernen Sinne wissenschaftlich zu nennen wäre. Nachdem im Fall (1) die Bewegung der Sonne als Standard für eine Bewegungsform betrachtet wurde, läßt sich (2) verstehen als die Frage, ob der Umlauf der Sonne Standard für eine *Zeiteinheit* sei. Hier wird also stillschweigend vorausgesetzt, daß eine Bewegungsform schon ausgezeichnet sei, daß es m. a. W. schon sinnvoll sei, vom gleichmäßigen Verfließen der Zeit zu sprechen. Man hat sozusagen schon eine ungeeichte Uhr, d. h. eine Uhr, deren Zeiger sich zwar gleichförmig bewegt, deren »Ziffernblatt« jedoch noch keine Ziffern oder Teilstriche trägt. Der Vorschlag (2) besagt, dann nichts weiter, als eine solche Uhr (man denke etwa konkret an eine Wasseruhr) am Lauf der Sonne zu eichen, d. h. eine Einteilung des Ziffernblattes danach vorzunehmen. (Hier darf man sich nicht dadurch verwirren lassen, daß die bei uns gebräuchlichen Uhren schon dadurch geeicht sind, daß eine volle Umdrehung des Stundenzeigers eine Einheit darstellt. Vielmehr ist hier an die Aufgabe zu denken, eine geradlinige Skala – im Prinzip unendlich lang – zu finden, wie sie etwa bei der Ablesung eines steigenden Wasserspiegels Verwendung findet.) Sollte dann irgendwie, z. B. mit der geeichten Uhr selbst, bemerkt werden, daß der Umlauf der Sonne plötzlich nur mehr eine Stunde dauert, so müßte gemäß der Festsetzung der Einheit behauptet werden, ein Tag sei erst nach 24 Umläufen vollendet – und dies besagt (E 2).

Liest man (1) und (2) in der vorgeschlagenen Weise, so gewinnt auch der dritte Vorschlag seinen Sinn: ist der Lauf der Sonne Standard für eine Bewegungsform *und* zugleich für eine Einheit, betrachten wir also die Sonne als geeichte Uhr? Augustin führt hier eine neue Erklärung (E 3) an, die nicht einfach die Konjunktion von (E 1) und (E 2) ist, obgleich Frage (3) nur die Konjunktion von (1) und (2) war. Die Interpretation von (E 3) wird dadurch erschwert, daß Augustin offensichtlich die Erklärungen für die in (1) und (2) beschriebene Möglichkeit in der Reihenfolge umkehrt. Der erste Teil von (E 3) – man könne nicht von einem Tag sprechen, wenn der Umlauf der Sonne nur eine Stunde dauerte –, entspricht unzweifelhaft dem Vorschlag (2). Dann fragt es sich, ob der zweite Teil von (E 3) – ein Tag könne auch dann nicht vergehen, wenn die Sonne stillstehe, und sei es für die Dauer von 24 Stunden – nun wie erwartet zu Annahme (1) gehört. In der Tat paßt diese Lesart: Wenn Vorschlag (1) darin besteht, die Bewegung der Sonne zu einem Standard für eine Bewegungsform zu erklären, kann immer nur dann Zeit gemessen werden, wenn die Sonne sich überhaupt bewegt, und folgerichtig nicht, wenn die Sonne sich nicht bewegt.

Die hier vorgelegte Interpretation, die vor anderen den Vorzug hat, auch die Frage (3) und die Erklärung (E 3) konsistent in den Zusammenhang mit einzubeziehen, läßt damit den Schluß zu, daß es Augustin mehr oder weniger deutlich gewesen sein muß, daß zur Zeitmessung je ein Standard für eine Bewegungsform und eine Maßeinheit erforderlich sind. Er stellt diese Einsicht anhand der Frage dar, ob der Umlauf der Sonne das eine, das andere oder beides sei.
Die sich anschließende Textstelle zeigt, daß die vorgeschlagene Interpretation nicht durch eine unzulässige Beschränkung auf eine einzelne Passage gewonnen ist. Vielmehr kann Augustin in kritischer Distanz fragen, ob wir uns für einen astronomischen Standard, sei es nun der Bewegungsform oder der Einheit, entscheiden sollen; er jedenfalls entscheidet sich dagegen. Hatte er schon bei den Erklärungen zu den Fragen (1) bis (3) auf die Möglichkeit einer sonnenunabhängigen Zeitmessung zurückgegriffen, so fragt er nun explizit, wie man die Dauer eines Sonnenumlaufs zu messen habe, um etwa festzustellen, er habe sich in der Hälfte der gewohnten Zeit vollzogen. Dies läßt nur den Schluß zu, daß er ein Verfahren zur Zeitmessung für möglich hielt, welchem gegenüber der Verwendung von Sonnenuhren der Vorzug zu geben ist.
Hier hat Augustin gegenüber Aristoteles den Vorteil, daß er nicht wie dieser von Meinungen über die Göttlichkeit der Himmelskörper voreingenommen war und ihnen deshalb gleichförmige Bewegung zugeschrieben hätte. Mit einem damit vom Lauf der Sonne unabhängig sinnvollen Vokabular kann er Sachverhalte fingieren, die im Stillstand, in Beschleunigung oder Verzögerung der Sonnenbewegung bestehen. Augustin hat außerdem erkannt, daß solche Fiktionen hinsichtlich der Drehung des Himmels schon einen anderen Zeitstandard voraussetzen. Folgerichtig kommt er auch auf die Bewegung beliebiger Körper zu sprechen[323].
Augustin dringt hier allerdings nicht mehr bis zu einer Beantwortung anstehender Fragen vor, weil er sich ganz auf die Dauer von Körperbewegungen beschränkt, jedoch nicht auf die Bewegungsform oder die Geschwindigkeit eingeht.
Dennoch finden sich im Rahmen der Diskussion, was der »motus localis« sei, einige Hinwise, die in ähnlicher Form wieder in der klassischen Physik anerkannt werdn. anutungsweis ollder Zusammenhang dieser Anfänge beschrieben werden.

Im Disput über die Intensitätsverteilung, welcher sich an Oresmes Theorie der »configurationes intensionum« (über die noch zu sprechen sein wird) anschloß, trat das Problem auf, für die Ortsbewegung, als »motus ad ubi« bestimmt, das intensio-remissio-Schema anzuwenden. Hinsichtlich des »ubi« hielt man an der aristotelischen Vorstellung fest, daß der »locus« »die innere Oberfläche des umgebenden Körpers, das ultimum continentis« sei. Damit bewegt sich neben dem »mobile« auch immer der »locus« des »mobile«, so daß es dadurch zum Problem wird, wie denn der »motus ad ubi« ein »aliter et aliter se habere« hinsichtlich der »Kategorie des Ortes«[324] sein könne, kurz, wie es Ortsbewegungen geben könne, wenn der Ort sich mit dem bewegten Körper mitbewege.

Im Gegensatz zu zwei damals anerkannten Lösungsvorschlägen dieser Schwierigkeit ist hier gerade die von Buridan verworfene »tertia opinio« erwähnenswert, weil dort von einem »spatium separatum« und »infinitum ultra caelum« die Rede ist, welcher »secundum modum penetrationis« der Ort »der Welt« (hier zu verstehen als der Ort »aller Körper«) sei. Diese Raumvorstellung, die nicht zuletzt deshalb abgelehnt wurde, weil die »opinio multorum« bzw. die »opinio apud vulgares«, der Raum sei ein leeres Gefäß, auf den Mangel an Wahrnehmbarkeit der Luft zurückzuführen sei, ist kaum mehr zu unterscheiden von der Raumvorstellung in Newtons »Principia«.

Ebenfalls aus dem 14. Jh. stammt eine dazu analoge Auffassung von der Zeit. Danach solle »Zeit nicht – wie Aristoteles wollte – nur die mensura motus (und spezieller das Maß der äußersten Himmelsbewegung bzw. diese selbst)« sein, sondern »eine von Ewigkeit her und vor Erschaffung der Welt bestehende Zeit«[325]. Ihr Vertreter war Geraldus Odonis.

Es soll hier nicht behauptet werden, daß Odonis das erste Glied einer Kette sei, welche schließlich zu den »Principia« von Newton führte, aber man darf die scholastischen Beiträge zu einer Zeitvorstellung doch als Hintergrund ansehen, von dem sich die »absolute Zeit« Newtons in der heute üblichen Interpretation weit weniger kraß abhebt als etwa gegen moderne naturwissenschaftliche Lehrmeinungen.

Daß Newton die »absolute Zeit« nicht als erster in seine Naturphilo-

sophie aufnahm, ist bekannt. Sein Lehrer, I. Barrow, spricht in einer Vorlesung, die 1669 von Newton ediert wird, von der gleichförmig verfließenden Zeit ohne Bezug auf Dinge oder deren Bewegung, aber auch ohne Bezug auf das Erleben von Zeit: »seu currant res, seu stent, seu dormiamus, sive vigilemus, aequo tenore tempus labitur«[326]. Früher noch als bei Barrow taucht bei P. Gassendhi (in ähnlicher Formulierung) die Bemerkung auf, daß Zeit immer gleich schnell vergehe, unabhängig davon, ob sich nun etwas ereigne oder nicht: »tempus, seu sit aliquid quod ipso duret, seu non sit; et seu quiescat, seu moveatur; et seu moveatur ocyus, seu segnius; eodem tenore semper labitur«, und schon 1644 schreibt er in seinen Erwiderungen auf Descartes: »sive res sint, sive non sint, sive moveantur, sive quiescant, eodem semper tenore fluit tempus«[326]. Die Ähnlichkeit zur Formulierung von Barrow ist auffallend. Ob Gassendi Barrow beeinflußte, ist offen, sein Einfluß auf Newton gilt als sicher. Gassendi hatte damit das Substanz-Akzidenz-Schema der Scholastik durchbrochen und für Raum und Zeit einen eigenen Status gefordert. Erstaunlich ist in diesem Zusammenhang freilich, daß sich bei ihm trotz dieser deutlich an die »absolute Zeit« bei Newton erinnernden Auffassung ein Hinweis auf die Zeitmessung mit Uhren findet (»imo et possent interim fluxu clepshydrae aut alterius machinae horariae distinquere«), was also offensichtlich nicht als Widerspruch zum Begriff der »absoluten Zeit« gesehen wurde. Auch bei Newton ist die Frage, wie im Rahmen seiner Physik über Zeit zu sprechen sei, ja nicht allein mit der Verbaldefinition der »absoluten Zeit« beantwortet, sondern die ausführlichere Darstellung findet die »relative, scheinbare und gewöhnliche Zeit« (»relativum apparens & vulgare«). Es lohnt daher, erneut die Frage zu stellen, ob nicht der ganze Komplex, der mit den Newtonschen Definitionen des »absoluten Raumes« und der »absoluten Zeit« einem neuen Interpretationsversuch unterworfen werden muß, denn die Lektüre des betreffenden Scholiums bei Newton vermittelt den Eindruck, als widerfahre der Newtonschen Physik (vor allem in der Gegenüberstellung von klassischer und relativistischer Physik in Physiklehrbüchern) Unrecht.
Bevor allerdings ein neuer, weniger an philologisch-historischen als an methodischen Prinzipien orientierter Interpretationsversuch des Raum- und Zeitbegriffs bei Newton unternommen wird, ist noch einmal kurz auf einen scholastischen Ansatz zurückzugehen.
Oresme hatte eine graphische Darstellungsmethode der Verteilung

von »intensiones« über einer »latitudo« erfunden, die heute meistens interpretiert wird als graphische Darstellung einer (als Ordinate aufgetragenen) Größe in Abhängigkeit von einer anderen (die als Abszisse gezeichnet ist). Eine solche Interpretation kann Oresmes Theorie der »configuratio intensionum« als einen der Anfänge zur klassischen Physik (über D. Soto zu Galilei) werten. Gegen diese methodisch korrekte, aber historisch freie Lesart steht die Aussage A. Maiers, die Oresmes Ansatz in den Bereich »phantastischer metaphysischer Spekulation« verweist. Die graphische Methode allein allerdings ist wohl durch einen Traktat des Oresme-Schülers und Augustiner-Eremiten Jacobus de S. Martino oder de Napoli verbreitet und auf diesem Weg Descartes und Galilei bekannt geworden[327].
Versucht man, das von Newton vor der Abfassung seiner »Principia« übernommene historische Erbe pauschal zusammenzufassen, so ergibt sich ein ganzes Bündel von Meinungen, die untereinander zum Teil unverträglich, zum Teil auch unabhängig sind. Von der aristotelischen Zeittheorie war nur eine nach den Regeln des scholastischen Denkens umgeformte Antwort auf die Frage übriggeblieben, welchen »ontologischen« Status die Zeit habe. Es war nicht mehr davon die Rede, daß erst die Bewegung realer Körper oder, in einer sensualistischen Abwandlung dieses aristotelischen Ansatzes, die Beobachtung von Veränderungen Zeit erzeuge. Andererseits war – zwar nicht theoretisch, jedoch praktisch – die Schwierigkeit der aristotelischen Physik behoben, Dauern aus einer kontinuierlichen Zeit Maßzahlen zuzuordnen. Die praktischen Erfolge von Huygens sowie die unbekümmerte Rede Galileis von beliebig kleinen Zeitteilchen fielen zeitlich zusammen mit den ersten Schritten zur infinitesimalen Betrachtungsweise kontinuierlicher Größen in der Fluxionsrechnung bei Newton selbst.
Diese zwei wichtigsten Komponenten – einmal die Meinung darüber, was Zeit sei, zum anderen die Zeitmessung – finden bei Newton, so scheint es, ihre Fortsetzung in der »absoluten wahren und mathematischen Zeit« bzw. in der »relativen, scheinbaren und gewöhnlichen Zeit«. Nun sind die Newtonschen Sätze über den absoluten Raum bzw. über die absolute Zeit weder empirische, noch können sie als Hypothesen zur Erklärung irgendwelcher Erscheinungen verstanden werden. (Der bekannte Einwand, Newtons Bekenntnis, keine Hypothesen zu fingieren, stehe im Widerspruch zu den Definitionen von absolutem Raum und absoluter Zeit, ist ohne-

hin verfehlt, da er wohl an Hypothesen zur Erklärung der fernwirkenden Gravitationskräfte gedacht hat.) Das theoretische Niveau Newtons läßt es andererseits geraten erscheinen, nach einer weiteren Rolle zu suchen, die jene fraglichen Definitionen im methodischen Aufbau seiner Physik spielen könnten, wenngleich zuzugeben ist, daß der Text hierfür kaum Anhaltspunkte bietet.

Eine wohlwollende Lektüre des Scholiums zu den Definitionen (auch die Stellung des Scholiums vor den Axiomen spricht für diese Auffassung) kann hinter diesen Aussagen methodische Prinzipien vermuten, welche – in laxer Ausdrucksweise – das Verhältnis von realen zu idealen Gegenständen bestimmen. Der »absolute Raum« bzw. die »absolute Zeit« sind dann nichts anderes als methodische Maßnahmen, welche – in moderner Terminologie – die Invarianz physikalischer Gesetze hinsichtlich Verschiebungen im wahrnehmbaren Raum bzw. in der meßbaren Zeit sichern sollen. Die Formulierung eines Prinzips, welches, dies ließe sodann der letzte Absatz des Scholiums erkennen, eine dynamische Forderung wäre, stößt freilich auf vielfältige Schwierigkeiten, von denen zumindest jene unlösbar ist, eine Definition der Trägheitsbewegung zu geben, ohne daß schon von Raum, Zeit und Masse gesprochen wird. Selbst diese freie Interpretation leistet aber dann nicht, zu entscheiden, ob Newton ein einziges Bezugssystem oder aber alle auf Trägheitsbahnen gleichförmig bewegten auszeichnen wollte.

Der Versuch, Newtons Raum- und Zeitbegriff zu verstehen, möchte hier nicht mehr als eine Anregung sein, dieses Stück der Newtonschen Naturphilosophie neu zu überdenken, da bisherige Interpretationsversuche meistens von irgendwelchen theoretischen Positionen aus unternommen wurden, die hinderliche Vorentscheidungen enthalten.

Soviel Kritik Newtons Lehre von Raum und Zeit auch bis heute erfahren hat, wird man doch behaupten dürfen, daß wenigstens seine Zeitlehre in einer Modifikation auch heute noch weiterlebt. Zwar möchte wohl niemand mehr von einer Zeit sprechen, die »ohne Beziehung auf irgendeinen äußeren Gegenstand gleichförmig« verfließt, aber die exemplarische Einführung von Normbewegungen zum Zwecke der Zeitmessung, die keine methodische Rechtfertigung der Wahl (etwa von Trägheitsbewegungen, der Lichtausbreitung oder der Periodizität des Lichtes) gibt, ist nicht weniger »Metaphysik« als Newtons »absolute Zeit« im üblichen Verstande.

Anmerkungen

1 Cf. Th. L. Heath (Hrsg.): Euclids Elements I, New York ²1956, S. 117-124.

2 Cf. Th. L. Heath, loc. cit. S. 156-157.

3 D. Hilbert, Grundlagen der Geometrie, Stuttgart ¹⁰1968.

4 Cf. D. Hilbert, Axiomatisches Denken, S. 405 in: Math. Annalen 78 (1918), S. 405-415. Die Trennung terminologischer Probleme von der Feststellung der Gültigkeit von Aussagen geht bei Hilbert dadurch verloren, daß er Begriffsbildung dort ansiedelt, wo in einer axiomatischen Theorie »die Tatsachen eines ... Wissensgebietes« geordnet werden. Er übersieht dabei, daß solche Tatsachen ja nur in Form von Aussagen vorliegen, die ihrereits nicht ohne Terminologie gebildet werden können.

5 Cf. z. B. E. Nagel, The Structure of Science, New York 1961 S. 203 f.

6 Vor allem: R. Carnap, Physikalische Begriffsbildung, Karlsruhe 1926; C. G. Hempel, Fundamentals of Concept Formation in Empirical Science (International Encyclopedia of Unified Science II, 7), Chicago 1952; R. Carnap, Philosophical Foundations of Physics, New York 1966.

7 Die schon von Empiristen des 19. Jhts. vor allem gegen Neukantianer vorgetragene Kritik am synthetischen Apriori findet über E. Mach und M. Schlick einerseits und L. Wittgenstein und B. Russell andererseits von Anfang an Eingang in die Philosophie des Wiener Kreises. Cf. W. Stegmüller, Hauptströmungen der Gegenwartsphilosophie, Stuttgart 1965, Kap. IX.

8 Cf. O. Neurath, Protokollsätze, Erkenntnis 3 (1932), R. Carnap, Über Protokollsätze, Erkenntnis 3 (1932).

9 Z. B. P. W. Bridgman, The nature of some of our physical concepts, New York 1952.

10 Bei manchen Autoren hat dieses Scheitern die Auffassung begünstigt, es gäbe keine »reine Beobachtungssprache«, vielmehr seien auch einfachste Beobachtungen nur in theoriebeladenen Aussagen beschreibbar. Hier kommt es selbstverständlich darauf an, in welchem Sinne die »Existenz« einer Beobachtungssprache bestritten wird. Kein Beweis ist sicher die Tatsache, daß die Alltagssprache der Physiker von wissenschaftlicher Terminologie durchsetzt ist. Für eine auf exemplarischer Bestimmung von Prädikatoren aufbauende, explizit bestimmte Beobachtungssprache kann die Unabhängigkeit von jeder physikalischen Theorie gesichert werden. Diese Behauptung läßt sich auch gegen die Auffassungen von Kuhn und Hanson aufrechterhalten. Aus der zutreffenden Beschreibung, daß bei einem »Paradigmenwechsel« in den Naturwissenschaften

(möglicherweise alle einschlägigen) Ausdrücke ihre Bedeutung ändern, folgt ja nicht, daß der (in der Wissenschaftsgeschichte faktisch kaum vorkommende) vollständige Aufbau einer Fachterminologie auf einer zu diesem Zweck partiell rekonstruierten Alltagssprache theorieneutral unmöglich wäre. Cf. W. Stegmüller, Probleme und Resultate der Wissenschaftstheorie und analytischen Philosophie, II, 2, Berlin, Heidelberg, New York 1973, S. 165.

11 Gemeint ist die schrittweise Liberalisierung des Programms, die Sprache physikalischer Theorien definitorisch auf Beobachtungssprache zurückzuführen, das dann auf die Forderung nach Übersetzbarkeit von Theoriesprache in Beobachtungssprache zurückgenommen wurde und schließlich auch uninterpretierbare Termini zulassen mußte.
Vgl. W. Stegmüller, (Probleme) II, 1, 1970.

12 H. Reichenbach, Philosophie der Raum-Zeit-Lehre, Berlin 1928, § 4.

13 C. G. Hempel, (Fundamentals), S. 31.

14 J. D. Sneed, The logical structure of mathematical physics, Dordrecht 1971.

15 C. G. Hempel, Grundzüge der Begriffsbildung in der empirischen Wissenschaft, Düsseldorf 1974, S. 82.

16 G. Frege, Über das Trägheitsgesetz, Zeitschrift für Philosophie und philosophische Kritik 98 (1891), S. 145-161. Wieder in: I. Angelelli (Hrsg.): Gottlob Frege, Kleine Schriften. Darmstadt 1967.
Cf. hierzu: P. Janich, Trägheitsgesetz und Inertialsystem. Zur Kritik G. Freges an der Definition L. Langes. In: Chr. Thiel (Hrsg.): Frege und die moderne Grundlagenforschung, Meisenheim 1975, S. 66-76.

17 F. Kambartel, Frege und die axiomatische Methode. Zur Kritik mathematikhistorischer Legitimationsversuche der formalistischen Ideologie, in: Chr. Thiel (Hrsg.): Frege und die moderne Grundlagenforschung, Meisenheim 1975, S. 77-89.

18 W. Stegmüller, (Probleme) II, 2, 1973, S. 12 f.

19 Es sei denn für den Fall, daß eine Terminologie Inkonsistenzen aufweist. Aber die Forderung nach logischer Konsistenz von Theorien ist allgemein in den Fachwissenschaften anerkannt.

20 Vgl. W. Stegmüller, (Probleme), IV, 1, 1973, S. 1-64.

21 Th. S. Kuhn, The Structure of Scientific Revolutions, Chicago ²1970.

22 Kuhn weist zwar der Wissenschaftstheorie eine kritische Aufgabe zu, bricht damit aber weder die Einschränkung auf eine scientific community auf, noch kann er konkrete Änderungsvorschläge für physikalische Theorien formulieren.

23 Vgl. hierzu: P. Janich, F. Kambartel, J. Mittelstraß, Wissenschaftstheorie als Wissenschaftskritik. Frankfurt 1974, vor allem S. 50-54 und 90-95.

24 Die weitestgehende Anwendung hat eine solche Vernachlässigung der Geschichte des Laborbetriebs bei P. Mittelstaedt gefunden. Seine von

C. F. v. Weizsäcker entlehnte Auffassung der Zirkelstruktur physikalischen Erkenntniszuwachses hat dort noch den philosophischen Hintergrund, durch Zurückfragen hinter den Anfang der vorliegenden Theorien nach Analogie eines hermeneutischen Zirkels die Welt als Naturwissenschaftler gleichsam zu interpretieren. Bei Mittelstaedt sind Rückkopplungen wissenschaftlicher, experimenteller Erfahrungen auf Alltagserfahrung nur noch Explikation der Vorstellung, die klassische Physik sei als Grenzfall relativistischer und Quantenphysik zu verstehen, und tragen nichts zur Begründung der modernen Physik bei. Wegen der logischen Zirkularität seines Vorschlags kann weder die Geschichte der Experimentierkunst noch ihre systematische Grundlage verstanden werden.

P. Mittelstaedt, Die Sprache der Physik, Mannheim 1972.

25 Vgl. S. 124.

26 Am deutlichsten kommt dieser Metaphysikverdacht im Abgrenzungskriterium Poppers zum Ausdruck. Obgleich sein Falsifikationismus selbst auf methodologischen Normen beruht und damit nicht falsifizierbar ist, soll Mangel an Falsifizierbarkeit bereits Unwissenschaftlichkeit implizieren. Dabei läßt sich für physikalische Theorien der Falsifikationismus durchaus aufrechterhalten, wenn Poppers Lösung des Basisproblems ersetzt wird durch den Vorschlag, die in den Basissätzen vorkommenden Termini explizit zu normieren.

K. R. Popper, Logik der Forschung, Tübingen [4]1971.

Vgl. zum Basisproblem bei Popper auch: H. Oetjens, Sprache, Logik, Wirklichkeit. Stuttgart-Bad Cannstatt, 1975.

27 Dieser äußert sich vor allem in Einwänden aus der Tradition des kritischen Rationalismus und ist belastet durch die Annahme einiger Kritiker, in der Protophysik solle der »Fundamentalismus« Dinglers fortgesetzt werden.

28 M. Bunge, Foundations of Physics, Berlin/Heidelberg/New York 1967, S. 5. Unter deutschsprachigen Autoren wird diese extreme Affirmation, die keine andere Basis kennt als die jeweils frisch von der Physik gelieferten Theorien, von B. Kanitscheider fortgesetzt.

29 loc. cit., S. 297.

30 loc. cit., S. 1.

31 loc. cit., S. 28.

32 loc. cit., S. 27.

33 Bunge weist der Grundlagenforschung zur Physik ausdrücklich zahlreiche konstruktive Aufgaben zu. Cf. loc. cit. S. 2 ff.

34 Bunge verwendet den Terminus »protophysics« ähnlich wie die konstruktive Protophysik: »The body of ideas shared by every set of physical theories but investigated by none in particular falls into two classes: the set of logical and mathematical theories constituting the

formalism of physical theories, and a quaint collection of nonformal yet generic and important principles and theories, which may be christened protophysics«. (loc. cit. S. 85). Er sieht aber weder den normativen noch den operationalen Charakter, den auch eine Protophysik nach seinen eigenen Kriterien haben muß, wenn sie nicht doch eine bloß formale Theorie bleiben soll. Offensichtlich waren Bunge bis zur Veröffentlichung der »Foundations of Physics« deutschsprachige Arbeiten zur Protophysik unbekannt geblieben, zu denen nicht nur ein bereits 1961 erschienener, den Dinglerschen Ansatz präzisierender Aufsatz P. Lorenzens zählt – dort wird auch bereits der Terminus Protophysik vorgeschlagen –; auch ältere Arbeiten H. Dinglers erfüllen Kriterien der Bungeschen Protophysik-Definitionen. Das Wort Protophysik ist übrigens alt, tritt schon bei J. Jungius (1587-1657) auf und wird auch gegenwärtig in sehr verschiedenen Kontexten mit verschiedenen Bedeutungen verwendet, so etwa bei S. Müller-Markus, Protophysik, Entwurf einer Philosophie des Schöpferischen, Den Haag 1971 (Vgl. dort S. 36-38).

35 Bunge, loc. cit., S. 86.

36 Vor allem in: C. G. Hempel, (Fundamentals).

37 H. v. Helmholtz, Zählen und Messen, erkenntnistheoretisch betrachtet, in: Philosophische Aufsätze, E. Zeller zu seinem fünfzigjährigen Doktorjubiläum gewidmet, Leipzig 1887, S. 17-52.
Hier zitiert nach: H. Hörz und S. Wollgart (Hrsg.). H. v. Helmholtz, Philosophische Vorträge und Aufsätze, Berlin 1971, S. 301-335.

38 Helmholtz, loc. cit. S. 301.

39 Helmholtz, loc. cit. S. 318.

40 Eine Relation R heißt komparativ, wenn für sie gilt:
$a\,R\,b \wedge a\,R\,c \rightarrow b\,R\,c$.

41 Helmholtz, loc. cit. S. 322.

42 Helmholtz, loc. cit. S. 331.

43 Helmholtz, loc. cit. S. 319.

44 Der im 7. Buch, Satz 1, von Euklids Elementen angegebene Algorithmus zur Bestimmung des größten gemeinsamen Teilers zweier Zahlen geht auf das ältere Verfahren der ἀνταναίρεσις oder ἀνθυφαίρεσις (Wechselwegnahme) zurück, wonach sich das Längenverhältnis zweier (kommensurabler) Strecken durch wechselweises Abziehen der kleineren (des kleineren Restes) von der größeren (modern: in Kettenbruchdarstellung) ergibt. Dabei wird also die »Einheit« ad hoc, d. h. jeweils bei jedem Längenvergleich als das größte gemeinsame Maß ermittelt.

45 I. Kant, Kritik der reinen Vernunft, Vorrede zur zweiten Auflage, B XIII.

46 Hempel, (Fundamentals), S. 67.

47 Hempel, (Fundamentals), S. 68. Die Diskrepanz zwischen der Tatsache,

daß Maßzahlen stets rational sind, die physikalischen Theorien jedoch mit reellen Zahlen arbeiten, ist nur ein Grund von mehreren, die zur Aufgabe des Programms geführt haben, physikalische Theoriesprache auf Beobachtungssprache zurückzuführen. Im Zusammenhang mit der Orientierung des Theoriesprachenansatzes am Vorbild der formalaxiomatischen Theorien ist in den Hintergrund getreten, daß eine methodisch korrekte Lösung dieses Problems anders als durch formale Spielereien auf dem Metasprachenniveau gesucht werden kann. Die gegenwärtig gängige Auffassung von der partiellen Interpretierbarkeit von Theorien findet sich in R. Toumela, Theoretical Concepts, Wien/New York 1973. Cf. auch die ausführliche Darstellung, die W. Stegmüller in (Probleme) II, 2, 1973 gibt. Auch dort wird (im Anschluß an Kuhn, Hanson, Feyerabend und Sneed) nur über Theorien aus historisch-deskriptiver Sicht gesprochen, ohne zu erwägen, ob die durch neue wissenschaftstheoretische Ansätze gelösten Probleme nicht nur die einer älteren Wissenschaftstheorie (Carnap, Popper) sind und immer noch an der tatsächlich betriebenen Physik vorbeigehen.

48 Wie dieser Aufbau etwa aussehen kann, ist z. B. aus P. Lorenzen, Differential und Integral, Frankfurt 1965, zu entnehmen.

49 Ausdrücklich so z. B. bei D. Hilbert, Axiomatisches Denken (vgl. Anmerkung 4) oder bei R. Carnap, Physikalische Begriffsbildung, Karlsruhe 1926.

50 Die technischen Fragen zur Wahl der Skalenform finden sich z. B. bei P. Suppes und J. Zinnes, Basic Measurement Theory, in: R. D. Luce et al. (Hrsg.), Handbook of Mathematical Psychology, New York 1963, S. 1-76, oder in B. Ellis, Basic Concepts of Measurement, Cambridge 1966, S. 39-73.

51 Die hier erwähnten Aspekte behandelt W. Stegmüller, (Probleme), II, 1, 1970, Kap. I und II.

52 W. Stegmüller (Probleme) II, 1, 1970, S. 19.

53 Vgl. u. a. C. G. Hempel (Fundamentals) S. 54-58.

54 »Hier zeigt sich deutlich, daß mit dem Prozeß der Metrisierung gleichzeitig ein Prozeß der Objektivierung d. h. der Gewinnung gemeinsamer intersubjektiver Resultate, eingeleitet wird.« W. Stegmüller, (Probleme) II, 1, 1970, S. 64.

55 Aus der Sicht Carnaps und Hempels ließe sich hier entgegnen, es sollen ja nach dem Theoriesprachenkonzept nur für ganze Theorien (hier: Geometrie) Interpretationen gegeben werden. Nicht aber gehe es darum, für einzelne Begriffe wie »Länge« isoliert eine Bedeutung festzulegen, Berücksichtigt man aber, daß hier als »Interpretationen« einer formalen Geometrie Aussagen über künstlich herbeigeführte Meßgeräteeigenschaften infrage kommen, so erscheint die Additivität von Strecken nicht als einer der letzten Schritte zur Definition von »Länge« und gleichzeitig

von »gerade«. Vielmehr ist die gerade Form von Strecken, deren Längen verglichen werden sollen, eine primär bei der Meßgeräteherstellung erzwungene Eigenschaft, die ihrerseits die der arithmetischen analoge Additivität ihrer Teile logisch impliziert.

56 Ausführlicher ist dieses Beispiel diskutiert in: P. Janich, Eindeutigkeit, Konsistenz und methodische Ordnung normative versus deskriptive Wissenschaftstheorie zur Physik in: F. Kambartel, J. Mittelstraß (Hrsg.), Zum normativen Fundament der Wissenschaft, Frankfurt 1973, S. 131-158.

57 Wenn nämlich die Störungsfreiheit der Waage wie bei Helmholtz gerade dadurch definiert ist, daß die Gewichtgleichheit eine Äquivalenz wird, ist der Satz eine Tautologie der Form $A \rightarrow A$.

58 Deshalb sind auch die zur Charakterisierung metrischer Begriffe herangezogenen logischen Eigenschaften von Gleichheits- bzw. Ungleichheitsrelation keine empirischen, ja noch nicht einmal Behauptungssätze, sondern Vorschriften zur Herstellung und Verwendung von Meßgeräten. Vgl. auch Kap. II, 3.

59 Es scheint, als hätte Carnap das Auftreten von Störungen nur bei der Wahl von Einheiten (z. B. der Länge, der Zeit) für möglich gehalten. Er erwähnt als Beispiel, daß man nach Wahl eines bestimmten Standard-Meßstabes zusätzlich durch Konvention festlegen müsse, daß dieser eine bestimmte Temperatur beibehält, sonst würde sich bei Erhitzen dieses Stabes ein Schrumpfen der Welt zeigen, und physikalische Gesetze hoher Irregularität wären die Folge. Dieses Beispiel belegt eindrucksvoll die Nachteile der analytischen Theorie von den metrischen Begriffen. Es ist eine allgemein anerkannte Forderung, physikalische Gesetze so zu formulieren, daß sie invariant bezüglich einer konventionellen Einheitenwahl sind. Dies legt aber dann auch eine Charakterisierung metrischer Begriffe nahe, in der Einheiten keine Rolle spielen, also eine solche, in der die eindeutige Bestimmung von *Größenverhältnissen* gesichert wird. Hier schlägt bei Carnap die alte empiristische Vorstellung durch, Messen müsse auf Zählung von gleichen Gegenständen zurückgeführt werden, und die Kriterien für Gleichheit unterlägen selbst der Modifikation durch neue messende Erfahrungen.

60 Hier ist in erster Linie Popper zu zitieren, der zwar konventionelle Komponenten seiner eigenen falsifikationistischen Theorie durchaus hervorhebt, aber auch beinahe pathetisch betont, wie sehr alle Ergebnisse unsere begrifflichen Anstrengungen jederzeit zur Disposition stehen müssen. Bedauerlicherweise nennt Popper unter den Konventionalisten in einem Atemzug Poincaré und Dingler, was mit Sicherheit unangemessen ist (Cf. W. Diederich, Konventionalität in der Physik, Berlin 1974, wo einerseits der Unterschied zwischen Poincaré und Dingler klar herausgearbeitet ist und andererseits die Konventionalismuskritik

Poppers als der Sache nach hauptsächlich gegen Dingler gerichtet erkannt wird. Auch Stellungnahmen des frühen logischen Empirismus zum Konventionalismus sind dort referiert).

61 So muß G. J. Withrow verstanden werden, wenn er die Fixierung einer fast 2000jährigen Physikgeschichte am Vorbild von Euklid und Archimedes (statt an Aristoteles) beklagt. Cf. G. J. Withrow, The Natural Philosophy of Time, London/Edinburgh 1961.

62 So z. B. bei R. Carnap und anderen Vertretern des Wiener Kreises.

63 Cf. R. Carnap, Philosophical Foundations of Physics (M. Gardner, Hrsg.), New York 1966, S. 80.

64 Cf. H. Reichenbach, Philosophie der Raum-Zeit-Lehre, Berlin 1928, S. 138.

65 Anscheinend war der erste Autor aus dem Wiener Kreis, der diesen dann von vielen anderen übernommenen Einfall hatte, M. Schlick.

66 Cf. H. Reichenbach, loc. cit. S. 138.

67 Cf. W. Stegmüller, (Probleme und Resultate) IV, 1, 1973, S. 25, 26.

68 Ibidem.

69 A. Kamlah, Zwei Interpretationen der geometrischen Homogenitätsprinzipien in der Protophysik in: G. Böhme (Hrsg.) Protophysik, Frankfurt 1976, S. 169-218.

70 A. Kamlah, Zur Diskussion um die Protophysik, in: K. Lorenz (Hrsg.), Konstruktionen versus Positionen, Berlin/New York 1979, S. 311-339.

71 Kamlah verwechselt konsequent einerseits die Behauptung der *Unmöglichkeit* eines zur Protophysik konkurrierenden Normensystems (er denkt dabei an »ein Normensystem für die speziell relativistische Physik«, »dessen Durchführbarkeit . . . im Widerspruch steht« zur Durchführbarkeit der protophysikalischen Normen) mit der Behauptung, es läge kein konkurrierendes vor. Diese Verwechslung beruht darauf, daß Kamlah nicht die Unterschiede der Zwecksetzungen sieht: er sucht ein neues Normensystem im Rahmen einer affirmativen Grundhaltung (cf. Kap. I), nicht jedoch in philosophisch kritischer Absicht, die eine lückenlose Rekonstruierbarkeit der vorliegenden Physik nicht ungeprüft voraussetzen darf.

72 J. Mittelstraß, Wider den Dingler-Komplex, in: ders., Die Möglichkeit von Wissenschaft, Frankfurt 1975, S. 84-105, hier S. 100.

73 Den einen Fundamentalismusverdacht nahelegenden, von vielen Autoren bis in seriöse Lexikonartikel hinein wiederholten Ausdruck »Letztbegründung« habe ich bisher bei Dingler nicht finden können. Im Text ist hier der von Dingler vertretene Anspruch gemeint, eine unterste, letzte Basis im Willen gefunden zu haben.

74 Cf. z. B. W. Diederich, Konventionalität in der Physik, Berlin 1974. Ohne hierfür eine Begründung vorzutragen, schreibt D. in einer Gegen-

überstellung Dinglers und klassisch konventionalistischer Auffassungen im Sinne Poincarés, daß Dinglers Wissenschaftsphilosophie »sachlich weniger interessant« (S. 134) sei. Diese Einschätzung verdankt sich einer Haltung, die in Sätzen zum Ausdruck kommt wie: »Insofern die beiden methodologischen Standpunkte (sc. Poppers und Dinglers) normativ gemeint sind, kann natürlich nicht objektiv zwischen ihnen entschieden werden und sollen sie uns hier nicht weiter interessieren« (S. 143). Im Stadium des *gegenwärtigen* Diskussionsstandes bezüglich normativer Methodologien sich mit einem Appell (normativ = natürlich nicht objektiv entscheidbar) an einen alten positivistischen Konsens zu begnügen, kann kaum mehr ernst genommen werden.

75 Cf. A. Kamlah, Zur Diskussion . . ., loc. cit., S. 322.

76 So behauptet z. B. G. Böhme, die Protophysik belaste sich mit Polemik gegen die Relativitätstheorien. G. Böhme, Protophysik der Zeit – eine nicht-empirische Theorie der Zeitmessung? In: G. Böhme (Hrsg.), Protophysik, Frankfurt 1976, S. 276-299, hier S. 295; ähnlich J. Pfarr und P. Mittelstaedt, cf. Anmerkungen 168 und 162.

77 Gemeint ist die Position W. Bridgmans, der durch die Zulassung beliebiger »paper-and-pencil-operations« den Operationalismus seiner Begründungspotenz für eine Experimentalwissenschaft beraubt hat.

78 Eine Einführung in die methodische Philosophie H. Dinglers findet sich in der Einleitung von K. Lorenz und J. Mittelstraß zu: H. Dingler, Die Ergreifung des Wirklichen, Kap. I-IV, Reihe Suhrkamp Theorie I, Frankfurt 1969. Dort werden auch die wichtigsten Publikationen Dinglers aufgezählt. Ein gutes Dingler-Referat gibt auch H. Fertig, Modelltheorie der Messung, Berlin 1977, S. 162-166.

79 P. Lorenzen (Hrsg.): Hugo Dingler, Aufbau der exakten Fundamentalwissenschaft, München 1964.

80 H. Dingler, Physik und Hypothese, Berlin/Leipzig 1921, im folgenden als PuH zitiert.

81 Cf. Kap. II, 3.

82 Hierzu äußert sich Dingler z. B. in PuH, S. 42-111.

83 Grundlagen der Physik, S.V (im folgenden als GdP zitiert).

84 GdP, S. 36.

85 PuH, S. 114.

86 Aufbau der exakten Fundamentalwissenschaften, S. 42 (im Folgenden als FWS zitiert).

87 Cf. GdP, S. 8, 12.

88 FWS, S. 35.

89 GdP, S. 12.

90 GdP, S. 11.

91 Cf. FWS, S. 20-24.

92 GdP, S. 11.

93 Eine Bemerkung deutet darauf hin, daß Dingler die hier erhobenen Einwände selbst schon gesehen hat. Nach der Darstellung, welche Rolle die menschliche Aktivität im Aufbau der exakten Wissenschaft spielt, bekennt er: »Dabei mußten wir uns einiger grober Linien dessen, was wir erreichen wollen (nämlich der vollbegründeten Wissenschaft) schon bedienen. Die solche enthaltenden Darlegungen tragen also hier nur einen hinführenden Charakter, um dem Leser verständlich zu werden. Das eigentliche Tun des ersten Schrittes des Aufbaues geschieht im nächsten Abschnitt. Dort tritt dann auch der Wille nur mehr in rein aktiver Form auf.« (FWS, S. 27).

94 FWS, S. 22.

95 FWS, S. 22, 23.

96 Cf. H. Dingler, Die Methode der Physik, München 1938 (im Folgenden als MdP zitiert), S. 116, 117, sowie FWS, S. 26.

97 GdP, S. 35.

98 GdP, S. 37.

99 Cf. FWS, S. 62 f.

100 Das »Dreiplattenverfahren« bietet eine Möglichkeit, ohne Werkzeugmaschinen ebene Oberflächen an Körpern herzustellen. Dazu werden drei (grob vorgeebnete) Platten paarweise so lange aneinander abgeschliffen, daß je zwei der drei Platten beliebig verschiebbar aufeinander passen. Dieses Verfahren spielt als Exemplar einer pragmatisch zirkelfreien Herstellung einer geometrischen Form (Ebene) in der konstruktiven Begründung der Geometrie eine wichtige Rolle. Dort werden entsprechend auch Verfahren zur Herstellung rechter Winkel zwischen Ebenen angegeben. Im Gegensatz zu den bekannten Konstruktionsverfahren rechter Winkel mit Zirkel und Lineal macht das in der konstruktiven Begründung der Geometrie verwendete Verfahren keinen Gebrauch von der Streckenkongruenz. Cf. P. Janich, Zur Protophysik des Raumes, in: G. Böhme (Hrsg.), Protophysik, Frankfurt 1976, S. 83-130.

101 FWS, S. 188, 189.

102 MdP, S. 109.

103 In FWS wird zwar bewiesen, daß durch drei Punkte, die nicht auf einer Geraden liegen, »eine und nur eine Ebene bestimmt« ist (S. 182), doch kann es sich hierbei nur um einen geometrischen Lehrsatz handeln, der erst nach Einführung der Grundbegriffe Ebene, Gerade und Punkt formulierbar und beweisbar ist. Dinglers Beweis zeigt schon aus methodischen Gründen nicht die Eindeutigkeit der Definition der Ebene, weil diese Eindeutigkeit zur Definition der Geraden als Schnitt zweier Ebenen schon vorausgesetzt ist.

104 Die an die vorsystematische Sprache des täglichen Lebens anknüpfenden Definitionen »sagen nicht etwas über die Beschaffenheit der Wirklichkeit aus, sondern sie wählen unter deren ungezählten Möglichkeiten nur

bestimmte aus, um so schrittweise gewisse Begriffe nach allen Seiten hin eindeutig zu bestimmen.« FWS, S. 175.

105 Cf. S. 102.

106 GdP, S. 38.

107 »Ideen«, die auch als »Formen« bezeichnet werden (FWS, S. 4), übernehmen die Aufgabe, Zielvorstellungen für Realisierungsverfahren abzugeben (FWS, S. 46).

108 MdP, S. 109.

109 FWS, S. 156-175.

110 Der vollständige Aufbau, der bei vorfindlichen »festen« Körpern beginnt, über eine Auswahlnorm (Cf. S. 98 dieses Buches) zur Beschränkung auf »harte« (relativ zueinander formkonstante) Körper und schließlich zur Definition von »starren« (beim Transport längenkonstanten) Körpern führt, findet sich in P. Janich, Zur Protophysik des Raumes, loc. cit.

111 Dieser für die Beurteilung der Dinglerschen Philosophie entscheidende Unterschied, von dem es schließlich abhängt, ob es überhaupt empirische physikalische Gesetze geben kann oder nicht, wird von einigen Kritikern Dinglers übersehen, so z. B. im Dingler-Referat bei W. Diederich, Konventionalität in der Physik, Berlin 1974.

112 MdP, S. 146.

113 PuH, S. 26-29.

114 GdP, S. 127.

115 Cf. Dinglers Einwände gegen die Auffassung von H. v. Helmholtz, MdP, S. 202 f.

116 Alle Zitate aus MdP, S. 113-119. Diese Definition hat unter anderen den Mangel, daß die Identität aller wesentlichen Bedingungen jedoch nicht angegeben ist. So hat man an dieser Stelle schlicht zur Kenntnis zu nehmen, daß Dingler die Verschiedenheit des Ortes nicht zu den wesentlichen Bedingungen rechnet.

117 MdP, S. 126.

118 H. Dingler, Die Ergreifung des Wirklichen, München 1952, vor allem S. 73.

119 Mit Recht weist G. Böhme darauf hin, daß diese Bestimmung unsinnig ist, weil zwischen »dicht liegenden« Zeitpunkten per definitionem keine Dauer liegen kann, die durch die Periode einer Bewegung bestimmt ist. (G. Böhme, Protophysik der Zeit – eine nicht empirische Theorie der Zeitmessung? In: G. Böhme (Hrsg.) Protophysik, Frankfurt 1976, S. 286 f.

120 G. Böhme hält in seiner Rezension der ersten Fassung dieses Buches meine Kritik an Dingler für nicht stichhaltig, weil sich »Phasenidentität . . . ohne jeden Rückgriff auf Periodizität feststellen« ließe; loc. cit. S. 287. In der Tat geht es Dingler um »Phasenidentität«, d. h. um die

Ununterscheidbarkeit einzelner Abschnitte der wiederholten Vorgänge. Aber von Ununterscheidbarkeit läßt sich exakt immer nur dann reden, wenn auch die Kriterien genannt sind, bezüglich derer z. B. Abschnitte von Vorgängen ununterscheidbar sind. Böhme übersieht, daß Dingler zumindest wesentliche und unwesentliche Prädikatoren hätte nennen müssen, um bezüglich der wesentlichen Ununterscheidbarkeit fordern zu können. Weil deshalb Dinglers Bestimmung von »periodisch« unvollständig ist, muß er in seinem Vorschlag zu einem Realisierungsverfahren zirkulär vorgehen.

121 Cf. S. 183 f.

122 Die in der analytischen Theorie der Wissenschaftssprache aufgestellte Behauptung von den nur partiell interpretierbaren theoretischen Termen widerspricht dieser Behauptung nicht. Hier geht es nicht um die Interpretation vorliegender physikalischer Theorien, sondern um den terminologischen Aufbau von gegebenenfalls zu diesen alternativen Theorien.

123 Leider ist in der neuesten Auflage (W. Kamlah, P. Lorenzen, Logische Propädeutik, Mannheim, 2. Auflage 1973) das Kapitel über die in der älteren Auflage »material synthetisch wahr« genannten Sätze gestrichen worden. Ausführlich findet sich dieser Aussagentyp, der die Sätze der Protophysik repräsentiert, jedoch behandelt in: P. Lorenzen, O. Schwemmer, Normative Logik, Ethik und Wissenschaftstheorie, Mannheim, 2. Auflage 1975).

124 Die Gründe dafür, daß hier die »Logische Propädeutik« bzw. »Normative Logik, Ethik und Wissenschaftstheorie« und nicht etwa eine der wichtigen Schriften von Carnap, Hempel oder einem anderen Autor als »wohl verbindlichster Beitrag« bezeichnet wird, sind in Kapitel I, 2 entwickelt.

125 J. Mittelstraß, Die Prädikation und die Wiederkehr des Gleichen. In: Ratio 10 (1966), S. 53-61 (engl. Ausgabe S. 78-87).

126 Cf. den in Anmerkung 123 genannten Titel.

127 Cf. Anm. 60 dieses Kapitels.

128 Eine gründlichere Behandlung definitionstheoretischer Probleme findet sich in G. Gabriel, Definitionen und Interessen. Stuttgart-Bad Cannstatt 1972, vor allem S. 68-82.

129 P. Lorenzen, Wie ist die Objektivität der Physik möglich?, in: P. Lorenzen, Methodisches Denken, Frankfurt 2, 1974 S. 142-151; hier S. 143.

130 Diese Schwierigkeit ist erst behoben in P. Lorenzen / O. Schwemmer, Konstruktive Logik, Ethik und Wissenschaftstheorie, S. 172, wonach die mit den Beschreibungsmitteln der Physik nicht vollständig beschreibbaren Veränderungen von Körpern als Kriterium für lebendig genannt wird, also in Übereinstimmung mit der hier vorgelegten Auffassung »lebendig« erst mit Hilfe von Physik bzw. in Abgrenzung von ihren

Beschreibungsmitteln strenger gefaßt werden kann, als dies in der Alltagssprache und mit Hilfe exemplarischer Bestimmung von Prädikatoren möglich ist. Eine weit weniger problematische Bestimmung von Physik, als sie sich in Anlehnung an Kategorien der aristotelischen Ontologie geben läßt, ist ebenfalls in Lorenzen/Schwemmer zu finden, wo per Überschrift die Physik unter der »Theorie des technischen Wissens« abgehandelt wird.

131 Cf. S. 142.

132 P. Lorenzen, loc. cit. (cf. Anm. 129) S. 148.

133 In Lorenzen/Schwemmer wird als Grund für den Beginn der Protophysik bei der Geometrie die »faktische Genese des Messens« genannt, (cf. S. 225), also kein methodischer, wie dies explizit und unter Angabe von Gründen hier in diesem Buch (cf. S. 90 f.) geschieht.

134 Cf. S. 73.

135 P. Lorenzen, »Das Begründungsproblem der Geometrie als Wissenschaft der räumlichen Ordnung«, 1961, und »Wie ist die Objektivität der Physik möglich?«, 1964, beide in »Methodisches Denken«, Frankfurt, 2. Auflage 1974.

136 Lorenzen, Methodisches Denken, S. 133.

137 Genau besehen genügt freilich auch das in der Logischen Propädeutik angegebene vorgeometrische Vokabular nicht. Es muß um Wörter erweitert werden, die für die Fassung von Herstellungsvorschriften für ebene Flächen an Körpern benötigt werden.
Eine vollständige Aufzählung dieses Vokabulars bietet z. B. P. Janich, Zur Protophysik des Raumes, loc. cit.

138 P. Lorenzen, Methodisches Denken, S. 130.

139 W. Kamlah, P. Lorenzen, Logische Propädeutik, ^{1}1967, S. 229.

140 W. Kamlah, P. Lorenzen, Logische Propädeutik, ^{1}1967, S. 231.

141 Außerdem ist nicht zu sehen, wie das äußere Homogenitätsprinzip, das ja die Ununterscheidbarkeit der auf beiden Seiten der Ebene liegenden Punkte fordert, mit einem Realisierungsverfahren, z. B. dem Dreiplattenverfahren, zusammenhängt.

142 Etwa in: P. Lorenzen, Wissenschaftstheorie und Wissenschaftssysteme, Vortrag zum 2. Internationalen Hegel-Kongreß, Stuttgart 1975.

143 Wie in seinem Aufsatz »Das Begründungsproblem der Geometrie als Wissenschaft der räumlichen Ordnung«, in: P. Lorenzen, Methodisches Denken, Frankfurt 1974, S. 120-141.

144 Wie zuerst bei Verf. Zur Protophysik des Raumes, in: G. Böhme, (Hrsg.), Protophysik, Frankfurt 1976, S. 83-130, wo, soweit ich sehe, zuerst der Gedanke entwickelt wird, daß Euklidizität als Ziel des Geometrieaufbaus explizit auf die lebensweltliche Rede von Formen gegründet wird.

145 P. Lorenzen, Hypotheses non fingo, Philosophia Naturalis.

146 P. Lorenzen / O. Schwemmer, Konstruktive Logik, Ethik und Wissenschaftstheorie, S. 255.

147 Cf. P. Janich (Hrsg.), Wissenschaftstheorie und Wissenschaftsforschung. Erscheint München 1980.

148 Wie sich aus dem Anspruch der Physiker eine quantitative Naturwissenschaft zu treiben, die Gegenstandskonstitution der Physik herleiten läßt, ist gezeigt in: P. Janich, Die Sprache der Physik und die Wirklichkeit der Naturwissenschaften, in: Dialectica 31 (1977) S. 301-312.

149 Zum Verhältnis von Beobachtung, Messung und Experiment cf. P. Janich, Physics – natural science or technology? in: Krohn/Layton/Weingart (Hrsg.), The Dynamics of Science and Technology. Dordrecht 1978, S. 3-27.

150 Cf. W. Stegmüller, (Probleme und Resultate), IV, 1 (1973), S. 26, wo Stegmüller gegen die Menschenmöglichkeit von den hier erhobenen ähnlichen Begründungspostulaten redet.

151 Die Wiederholbarkeit von Messungen gleichzusetzen mit der Reproduzierbarkeit von Meßgeräteeigenschaften bildet ein Gegenargument gegen Kritiken von G. Böhme und H. Fertig. Böhme (Cf. G. Böhme, Ist die Protophysik eine Reinterpretation des Kantischen Apriori? In: ders. (Hrsg.), Protophysik, Frankfurt 1976, S. 219-234, hier S. 227) hatte, worin sich ihm Hucklenbroich anschließt, bemängelt, die Protophysik könne mit ihren Meßgerätenormen keine Strukturen des Vermessenen (des Gegenstandes der Erfahrung) festlegen. Das hat die Protophysik aber auch nicht beansprucht. Vielmehr liegt die Pointe des protophysikalischen Ansatzes gerade darin, nicht mehr von den Gegenständen der Erfahrung her zu argumentieren und bei diesen nach Gründen für die Wiederholbarkeit von Messungen zu suchen, sondern bei den wiederholbaren Herstellungshandlungen für Geräte.
H. Fertig kritisiert, daß die Protophysik neben den Meßgeräteeigenschaften nicht auch die Verwendungszusammenhänge reflektiert. (H. Fertig, Wie objektiv ist die Protophysik? – Zur Diskussion um die Protophysik. In: Philosophia Naturalis 17 (1978), S. 31-55). Zunächst trifft es noch nicht einmal für die von Fertig zitierten Arbeiten zu, daß die Protophysik »nur die Eindeutigkeit der Herstellungspraxis und nicht auch die Eindeutigkeit der Verwendungspraxis bedenkt« (loc. cit. S. 37/38) (Cf. P. Janich, Eindeutigkeit, Konsistenz und methodische Ordnung: normative versus deskriptive Wissenschaftstheorie zur Physik, in: F. Kambartel, J. Mittelstraß, Zum normativen Fundament der Wissenschaft, Frankfurt 1973, S. 131-158, hier S. 141, wo ausdrücklich Bezug auf eine »Verwendungspraxis« genommen wird). Fertigs aus seinem eigenen modelltheoretischen Ansatz genommene Unterscheidung von Meßgerät und Meßverfahren liegt quer zu der (pragmatischen) Kennzeichnung von Meßgeräteeigenschaften in der Protophysik und eignet

sich nicht für einen Einwand. Fertig hätte wohl sagen müssen, wo zusätzlich zu protophysikalisch definierten Geräteeigenschaften Normen erforderlich sind, um die Situationsinvarianz von Messungen sicherzustellen.

152 Cf. K. Lorenz, Dialogspiele als semantische Grundlage von Logikkalkülen, in: Archiv für mathematische Logik und Grundlagenforschung, Heft 11/1-2 und 3-4, 1968. P. Lorenzen, Formale Logik, Berlin ³1967. F. Kambartel, Überlegungen zum pragmatischen und zum argumentativen Fundament der Logik. In: K. Lorenz (Hrsg.), Konstruktionen versus Positionen, Berlin/New York 1979.

153 Cf. den in Anmerkung 100 genannten Aufsatz.

154 Dies kann z. B. in der Weise geschehen, daß die in den Handlungsanweisungen vorkommenden Wörter (im Beispiel der Geometrie etwa »berühren« und »passen« von Körpern) die Auffüllung der Homogenitätsprinzipien zu eindeutigen Normen ermöglichen.

155 Die Eindeutigkeit ist ja Ausdruck für die Reproduzierbarkeit bestimmter Formen von Körpern, Bewegungen usw.

156 DIN, Abkürzung für »Deutsche Industrie-Norm«.

157 Ideatoren wie »Punkt«, »Gerade«, oder »kongruent« sind Beispiele für in der affirmativen Wissenschaftstheorie so genannten »theoretischen Terme«, für die hier also sehr wohl Verfahren einer expliziten Bestimmung angegeben werden können. Damit ist freilich nicht behauptet, alle sogenannten »theoretischen Terme« seien durch Ideation bestimmbar.

158 Eine ausführliche Darstellung der Abstraktionstheorie gibt H. J. Schneider, Historische und systematische Untersuchungen zur Abstraktion, Diss. Erlangen 1970.

159 Zum Problem der Massenmessung cf. P. Janich, Ist Masse ein »theoretischer Begriff«? In: Zeitschrift für allgemeine Wissenschaftstheorie VIII (1977), S. 302-314.

160 G. Böhme (Hrsg.), Protophysik, Suhrkamp-Reihe »Theorie-Diskussion«, Frankfurt 1976.

161 So z. B. C. F. v. Weizsäcker in einer jüngsten Auseinandersetzung mit der Auffassung Dinglers, wobei seine Einwände wohl auch gegen Lorenzen und gegen die Protophysik intendiert sind. v. Weizsäcker betont, daß sein Einwand »nicht der empirischen Richtigkeit, sondern nur der Denkbarkeit ... (einer) Annahme über das Verhalten physischer Körper« bedürfe (C. F. v. Weizsäcker, Geometrie und Physik, in: Ch. P. Enz & J. Mehra (Hrsg.), Physical Reality and Mathematical Description, Dordrecht 1974, S. 48-90) S. 63.
v. Weizsäcker gibt in diesem Aufsatz ein eindrucksvolles Beispiel affirmativer Grundhaltung: »Als ich Dinglers Gedanken um 1935 kennenlernte, sah ich sofort ihre Kraft und reagierte auf sie doch so, wie fast alle Physiker zuvor und danach auf sie reagiert haben: Einsteins Einführung

der Riemannschen Geometrie in die Physik kann doch durch solche methodologischen Argumente nicht als falsch erweisen werden.« (loc. cit. S. 62) Seine damalige, persönliche Diskussion mit Dingler war »natürlich ergebnislos« (S. 62). Und: »Eine physikalische Hypothese ist nicht deshalb unmöglich, weil sie vom Standpunkt einer zum Zweck ihrer Vermeidung eingeführten Methodologie aus phantastisch erscheint.« (S. 63). (So hatte Dingler v. Weizsäckers hypothetische Gegenannahme bezeichnet.) Da v. Weizsäckers philosophische Äußerungen – was hier keineswegs kritisiert werden soll – häufig autobiographische Zusätze aufweisen, wird sichtbar, wie sehr dezisionistisch die affirmative Grundhaltung sich in öffentlicher Argumentation gebärden darf, ohne mit dem Widerspruch der Fachkollegen rechnen zu müssen. Auf Weizsäckers (wie er selbst sagt) »unfreundliche« und nebenbei, bezogen auf die von Dingler verfolgten Intentionen auch unsachliche, oben zitierte Bemerkung über den Zweck der Dinglerschen Methodologie kann hier sachlich die Gegenfrage folgen, ob es nicht Zweck des Weizsäckerschen Philosophierens ist, die nachträgliche Stabilisierung der so offen zugegebenen Idiosynkrasie für die Physik zu leisten. Wie steht es mit der Legitimation solcher Stabilisierungsbemühungen?

Der oben zitierte, gegen Dinglers Methodologie gerichtete Einwand trifft übrigens die Protophysik nicht. Diese richtet sich nicht gegen bestimmte physikalische Hypothesen. Außerdem würden sich viele protophysikalische Bemühungen erübrigen, wenn v. Weizsäcker einen methodisch klaren und vollständigen Weg zur Einführung der Riemannschen Geometrie in die Physik zeigen könnte.

162 P. Mittelstaedt, Protophysik und spezielle Relativitätstheorie, in: K. Lorenz (Hrsg.), Konstruktionen versus Positionen, Bd. I, Berlin/New York 1979, S. 290-311.

163 P. Mittelstaedt, Der Zeitbegriff in der Physik, Zürich 1976, S. 144.

164 P. Mittelstaedt, Protophysik und Relativitätstheorie, S. 296.

165 P. Mittelstaedt, Der Zeitbegriff . . ., S. 145.

166 Z. B. in dem Aufsatz »Gibt es eine Geschichte der Physik?« In: Ders., Die Sprache der Physik, Mannheim 1972, S. 75-83.

167 P. Mittelstaedt, Protophysik und Relativitätstheorie, S. 291.

168 J. Pfarr, Die Protophysik der Zeit und das Relativitätsprinzip, Zeitschrift für allgemeine Wissenschaftstheorie VII, 2 (1976) S. 298-326.

169 A. Grieder, Protophysik der Zeit und Relativitätstheorie, Dialectica 30 (1976), S. 145-159.

170 P. Janich, Die Protophysik der Zeit und das Relativitätsprinzip. Erwiderung auf Joachim Pfarr. Zeitschrift für allgemeine Wissenschaftstheorie IX/2 (1978), 343-347.

171 H. Fertig, Wie objektiv ist die Physik – Zur Diskussion um die Protophysik, in: Philosophia Naturalis 17 (1978) S. 31-55.

172 H. Fertig, loc. cit., S. 42.

173 A. Kamlah, Zur Diskussion um die Protophysik, in: K. Lorenz (Hrsg.), Konstruktionen versus Positionen, Berlin-New York 1979, Bd. I, S. 311-339.

174 Ohne Angabe von Stellen kritisiert Kamlah, ich hätte mehrfach die generelle Irrelevanz von Aussagen für Normen behauptet (S. 313). Mir ging es immer um den Zusammenhang *wissenschaftlicher* Einwände gegen *protophysikalische* Normen, aber diese Spezifizierung mag gelegentlich unerwähnt geblieben sein. Eine generelle Irrelevanz von Aussagen für Normen soll hier nicht behauptet sein.

175 S. 327.

176 S. 322.

177 S. 311.

178 S. 325.

179 Nämlich in P. Janich, Zur Protophysik des Raumes, in: G. Böhme (Hrsg.), Protophysik, Frankfurt 1976.

180 Vgl. neben der in Anmerkung 171 genannten Arbeit auch: H. Fertig, Modelltheorie der Messung, Berlin 1977, vor allem Kap. 3,2.

181 Dies ist auch der logische Kern des gerne gerade von Protophysik-Kritikern zitierten Diktums von E. Mach: »Eine Bewegung kann gleichförmig sein in bezug auf eine andere. Die Frage, ob eine Bewegung an sich gleichförmig sei, hat gar keinen Sinn.« (Zitiert z. B. von J. Pfarr und P. Mittelstaedt) (Cf. auch S. 112 f. dieses Buches).

182 Die Schreibweise mit vorgesetztem Stern (*), die sogleich durch Übergang auf Termini ohne * im Verfahren der Supposition (cf. S. 142) wieder aufgegeben wird, soll hier eine Aufblähung der Terminologie vermeiden.

183 An diese Definition knüpfen R. Ascheberg et al. eine wahrhaft sonderliche, eher die deutsche Grammatik als die Protophysik betreffende Kritik, um dann einen logisch zirkulären Gegenvorschlag für D 1 zu formulieren (R. Ascheberg, G. Herrgott, P. Krausser, Zur konstruktivistischen Protophysik der Zeit, in: Zeitschrift für allgemeine Wissenschaftstheorie IX (1978), S. 112-133). Da die Parallelen durch die *Körper* K_1 und K_2 in ihrer Lage (und durch Bahnen in ihrer Richtung) bestimmt sind, müssen meine Kritiker, wie sie es auch tun, (cf. Abb. loc. cit. S. 116) für ihren Einwand annehmen, daß Körper gleichzeitig an verschiedenen Orten (relativ zu K_0) sein können. Daß sie zu ihrer Kritik das Wort »gleichzeitig« benötigen, ohne zu sagen, wie operativ bestimmt sein soll, welche Orte von zwei Körpern gleichzeitig eingenommen werden, stört sie nicht. Wahrscheinlich haben sie überlesen, daß »der Parallelen« sowohl Singular als auch Plural des Genitivs ist, die Bindung der Parallelen an bestimmte Körper aber nur die Singular-Lesart erlaubt.
Ihr Gegenvorschlag mithilfe einer »Begleitparallelen« (loc. cit. S. 119)

entbehrt einer Definition für »Begleitparallele« und führt bei Auffüllung dieser Lücke, die noch nicht einmal eine bereits durch eine Regel verbotene Asymmetrie zwischen K_1 und K_2 kaschiert, über den Terminus »gleichzeitig« unweigerlich auf einen Definitionszirkel.

184 Ascheberg et al. (cf. Anm. 182) haben kritisiert, daß in der Protophysik der Zeit (1969) kein Realisierungsverfahren angegeben war. Mir war dies damals als zu trivial erschienen, weil unser technischer Alltag Kurvenschreiber in ungezählten Varianten kennt. Die Autoren, die auf S. 119 Bezug auf eine Korrespondenz nehmen, verkennen bei ihrem (ungekennzeichneten) Zitat aus meinem Brief, daß zwar die *Antriebe* der »automatischen Kurvenschreiber zur Aufzeichnung der täglichen Temperatur- und Luftdruckschwankungen, bei Fahrtenschreibern von Autos, bei EKGs« »nicht chronometriefrei konstruierbar« (S. 117) sind, wohl aber der (rein geometrisch bestimmte) Schreibmechanismus. Ascheberg et al. haben die recht triviale Pointe der uhrenfreien Kinematik nicht verstanden (»Dann kann man . . . K_1 und K_2 bei also identischer Leitlinie veranlassen, mit verschiedenen gewünschten Geschwindigkeiten und Beschleunigungen abzurollen« loc. cit. S. 119), (1) daß mechanische Getriebe nur »momentane Geschwindigkeits*verhältnisse*« definieren, (2) daß sie genau und allein zu diesem Zweck in der Protophysik vorgesehen werden, und (3) daß ihre Einwände dagegen sich auf einen (absoluten) Zeitbegriff stützen müssen, also zirkulär oder sinnlos sind. Cf. auch Anm. 183.

185 Für ein Verständnis der protophysikalischen Auszeichnung gleichförmiger Bewegungen sind von den folgenden Sätzen nur (S 1) bis (S 5) von Bedeutung. Die weiteren einschließlich eines Stetigkeitssatzes (S 8) spielen hinsichtlich einer Theorie der Zeitmessung nur insofern eine Rolle, als sie bereits in einer uhrenfreien Kinematik beweisbar sind.

186 Trotz dieses Hinweises in Klammern sieht J. Pfarr hier einen »Verstoß gegen die methodische Ordnung« (loc. cit., S. 312, cf. Anm. 168). Selbstverständlich ist »gleichzeitig« hier kein temporaler Terminus, sondern meint die *logische* Äquivalenz.

187 Mathematisch ist freilich die Stetigkeit nicht äquivalent der Gültigkeit des Zwischenwertsatzes.

188 Cf. hierzu auch die Seiten 40 f. dieses Bandes sowie Anm. 63.

189 Cf. S. 42.

190 Cf. C. F. v. Weizsäcker, Die Einheit der Natur, München 1971, S. 196 f.

191 Bewußt ist hier nicht zwischen geradlinigen und kreisförmigen Zeigerbewegungen unterschieden, weil sie mit Geometrie allein als äquivalent ausgewiesen werden können. Grieders diesbezüglicher Einwand (vgl. Anm. 169) ist also nicht stichhaltig.

192 So z. B. W. Büchel, Zur »Protophysik« von Raum und Zeit, Philosophia Naturalis 12 (1970), S. 261-281, ein ausführlicher Nachweis, daß

Büchels Einwände nicht haltbar sind, findet sich in P. Janich, Zur Kritik an der Protophysik, in G. Böhme (Hrsg.), Protophysik, Frankfurt 1976, S. 300-350. Dort ist auch der hier zitierte Aufsatz von Büchel wieder abgedruckt.

193 Danach ist die Aussage, daß der Raum des täglichen Lebens wie der der Physik dreidimensional ist, analytisch wahr. Denn die »Gegenstände« (Punkte, Geraden, Ebenen), an denen (z. B. in Form der linearen Unabhängigkeit der Basisvektoren im R^3) die Dreidimensionalität mathematisch präzisiert wird, sind durch Ideation bestimmt, die ihrerseits bei alltäglichen Unterscheidungen ansetzt: durch Teilung eines Körpers entstehen Flächen, durch Teilen der Flächen Kanten, und durch Teilung von Kanten Ecken. Eine Teilung von Ecken bzw. ein Schnitt durch Ecken führt aber nur wieder auf Ecken. Dies ist kein »Naturgesetz«, sondern beruht auf zweckmäßigen terminologischen Vereinbarungen bzw. Redegewohnheiten in der Alltagssprache, für die sich – bei Variation der Zwecke – auch konsistente Alternativen denken lassen. In diesem Sinne ist auch die Eindimensionalität der Zeit allein eine zweckdienliche Konvention.

194 H. Weyl, Raum, Zeit, Materie, Berlin [5]1923, S. 2.

195 Cf. J. Mittelstraß: Die Entdeckung der Möglichkeit von Wissenschaft, in: Archive for History of Exact Sciences, Vol. 2, Nb. 5, 1965, S. 410-435.

196 Cf. Lexikon der alten Welt, Zürich und Stuttgart 1965, S. 1664.

197 Cf. P. Lorenzen, Entstehung der exakten Wissenschaften, Berlin-Göttingen-Heidelberg 1960, S. 21.

198 Lexikon . . ., S. 1465.

199 Lexikon . . ., S. 1466.

200 So trägt die älteste erhaltene Wasseruhr die Inschrift (zitiert nach Taton, René (Hrsg.), Ancient and Medieval Science. Engl. Übersetzung, New York 1963): »Every figure is in its hour . . . to determine the hours of the night, when stars of the decan are invisible. Thus, the correct hour of the sacrifice may always be observed.« Gleichwohl sind auch Beispiele für andere Verwendungszwecke bekannt. Neben dem Gebrauch der Wasseruhren in der Gerichtspraxis ist aus der alexandrinischen Zeit überliefert, daß sich der Arzt Jerophilos einer Taschenklepshydra zur Pulszählung bediente.

201 Lübke, A., Die Uhr, Düsseldorf 1958, S. 73.

202 J. Mittelstraß, Neuzeit und Aufklärung. Studien zur Entstehung der neuzeitlichen Wissenschaft und Philosophie. Berlin, New York 1970. M. führt den Fortschritt, den Galileis »scientia nova« gegenüber früheren Entwürfen darstellt, darauf zurück, daß Galilei die Traditionen der für physikalische Fragen kompetenten Schulen (Paris und Oxford) mit der »Tradition der Werkstätten« verbunden hat. In der Tat ist die Entwick-

lung einer exakten empirischen Wissenschaft undenkbar ohne die Verknüpfung einer protophysikalischen Theorie mit einer experimentellen Praxis, was auch dann gilt, wenn die Einsicht in diese methodische Trennung nicht explizit formuliert wird.

203 Unter den Fachleuten herrscht keine einhellige Meinung darüber, ob die Herstellung einer »Arachne« die Kenntnis des Prinzips der stereographischen Projektion voraussetze. Jedenfalls scheint Eudoxos Erfinder eines ὡροσκοπεῖον', einer Sternenuhr gewesen zu sein, die aus einer durchbrochenen Scheibe bestand und »den Tierkreis und die Parallelekreise, soweit sie zum Tragen der wichtigsten Sterne nötig waren«, zeigte (Lasserre, F. (Hrsg.): Die Fragmente des Eudoxos von Knidos, Berlin 1966, S. 159). Dieses eher an ein Spinngewebe erinnernde Gerät wurde später durch Weglassen der Parallelkreise vereinfacht und glich in dieser Form einer Spinne, woher sich der Name »Arachne« erklärt.

204 Cf. Taton, S. 41.

205 Die Datierungen der Fachliteratur schwanken sehr stark. Während R. J. Forbes und E. J. Dijksterhuis den Gebrauch von Wasseruhren und die Zwölfteilung des Tages bzw. der Nacht auf – 2500 ansetzen, datieren andere Autoren die Tagesteilung in zwölf Stunden erst auf – 1400. Diese Diskrepanz rührt vermutlich daher, daß einmal jenes ägyptische Zwischenstadium, in dem zu zehn gleichlangen »Stunden« die Abschnitte von Morgen- und Abenddämmerung hinzukamen, schon als Zwölfteilung des Lichttages zitiert wird, während andere Autoren erst dann von einer Teilung in zwölf Stunden sprechen, wenn der ganze Lichttag vom Sichtbarwerden der Sonne bis zu ihrem Untergang in gleichlange Teile eingeteilt wird und diese Teilung auch tatsächlich durch Messung mit Uhren in Gebrauch kommt.

206 Cf. G. Sarton, A History of Science, Cambridge-Massachusetts 1959, Bd. 2, S. 344.

207 Klepshydra (»Wasserdieb«) diente wohl zuerst der Entnahme von Wasser aus Zysternen. Ihre Funktionsweise ist der von modernen Pipetten vergleichbar.

208 Taton, S. 41.

209 J. Vercoutter bemerkt ganz richtig (in Taton, S. 41), daß die ägyptische Mathematik nicht ausreichte, die Gefäßform zu berechnen, die ein gleichförmiges Sinken des Wasserspiegels zur Folge hätte. Selbst der Öffnungswinkel des konischen Gefäßes, der bei der gefundenen Uhr durch einen Neigungswinkel der Wand von 1:3 gegeben war, nach Borchardt aber 2:9 betragen müßte (cf. Lübke, S. 73), wird wohl empirisch gefunden worden sein. Vercoutter scheint dabei übersehen zu haben, daß methodisch betrachtet nicht der Mangel an Mathematik den ägyptischen Uhrmachern die Lösung des Problems verwehrte. Damit nämlich das Problem mathematisch überhaupt bearbeitet werden kann,

muß die Abhängigkeit der Auslaufgeschwindigkeit von der Flüssigkeitshöhe bekannt sein. Erst Torricelli (1646) stellte den Satz auf, daß die Ausflußgeschwindigkeit proportional der Wurzel aus der Flüssigkeitshöhe über der Auslauföffnung ist. Doch bereits Heron von Alexandrien war bekannt, daß die Ausflußgeschwindigkeit so groß ist, als hätte die Flüssigkeit die gesamte Höhe im freien Fall zurückgelegt.

210 Die Einlaufuhren (der steigende Wasserspiegel eines Einlaufgefäßes zeigt die Zeit) des Ktesibios waren nach Lübke (S. 73) nicht die ersten dieser Form. Schon in Ägypten scheint es Einlaufuhren gegeben zu haben, bei denen das Problem der Skalenteilung für gleiche Dauern gelöst war.

211 Etwa: Verwendung von sauberem Wasser, von korrosionsbeständigem Material für die Auslauföffnung (cf. Lexikon ... S. 1633).

212 Die schon bei den Babyloniern bekannte Teilung des vollen Tages in 24 gleiche Stunden konnte sich lange nicht allgemein durchsetzen. Noch um 1350 waren beide Stundenzählungen gebräuchlich. (Vgl. E. Zinner, Aus der Frühzeit der Räderuhr, München 1954, S. 11).

213 Cf. A. C. Crombie, Augustine to Galileo. In der Übersetzung v. H. Hofmann und H. Pleus, Köln-Berlin 1964, S. 207.

214 John Harrison, englischer Uhrmacher, gewann 1761 den von der engl. Regierung ausgesetzten Preis von 20 000 £ für die Lösung der Aufgabe, die geographische Länge zur See auf einen halben Grad zu bestimmen. Seine Schiffsuhr verlor auf einer fünfmonatigen Fahrt nach Jamaika nur 15 Sekunden. (Die Zeit, Life, Wunder der Wissenschaft, 1967, S. 81-85).

215 Walge-Walze. Diese Uhr bestand aus einem Gestell, in dem an zwei Schnüren, die um eine Achse gewickelt waren, ein Zylinder hing. Indem sich die Schnüre abwickelten, sank der Zylinder tiefer, und die Achsenenden zeigten an Marken die Zeit an. Damit sich der Zylinder langsam drehte, war sein Inneres in einzelne Kammern eingeteilt. Die Zwischenwände hatten ein kleines Loch, durch das eine gewisse Menge Wasser jeweils von einer Kammer in die nächste floß. (Lübke, S. 78).

216 Vgl. Lübke, S. 78-84.

217 Ähnlich den ersten Wasseruhren wiesen auch die ersten Räderuhren eine Vielfalt von Anzeigevorrichtungen auf. Häufig waren sie weniger zur Anzeige der Zeit als zum Betreiben einer Art Planetariums gedacht.
Großer Beliebtheit erfreuten sich Schauuhren, bei denen sich Türen öffneten, Puppen oder Tierfiguren erschienen usw., sowie Uhren, die mit Glockenspielen oder Musikinstrumenten aller Art gekoppelt waren.

218 Cf. A. C. Crombie, S. 203 ff.

219 Die Sammlung des Deutschen Museums München zeigt mehrere Exemplare hölzerner Wand- und Taschenuhren.

220 Vgl. A. C. Crombie, S. 208: »Die frühen Uhren waren ... sehr groß, ihre Teile wurden von einem Grobschmied gemacht. De Vicks Uhr wurde von einem 500 Pfund schweren Gewicht in Gang gehalten, das in

24 Stunden 32 Fuß herabfiel, und hatte ein Schlaggewicht von fast ¾ Tonnen.«

221 Seit 1955 sind allerdings einige Gelehrte der Meinung, in der kolossalen Uhr des Mandarins Su Sung, einer Wasseruhr, die ein durch einen Hemmungsmechanismus gesteuertes Wasserrad enthielt, ein erstes Beispiel der Verwendung von Hemmungsmechanismen sehen zu können (1088). In der Tat gleicht der Hemmungsmechanismus dieser Uhr (cf. J. Needham, Wang Ling, Derek J. de Solla Price, »Heavenly Clockwork«, Cambridge 1960) einer Form, die sich auch bei europäischen Zahnraduhren wiederfindet. Nach »Die Zeit« (vgl. Anm. 214), S. 79 hat man jedoch keinen Beweis, daß Europa von dieser Uhr oder ihren Vorläufern, die man bis zu 300 Jahre früher datiert (also ca. 800), Kenntnis erlangt hat.

222 Cf. Lasserre, F. (Hrsg.), S. 7.

223 Eine Ausnahme bildet J. Drummond Robertson, der eine Funktionsweise annimmt, bei der das Speichenrad hin- und herschwingt. Allerdings hat seine Erklärung zwei Mängel: er muß annehmen, daß Villard die Richtung, in der das Seil auf die Achse des Speichenrades gewickelt ist, falsch gezeichnet hat. Zum zweiten muß er annehmen, daß das von Villard kleiner gezeichnete Gewicht das größere ist. (Cf. J. Drummond Robertson, The Evolution of Clockwork, London 1931.)

224 Es scheint nicht Absicht Villards gewesen zu sein, diese Bewegung etwa durch Reibung so zu vergrößern, daß sie mit konstanter Geschwindigkeit abläuft. Sonst hätte weder das große Rad noch die Seilführung durch die Speichen des Rades hindurch eine Erklärung.

225 Der in der Praxis durchaus erfolgreich war, wie einige seiner Konstruktionen beweisen, z. B. das durch eine Mühle getriebene Sägewerk. Cf. White, L.: »Was beschleunigte den technischen Fortschritt im westlichen Mittelalter?« In: Technikgeschichte Bd. 32, 1965. Nr. 3.

226 Wie man sich anhand von Fig. 22 leicht überzeugt, ändert sich durch dieses Durchrutschen nicht die Gültigkeit von

$$r_w \cdot g > r_A \cdot G.$$

Vielmehr wird, da die Gleitreibung geringer als die Haftreibung ist, das Drehmoment entgegen dem Uhrzeigersinn sogar noch geringer; $r_w g$ kann also eine Beschleunigung im Uhrzeigersinn bewirken, die ausreicht, daß die Speiche 1 schließlich die Berührung mit dem Seil verliert – eine Bedingung, die für die Schwingfähigkeit des Systems notwendig ist.

227 »Modus autem faciendi tale horologium talis esset, quod homo faceret unum circulum equalis ponderis ex omni parte secundum quod melius possibile esset. Postea quod appendatu (?) pondus plumbeum axi ipsius rote quod quidem pondus tali ter moveat rotam istam quod motus ille compleatur ab ortu solis usque ad occasum«, zitiert nach Thorndike, L.: Invention of the Mechanical Clock about 1271 a. d., Speculum 16. 1941, S. 243.

228 Zinner, S. 7.

229 Der Hemmungsmechanismus der Spindeluhr besteht aus einem vertikalen Kronrad, vor dem eine vertikale Achse mit zwei etwa im rechten Winkel versetzten Sperrklinken steht. Die Achse trägt zur Erhöhung des Trägheitsmoments einen Querbalken mit zwei verschiebbaren Gewichten. Die Verschiebung der Gewichte dient nicht nur zur exakten Einstellung der Uhr, sondern auch der Anpassung der Uhr an die jeweilige Jahreszeit, sofern die alte Zwölfteilung des Lichttages zugrunde gelegt wird.

Lübke gibt eine falsche Erklärung für die Funktionsweise der Spindeluhr: »Die Spindel ... hing an einer Fadenschlaufe, ... Drehte sich die Spindel, verdrehte sich auch die Schlaufe, und da sie sich damit verkürzte, hob sich die Spindel aufwärts und gab die Waage bis zum nächsten Zahn des Steigrades frei.« Nicht das Heben und Senken der Spindel gibt das Kronrad frei, sondern die Spindel wird so lange vom Kronrad in eine Richtung beschleunigt, bis die Sperrklinke sich ganz aus dem Bereich der Zähne herausgedreht hat.

230 »Demzufolge galten die Uhren (s.c. mit Spindelhemmung) bereits als gut, wenn sie nicht mehr als 15 Minuten pro Tag gewannen oder verloren.« (Aus »Die Zeit«, vgl. Anm. 214, S. 80).

231 Cf. E. v. Bassermann-Jordan, Uhren, Braunschweig 1961.

232 Bassermann-Jordan, S. 368.

233 Bassermann-Jordan, S. 132.

234 K. Maurice, Von Uhren und Automaten, München 1968, S. 40.

235 A. Weyermann, Neue historisch-biographisch-artistische Nachrichten von Gelehrten und Künstlern, Ulm 1829, S. 449.

236 Eine ausführliche Darstellung der Ereignisse – schon ab 1658 wehrt sich Huygens gegen die Beschuldigung, er habe ein Plagiat begangen, eine Beschuldigung, die in aller Schärfe von Hooke unterstützt wurde – findet sich bei J. Drummond Robertson, The Evolution of Clockwork, London 1931. An neueren Arbeiten zu diesem Thema sei vor allem der Aufsatz von S. A. Bedini: »Galileo Galilei and Time Measurement«, in: Physis V (1963), Bd. 2, erwähnt.

237 Ed. Naz. Bd. XVI, S. 466 bzw. 476.

238 »... io ho tal misurator del tempo, che se si fabricassero 4 o 6 di tali strumenti et si lasciassero scorrere troveremmo (in confermazione della lor giustezza) che i tempi da quelli misurati et monstrati, non solamente d'hora in hora, ma di giorno in giorno et di mese in mese non differirebbero tra di loro ne anco d'un minuto secondo d'hora, tanto uniformente caminano« (Ed. Naz. XVI, S. 467).

239 Prinz Leopold de Medici, Bruder des Großherzogs der Toscana, Ferdinand II., hatte zusammen mit Viviani, Torricelli und anderen 1657 die »Accademia del Cimento« gegründet, deren Präsident er in den 10

Jahren ihres Bestehens blieb. Dieser Kreis, dem der Nachlaß Galileis zugänglich war, spielte 1662 eine wichtige Rolle im Prioritätenstreit. In einer Erklärung vom 11. August wurde die Urheberschaft Galileis betont, allerdings ohne eine Beschreibung der Hemmung zu geben. Eine beigefügte Zeichnung zeigt lediglich einen geschlossenen Kasten, aus dem ein Pendel heraushängt. (Über die Rolle dieser Erklärung vgl. Drummond Robertson ..., S. 87 ff.).

240 Cf. Drummond Robertson, S. 86.

241 Cf. Drummond Robertson, S. 78.

242 Cf. Louise Diehl-Patterson, Pendulum of Wren and Hooke. In: Osiris 1952. Vol C. Bibliotheca Harvardiana 185.

243 Cf. Diehl-Patterson, S. 279.

244 Cf. Diehl-Patterson, S. 316.

245 Cf. C. A. Crommelin, Die Uhren von Christian Huygens. In: Endeavour, Bd. IX, Nr. 34, 1950, S. 65.

246 Aus der Gleichung

$$y - y_0 = -\frac{y_0}{P}(x - x_0)$$

(Normale zur Parabel $y^2 = 2px$ durch den Punkt P mit den Koordinaten x_0, y_0) erhält man für $x(S) = p + x_0$, woraus sich die Projektion QS des Normalenstücks PS zu

$$QS = P$$

ergibt.

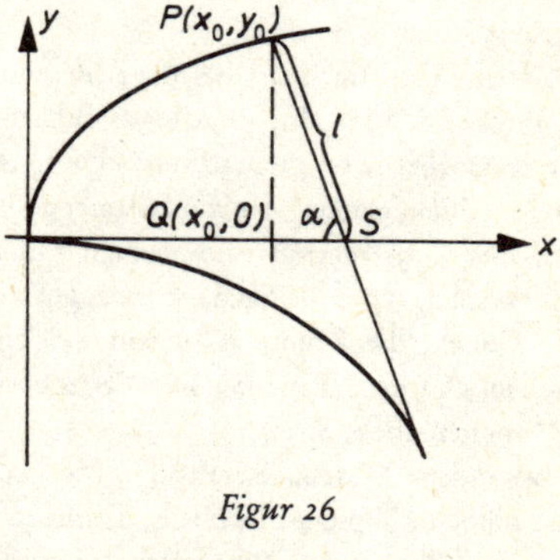

Figur 26

247 »Die Zeit kann in der Tat wenigstens tausendmal genauer gemessen werden als eine Länge, eine Temperatur oder irgendeine andere physikalische Größe.« (Die Zeit, vgl. Anm. 214, S. 101.)

248 Huygens wertet seine Erfindung als die Lösung der Aufgabe, eine richtiggehende Uhr zu konstruieren: »nulla propter haec inaequalitas aut

motus retardatio timenda erit, semperque aut recte tempus metietur aut omnino non metietur.« (Horologium oscillatorium. Ausg. 1673, S. 6.) Diese Stelle läßt überdies erkennen, wie unproblematisch es für Huygens (und nicht nur für ihn!) war, davon zu sprechen, daß »Zeit richtig« gemessen wird, ohne auch nur einmal zu fragen, wodurch die »wahre Zeit« ausgezeichnet wird.

249 Ein eindringliches Beispiel, wie unbekümmert um theoretische Rechtfertigung Uhren konstruiert wurden, bietet Huygens. Er sagt im Zusammenhang einer Beschreibung des Zykloidenpendels »... aut recte tempus metietur aut omnino non metietur.« Ohne den logischen Zirkel zu bemerken, begründet er diese Behauptung durch den Hinweis, daß keine Verzögerung (retardatio) oder Ungleichheit des Ganges (inaequalitas) beim Zykloidenpendel zu befürchten sei, während dem einfachen Pendel »ein sicheres und gleiches Maß der Zeit ... von Natur aus ... nicht innewohnt«. (»Mensura enim temporis certa atque aequalis pendulo simplici natura non inerat«), Horologium Oscillatorium, Paris 1673, S. I-III.

250 Das Wissen, daß die Erdrotation durch Winde und Gezeiten Schwankungen erfährt, hat keineswegs dazu geführt, nach einem künstlichen Zeitstandard zu suchen, dessen Wahl theoretisch begründet sein müßte. Der Bau von Uhren sollte lediglich die unpraktische Zeitmessung an astronomischen Zeitstandards ersetzen.

251 Cf. z. B. G. Wunderle, Die Lehre des Aristoteles von der Zeit. In: Philosophisches Jahrbuch, Bd. XXI, Fulda 1908.

252 Cf. A. Lesky, Geschichte der griechischen Literatur, Bern und München 1962, 2. Aufl. S. 556.

253 So beurteilt Torstrik (Torstrik, A., Über die Abhandlung des Aristoteles von der Zeit. Phys. IV, 10 ff. In: Philologus Bd. 26, 1867, S. 480) die Leistung der griechischen Kommentatoren: »Die griechischen Exegeten haben auch kein Glück gehabt. Sie umschreiben die einzelnen Ausdrücke, ändern die Construction und treiben mit den Begriffen ein kaleidoskopisches Spiel, ohne die Sache verstanden zu haben.«

254 So meint P. F. Conen, die Kommentare zur Zeitlehre des Aristoteles einteilen zu sollen. (Conen, Paul F., Die Zeittheorie des Aristoteles. Zetemata 35, München 1964, S. 1.)

255 Dies streicht besonders Moreau heraus (J. Moreau, Le temps selon Aristote. Revue philosophique de Louvain, Tome 46 (1948), S. 57.)

256 Cf. W. Wieland, Die Physik des Aristoteles, Göttingen 1962, S. 323.

257 W. Wieland, Die Physik des Aristoteles, Göttingen 1962.

258 G. Wunderle, Die Lehre des Aristoteles von der Zeit. In: Philosophisches Jahrbuch, Bd. XXI, Fulda 1908.

259 Wieland, S. 11.

260 Wieland, S. 15.

261 Wieland, S. 7 und 8.
262 Wieland, S. 53.
263 Wieland, S. 52.
264 Cf. Wieland, S. 52.
265 Cf. hierzu § 14 von Wieland, »Die Prinzipien als Topoi.«
266 Wieland, S. 147.
267 Wieland weist zwar darauf hin, daß die häufig vertretene Auffassung, Bewegung sei »Übergang« vom Möglichen zum Wirklichen, auf einer ungenauen Textinterpretation beruht, und daß vielmehr die »Modalkategorien aufeinander und stufenförmig angewendet« werden (Wieland, a.a.O., S. 298, Anm. 25). Hier bleibt jedoch völlig ungeklärt, wie diese Modalkategorien eingeführt zu denken sind, so daß es einen Sinn ergäbe, sie zu iterieren.
268 Cf. z. B. P. Lorenzen, Einführung in die operative Logik und Mathematik, Berlin-Göttingen-Heidelberg 1955, S. 105 f.
269 Dieser terminologische Vorschlag, der hier unabhängig von Aristoteles unterbreitet wird, scheint verträglich mit dem aristotelischen Bewegungsbegriff in seiner engen Verbindung zum Begriffspaar δύναμιο – ἐντελέχεια. Cf. C. F. v. Weizsäcker, Möglichkeit und Bewegung, in: Festschrift für Joseph Klein, Göttingen 1967.
270 E. J. Dijksterhuis, Die Mechanisierung des Weltbildes, Berlin-Göttingen-Heidelberg 1956, S. 23.
271 Nach Wunderle zeigt vor allem Phys. VIII, 7 die ausgezeichnete Rolle der Ortsbewegung (vgl. Wunderle, S. 47).
Neben den Beispielen, die Aristoteles in Z 1 und 2 und an anderen Stellen verwendet, darf man wohl auch in 265b 17 einen expliziten Hinweis dafür sehen, daß die Ortsbewegung zur Erklärung anderer Veränderung dienen und daher methodisch am Anfang stehen soll.
272 Cf. Wieland, S. 289.
273 Wieland, S. 279.
274 Andererseits wäre es falsch, vom Fehlen einer formalen Darstellung bei Aristoteles darauf zu schließen, daß die Exaktheit dieser Kontinuumstheorie hinter modernen Ansätzen zurücksteht.
275 Cf. Wieland, S. 281.
276 Wieland nennt etwas unglücklich die erste Definition die »noch nicht eigentliche« (S. 283), während die zweite »endgültig« (S. 286) sei. Er stellt dem »Relationsbegriff« nach Definition 1 einen »Eigenschaftsbegriff« nach Definition 2 gegenüber und unterscheidet sie grammatikalisch nach dem Numerus: Am Plural erkenne man den Relationsbegriff, am Singular den Eigenschaftsbegriff. Es empfiehlt sich indessen nicht, der zweistelligen Verwendung von συνεχές (zusammenhängend mit) nur einen vorläufigen oder vorbereitenden Status zuzuerkennen und den einstelligen Terminus »kontinuierlich« als Ziel der ganzen Betrachtung

zu bezeichnen; und zwar auch dann nicht, wenn (wie Wieland meint) die zweite Definition »beide Aspekte« (S. 285) berücksichtigte. Eine Ableitung in der Definition von »kontinuierlich« den schon festgelegten Gebrauch von »zusammenhängen« erfordern würde, kommt weder bei Aristoteles noch bei Wieland vor. Es ist vielmehr angebracht, beide Termini nebeneinander zu verwenden.

277 Cf. Wieland, S. 280.

278 Cf. Wieland, S. 280.

279 Für Wunderle ist »naturgemäß« die räumliche Erstreckung das Primäre: »Die Bahn ist durch sich selbst ein Kontinuum, die Bewegung infolge der von ihr durchmessenen Bahn, die Zeit endlich vermittels der Bewegung.« Zur Begründung dieser Behauptung beruft er sich allerdings auf die Metaphysik (IV 13.1020a 31) (Wunderle, S. 54). Wenn Wunderle auch offenläßt, was es heißen soll, die Bahn sei »durch sich selbst« ein Kontinuum, kann man der von ihm vorgeschlagenen Reihenfolge dennoch Sinn abgewinnen, wenn die Kontinuität der Bahn definitorisch gesichert wird. (Verlagerung in die Geometrie.)
Wieland hingegen weist darauf hin, daß die Kontinuität von Bewegung, Länge und Zeit nur gemeinsam verstanden werden könne. »Die Kontinuität ist ... eine Struktur, die jene drei Erfahrungsformen in eigenartiger Weise noch durchgreift. Sowohl Größe als auch Bewegung und Zeit sind kontinuierlich; jedoch ist die Kontinuität keine »Eigenschaft«, die jeder der drei Erfahrungsformen jeweils unabhängig von den beiden anderen Erfahrungsformen zukäme.« (Wieland, S. 282.)

280 Cf. Wieland, S. 301, wo er darauf hinweist, daß im Text häufig »wir teilen« und »wir begrenzen« zu finden ist. Wenn in Zitat 2 davon die Rede ist, daß ein Körper eine Strecke oder die Zeit teilt, so kann man Aristoteles hier unterstellen, daß er damit lediglich das Verfahren anspricht, durch das der Mensch teilt.

281 Cf. Physik Z., 233a 7-8.

282 Cf. Physik Z., 263a 23 ff.

283 Cf. Wieland, S. 282, 283.

284 Cf. Wieland, S. 291.

285 Hier das Wort Dauer zu verwenden, hält Wunderle für gerechtfertigt, wenn er sagt: »... daß die Dauer zu den wesentlichen Grundbegriffen der aristotelischen Zeittheorie zählt und keineswegs aus derselben ausgeschaltet werden kann, so spärlich auch das Stagiriten eigene Andeutungen darüber sein mögen.« (Wunderle, S. 52.).

286 Wieland zeigt in einer ausführlichen Betrachtung (S. 317-322), daß man bei »ἀριθμός« an eine Anzahl von Einheiten zu denken habe. Die Maßzahlen können also bei Aristoteles nur natürliche Zahlen sein. Z. B. in 220b, 32, 211b, 22 u. a.

287 Cf. hierzu Wunderle, S. 154: »Darauf machte schon im Altertum Straton

von Lampsakus aufmerksam, der Schüler und Nachfolger des Theophrastus. Er wandte sich nachdrücklich gegen die Benutzung des Zahlbegriffs zur Definition der Zeit. In der gänzlichen Ablehnung desselben mochte er wohl ein wenig zu weit gehen, da sich die Zahl immerhin in mannigfacher Weise für den Zeitbegriff bedeutsam erwies; darin aber traf er zweifellos eine wunde Stelle der aristotelischen Zeittheorie, daß er, wie uns Simplicius berichtet, als Hauptgrund seines Widerspruchs gegen die aristotelische Begriffsbestimmung der Zeit als Zahl der Bewegung geltend machte: διότι ὁ μὲν ἀριθμὸς, διωρυσμένον ποσὸν, ἡ δὲ κίνησις καὶ ὁ χρόνος συνεχὴς, τὸ δὲ συνεχὲς οὐκ ἀριθμητὸν.
Somit fiel in Stratons eigener Zeitauffassung dem »Maß«begriffe die Alleinherrschaft zu und naturgemäß drängte sich bei solcher Betrachtungsweise auch der Begriff der Dauer viel stärker auf wie bei derjenigen des Stagiriten, dessen Ausführungen gerade hierin einen Mangel zeigen.

288 So hätte man, um ein (freilich anachronistisches) Beispiel zu geben, die Definitionsgleichung der Kraft

$$K = m\,b \text{ (m Masse, b Beschleunigung)}$$

vor Einführung von Maßeinheiten geschrieben als

$$\frac{K_1}{K_2} = m \frac{b_1}{b_2}$$

289 Logisch handelt es sich um Kennzeichnungen, was in der verbalen Formulierung etwa des Beispiels von Anm. 261 deutlich wird.
Zwei Kräfte verhalten sich, wenn sie auf denselben Körper wirken, wie diejenigen Beschleunigungen, die sie hervorrufen.
Die Darstellung quantitativer Beziehungen durch Proportionen hielt sich vornehmlich an die Proportionenlehre Euklids und wurde vor allem im 14. Jh. gepflegt, als allgemein die »Calculations« in Mode kamen, eine Art Buchstabenrechnung für solche Begriffe, die man für quantitativ bestimmbar hielt.

290 Wunderle, S. 52: »Diese Erläuterung ... rechtfertigt es ferner, an allen Stellen, wo von einer Messung der Bewegung oder Ruhe die Rede ist, als Gegenstand die Dauer der beiden anzunehmen.«

291 Diese läßt sich auflösen, wenn mit »Dauer« diejenige Dauer eines Vorgangs gemeint ist, die mit Hilfe einer Bewegung, genauer einem Abschnitt einer ausgezeichneten Bewegung, verglichen wird. Ob diese Lösung im Sinne Aristoteles ist, kann am Text nicht aufgewiesen werden.

292 Phys. A, 218b, 13-15. ἔτι δὲ μεταβολὴ μὲν ἔστιν θάττων καὶ βραδυτέρα, χρόνος δ'οὐκ ἔστιν.

293 Für diese Leseart spricht u. a. die Stelle 220b 1, wo Aristoteles ausdrücklich sagt »Man nennt Zeit nicht schnell oder langsam, sondern viel, wenig, lang oder kurz«.

φανερὸν δε καὶ ὅτι ταχὺς μὲν καὶ βραδὺς οὐ λέγεται, πολὺς δὲ καὶ ὀλίγος καὶ μακρὸς καὶ βραχύς.

294 So scheint – nach der Darstellung durch Dijksterhuis (Die Mechanisierung des Weltbildes, Berlin, Göttingen, Heidelberg 1956) – auch Damaskios den Stagiriten verstanden zu haben: »... wenn während einer Bewegung eine Sanduhr oder eine Wasseruhr abläuft, gehört zu jeder Phase der Bewegung eine Zahl, welche die Menge des seit Beginn der Bewegung ausgeströmten Wassers oder Sandes angibt; diese Zahl heißt die Zeit; ...«.

295 H. Wagner, Aristoteles, Berlin 1967.

296 A. Maier, Metaphysische Hintergründe der spätscholastischen Naturphilosophie, Rom 1955.

297 Genauer: Genesis 1,1.

298 Lechner kommt lediglich zu dem wohl kaum über Augustin hinausgehenden oder diesen erläuternden Ergebnis: »So führt die Was-Frage, an die Zeit gestellt, zum Widerspruch. Aber wird so nicht immerhin die Zeit zum Sprechen gebracht, indem sie den Widerspruch ihres nicht-seienden Etwas kundtut (...) und als Wesensantwort gibt, daß sie sich der Wesensfrage entzieht?« (Odilo Lechner, Idee und Zeit in der Metaphysik Augustinus, München 1964, S. 133). Guitton beschränkt sich auf eine mehr psychologische bzw. geschichtsphilosophische Betrachtungsweise der augustinischen Zeitdiskussion, die er sorgfältig in den Zusammenhang der Auffassungen von Zeit bei den Vorgängern Augustins stellt (Jean Guitton, Le Temps et l'Eternité chez Plotin et Saint Augustin, Paris 1933).

An das Buch von Guitton schließt Boros an, dem es darum geht, hinter den »vielgestaltigen Erscheinungen der Zeitlichkeit die einheitliche Schau Augustins zu entdecken.« Er diskutiert zwar in einem Kapitel über die »Metaphysik der Zeitlichkeit« eine »ontologische« und eine psychologische Fragestellung und erörtert Fragen der augustinischen Geschichtsauffassung, läßt aber Augustinus Beitrag zur Frage der Meßbarkeit von Zeit unerwähnt (Ladislaus Boros S. J., Das Problem der Zeitlichkeit bei Augustinus, Diss. München 1954). Lampey versucht, Augustin »phänomenologisch-ontologisch« (S. 27) zu interpretieren. Er möchte »das Seiende von sich selbst her ... verstehen«. Dabei bietet sich Zeit »dem hinsehenden Subjekt als das angeschaute Objekt« dar (S. 25). Als Interpret von einer solchen Vorentscheidung auszugehen, verspricht zwar Nutzen davon, daß diese Position teilweise noch in der Tradition Augustins steht. L. geht aber auch über die scholastische Tradition nirgends hinaus und kann Augustin nicht demjenigen Leser verständlich machen, der erst nach Gründen fragt, warum er sich in diese Tradition hineindenken soll (Erich Lampey, Das Zeitproblem nach den Bekenntnissen Augustins, Regensburg 1960).

Am unvoreingenommensten scheint sich Eibl in seinem Kapitel »Das Zeitproblem« dem augustinischen Text zu nähern. Er verfehlt aber wohl doch die Intention Augustins, wenn er eine wirkliche, ausgedehnte Gegenwart einer »nur in der Abstraktion« gegebenen, punktförmigen wie gleichberechtigt gegenüberstellt (Hans Eibl, Augustin und die Patristik, Reihe »Geschichte der Philosophie in Einzeldarstellungen«, Bd. 10/11, München 1923, S. 337).

299 Exemplarisch für solche thematischen Vorentscheidungen zugunsten »ontologischer« Fragestellungen und die daraus resultierenden Schwierigkeiten sei die »Diskussionsbemerkung zum aristotelisch-augustinischen Zeitparadoxon« von Walter v. Del Negro (Zeitschrift für Philosophische Forschung, 20 (1966), S. 309-313) genannt. Dieser »Versuch, ... die Realität des Immanent-Ontologischen, die durch das Zeitparadoxon in gefährlicher Weise untergraben schien, doch wieder zu rehabilitieren«, übersieht, daß ein punktuelles, d. h. unteilbares Jetzt Ergebnis einer begrifflichen Konstruktion ist, und daß somit nur logische oder terminologische Forderungen an eine solche Konstruktion gestellt werden können. Fragen an die »Wirklichkeit« der Gegenwart oder der Zeit zu formulieren, greift im gegebenen Zusammenhang eben schon deshalb zu kurz, weil von einer unteilbaren Gegenwart immer nur der sprechen kann, der schon weiß, auf welche Weise Zeit geteilt wird, und der also berücksichtigt, daß er sich damit thematisch auf menschliche Handlungen bzw. Handlungsvorschriften eingelassen hat.

In einer der neuesten Arbeiten (Brigitte Schmitt, Der Geist als Grund der Zeit. Die Zeitauslegung des Aurelius Augustinus, Diss. Freiburg/Breisg. 1967), welcher der Einleitung zufolge »eine philosophische, keine theologische Fragestellung zugrunde« liegt, wirkt sich die selbst nicht diskutierte thematische Vorentscheidung (»Was-sein, Wesen, aber gibt es nur von dem, dem Sein zukommt«, S. 42) dahin aus, daß »Die Frage nach dem Wesen der Zeit ... zurückgenommen werden (muß) in die Frage nach dem Sein der Zeit.« So bleibt denn die Antwort auf die Frage, »Kommt der Zeit jedoch Sein zu?« (S. 42) unbefriedigend, wofür eine weitere thematische Begrenzung Erklärung geben soll: ... Das Gleiche muß von der Zeit gesagt werden. Auch ihre Untersuchung gilt letztlich nicht der Zeit als Zeit, sondern bildet ... eine Stufe auf dem Erkenntnisgang Augustins zu Gott hin« (S. 65).

300 Cf. hierzu U. Duchrow, der sich unter Berücksichtigung des geistesgeschichtlichen Hintergrundes der Confessiones gegen die einseitige Betonung des psychologischen Aspektes der augustinischen Zeitdiskussion wendet und außerdem darauf hinweist, »daß die Gestirne in der hebräisch-christlichen Tradition entgöttert sind und nichts mit den Engeln und schon gar nichts mit Gottes Wesen zu tun haben.« (S. 283) (Ulrich Duchrow, Der sogenannte psychologische Zeitbegriff Augustins im

Verhältnis zur physikalischen und geschichtlichen Zeit, Zeitschrift für Theologie und Kirche 63 (1966), S. 267-288.)

301 Cf. Aristoteles, Physik A 1. 184 a 16.

302 Cf. Conf. XI, 14, 17 (Im folgenden werden Stellenangaben aus dem XI. Buch der Confessiones nur noch in der Form 14, 17 zitiert.)

303 14, 18.

304 15, 19.

305 20, 26.

306 Cf. hierzu etwa: Eckhard König, Augustinus Philosophus, München 1970, S. 33-38.

307 Z. B. 18, 23, 21, 27 u. a.

308 14, 17.

309 Der Verstoß gegen die aristotelische Einsicht, daß es der Mensch ist, der die Zeit teilt, und daß somit wegen der Endlichkeit aller Handlungen durch Teilung niemals ein Zeitpunkt erhalten werden kann, wird auch in neueren Arbeiten wiederholt, so z. B. in der Dissertation von Gutwengler. In dieser Arbeit, die eine »formale Auffassung der Zeit «(Fragen der Zeitmessung) einer »inhaltlichen Struktur der Zeit« (»Erfaßbarkeit der Zeit im Bewußtsein«) gegenüberstellt und behauptet »Die Zeit leidet durch diese Betrachtung Abbruch« (d. h. durch die »Verräumlichung der Zeit, wie sie vornehmlich die klassische Physik vertrat«), heißt es: »Es ist immer noch möglich, einen Zeitabschnitt in kleinere Teile zu unterteilen, bis zuletzt der Punkt als Grenze der Teilbarkeit übrigbleibt« (Elisabeth Gutwengler, Der Zeitbegriff bei Augustinus, Diss. Wien 1955, S. 42).

310 15, 20.

311 Vgl. 254 f.

312 Diesen Weg schlägt auch R. Suter ein, der richtig bemerkt, daß Augustins Schwierigkeiten nicht zuletzt von seiner eigenen Darlegung seines Zeitbegriffs herrühren (»Augustins picture of time is largely responsible for his difficulties«, S. 387). Allerdings übertreibt Suter die sprachanalytische Methode, wenn er Augustin vorwirft, dieser hätte schlicht übersehen, daß sich Wörter wie »gegenwärtig«, »andauernd« und »jetzig« in einem weiteren und in einem engeren Sinn, nämlich als Prädikate für längere und für kürzere Dauern verwenden ließen. An dieser Stelle geht es Augustin ersichtlich nur um den Nachweis, daß – in moderner Diktion – »gegenwärtig« und »teilbar« in terminologisch strenger Fassung unverträglich sind. Diese Einsicht Augustins führt keinesfalls, wie Suter behauptet, zu einem verzerrten Gebrauch des Wortes »gegenwärtig«, welches, unbenommen einer terminologischen Präzisierung zum Zwecke wissenschaftlicher Rede, weiterhin in der Alltagssprache auch auf Dauern sinnvoll angewendet werden kann. Die sprachanalytische Interpretation Suters leidet am Fehlen genau dieser Unterscheidung,

nämlich zwischen nicht normierter Alltagssprache und terminologisch explizit normierter Wissenschaftssprache (Ronald Suter, Augustin on Time with Some Critics from Wittgenstein, Revue internationale de philosophie 16 (1962), S. 387-394.

313 24, 31.

314 D. h. Augustinus macht keinen Unterschied zwischen Zeitmessung und Zeitrechnung.

315 Als einzige unter allen in diesem Buch zitierten Arbeiten kommentiert die von J. M. Quinn die wichtige Passage 23, 30. Dieser Kommentar verfehlt allerdings in zweifacher Weise sein Ziel: Erstens übersieht er, daß Augustin an der betreffenden Stelle nicht die Frage »Was ist die Zeit?« diskutiert, sondern explizit Antwort sucht auf die Frage: »Wie messen wir Zeit?«. Augustin spricht hier (23, 30) also keineswegs deshalb vom Sonnenumlauf, weil er zeigen wollte, daß auch die Bewegung der Sonne nicht Zeit sei (so interpretiert Quinn) – ein an dieser Stelle ganz überflüssiges Vorhaben, da Augustin soeben gezeigt hat, daß Zeit nicht Bewegung der Himmelskörper sei, darunter eigens erwähnt die Sonne (23, 29). Zweitens ist an keiner Stelle des Textes der Schluß auf Widersprüche wie die von Quinn konstruierten (eine Stunde sei gleich 24 Stunden) zu entdecken. Die Interpretation Quinns erweist sich vollends als unangemessen, weil in ihr die Konjunktion (»utrumque«) die beiden von Augustin genannten Möglichkeiten – der Tag ist die Bewegung der Sonne und der Tag ist die Dauer eines Sonnenumlaufs – nicht möglich ist. Etwas ratlos bemerkt denn auch Quinn zu diesem dritten, durch die Konjunktion der ersten beiden Möglichkeiten gebildeten Vorschlag: »On the third hypothesis, a day ceases to exist altogether at certain junctures« (S. 85). Es ist wenig erhellend, dort, wo es Augustin gerade um die Frage »Wie messen wir Zeit?« geht, als Lösung vorzuschlagen: »The truth of the matter is just the other way around. It is not . . . solar motion that measures time; rather, it is time that measures solar motion« (S. 85 f.) (John M. Quinn, The Concept of Time in St. Augustin, Studies in Philosophy and the History of Philosophy 4 (1969), S. 75-127).

316 23, 30.

317 23, 30.

318 23, 30.

319 26, 33.

320 Klammerausdrücke von mir.

321 »E« für Erklärung.

322 23, 30.

323 24, 31 f.

324 A. Maier, Die Anfänge des physikalischen Denkens im 14. Jahrhundert, in: Phil. Nat. I (1950), S. 8-35.

325 A. Maier, Die Anfänge . . ., S. 23, Anm. 20.

326 Zitiert nach B. Rochot: Sur les notions de temps et d'espace chez quelques auteurs du XVIIe siècle, notamment Gassendhi et Barrow. In: Revue d'histoire des sciences et de leurs applications, 9, 1956/57.

327 Cf. A. Maier, Die Anfänge ... S. 21, Anm. 17, 18.

Literaturverzeichnis

Andresen, C. / Erbse, H. / Gigon, O. / Schefold, K. / Stroheksr, F. K. / Zinn, E. (Hrsg.): Lexikon der alten Welt, Zürich-Stuttgart 1965.

Angelelli, I. (Hrsg.) / G. Frege, Kleine Schriften, Darmstadt 1967.

Ascheberg, R. / Herrgott, G. / Krausser, P.: Zur konstruktivistischen Protophysik der Zeit. In: Zeitschrift für allgemeine Wissenschaftstheorie IX (1978) S. 112-133.

Bassermann-Jordan, E. v.: Uhren, Braunschweig 1961.

Bedini, S. A.: »Galileo Galilei and Time Measurement«, in: Physis V, 2 (1963).

Böhme, G. (Hrsg.): Protophysik, Reihe Theorie-Diskussion, Frankfurt 1976.

Boros, S. J., L.: Das Problem der Zeitlichkeit bei Augustinus, Diss. München 1954.

Bridgman, P. W.: The nature of some of our physical concepts, New York 1952.

Büchel, W.: Zur »Protophysik« von Raum und Zeit, Philosophia Naturalis 12 (1970), S. 261-281.

Bunge, M.: Foundations of Physics, Berlin/Heidelberg/New York 1967.

Carnap, R.: Physikalische Begriffsbildung, Karlsruhe 1926.

– Über Protokollsätze, in: Erkenntnis 3 (1932).

– Philosophical Foundations of Physics, New York 1966.

Conen, P. F.: Die Zeittheorie des Aristoteles. Zetemata 35, München 1964.

Crombie, A. C.: Augustine to Galileo. Dt. Hofmann, H. und Pleus, H., Köln-Berlin 1964.

Crommelin, C. A.: Die Uhren von Christian Huygens. In: Endeavour IX, 34 (1950).

Diederich, W.: Konventionalität in der Physik, Berlin 1974.

Diehl-Patterson, L.: Pendulum of Wren and Hooke. In: Osiris (1952), Bibliotheca Harvardiana 185.

Dijksterhuis, E. J.: Die Mechanisierung des Weltbildes, Berlin-Göttingen-Heidelberg 1956.

Dingler, H.: Physik und Hypothese, Berlin/Leipzig 1921.

– Die Methode der Physik, München 1938.

– Die Ergreifung des Wirklichen, München 1952.

Duchrow, U.: Der sogenannte psychologische Zeitbegriff Augustinus im Verhältnis zur physikalischen und geschichtlichen Zeit. Zeitschrift für Theologie und Kirche 63 (1966).

Dugas, R.: La Mécanique au XIIe Siècle, Neuchâtel 1954.

Eibl, H.: Augustin und die Patristik, Reihe »Geschichte der Philosophie in Einzeldarstellungen«, München 1923.
Ellis, B.: Basic Concepts of Measurement, Cambridge 1966.

Fertig, H.: Modelltheorie der Messung, Berlin 1977.
– Wie objektiv ist die Physik? – Zur Diskussion um die Protophysik. In: Philosophia Naturalis 17 (1978), S. 31-55.
Frege, G.: Über das Trägheitsgesetz, in: Zeitschrift für Philosophie und philosophische Kritik 98 (1891), S. 145-161.

Gabriel, G.: Definitionen und Interessen, Stuttgart-Bad Cannstatt 1972.
Grieder, A.: Protophysik der Zeit und Relativitätstheorie, Dialectica 30 (1976), S. 145-159.
Guitton, J.: Le Temps et l'Eternité chez Plotin et Saint Augustin, Paris 1933.
Gutwengler, E.: Der Zeitbegriff bei Augustinus, Diss. Wien 1955.

Heath, L. (Hrsg.): Euclids Elements I, New York ²1956.
Helmholtz, H. v.: Zählen und Messen, erkenntnistheoretisch betrachtet, in: Philosophische Aufsätze, E. Zeller zu seinem fünfzigjährigen Doktorjubiläum gewidmet, Leipzig 1887, S. 17-52.
Hempel, C. G.: Fundamentals of Concept Formation in Empirical Science (International Encyclopedia of Unified Science II, 7), Chicago 1952.
– Grundzüge der Begriffsbildung in der empirischen Wissenschaft, Düsseldorf 1974.
Hilbert, D.: Grundlagen der Geometrie, Stuttgart ¹⁰1968.
– Axiomatisches Denken, in: Mathemat. Annalen 78 (1918), S. 405-415.
Hörz, P. / Wollgart, S. (Hrsg.): H. v. Helmholtz, Philosophische Vorträge und Aufsätze, Berlin 1971.

Janich, P.: Eindeutigkeit, Konsistenz und methodische Ordnung: normative versus deskriptive Wissenschaftstheorie zur Physik, in: F. Kambartel / J. Mittelstraß (Hrsg.), Zum normativen Fundament der Wissenschaft, Frankfurt 1973.
Janich, P. / Kambartel, F. / Mittelstraß, J.: Wissenschaftstheorie als Wissenschaftskritik, Frankfurt 1974.
Janich, P.: Trägheitsgesetz und Inertialsystem. Zur Kritik G. Freges an der Definition L. Langes, in: Thiel, Ch. (Hrsg.), Frege und die moderne Grundlagenforschung, Meisenheim 1975.
– Zur Protophysik des Raumes, in: G. Böhme (Hrsg.), Protophysik, Frankfurt 1976, S. 83-130.
– Zur Kritik an der Protophysik, in: G. Böhme (Hrsg.), Protophysik, Frankfurt 1976, S. 300-350.
– Das Maß der Masse, in: K. Lorenz (Hrsg.) Konstruktionen versus Positionen, Berlin, New York 1979, S. 340-350.

– Ist Masse ein »theoretischer Begriff«? in: Zeitschrift für allgemeine Wissenschaftstheorie VIII (1977).
– Die Sprache der Physik und die Wirklichkeit der Naturwissenschaften, in: Dialectica 31 (1977) S. 301-312.
– Die Protophysik der Zeit und das Relativitätsprinzip. Erwiderung auf J. Pfarr, in: Zeitschrift für allgemeine Wissenschaftstheorie IX/2 (1978), S. 343-347.
– Physics – natural science or technology? in: Krohn/Layton/Weingart (Hrsg.), The Dynamics of Science and Technology. Dordrecht 1978, S. 3-27.

Kambartel, F.: Frege und die axiomatische Methode. Zur Kritik mathematikhistorischer Legitimationsversuche der formalistischen Ideologie, in: Ch. Thiel (Hrsg.), Frege und die moderne Grundlagenforschung, Meisenheim 1975, S. 77–89.
– Überlegungen zum pragmatischen und zum argumentativen Fundament der Logik, in: K. Lorenz (Hrsg.), Konstruktionen versus Positionen, Berlin, New York 1979, S. 216–228.
Kamlah, A.: Zwei Interpretationen der geometrischen Homogenitätsprinzipien in der Protophysik, in: G. Böhme (Hrsg.), Protophysik, Frankfurt 1975, S. 169-218.
– Zur Diskussion um die Protophysik, in: K. Lorenz (Hrsg.), Konstruktionen versus Positionen, Berlin/New York 1979, S. 311–339.
W. Kamlah /P. Lorenzen, Logische Propädeutik, [1]1967. [2]1973.
Kant, I.: Kritik der reinen Vernunft.
König, E.: Augustinus Philosophus, München 1970.
Kuhn, Th. S.: The Structure of Scientific Revolutions, Chicago [2]1970.

Lampey: Das Zeitproblem nach den Bekenntnissen Augustinus, Regensburg 1960.
Lasserre, F. (Hrsg.): Die Fragmente des Eudoxos von Knidos, Berlin 1966.
Lechner, O.: Idee und Zeit in der Metaphysik Augustinus, München 1964.
Lesky, A.: Geschichte der griechischen Literatur, Bern und München [2]1962.
Lorenz, K.: Dialogspiele als semantische Grundlage von Logikkalkülen, in: Archiv f. mathemat. Logik und Grundlagenforschung 11/1-2 und 3-4, 1968.
Lorenz, K. / Mittelstraß, J. (Hrsg.): H. Dingler, Die Ergreifung des Wirklichen, Kap. I-IV, Reihe Suhrkamp Theorie I, Frankfurt 1969.
Lorenzen, P.: Einführung in die operative Logik und Mathematik, Berlin-Göttingen-Heidelberg 1955.
– Entstehung der exakten Wissenschaften, Berlin-Göttingen-Heidelberg 1960.
– (Hrsg.): Hugo Dingler, Aufbau der exakten Fundamentalwissenschaft, München 1964.
– Differential und Integral, Frankfurt 1965.
– Formale Logik, Berlin [3]1967.

– Normative Logic and Ethics, Mannheim 1969.
– Methodisches Denken, Frankfurt 1974.
Lorenzen, P. / Schwemmer, O.: Konstruktive Logik, Ethik und Wissenschaftstheorie, Mannheim/Wien/Zürich ²1973.
Lorenzen, P.: Wissenschaftstheorie und Wissenschaftssysteme, Vortrag zum 2. Internationalen Hegel-Kongreß, Stuttgart 1975.
Lorenzen, P.: Hypotheses non fingo, 1975.
Lübke, A.: Die Uhr, Düsseldorf, 1958.
Luce, R. D., et al. (Hrsg.): Handbook of Mathematical Psychology, New York 1963.

Maier, A.: Metaphysische Hintergründe der spätscholastischen Naturphilosophie, Rom 1955.
Maurice, K.: Von Uhren und Automaten, München 1968.
Mittelstaedt, P.: Philosophische Probleme der modernen Physik, Mannheim ⁴1972.
– Klassische Mechanik, Mannheim 1970.
– Die Sprache der Physik, Mannheim 1972.
– Der Zeitbegriff in der Physik, Zürich 1976.
– Protophysik und spezielle Relativitätstheorie. In: K. Lorenz (Hrsg.), Konstruktionen versus Positionen, Bd. I, Berlin, New York 1979, S. 290-311.
Mittelstraß, J.: Die Entdeckung der Möglichkeit von Wissenschaft; in: Archive for History of Exact Sciences S. 410-435. II, 5 (1965).
– Neuzeit und Aufklärung. Studien zur Entstehung der neuzeitlichen Wissenschaft und Philosophie. Berlin, New York 1970.
– Wider den Dingler-Komplex, in: Ders., Die Möglichkeit von Wissenschaft, Frankfurt 1975, S. 84-105.
– Die Prädikation und die Wiederkehr des Gleichen in: Ratio 10 (1966), S. 53-61 (engl. Ausgabe S. 78-87).
Moreau, J.: Le temps selon Aristote. Revue philosophique de Louvain 46, (1948).
Müller-Markus, S.: Protophysik, Entwurf einer Philosophie des Schöpferischen, Den Haag 1971.

Nagel, E.: The Structure of Science, New York 1961.
Negro, W. v. del: Disjussionsbemerkung zum aristotelisch-augustinischen Zeitparadoxon. In: Zeitschrift für Philosophische Forschung 20 (1966), S. 309-312.
Neurath, O: Protokollsätze, in: Erkenntnis 3 (1932).

Oetjens, H.: Sprache, Logik, Wirklichkeit. Stuttgart-Bad Cannstatt, 1975.

Pfarr, J.: Die Protophysik der Zeit und das Relativitätsprinzip. In: Zeitschrift für allgemeine Wissenschaftstheorie VII, 2 (1976), S. 298-326.
Popper, K. R.: Logik der Forschung, Tübingen ³.1971.

Quinn, J. M.: The Concept of Time in St. Augustin, in: Studies in Philosophy and the History of Philosophy 4 (1969), S. 75-127.

Reichenbach, H.: Philosophie der Raum-Zeit-Lehre, Berlin 1928.
Robertson, J. Drummond: The Evolution of Clockwork, London 1931.
Rochot, B.: Sur les notions de temps et d'espace chez quelques auteurs du XVIIe siècle, notamment Gassendhi et Barrow. In: Revue d'histoire des sciences et de leurs applications, 1956/57.

Schmitt, B.: Der Geist als Grund der Zeit. Die Zeitauslegung des Aurelius Augustinus, Diss. Freiburg/Brsg. 1967.
Schneider, H. J.: Historische und systematische Untersuchungen zur Abstraktion, Diss. Erlangen 1970.
Sarton, G.: A History of Science, Cambridge-Massachusetts 1959, Bd. 2.
Sneed, J. D.: The logical structure of mathematical physics, Dordrecht 1971.
Suppes, P / Zinnes, J., Basic Measurement Theory, in R. D. Luce et al. (Hrsg.), Handbook of Mathematical Psychology, New York 1963.
Suter, R.: Augustinus on Time with Some Criticism from Wittgenstein, in: Revue internationale de philosophie 16 (1962), S. 387-394.
Stegmüller, W.: Hauptströmungen der Gegenwartsphilosophie, Stuttgart 1965.
– Probleme und Resultate der Wissenschaftstheorie und analytischen Philosophie, II, 2, Berlin, Heidelberg, New York 1973.

Thiel, Ch. (Hrsg.): Frege und die moderne Grundlagenforschung, Meisenheim 1975.
Toumela, R.: Theoretical Concepts, Wien/New York 1973.

Wagner, H.: Aristoteles, Berlin 1967.
Weyermann, A.: Neue historisch-biographisch-artistische Nachrichten von Gelehrten und Künstlern, Ulm 1829.
Weyl, H.: Raum, Zeit, Materie, Berlin [5]1923.
Weizsäcker, C. F. v.: Möglichkeit und Bewegung, in: Festschrift für Joseph Klein, Göttingen 1967.
– Geometrie und Physik, in: Ch. P. Enz & Mehra (Hrsg.), Physical Reality and Mathematical Description, Dordrecht 1974, S. 48-90.
– Die Einheit der Natur, München 1971.
White, L.: »Was beschleunigte den technischen Fortschritt im westlichen Mittelalter?« In: Technikgeschichte, Bd. 32, 1965.
Wieland, W.: Die Physik des Aristoteles, Göttingen 1962.
Withrow, G. J.: The Natural Philosophy of Time, London/Edinburgh 1961.
Wunderle, G.: Die Lehre des Aristoteles von der Zeit. In: Philosophisches Jahrbuch, Bd. XXI, Fulda 1908.

Namenregister

(erstreckt sich nicht über das Literaturverzeichnis)

Sachregister